U0397349

丁公佩

建筑作品选·论文选集

组织编写　江苏省建筑设计研究院股份有限公司
主　　编　徐 延 峰　王 小 敏

东南大學出版社
SOUTHEAST UNIVERSITY PRESS
·南京·

图书在版编目（CIP）数据

丁公佩建筑作品选·论文选集 / 徐延峰，王小敏主编．—南京：东南大学出版社，2025.2

ISBN 978-7-5766-1315-5

Ⅰ．①丁… Ⅱ．①徐… ②王… Ⅲ．①建筑设计－文集 Ⅳ．①TU2-53

中国国家版本馆 CIP 数据核字（2024）第 058838 号

责任编辑：陈潇潇　　责任校对：张万莹　　封面设计：毕　真　　责任印制：周荣虎

丁公佩建筑作品选·论文选集
Ding Gongpei Jianzhu Zuopin Xuan · Lunwen Xuan Ji

主　　编　徐延峰　王小敏
出版发行　东南大学出版社
出 版 人　白云飞
社　　址　南京四牌楼2号　邮编：210096
网　　址　http://www.seupress.com
电子邮件　press@seupress.com
经　　销　全国各地新华书店
印　　刷　苏州市古得堡数码印刷有限公司
开　　本　880 mm×1240 mm　1/16
印　　张　18.5
字　　数　400千字
版　　次　2025年2月第1版
印　　次　2025年2月第1次印刷
书　　号　ISBN 978-7-5766-1315-5
定　　价　168.00元

建筑创作需要坚守理想，

富于情怀，

而理想和情怀恰恰是当下建筑师最需要的。

求是精神
伴我一生

个人简介

丁公佩，教授级高级建筑师，男，1938 年 5 月生，浙江省定海县（现舟山市定海区）人。1957 年 7 月毕业于上海市洋泾中学。同年报考同济、清华、天大三校建筑系，因两眼视差悬殊被认为无透视感觉者而名落孙山。结果以第四志愿被浙江大学土木系工民建专业录取。

1959 年，时任建工部副部长、中国建筑学会理事长的周荣鑫同志调任浙江大学校长期间，提议土木系在美丽的西子湖畔增设建筑学专业。从此改变了一个人的命运，我终于戏剧性地实现了自己做一名建筑师的夙愿。

1962 年 7 月大学毕业后，我参军服役，被分配到南京军区后勤部营房部设计所工作。两年后的 1964 年 12 月转业到江苏省建设厅设计院工作。1969 年 4 月下放江苏省“五七”干校至同年 12 月，接着又下放到江苏省第一建筑工程公司，直到 1975 年 7 月重新回到省建设厅设计院。抛开“文革”阴霾和不愉快的过去，我渴望把失去的时间抢回来，赶上人生事业的末班车。我努力工作，收获颇丰。终于 2000 年退休。同时又被返聘为顾问总建筑师，长达 13 年之久。为江苏省建筑设计研究院前后服务共有 48 个年头。先后担任建筑技术员、建筑师、主任建筑师、副总建筑师和总建筑师等职务。1989 年取得高级建筑师职称；1994 年 2 月又被评为教授级高级建筑师，国家特许一级注册建筑师；1997 年 6 月起被聘为全国注册建筑师考试委员会专家。

1992 年 10 月起享受政府特殊津贴；同年 12 月获江苏省优秀科技工作者称号；1993 年 3 月获江苏省有突出贡献的中青年专家称号。是南京市第十一届、第十二届人大代表。

参加工作以来，我先后主持设计了一大批有个性、有特色的建筑工程。多次获得省级或部级优秀设计工程奖。其中，“江苏展览馆”“南京供电局综合调度楼”“青岛世界贸易中心”“上海浦东江苏大厦”等四项工程获省级一等奖。其中，后三个工程项目获得建设部三等奖。2001 年，被江苏省建筑设计院推荐为“梁思成建筑提名奖”候选人。

同时，结合工程设计体会，撰写了多篇论文，发表在省、部级专业期刊上，还编写了《注册建筑师继续教育讲课提纲》。

在 1986 年国际住房年南京国际学术研讨会上交流发言，《南京光华园住宅团地规划和设计》一文编入会刊。中外与会者参观了团地现场，规划和设计得到好评。1998 年，18 项个人建筑设计作品编入中国建筑工业出版社出版的《中国百名一级注册建筑师作品选》一书中。

2016 年因病住院手术，术后不能动弹又无力行动。后又听说杭州保姆纵火案的悲剧，想到众多公寓类住宅中“老少病残孕”怎么办？国家规范里未把公寓类住宅定性为公建，深感后果严重。于是大胆提出新的理念依据和设计做法。为此，编写了多篇相关论文，如《医院病房护理单元及老人公寓火灾时等待救助及安全疏散研究和探讨》《杭州保姆纵火案悲剧的教训和启示》及《城市汽车停车商业综合楼研究及设计探讨》等论文供大家讨论或争议甚至反对。当然更希望能够得到实践、改进和提高，把医院和住宅的防火设计做得更好、提高一大步。

序

丁公佩先生曾经是我们江苏省建筑设计研究院的总建筑师。我自1989年参加工作，跟随丁总参加了大量的工程设计实践，包括珠海三灶岛总体规划、青岛市贸中心方案、上海浦东江苏大厦的全过程设计等等。这些项目大多获得了省部级优秀设计奖项。工作中，丁总既是我们的领导，又是我的导师，同时他也把我当成同行朋友，我从丁总那儿学到了作为一个有社会责任感建筑师的优秀品质，受益匪浅，而且一直影响我至今，丁总严谨的工作作风也深深感动着我。这次丁总的著作，请我给他写序，作为晚辈，我还是有点战战兢兢。

丁总的设计理念严谨，理性但又不失感性的浪漫。那时他常常告诫我们青年建筑师，符合内在功能逻辑的设计才是好的设计；长久的好建筑形态一定是要经得住时间的考验；建筑设计不是为了创新而创新，也不是为了艺术而艺术，而是通过适宜的建造技术，结合现代的设计审美，表达其文化特质及舒适的行为场所……这些观念也是我现在设计遵循的原则。

建筑创作需要坚守理想，富于情怀，而理想和情怀恰恰是当下建筑师最需要的。丁公佩总建筑师通过他几十年时间的设计实践，足以证明了这点。

本书是丁总作为一线老建筑师几十年的工作总结，希望可分享给同行，相互切磋，共同提高。

衷心祝愿本书出版。

江苏省建筑设计研究院股份有限公司总建筑师
江苏省设计大师　　徐延峰

目录

缅怀和感激周荣鑫校长

——浙江大学和周校长为我实现了做一名建筑师的夙愿

1938 年 5 月我出生在浙江省定海县城(今舟山市定海区),1952 年下半年我和最小的姐姐一同从定海中学(今舟山中学)转学至上海市洋泾中学,分别求读于初二下年级和高二下年级,直到高三毕业。1954 年姐姐考入北京外国语学院,我升入本校高中部。

上海求学　大开眼界　渴望成为设计师

洋泾中学初创于 1930 年,因校址地处洋泾区而得名,是当时民国政府普及平民教育在上海浦东地区迈出的第一步。著名音乐家陈歌辛曾在洋泾中学任音乐教师七年(1930-1937 年),著名电影导演陈鲤庭 1932 年也曾执教洋泾中学。解放以后 20 世纪 50 年代初中期,洋泾中学有很多老师都曾留学美国哥伦比亚大学、康乃尔大学等名校。师资力量强劲。后来,这些老师纷纷调离洋中到不同高校任教。洋泾中学现为上海市浦东新区重点中学之一。

洋泾中学地处上海浦东,当时属东昌区,交通不便,黄浦江上无桥梁,下无隧道,只能靠市轮渡和小舢舨摆渡。我们所以转学到洋泾中学是因为我的大嫂 30 年代后期也曾求读于此。同时学校可以住读,且教育质量较好。按照当时的观念,住校能锻炼独立生活能力,远离市区繁华的干扰,可集中精力读好书。从此,我们姐弟俩每周从家到学校来回一次,那年我 14 周岁。事实证明这是正确的决定和选择,开始摆脱了我对母亲的依赖,提高了自立能力和自信心。

洋泾中学位于浦东南路东侧,浦东南路有一条维坊路通向学校大门。当时学校四周很荒凉,三面都是农田,只有西面与一个小村落为邻。西侧有一条小路通向一个叫俞家庙的老屋,便是我们的学生宿舍。每星期六回家,从俞家庙宿舍到浦东渡口杨家渡或东昌路需步行约 20 分钟,过江后到浦西复兴东路或十六铺乘 1 路有轨电车经中山路外滩、南京东路、南京西路至静安寺,我用 3 分钱的最低票价在人民公园、大光明电影院站下车,先到附近的上海图书馆看杂志,随后步行回家。

抗战胜利后，我曾随母亲到过上海，那时年纪小，印象不深。这一次从定海这么一个小城镇到上海这样一座大都会来求学，感觉一切都非常新鲜而且激动。我每周都要经过壮观的外滩和车水马龙的南京路，或坐车或步行。最直接的观感就是宽阔的马路和高大的楼房，外滩的石头房子、百老汇大厦（现上海大厦）的雄姿、国际饭店的高耸、大光明电影院的玻璃房子，这些都使我着迷，常留恋忘返。家乡与上海、落后与先进的差距实在太大。在赞赏上海的壮观、气派、漂亮的时候，同时产生出一种希望改变家乡面貌的冲动，渴望自己也能成为一个有钱的设计师，可以随心所欲，以自己的能力实现这个愿望。虽不好意思告诉别人，但一直在心中萌动。现在看来实在是太天真、太可笑了。但从此我决定要做一名建筑设计师的决心。

初涉建筑　痴迷其中　决定报考建筑学

上海图书馆位于人民公园（原跑马厅旧址）西面，图书馆系由跑马厅的看台、休息厅改造利用。看书的人不少，有时要在门口（看台上）排队等候。进入时要领牌子，以统计读者数量，管理有方、秩序井然。在图书馆我只看杂志，起先看地理和旅游方面杂志。一次我在书架上发现一本《建筑学报》，翻开一看立即被建筑图上画的树木和人物配景所吸引，给我眼前一亮。那似树非树、似人非人的形象和形态，令我爱不释手。自此之后，我每个星期六都会到图书馆以猎奇的心态看一个下午的《建筑学报》。开始时只看画，后来也看一些设计介绍，了解工程大小，建在何地何处，影响多大等等初浅的认知。《建筑学报》每月只有一期，满足不了我的要求，于是除阅读当月的学报以外，就借阅以前的过刊，直到上溯借至创刊号为止。当时建筑刊物很少，只有《建筑学报》一种，看完了就要等下个月了，常常感到失落。

正在无所适从、不知所措之时，突然想起上海图书馆应该也有民国时期的馆藏期刊，只是担心能否给我这个中学生借阅。我到目录厅查阅新中国成立以前的有关刊物卡片，发现有民国时期出版的《新建筑》等刊物，使我喜出望外。当时图书馆很开放，对读者一视同仁。于是，我从 1949 年的期刊开始逐渐往更早期的借阅，借阅了比当时的《建筑学报》更精彩，纸质、印刷更好的刊物，看到了上海许多著名建筑的照片和图画、介绍和报道。其中有外滩的海关大楼、汇丰银行、沙逊大楼（现和平饭店）、中国银行，沿苏州河北岸的百老汇大厦（现上海大厦）、邮政总局、河滨大楼，南京西路人民公园（原跑马厅）对面的国际饭店、大光明电影院，淮海路附近的华懋大厦（现锦江饭店）和公寓及沿街商业建筑，以及衡山路上的毕卡第公寓（现衡山饭店）等，都是上海各处的地标建筑。以上这些建筑基本上都在 1937 年之前建成。本来上海还有更多的大楼要建，由于抗战爆发，被迫停止，如华懋新大楼就是一例。抗战后由于内战，新建大楼不多，比较有名的就是南京东路上的永安公司新楼（即七重天）和大新公司（现新百一店）两栋大型公共建筑。我似懂非懂地翻阅着照片、说明和图画，真是其乐无穷，兴奋不已。自此以后我每个星期都盼望着星期六的到来，以一睹新的期刊、新的大楼为快。在上海图书馆渡过的约 100 个星期六，不仅给我带来快乐，受益匪浅，而且对我的影响深远。奠定了报考建筑学专业的决心，决定了我一生的事业和生活。

高中毕业前我就义无反顾地填报了同济、清华、天大三校建筑系的建筑学专业。当时在我看来大学都是名校，清华、北大并不像现在那么高、大、上，所以反而把清华列为第二志愿。我把同济建筑系列为第一志愿，是因为学校在上海，而上海是中国好建筑最密集、最高档、最现代的大城市，有上海图书馆藏刊，对建筑学专业的学生来说更有利、更方便。也与我在上海图书馆烙下的印象、结下的缘分不无关系。

1957 年的高考，每名考生可以报考 20 个志愿，高中老师关心我们，叫我们不要放弃任何机会，不要孤注一掷，要留有余地。专业是重要的，但更重要的是能考上大学。于是我的第四志愿便报了浙江大学土木系的工业与民用建筑专业。在当时有以下几个方面的考虑：第一，是与建筑学专业最接近的就是工业与民用建筑专业了，但对两个专业的实际区别不十分了解。以为有“民用建筑”字眼在里头，大概与建筑学专业差不多，学成之后同样可以做建筑设计。第二，浙大土木系只有工民建和河川结构两个专业，系科单纯。不像其他学校的土木系除工民建专业外，还设有路桥、给排水、建筑电气、暖通等专业。这些专业我都不感兴趣，唯恐被设有这些专业的学校录取。第三，选择浙江大学等于选择了杭州这座山青水秀的美丽城市、人间天堂。学校离上海、定海都很近，又是我二姐工作的城市，对我来说有一个很好的支撑。

志愿受挫　浙大惜才　有幸录取土木系

报名结束后进行体检，那时我个子虽高，但身体单薄，体质较差，很担心患肺结核（那个年代怕得此病）体检通不过。体检后其他都很好，就是发现我的视力有问题，两个眼睛一个1.5，很好，一个仅为0.1，极差，视差悬殊很大。因为两眼视差已成习惯，平时对视力没有影响，因此不以为然，一直没有把它放在心上。高考后约半个月，学校通知我和另一位同学进行体检，复查视力，他查的是色盲，我查的是两只眼睛视差，复查结果还是老样子，又隔了一个星期，我又单独复查了一次，仍没有任何改变，说明以前的两次检查都是正确的。

长期以来，我一直认为我之所以未能被同济、清华、天大建筑系录取，是因为高考没有考好，特别是美术加试题“想象画”，我画的是类似于上海外滩的沿街街景，不是小亭子、小房子之类小品，过于夸张也有点粗糙，因此失败名落孙山。后来才想到我为什么要多做两次眼睛复查？那一定是我的眼睛有问题。当时只知道色盲者不能学建筑学专业，但我不是色盲，只是视差大了一些，从未影响我的生活、学习和工作，也不需要戴眼镜，一直不得其解。多年来，我的两个眼睛一只可以近观，一只可以远望，分工明确，配合默契，相得益彰，十分自然。

大约在2000年，一次体检时，我问医生，我的两个眼睛视差较大，对身体有何影响，是否需要配眼镜。医生说两眼视差太大，造成两个眼睛不能同时聚焦于同一点，从而分不清物体的远近，没有透视感觉，对身体没有影响。这下我终于明白了我没被建筑学录取的真正原因，我是一个无透视感觉者。其实近大远小、近实远虚的概念，美术课都教过，人人知道，对学习并无影响，实在是多虑了。

后来，我又觉得同济、清华、天大三校对我是认真负责的，有可能是“想象画”画的是街景与一般考生不同，有建筑潜质，吸引了招考老师，很想录取我，希望我的视力问题是第一次体检失误，而且至少有两个学校有这种看法，才有了两次体检。可惜我的眼睛就是这样，也就无能为力了。所以还是应该感谢他们的严肃态度。

发榜后，我没有被同济、清华、天大三校建筑系录取，以第四志愿被浙江大学土木系工民建专业录取。当时的心情是既兴奋又失落，兴奋的是终于考取了大学，而且是浙江大学，同样是名校，我可以继续求读、深造；失落的是一直为之追求的建筑学专业之路未能实现。

增设专业　美梦成真　感激恩师周校长

到浙大报到后，真正成了一名大学生，感到很荣幸和自豪，同时也知道了我学的实际上是建筑结构。由于浙大没有建筑系，所以我也不眼红，随着时间推移，心态逐渐平静下来。特别是一年级工民建专业开设有素描课，使我十分开心，又在我的内心深处泛起了有朝一日还有可能做建筑设计的念想。所以尽管素描课不是主课，我还是很重视，倾注了很大的兴趣和精力。因此素描的成绩提高很快，常常得到老师的肯定和表扬。然而我对其他课程不甚努力，相对平平，成绩一般。就这样两年的大学学习生活很快就过去了。

“忽如一夜春风来，千树万树梨花开”。1959年时任建工部副部长、中国建筑学会理事长的周荣鑫同志由国务院任命担任浙江大学校长，周校长给浙大带来了新的政治氛围和办学理念。周校长到任以后，一方面，放映香港电影《危楼春晓》给全校师生进行和以前不一样的政治教育；另一方面，经过了解全国高校院系调整之前，之江大学设有建筑学专业，后学校撤销，专业并入同济大学。浙江大学在全国工科大学中从来没有办过建筑学专业，于是提出教改，建议土木系增设建筑学专业，并积极准备、迅速实施。决定从“56”“57”“58”级工民建专业中各抽调一个班（约30名）同学组建三届“561”“571”“581”级建筑学专业班。

学生有了，教师不够，特别是建筑专业的教师严重不足。借助周校长的力量，很快从北京工业设计院调来了毕业于之江大学的许介三老师，使其回归故里；将同济、天大应届毕业生沈石安和王馥梅两位年轻老师分配来浙大任教；又从浙江美院分配来单眉月老师，以充实建筑和美术教研组中建筑学专业的师资力量。

消息传出之后，我兴奋不已，一颗已经静寂两年多的心，又开始激烈地跳动起来。似乎又盼来了希望，见到了曙光。我跑到系里找总支书记反映心声：我是有心学习建筑学专业的人，我高考报名时第一、二、三志愿都是建筑学专业，入学后一年级时素描成绩较好，自我推荐希望系里能帮我实现理想和初心。机会不负有心人，最终我如愿以偿，得以编入建筑“571”班。

后来我一次次回顾，如果我的第四志愿填报的不是浙江大学土木系，而是紧跟在建筑系后面继续填报同济、清华、天大三校土木系或南京工学院土木系，那么我就永远与建筑学专业彻底无缘了，因为他们既有建筑系，又有土木系，根本不可能给我这种机会，连转系都不太可能。这是巧合、机遇，还是天命？我不会忘记是浙江大学，是周校长，是土木系给了我的这次千载难逢的机会，戏剧性地改变了我的命运，实现了我做一名建筑师的夙愿。

我感谢浙江大学，更要特别感激周荣鑫校长。如果说浙江大学土木系是我自己选择的话，那么周校长在浙大短短两三年时间内，对我来说，几乎是专为我而来的。如果他不来浙大当校长，那一切都不会发生。如果周校长不是建工部副部长和建筑学会理事长，就不可能对建筑学专业有这么深入的了解和兴趣，建筑学专业也就不可能成立。所以，他是最最关键的人物。这件事有太多的不可能，但就可能了、实现了，实在非常难得。写到这里我都想哭了，太激动了。“文革”中我特别关注周校长的动态，希望恩人平安。可惜他不幸英年早逝，我会永远怀念他。

一所大学要增加一个系科，一个系科要增设一个专业，并不是想增就增、想设就设的。首先要有足够的教师队伍，要有学术带头人，还要考虑有无生源，学生毕业后有无市场需求等等，相当复杂。

1957 年，浙大全面恢复了数学、物理、化学三个理科专业招生，这是一个很有远见的决策。因有公共科目教研室，师资有基础。虽然院系调整时调走了不少实力派教授，且都是学科带头人，但未能动摇这三个专业的根本，恢复完全有条件。

1958 年，在大跃进运动左的思想支配下，土木系在大办专业热潮中增设了农村建设、农田水利、建筑材料和制品三个专业，但不敢设置更重要的建筑学专业，因为这是所谓的“封、资、修”。一个工科大学没有建筑系是不可想象的，在全国著名的工科大学中只有浙江大学独缺建筑系，这是以往办学的缺失和短视。

1959 年，周校长到任后，大刀阔斧地进行调整，把不切实际的农村建设等三个专业该停办的停办，该转系的转系，该设立的建筑学专业则坚决的创建。这叫什么？这就叫拨乱反正，这就叫实事求是，这就叫高瞻远瞩。这是今天创业的英明和果断。

由于建筑学专业在浙大完全是新建，师

资薄弱、甚至缺乏、困难重重。周校长迎难而上，突显出他的魄力和气势。他抓实事、促教学、功绩卓著，为浙江大学、为土木系完成了一个开创性的事业。在周校长的创导下，土木系建筑学专业水到渠成，正式宣布成立。从此建筑学专业在浙江大学播下了种子、打下了基础。虽然 1964 年后建筑学专业被停办多年，但 1978 年建筑学专业又很快重新恢复招生，并于 1987 年成立了建筑系，现已开花结果成为国内著名的建筑系之一，为国家、为社会培养了大量的建筑设计人才，为改革开放后的大发展大建设作出了大贡献。而我们当年初创时期的建筑“561”“571”“581”级同学被称为“老三届”，这个称呼我很喜欢，很有时代感、历史感，也感到十分亲切、幸福、光荣、自豪。

我一直想以自己的经历、挫折、机遇、体会写一点回忆文章，纪念周校长，今天终于实现了。在浙大创建的 120 年中，有无数专家、学者、教授、官员担任校长，每一届学生都会对自己在校求读期间的校长留下或浅或深的印象，有的甚至十分深刻，得到了教益、帮助和鼓励。周荣鑫校长，我只在操场上开大会时，远远的见到过几次，他也不知道有我这样一个学生。而我就是在他的努力下被改变命运的幸运者之一。

在迎接母校 120 周年华诞之际，谨以本文纪念尊敬的周荣鑫校长诞生 100 周年、任校长 58 周年、逝世 41 周年。

丁公佩

2017 年

写在前面

2022年4月的一天接到已有多年不见的原江苏省建筑设计院的一位“年轻”老同事，现在已是江苏省院总建筑师的徐延峰的电话，问一件往事。后来回忆起1989年他来设计院时的情景，就分配在我们设计小组——一个建筑、结构混合组，我是建筑组长，沙祥林是结构组长。当时“文革”刚过，改革开放正方兴未艾，取得丰硕成果。也给中国建筑师带来建筑创作的春天。让“文革”前毕业的建筑师们赶上了人生的末班车，挑起了事业重担，渴望在不太多的日子里好好地做一番事业。我对徐延峰说：我做到了。几十个工程肯定是有的。工程分布在南京、上海、青岛、宁波、苏州、无锡、扬州、泰州、淮安和连云港等地。2016年病愈后，我与王小敏合作写了多篇医院病区、老年人公寓、公寓类住宅等消防安全疏散新理念的研究论文以及高层商业汽车停车综合楼探讨等文章。前后也有六篇。

这时，徐延峰的话锋突然一转说：“丁总，设计院来给你出这本书，办事的人我明天就安排。由哪个出版社出版，以后再商量。”他说得掷地有声。我则受宠若惊，又觉得事关重大恐难以胜任。想起就在五年前浙江大学校庆120周年时，王小敏曾帮我编辑过一本作品集；最近五年我们俩又合作写了六篇论文。这些都是现成材料，只要再整理一下即可成册、成书。这就是我出这本书的来龙去脉前因后果。

我感谢江苏省建筑设计院有限公司各位领导，感谢现任总建筑师徐延峰和现任副总建筑师王小敏等老同事们；是你们鼓励和帮助我出书，万分感激。当初，你们一面帮助我画图，通过绘图理解建筑学专业的创作理念、各种知识和技巧。现在，帮我出书，既是一次自然的回报，又是一个刻意的奖励。

此外，我还要感谢1964年12月我从部队转业到江苏省建设厅设计院时的老领导们的关怀和爱护，放手让我工作。直到2000年退休。除下放省建一公司近六年外，我在江苏省建筑设计院服务了32年整。退休后又被聘为顾问总建筑师长达13年。这期间我又设计了多个有影响的工程项目。之后受江苏省施工图审查中心的聘请，成为施工图审图专家，专事施工图审查之责。

一、职业生涯

1. 建筑设计集萃

1962年正是困难时期。我被分配到南京军区后勤营房部设计所，当兵不是我的意愿，渴望到地方设计院有自我发挥余地。不过服从总是第一位的，且南京军区后勤营房部设计所人手不足、年龄老化，极需新鲜血液。经过半年下连队当兵的锻炼，回机关开始设计工作，有一种喜悦和满足。终于可以全身心地投入到建筑设计中去了。在一年多的时间内，我完成了解放军某军一座军部礼堂、三座师部礼堂（一套图纸）、1～8号军首长的八栋独园宿舍，以及南京二栋单元式后勤机关住宅。在工程师的指导下，初出茅庐的我独当一面，从方案做到施工图，现在想起来真有点后怕。但当时的我不知天高地厚，很自信、胆子挺大。为任务我没日没夜地干，因热爱和年轻并不觉得累。然而变故正悄悄临近。

正当我干劲十足之时，人生来了一次转折。1964年12月，领导突然通知我要转业了。没有任何解释，只告知我转业的单位就是附近的江苏省建设厅设计院。听到转业单位是江苏省院，我的委屈似少了一半。如果不是江苏省院，我曾想回杭州到浙江省院去试试的。由于当时江苏比浙江发达，南京也比杭州大，我就服从了安排。回头想想，设计所对我的转业安排也是用心良苦，还是很关怀我的。

转业后，来到江苏省建设厅设计院二室三组。同事们在我眼里一个个都是年轻的老前辈，而大家看我则有一点像看猴子那样新鲜。好在我还比较大方，大家都对我很好，把我当成小朋友，很快就混熟了。当时国内经济低迷，一年半后“文革”开始，建设项目很少。印象中只做了一个扬州农药厂的小车间，工程量还不足我在营房部设计所做的1/10。不过我相信这只是暂时的，年轻人要有等待的耐心，“风物长宜放眼量”。

1969年4月，设计院约有20人到省“五七”干校学习，我是其中之一。年底又下放省建一公司，没料到竟长达五年半之久。在省建一公司先当了一年木工，后来调技术科做管理工作。常下工地，真还学到许多对建筑设计有帮助的施工知识和构造做法，正所谓“处处留心皆学问”也，颇有收获。

突然来了机会，一公司领导要我和一起下放的同事彭星河，建筑、结构搭挡为解放军驻南京某兵种设计一个有楼座的礼堂和机关办公楼。在当时，这两项工程已经很大了。我俩把建筑公司当成了设计院，按理说这是违规的，但这是公司领导下的任务，而且我俩曾是设计院的技术员，加上对设计事业的饥渴，就顾不得那么多了。工程落成后，部队非常满意。我也很自足地欣赏了一番，挺好！在设计院可能还做不到这么大的工程。在当时，有设计做是最开心的事了。

1975年夏天，我调回省设计院，抛开“文革”阴霾和不愉快的经历，全身心投入工作，渴望把失去的时间抢回来。不久院里来了两大批复员军人和回城知青。设计院决定自己培训，对他们进行启蒙教育，让他们了解设计院，了解什么是设计和画图。由陆宗明、谭林海和我充当启蒙教师兼辅导员。这段经历对我来说是头一次，但受益匪浅。把在学校里学过的知识，又重新复习了一遍。院里一下子多出来这么多叫我老师的年轻人，真有点受宠若惊。其中，有两位学员一直叫我丁老师，这是我最喜欢听到的称呼。后来不少学员又继续深造，上了大学。有一位男学员大学毕业后，还顺便给江苏省院捎来一位女干将。

1979 年年初，南京军区和南京市为纪念解放军渡江战役胜利 30 周年，决定在南京中山北路热河路广场建造一座渡江胜利纪念碑，要求 4 月初全部工程完成。任务交给我院，并紧急组成四人设计小组（罗胜华、丁公佩、谭林海、韩森），同时立即开始纪念碑的方案设计。先提出了各种设想和可能，最后归纳出几条作为方案设计的基本原则：

① 要有时代感，不做记事碑式传统形象；

② 以白色双帆为碑身、红色船体为基座；

③ 把与解放军、渡江战役、解放南京的有关内容充分体现在纪念碑的设计上。

有了上述基本原则，方案实际已经形成，有了大致轮廓。剩下的就是如何控制纪念碑的总尺度及各个部位的比例、尺寸。考虑南京解放为 1949 年 4 月 23 日，把暗红色船形碑座高度定为 4 m、白色碑体定为 23 m 作为纪念。帆形碑体上部镶嵌一枚放大的渡江战役胜利纪念章，进一步突出了纪念碑的主题。纪念碑的碑座正面为“渡江胜利纪念碑”碑名，由邓小平同志题写。我见过手书真迹，没有落款，足见政治家的伟大气度。碑座背面镶嵌一块硕大的毛主席手书的《七律·人民解放军占领南京》诗碑。从平面图上看，两片风帆和一长条诗碑，正巧形成“八一”二字，更加深了方案的政治性、纪念性和内涵性。碑座两侧是由雕塑家协会专家创作以渡江战役指战员和船工为主体的勇往直前雕塑。

记得最后向南京军区廖汉生司令员汇报方案时，开始他只是听着，似若有所思。当听到图纸上有“八一”两个字时，司令员立即笑逐颜开，连声说：“好，很好，就是这个方案了。”顿时房间里充满了笑声和喜悦。我们开创了纪念碑设计的新路子，首获成功。作为创作成员之一，我很兴奋，也感到荣光。

那段时间任务很多，做完纪念碑又开始设计南京大学图书馆项目。新建图书馆位于汉口路校区北大门右侧，与左侧的物理楼遥遥相对，位置重要，是校前区广场围合的最后一栋建筑。由于当时的南大中轴线与旧时金陵大学的中轴线相距近百米。杨廷宝先生设计的老图书馆就在新图书馆的用地范围内，因此必须精心保护。新馆规划平面如“同”字形，因为拆迁原因，首期只能做成“司”字形。老馆的位置恰是这两个字中的“口”字，四面不靠如保护文物，并作为特

杨先生设计的原金陵大学图书馆

南京大学图书馆

种图书馆使用。

“司”字形新馆规划既定，设计也就顺理成章了。“司”字上面一横南北朝向，共五层空间较大，一层为门厅、目录厅、出纳台，二层以上全部做阅览室。下面一横则为书库，与阅览室可错层连通。“司”字一竖朝向不好，需做遮阳板，故而采用单面走道做成小房间，作为图书馆内业用房和专题研究室之用，尽可能减少不利影响。方案完成后，当时的南大校长匡亚明专程请杨老到校园实地察看，而后又听了我的方案汇报。汇报后，杨老对这种做法很满意，匡校长也非常高兴。

会后，匡校长又请杨老在学校小食堂吃便饭，点了五六个清淡的家常菜，叫我与学校基建处和图书馆的两个熟人作陪。我有幸能在小范围内与两位老前辈同桌共餐，从没想过有生之年还会有这种机会。实在难得！

让我最兴奋且无法忘怀的是，1978 年年中，时任江苏省副省长的杨先生选中了我做的省政府办公楼设计方案。原来省政府一直没有自己的办公楼，长期在原总统府旧址办公。因总统府旧址年久失修，又要筹办近代史博物馆，省政府这才决定新建一栋办公大楼。选址北京西路和西康路口，环境安静良好。任务落到我们省院，院领导很重视，号召建筑师们都做方案，以供挑选，长中取长。我加班加点、全力以赴，争取能成功。终于如愿以偿，杨先生选中了我的方案。据传出来的消息说，杨先生认为：大楼方案采用横线条的做法，与路对面的 A、B 大楼比较协调。楼不高，八层比较合适，造型简洁有变化，不缺细部处理。就这样办公楼单体建筑的设计方案，被确定了下来，甚至没有修改意见。

杨先生特别重视总平面规划布局。对我原来的总平面设计不满意。主要是我设计的总图采用了老一套手法。我把大楼平行于北京西路，院子大门在大楼的中轴线上，又正对着办公大楼的主入口。一般说这是政府部门最喜欢的布置形式。杨先生认为楼前广场绿地被繁忙的道路分隔，不够完整、不够宽敞。其次，场地是一个多边形地块，北面有条斜向的小马路。于是，建议大楼平行于小马路布置，即东南角位置不动，整栋大楼向东北转了个小角度。这一转真是了不得，前面立马多出来一大片空地。第三个意见是改变大门的位置，由一个变为两个。一个仍在北京西路上，位置西移，不正对大楼入口，离西康路更远些；另一个大门则开在基地东面的西康路上。经过这一番的调整，总平面规划面貌一新。院子变大变深，且形态完整，环境优美；内外交通变得更为顺畅。杨老的眼睛能洞察一切，一眼就看出了问题的实质。三条建议，彻底解决了存在的问题，令我心悦诚服。现在的省政府办公大楼的总平面设计就是完全按照杨先生的意见布置的。从中，我学到了很多知识。

江苏省政府办公大楼建成至今已近40年，从现在的眼光来看这栋办公大楼的建筑设计和造型仍不算过时与落伍。主要在于平面呈"廿"字形，建筑形态组合具有立体感和纵深感。又因类似组合很少见，使其个性鲜明而不落俗套。深色泰山面砖外墙更显大楼沉稳（近闻墙面面砖有脱落隐患，需要维修）。为提高屋面防水能力，创造性地采用"穿雨衣、打雨伞"的双层防水通风屋面构造做法；地下室采用架空地面和双墙空腔防潮措施，以确保地下室干燥。时至今日，未发现屋面和地下室有任何不良问题。

1985年下半年，孙冰副院长安排我设计无锡淡水养殖研究基地和培训中心，这两个工程项目都直属于国家水产部。研究基地位于无锡五里湖南岸，长桥的右侧山坡下面。地处太湖风景区，位置重要。前面有一条公路经过，交通很方便。培训中心位于研究基地的东南方向，靠近太湖的一个山岙子里，环境安静。两者相距约有一公里，联系十分方便。所有项目全是新建工程。其中，水族实验室为研究基地的独立子项，有独立用地，就在五里湖的湖滩上。

研究基地由一栋体型较大、三层高的"乙"字形实验楼，一栋二层小图书馆，一栋二层行政楼及一栋单层的小食堂组成。这种组合是太湖风景区的需要，同时突出了实验楼的重要性。建筑造型为白色面砖贴面，钢筋砼悬挑大檐口，原来的方案为平屋面，略感突兀。后来改为覆盖四坡顶青平瓦屋面，朴素大气。远看与周围环境融为一体；近看，可见大挑檐、悬挑山墙和落地窗，完全是一栋现代化的实验楼。就这样，其他三栋小建筑也做成了四坡顶屋面。

培训中心除负责国内培训外，还有联合国亚太地区培训任务。由一栋四层教学楼、一栋二层图书馆、一栋二层办公楼组成。呈"品"字形布局，全部为平屋面。山坡上布置宿舍，山坡下布置食堂，看似简单，但实际上空间很有特色。

水族实验室的性质有些特殊，它既有研究任务，又有水族馆的科普功能，要求对公众开放。因此，建筑设计从平面到造型都希望有点个性。于是，“一把撒在湖滩边上的贝壳”理念产生了。八个等边直角三角形组合成为面积大、形态规正、空间变化的展示厅，利于布置养鱼池和大型水族箱体。八个直角三角形屋面，大小一样、坡度一致，但方位不同。多数为一层，也有二层的。又因坡度方向各异，带来的变化更多，可以说整体造型是理性又带着个性。在统一中求变化，这是所有“特色方案”的诀窍。

水族实验室由八个直角三角形组成，因平面组合特殊、建筑造型有个性而颇受争议。水产部曾三次要求甲方和我同到北京汇报方案。经过多次磨合，终于获得批准。大概在该工程建成半年之后，国家领导人到无锡视察工作，乘车路过长桥时看到白色的水族实验室，便问：“这是栋什么建筑？很好看，很特殊！”（大意）。这话是无锡市领导传出来的，他也高兴，之后传遍无锡。又通过甲方传到我的耳中。一个小型建筑能引起国家领导的兴趣和赞赏，是我设计生涯中最不可思议的一个故事。难忘！

20世纪八九十年代，是我的建筑创作丰收期。其时，国内经济全面复苏，基建项目增多。虽工程规模大小不一，但我一年可以完成三四个，即使天天加班也特别开心。工程方案阶段，我都是自己绘制平立剖面图和效果图。电脑出现后，我这个电脑盲就将绘图工作交给了年轻人，濮巍、吴正清、徐敏娟都是我的得力助手，而我则主要集中精力思考方案。

这个十年，我完成了：江苏省政府办公

无锡太湖淡水养殖基地水族馆

大楼、南师大图书馆、江苏省出版大厦、大桥影剧院、光华园住宅团地、江苏展览馆、青岛军转干部培训中心等工程。其中青岛军转干部培训中心方案是我院在青岛的第一个中标项目，达到了规划部门要求的理念——“既是青岛的又是青岛没有的”。这个理念的提出很有水平，也很有意义。自此，江苏省院在青岛打开了设计市场。由我院其他设计所中标的就有某研究所科研楼、青岛大学图书馆，以及两座位于栈桥两侧的滨海办公楼。因我院累累中标，当地设计院认为我院已经吃透了“青岛风格”，每个工程都有一个故事，这里不再细细讲述。

时间来到 20 世纪 90 年代，中国政治经济发展，显得更稳更好。基建项目亦越做越大。约在 1990 年初，青岛外贸局派人到南京邀请我参加青岛世界贸易中心招标，还说是青岛规划局的意思。这是一个大工程，建筑面积达 10 万 m^2。我从来还没有做过这么大的工程，满口答应，并立即陪他到经营处做了备案。随即组成创作小组，研究了方案的发展方向。世贸中心位于青岛新区，其建筑风格相对自由但仍应有青岛城市特色。造型采用板、塔结合完全现代化的建筑风格，外墙蓝灰色水平条带，体现海滨建筑个性。并着力打造大楼前面对称的西洋式圆弧形入口广场；强调中央轴线和环形柱廊做法。充分体现了青岛固有的城市风貌和文化氛围。因符合规划局的规划理念，方案新颖得体，获第一名而中标。世贸中心工程于 1996 年竣工后，成为当时青岛最漂亮的建筑之一，也是当时我设计的面积最大的建筑群。

1993 年前后，接到青岛第一医院东部新区项目招标任务。我看中徐延峰独立能力较强又是青岛人的条件，邀他参与医院设计，顺便回老家看看。我的毕业设计课题就是医院，但一直没有实践过，机会难得。经过刻苦努力终于中标获得成功。不久传来坏消息，工程被台湾一个事务所顶包。虽然遗憾，但因不缺项目，我也并不在乎。从此徐延峰在青岛继续为江苏省院开拓设计市场。其间他又认识了专做烂尾楼改建的开发商漆总，机会变得更多，后来还帮漆总在南京做了多个改建工程，效果都很好（所谓烂尾楼是工程已定项，手续已办妥，工程仅少量完成便停建的项目，接手者可以免掉很多繁杂的手续）。同时，徐延峰在青岛新区海滨设计了两栋超高层的公寓双子塔楼。曾陪同我参观，其设计构思新颖，造型优美，印象深刻。

整个 90 年代，南京、上海的设计项目陆续不断，都是高层建筑。因功能环境、位置的不同，仍有建筑师的创作机会，有南京新街口友谊商厦、供电局综合调度楼、南京国税局大楼，及上海浦东新区高 147 m 的超高层建筑——江苏大厦。江苏大厦是我设计并建成的最高最大的单体建筑。期间还有2栋建筑中途夭折，一栋是楼高195 m，面积11.6万m^2的南京利奥大厦，方案已审批；一栋为青岛双飞教育科技大厦，面积7.70万m^2。两个项目都已完成初步设计并获得批准，却都因种种原因成为泡影，难以忘怀。多年后，利奥大厦被另一家开发商接手，省了很多繁复的审批手续。因该楼离玄武湖公园仅300 m左右，最终改建为高26层，面积4.97万m^2的商住楼，南北向住户都成为湖景房。

1998年，为了配合第20届世界建筑师大会在北京召开，建设部着手部署有关介绍中国历史、文化、规划、建筑等方面的一批丛书。《中国百名一级注册建筑师作品选》就在其中。我有幸被编辑部选中，成为百名之一，甚感高兴。选择了18个社会反映和自我感觉良好的设计作品，突出建筑造型和平面设计，减少文字描述，刊于其上，于1998年由中国建筑工业出版社出版。这是对我的建筑创作事业最实在的褒奖和肯定。

1999年，上海分院接到闵行区中心医院工程招标。我十分兴奋，青岛的一幕又历历在目，下决心拿下这个医院项目。这是个改扩建工程，方案采用拆除旧有门诊楼，新建一栋四层门急诊楼和一座20层病房楼，利用原病房楼和医技用房改建成为新的医技楼，然后用一条“T”形的走廊把三栋新旧大楼串联起来，使其成为功能完善的整体。这一次我成功了。

对这所医院的平立剖面设计，我渴望打破陈规旧律，尝试着采用新的理念和手法。给医院一种新气息。无疑门急诊楼是个可以变化的空间。把柱网做成11.6 m，层高4.80 m。中间为交通和中庭空间，使门诊大厅只有四根圆柱，空间相当宽敞。2~4层诊室全部沿着外墙布置；病人候诊在中庭两侧由中庭天窗采光，二次候诊则利用诊室外走廊。

医院急诊部是精心设计部位，没有内走道，10个诊室直接面向大厅，空间宽敞。救护车可直接开进大厅及时实施抢救。急诊或输液病人可在中庭空间下候诊输液，明亮舒适。这种环境，20年前少见，现今可能也不多。3层为医院学术报告厅，因为大柱网一跨就满足要求。选择大跨度建筑结构既合理又省事。

病房楼裙楼立面统一采用与门急诊楼相同的密柱竖条窗造型，立面已经确定。高层主体建筑立面做了多轮方案仍不满意。于是，我急电徐延峰请他帮忙另做病房楼南立面方案。他不负众望，也没有大改，仅在屋面上做了一排柱廊，悬挑了一块大平板；在病房东西尽端做了转角窗。建筑立即有了精神，面貌一新。方案就此确定，徐延峰帮了大忙，立了大功。这也是我对他的最大信任。

医院病房楼平面，采用双走道。并且两个疏散楼梯间均设在两条走道之间的暗空间位置。其实设有人工照明、机械排烟的楼梯间，设在哪里都可以。《建筑设计防火规范》GB 50045-95 对此没有具体要求。于是我决定采取合理、简单的方案。但当时执行的 JGJ49-88《综合医院建筑设计规范》要求一个楼梯间应靠外墙布置。之后我在介绍闵行医院和同行交流时，总要自我检讨一番。直到 GB 51039-2014 规范颁布，我才如释重负，反而成为“先知先觉者”。

医院工程落成后，我几次到闵行区中心医院回访，听取各方面意见，院方反映良好，他们说医院建成以后，参观者络绎不绝。他们欣赏新的设计理念和做法。据说，也有参观者提出怀疑：医院到底是改扩建还是新建？因为看不出明显痕迹。对此，卫生局和医院筹建方也感到很得意。

不久，又接到上海市普陀区利群医院的设计招标任务。是个 300 床位的地段医院，规模虽小但要求五脏俱全，所以设计必须紧凑。整个场地呈横向直角梯形，西北角还需留出一块疾控中心用地，但用地足够。于是总图、平面、立面造型的设计都有了。庭院绿地完整，面向城市，与市民共享。用最简单的平面组合方式把急诊观察、中心供应、放射科、检验科、行政办公、重症监护、手术室、空调机房、热泵机房等，分层集中安排在综合楼内及屋面上，并与病房楼连成一体。形成一栋长 126.6 m，高 23.7 m(层高 1 层 3.9 m，2~7 层 3.3 m)的多层超长综合体，关系紧凑、使用便利。只要在西南角“十”字路口布置一栋马蹄形三层门急诊楼，在东北角病房后部布置一栋矩形后勤保障中心，医院的骨架就形成了。门急诊楼正面紧贴医技综合楼其山墙又紧接病房楼。楼与楼之间没有连廊，也没有交叉，紧凑已到极致。仅在户外急诊楼出口至病房楼入口做了一条 8m 宽钢结构敞廊，以便病人不走雨路。最后，利用场地边角，北面近综合楼处设置了传染病门诊，地块东面布置了职工食堂。

就在投标方案送出约一周，我就接到河北省院李拱辰总师的电话，对我院投标的利群医院方案以六位专家一致投票通过中标表示祝贺。李总就是评标专家之一，消息千真万确。那时河北省院上海分院不比石家庄总院的业务量少，因此李总常驻上海。我俩又同为全国注册建筑师考试委员会二级组专家组成员，每年要一起开三四次会议，所以格外熟悉。我俩 1994 年相识于广州至从化的大巴车上，一转眼已有 28 个年头了。随着年纪渐老，见面机会变得越来越少，甚是牵挂和想念。

奇怪的是，一直没有接到中标通知，具体原因不得而知。要不是李总第一时间告知，我还以为是方案做得不好，落选了呢。青岛一幕又现眼前。本方案因评选专家一致看好，特收入作品选中。

到了21世纪。凡过60岁的老同志全部退休，同时继续返聘。一所贡所长邀我负责扬州汽车客运东站工程设计。因为汽车客运西站由我院曹总设计，甲方非常满意。所以甲方对新世纪的汽车客运东站的设计，要求更高、更好，希望更加现代化。

过去对交通建筑的安全性、快捷性、方便性、舒适性、通达性要求各不相同，旅客对象也不同，他们携带的行李更有差异。如今差别已然缩小，候车时间大为缩短。随着经济发展基础设施完善，最基层的汽车客运站设计标准也开始向高铁站看齐。我把为旅客服务的餐饮、礼品店等分别设置在站房和候车室内；把以往分散在角落的老弱病残和军人等特殊旅客候车室，集中到候车大厅的中心位置，只要进入候车大厅就能看到，做到候车乘车都十分便捷。另外，为顾及与市内公交换乘的便利，在站房西侧出口处设置了钢结构玻璃顶棚、“凹”字形长廊，效果甚好，为同类车站少见。

扬州汽车东站全长140 m，檐高15 m，立面造型简洁大气，极为醒目。正（南）立面为倾斜的全玻璃幕墙，侧面则为局部幕墙，主要是密柱条型窗。这样做既有连续性，又有主次区别。唯一的遗憾是，位于停车场东北角的现代化办公楼始终未建成，使扬州汽车客运东站的整体规划少了一座制高性建筑，缺了领头羊。

泰州市革命烈士陵园的规划设计，是泰州市人民关心的大事，也是我院参加设计招投标的中标项目。按照原来规划设计任务书的要求，陵园的主入口设在江洲南路上。中轴线的总长度约有320 m，横向是一块宽132 m的弯曲场地，总面积4.20万m^2。规划时我们定了以下几个原则：① 地面上只允许布置纪念碑、纪念馆、烈士墓园等三处有纪念性的建筑物和构筑物，突出纪念意义；② 纪念碑的位置必须在陵园的中间部位并应该处于没有视线障碍的最高位置；③ 办公用房及报告厅、停车位、公共厕所等必须隐蔽，不能喧宾夺主。

原有纪念碑广场的标高不高，需要大量填土。土从哪里来？于是一个大胆的想法产生了：把办公用房做成大开口的地下空间，相当于下了一层楼，就地取土，填土的难题迎刃而解；同时也丰富了烈士陵园的环境空间层次。而纪念碑的方案，我们做了几个较现代的方案，都被否定了。后来甲方提供了一张20世纪50年代的纪念碑照片，造型颇为新颖、现代化。我们基本按原样放大、加厚、拔高，调整比例、增加基座、确定字体大小和位置等，使纪念碑的造型具有历史的传承意义。纪念馆的创意理念为“巨石上的花环”，与纪念碑相辅相成，一看就是一座与众不同的纪念性建筑。墓地位于烈士陵园的东南方，面向南灌河，是一处前景开阔、阳光充沛、风景优美的安详之地。

2. 建筑设计拾遗

为了编辑和充实本书，还想补充一些以前没有整理的工程。这些工程或因为当时尚未完工，或因为没有什么特色，更因为有些所谓“创意”也只不过是权宜之计，现在大多已经过时了。但也能反映当时的时代背景和我的建筑设计创作脉络、思路。每个工程，不论大小、重要与否，我都希望能恰如其分地体现个性，尽可能地做出与众不同的特点，哪怕只有一点点也好。这才对得起那些信任我的甲方。

1990 年前后，南京白下区建筑开发公司与我合作，规划设计了很多项目。有住宅团地、小区，底商居住综合楼，以及商业办公居住综合商厦等，甚至还有一所小学。其中，光华园住宅团地、九龙大厦、太平洋商厦等已编入《中国百名一级注册建筑师作品选》中。

之后，我为南京白下区新建了一所 24 个班的瑞金路小学项目。应该说这是一个相当简单的小工程，可以随便做或套用标准图，也可以做出个性和特色，我选择了后者。本来一栋“L”形的外廊式教学楼和办公楼就可以了，但我对她的期盼不止于此，希望把瑞金路小学打造成一个有个性、有特色的校园建筑。

校园的用地规整，南部为教学区，北部为运动场。学校主入口位于教学区的东面，正对着教学区主干道。三层教学楼位于主干道的北侧，以一条东西走向的公共通道为主轴，左右分列教室、楼梯、厕所、公共活动房间等。布置形若糖葫芦，空间灵活。西部尽端则设置为面积较大的单层音乐教室，以免影响其他教室上课。教师办公楼呈“凸”字形布置，东西朝向，房间窗子全部南北向开启，有短连廊与教学楼连通。朝西的三块实体墙面，做成小学生能够理解的算术题浮雕，并在中间一面墙上镶嵌了一朵“绿色幼芽”，使其意义更为深刻。通过该小学的设计，体会到不论工程大小，收获的喜悦是一样的。

南京市白下区开发公司在洪武路的东侧，有一处沿街小地块，打算建一栋商住楼。一、二层为商铺，三到八层为住宅。居民先走两层室外楼梯至商铺屋面，稍事休息后再走住宅楼梯到各家各户（当时，这种做法被公认可行，且可以不设电梯）。开始时，在长方形的商铺上面摆了两排住宅，简洁、朝向好。但显得单调小气。从效果看，布置两栋中高层或一中一高住宅更好。可开发公司对建高层住宅顾虑重重：一是怕容积率超标；二是怕造价过高，难以承受。最后决定做一栋全方位效果较好且各方面都比较稳妥的多层住宅。

决心既定，根据裙房的柱网和屋面大小，布置了两撇“八”字形、锯齿状住宅。“八”字形顶部脱开一个柱网，八层前后做两片钢筋砼剪力墙，并留出半圆形空洞及上梁缺口。经过上述细部处理，两栋住宅合成为一栋。同时又把各户的阳台统统朝西，既可遮阳又丰富迎街立面。住宅单元仍为南北朝向。方案上报规划局后，得到充分肯定和欣赏。很快获得批准，真是皆大欢喜。几年后南京下关区热河南路西侧改造，其中的沿街住宅建筑，规划部门仍要求他们仿造洪武路的那栋商住楼模式。之后我路过多次，果真一模一样。可见规划局有关人士对洪武路商住楼的建筑设计印象有多深刻。

而南京金城机械厂招待所（后称西华门饭店）是一栋要求和标准都不高的建筑。但其位置相当重要，临近逸仙桥和中山东路，沿城东干道龙蟠中路，紧靠西安门遗址公园。看过现场后，我认为这个工程既不能复古；也不应该过于时髦，但应该做出自己的个性和特色。

西华门饭店的功能虽然相对简单，但也应体现南京的城市面貌。这是每栋建筑和每一个建筑师的责任。设计平面呈“U”字形，主入口面向主干道，为二层高的接待楼，右边一长条为六层客房主楼，左边一条为二层楼，设有大、小餐厅和厨房。平面设计合理，功能分区明确。最为个性化的地方是：客房楼的楼电梯间和大小餐厅楼的楼梯间，都做成直径 8.2 m 的外接圆筒形，楼、电梯间均伸出屋面高 6 m。这种超强的识别性建筑造型将成为酒店的永久广告。

圆筒形建筑面积比正方形平面面积要小、要省。在圆筒内布置楼梯、电梯等竖直交通空间，利用得好，边边角角还可用来作为存储空间和管道线路竖井。接待楼入口为两层高空间，左侧圆筒为圆形旋转装饰性楼梯，专通二层餐厅。楼梯按疏散要求设计，既是交通，又是一种装饰。本来只要求做一个招待所，建成后已是一栋像模像样的酒店了。最近走访该工程，发现已被拆除，原因不详。

3. 出国访问、考察、探亲收获

1985 年底应日中经济协会的邀请，中国土木工程学会组团赴日考察，给了我院一个名额，赵复兴副院长兼总工把这个难得的机会给了我。这是我第一次出国访问，既兴奋又难免有些紧张。在日本我们主要是考察居住区、居住小区和住宅建筑，并了解了日本社会和建设。

其中，令我感到奇怪的是每一户的住宅

阳台都是通长的。当户与户的阳台隔断取消之后，等于是一条通长外廊。每户阳台两开间，长 7~8 m，宽 1.3 m 以上。户间由简易隔断隔开，与中国每户独立的阳台很是不同。有从日本回来的亲戚告知，日本潮湿，所以阳台都不封闭、栏杆通长就是为了晒被子方便，我恍然大悟。还听说阳台不计入面积。这是我对日本留下的最深刻印象。

35 年后，日本公寓的通长阳台激发了我的灵感，可以利用通长阳台作为北外廊公寓的另外一条安全疏散通道，为此写了两篇论文。日本简易的户间隔断，要击碎后才能从邻居家逃生。如今技术条件不同了，可以设置户间隔断门，平时打不开，门间空间仍是各户的阳台；火灾时由小区消防控制中心自动向楼梯间的疏散方向打开户间隔断门，成为安全疏散通道。当然，平时要经常检查，不允许在阳台上放置大件家具妨碍交通。

1992 年，我应省中江公司之邀，作为建筑顾问，赴黑龙江省黑河市对岸，俄罗斯阿穆尔省布拉戈维申斯克商谈接手一座已烂尾 15 年的剧院续建和室内装修工程（结果未谈妥）。这次去俄罗斯，正是苏联解体后的第二年，政府屋顶上飘扬的已是俄罗斯国旗。当时卢布贬值、物资短缺、经济萧条，见之甚为伤感。当年的“老大哥”竟沦落到如此地步。也许老百姓并不在乎，傍晚，母亲们仍悠然自得地带着孩子在黑龙江边散步；父亲们照旧进入酒乡。千里迢迢来俄罗斯，总想带一点纪念品回家。当时人民币升值，东西便宜。我在书店、地摊上买了近 20 张古典音乐唱片及几幅油画、朝鲜画（类似油画），又买了一个登山包装得满满，算是收获。遗憾的是没有时间、也没有计划去莫斯科。

1994 年，我院被分派到一个大项目——江苏大剧院。方案由卡洛斯设计，很有特色，外型如一辆流线型跑车，已通过审查。我院接手初步设计和施工图设计，派出各专业人员至卡氏设在加拿大多伦多的事务所。我们的任务是完成设计交接、吃透意图、注意要点、保持联系。不巧他有事外出，几天后才能回来。于是安排我们在多伦多、渥太华、蒙特利尔以及魁北克等几个城市观光。有幸看到世界第一的尼亚加拉大瀑布，高大宽阔、气势磅礴。不久卡洛斯回到多伦多，我们顺利地完成设计工作的交接任务后回国。

不承想，回南京后，文保部门不同意在明故宫遗址公园里面建大剧院，工程就此偃旗息鼓。28 年过去了，遗址公园还是老样子，继续被历史遗忘着。现在看来午朝门至北安门之间，正需要有一座高潮性的公共建筑，江苏大剧院正合适。我曾在北京国家大剧院走廊上，细看过世界各地大剧院照片。按我的眼光和评价，悉尼、北京、南京三个大剧院最好。都有个性、不落俗套。现在建成的江苏大剧院，地处奥体中心西南，位置冷落，对老城、新区的振兴都缺少贡献。我第一次“打的”去大剧院时，一路上看不到大剧院的远景、中景，下车后仍看不到完整的立面造型。高大的灌木和乔木把建筑团团围住，看不清其真实面貌。记得曾在报纸上看到过形若花瓣的大剧院鸟瞰图，应该除航拍外，大多数人都看不到这个景象，实在可惜。当然环境设计理念错误也是原因之一。绿化应以成片绿篱绿地为主，灌木为辅，以充分突出建筑造型。我想如果卡洛斯的方案能够实现，各方面的效果一定会比河西的大剧院方案更好、更紧凑、更漂亮。

从 1996 至 2006 年，约十年间我共去过美国四次。第一次是到加州圣迭戈参加专业会议；以后三次或是陪同太太看望在美国求学的儿子和亲友，或陪同住上海的姐姐探望定居美国的妹妹（我的姐姐）并旅游观光。因为工作繁忙，探亲时间仅两三个月。每一次总是匆匆而去，急急而回。

我四次到美国，每次的心情都不一样。可以用非常激动—激动—平静—很平静来形容。一般对一个国家、一个城市的印象，多反映在看得见的基础设施和环境建设上。它们的好坏反映制造业、建筑业是否先进发达。随着中国改革开放，基础设施的修缮，国家间的差距在不断缩小。中国都是新的，而美国已经陈旧甚至于年久失修，这大概就是我在十年间由羡慕到平常心的变化过程和原因。

记忆深刻的是在亚利桑那大学参加儿子的研究生毕业典礼，学校体育馆内座无虚席，庄重的仪式和热烈的氛围，让我们终生难忘。美国学生的家长们会从各地赶往学校；我们作为留学生父母也不远万里去到亚利桑那，参加儿女们的毕业典礼。整个校园人来人往，热闹非凡。这种能激发学生们勤奋感和家长们荣誉感的良好氛围，我们国内似乎比较缺乏。美国有值得我们学习的地方。

在美国每户只少有一辆汽车，多的甚至有三四辆。除家里有停车库的，城市支路上也允许路边停车。与中国的人多地少相比，美国人稀地广，如超市、专卖场等一般都是地面停车场，既方便又省钱，无需建造地下停车库。多数高层综合楼的地下室面积与

作者（摄于美国旧金山）

上部建筑相同或略大，大多作为设备机房使用。一般都在相邻位置建造多、高层停车楼。主要因为地下室施工麻烦、造价又高；而停车楼施工快、造价低，有百利而无一害。

在美国，人们对汽车库建筑并无偏见，认为哪里都能建，只要有需要市中心地区也可以。美国波特兰市中心地区到处都是停车楼，形式多样。而中国相反，认为停车库是不登大雅之堂的建筑物，有失体面，不该建在城市中心区。当然，也应避免在交通繁忙的路口布置停车楼。看到和想到中美之间的差异，我开始收集美国图森、旧金山、芝加哥等地停车楼的平面形式资料和立面造型照片。原来，停车楼的形式也可以多种多样、千变万化的。回国以后，我结合南京现状，写了一篇评论文章《城市中心区停车问题探讨》发表在 2003 年 12 期的《现代城市研究》上。

二、专事施工图审查、出任二级注册建筑师出题专家组成员

泰州市革命烈士陵园规划和设计，是我建筑设计的收官之作。不久，我被江苏省施工图审查中心聘为审图专家，专门从事审图工作。设计工作一直有校对和审核制度，也是互查互检的过程。审图时，发现有些设计单位审图制度不全、不严，对防火规范（或其他规范）执行不到位；甚至还有规范里的条文说明违反规范中的强制性条文的案例。本来，我对规范的执行很是信任，之后不得不多一个心眼。这也算是通过审图歪打正着的一个收获。

江苏省建筑师学会为提高一级注册建筑师的建筑设计水平，每年都要进行一次再教育，学时约一天。因我正好在省施工图审查中心审图，碰到的问题会多一些，就请我去讲课。对我来说也是一次总结，便答应了。为了讲课方便，我编写了《注册建筑师再教育讲课提纲——建筑专业设计工程中常见问题》讲稿。我先根据自己的经验和体会完成了文字稿，再配合文字稿制作示意图，为了便于对照、增加认知，图中配上文字解释、尺寸标注、对错标记。我与省院年轻的一级注册建筑师王小敏合作，完成了授课讲义。

建筑专业设计工程中常见问题包括总图、建筑分类、防火分区、安全疏散、超高层建筑避难层、住宅建筑防火、建筑防火构造、民用建筑设计通则等八个方面的问题。看起来似乎都是小事，或尺寸长一点，或面积大一点，但很可能都是强制性规范问题。比如，一栋进深 19m 的五层办公楼，完全按照 GB 50016-2006 规范要求设计，如每层面积 4 820 m^2，设有自动喷淋，仅设两个楼梯间，其建筑长度竟然可达 242 m。本来，我以为建筑长度顶多能到 150 m，仔

全国注册建筑师考试委员会二级注册建筑组成员在长春合影

全国注册建筑师考试委员会二级注册建筑组成员在北京西苑饭店合影

细分析后发现:设置喷淋后所有疏散距离都可增加 25%;中间 52 m 走道不要求计入疏散距离;再加上两端半径 15 m 的半圆空间,总长度确实可观。直到低、高规合并,GB 50016-2014 颁布,才控制尽端房间面积≯200 m^2,但总长度仍可达 239 m。

当时,一位东大老师对此案例赞不绝口,认为多数人不会想得如此深入。当然问题也随之而来,当楼长超过 150 m 或总长大于 220 m 时,须设宽、高 4 m 见方的穿越建筑的消防车道或环形消防车道。须注意一层层高、梁高及室内外的高差尺寸,以满足洞口高度要求。一层需独立疏散;二层以上需经由封闭楼梯间疏散。因建筑过长,还应设伸缩缝或增加加强钢筋等措施。

20 世纪 90 年代初,由于建筑学专业大学毕业生缺乏;另外,县、市一级设计单位里从事建筑设计的很多是结构专业毕业的,虽然也做建筑师的工作,但在承担设计任务时还是有区别的。所以 1992 年年中,建设部决定实行注册建筑师考试制度,与国际接轨。各省市建筑设计院委派有相应资历的建筑师到广东省从化市集中进行培训。江苏省院派我作为骨干参加了培训。当年年底,我作为注册建筑师考试专家组成员赴吉林长春指导,任考试阅卷、答疑专家。

之后,建设部又根据中国面广量大的国情实际,分设一级和二级两个注册建筑师档次。此后我就成为注册建筑师考试委员会二级注册建筑师出题专家组成员。直到现在,虽已经不干具体实事了,仍挂着虚名,实在不好意思。

三、受聘“南京国际青年文化中心工程”甲方顾问的体会

约 2014 年,南京国际青年文化中心工程由扎哈·哈迪德事务所中标。南京河西建设指挥部为慎重起见,聘请东南大学建筑学院高民权教授和我为甲方顾问。

由于现代建筑的设计理念十分严谨理性,有人甚至认为有点刻板,所以总有一些建筑师试图突破。后现代主义理论的出现,就是其中的一种尝试,但寿命不长就悄然无声了。扎哈的设计理念也是对现代建筑的又一种探索和挑战。中国建筑师们也有人在学习模仿或探索中。

扎哈的设计理念和手法多运用在单、多层的大空间项目上,如大剧院、大会堂、大展厅、大候机楼等无柱空间场所。有利于内、外墙的形态变化和把控,又不致影响建筑功能的合理使用。因此她不会或极少在高层建筑的标准层中做过多的夸张和变化。所以她还是掌握着分寸的。

她的设计特色,多体现在建筑的内外墙

体和屋面的变化上，或者隆起或者凹陷，一切都由扎哈的自我灵感与美感确定。因变化多端，带来建筑造型和构造的特色和复杂。对现代建筑来说，为符合结构的合理性和经济性，建筑造型多横平竖直，使内外墙体构造相对简单，造型简洁。结构构件与外墙墙体基本合二为一。扎哈的设计则反其道而行之，内外墙体夸张奔放，甚至可以随心所欲。这就带来了主体结构、外墙结构、内墙结构等三重结构构造体系。当然，内外墙的构造体系均承受在主体结构之上，以保证建筑结构既有整体性又有个性化。所以，

南京国际青年文化中心

从结构和建筑的经济性角度来说，是很不经济的。因为内外墙之间的空间各自独立，很难被配合利用，甚至可以说是一种负担和浪费，唯一目的仅仅是为了满足建筑造型的可能性和视觉需求。说到底，这些空间和材料都是无法使用和充分利用的。

不过对办公楼、酒店类高层建筑，裙房部分的大堂、大餐厅、大会议室等大空间的外立面的造型有条件和机会做得夸张，以突出扎哈自己的风格。但对高层的标准层造型，则会相对收敛，仅在立面上做一点线条上的配合。南京国际青年文化中心的两栋高层建筑的造型就是一例。

在改革开放的指导思想下，从广州大剧院工程开始，国内才逐渐有设计项目接受了扎哈具有独特视觉感受的建筑设计方案。“南京国际青年文化中心”工程设计就是扎哈在中国的众多工程项目之一。我这才有机会接触到扎哈的设计理念以及她的设计手法，从而对她的设计有了初步的了解和认知。同时开扩了眼界，并发现了一些问题。我当了一次顾问，学到一种做法，读懂一个理念，也算有所得。

扎哈的建筑风格对外墙的饰面来说采用什么材料最好最合理是一个难题。因为它的曲面随心所欲，无规律可寻。致使广州歌剧院的外墙花岗石面板饰面高低难平，难以施工不尽人意。于是我想起几年前我们

在泰州市革命烈士陈列馆设计中，采用江苏宜兴某厂生产的20厚预制玻璃纤维水泥压力平板作为外墙饰面板材，效果良好。于是建议英国扎哈设计公司及南京建邺区河西建设指挥部，采用这种板材。可根据屋面和立面的展开图的分格编号。由电脑绘出每一块板材的平面分割尺寸及每一块板的曲率，预制出屋面和墙面的每一块预制板，焊接在各处规定的龙骨上。甲方和扎哈设计公司同意并赴该厂实地考察、交流。最后决定采用这种挂板。完工后，整体效果良好，造价也较低。屋面及外墙自然过渡，得到各方面的认可，我尽到了作为工程顾问的职责，皆大欢喜。

四、病后开始论文写作

2016年6月，我查出患了直肠癌。没有惊慌和犹豫，当机立断住院手术切除病灶。中途因肠梗阻再进手术室处理，住院达20天之久。为免影响大家工作，出院后才告知审图中心。大家一起来看我，很是感动。我没有做化疗，只打了提高免疫力的针剂三年多，直到疫情来袭不方便常去医院才停止。现在健康状况尚好。自此，我离开了施工图审查中心，结束了审图工作。

手术出院后，在家休养，我常常想起住院时的病区环境和安全疏散条件，真有点后怕。我设计过医院，知道疏散楼梯间在哪里，但身体很虚弱不能走路，走廊上全是加床，疏散宽度只剩1.4 m。即使有2.4 m宽，(甚至还设有避难间)，一旦失火，烟气跑得比病人更快，后果不堪设想。于是，一篇保障医院病区和（失能）老年人公寓的安全和疏散能力的论文在心中产生了。

当时，我需要一位电脑老师和论文合作者。首先要学会CAD打字和绘图，还要有人校对并后期制作；同时能提供最新的设计和规范信息。在文字和绘图方面我想要自力更生，做到自说自画自改。无奈之下，再次求助曾经的设计合作者，现在已是省建筑设计院副总建筑师的王小敏。待我讲明缘由和希望后，他一口答应并乐于参与。我速成了电脑打字和绘图，终于，病愈后的第一篇论文《医院病房护理单元及老人公寓火灾时等待救助及安全疏散研究和探讨》的论文完成了。

不久，又发生了令人发指的“杭州保姆纵火案”惨剧。想到众多的多高层公寓类住宅：每户家庭成员复杂，室内明火暗火齐全，一直是火灾的重灾区。安全疏散和防火构造问题极需关注和改善。结合施工图审查中发现有规范执行不到位，甚至错误的地方，需要及时检讨和改进。所以，我又继续写了三篇关于公寓类住宅的安全出口和疏散通道，居住建筑的防火属性和分门别类的论文，供大家讨论和参考，希望设想能产生影响，同时在实践过程中改进提高，并将公寓类住宅定性为“公建”。

为了迎合城市总体规划的要求，南京在交通换乘枢纽中心需要规划建设很多停车场地；而城市中心区因地铁运营，地下商业得到了前所未有的发展，人流纷纷转入地下，致使城市中心区日益冷落。另一方面，地下多层停车库工程施工的支护费和开挖费用实在太过昂贵；又有碍海绵城市的实现，得不偿失。于是，我又写论文呼吁关注和落实停车楼的建设。

《城市汽车停车商业综合楼研究及设计探讨》一文就此应运而生，呼吁尽可能少建地下停车库，多建高层停车商业综合楼。尤其在城市中心区和交通换乘中心，能有更多车位方便有车族；对周边居民来说，也有一个休闲、购物、餐饮的去处；还能提高开发商建设开发停车楼的积极性。期望南京的城市中心区布局做到地上地下人流均衡，面貌一新，更上一层楼。

我们的论文并非只是概念、臆想。所写论文不仅都有文字论述，更有试作方案解读论证，经过比较分析有数据、有结论，并提出推荐方案供大家选择。所有试作方案都有根有据且图文并茂，而且是以往从未见过的设计方案。有意向者可拿来就用；更希望进一步改进提高。我们的目的是把可能要去住的医院，以及天天住的公寓，设计得更安全更好，进一步改进了医院病区、老人公寓、公寓类住宅的安全出口、疏散通道、防火构造、等待救助、消防扑救等方面的设计。世间万物，就是在不断探索中发展进步的。这正是我们不断追求的目标。

在写作过程中，常有一些问题或疑惑或不解，常请教省施工图审查中心的同事李恕高级建筑师和包红燕结构总师，在此表示深切的谢意。

五、致谢与思念

2020 年年中，收到河北省建筑设计院李拱辰总建筑师寄来的专著《时光筑梦》一书，翻着书我爱不释手，浮想联翩。我们这代人都经历过各种坎坷，都抱着过去的就让它过去的心态。只要有方案做，有设计做就满足了，其他都无所谓，一心只想把失去的时间抢回来。总是加班加点地干也不觉得累，事业占领了我们的心。

李总的建筑设计作品是当年建筑界最为优秀的作品之一。特别是各种类型的纪念性建筑更是光彩夺目。他是我的好榜样。李总毕业于我梦寐以求的天大，本应是我的学长。他更是我志同道合的好友。正巧江苏省院准备为我出版作品集，他寄来的《时光筑梦》一书，使我有了珍贵的参考资料和样板，也激励我把自己在建筑创作过程中或建成后发生的各种有意思的故事，与大家分享。

为了充实本书，补充以前没有整理的工程案例，重要的就是补拍照片。工程多数在南京，也有外地的。近的在无锡，远的在青岛。图纸有档案可以扫描，唯有拍照最好亲为。我已力不从心，只得请好友帮忙。青岛市军转干部培训中心是我在青岛的第一个中标项目，曾对其寄于厚望。不料大楼建到六层后停建了近十年，也没拍过完整照片。于是求助老朋友青岛市设计院总建筑师傅汉东，他是全国二级注册建筑师考试委专家组现任组长，也是摄影爱好者，装备精良。傅总家住青岛东部新区，工程在老城海滨，行程遥远，加上选景和拍摄几乎花了他一天时间。我心里尽是谦意，看到照片又激动不已。感谢傅总鼎力相助。

我要感谢江苏省建筑设计院的历任领导对我的关怀和信任。在大是大非问题上陈建明书记总能对我公正评判并表示关心，在工程设计中，建筑、结构配合默契；江一麟老院长对我信任，邀我陪他到苏州参加省建筑学会年会，使我开阔了眼界、认识了众多老前辈和新朋友；赵复兴总工指派我参加中国土木建筑考察团赴日本考察居住区规划，了解国际行情以提高规划设计水平；朱荣华院长批准我参加在美国圣迭戈举办的建筑论坛，并获得参观洛杉矶和旧金山两个城市的机会。

樊德润、李高岚、蔡钟业院长安排我参加江苏大剧院设计组，赴加拿大多伦多卡洛斯建筑事务所，交接江苏大剧院项目各专业的初步设计和施工图设计事宜。趁卡洛斯外出空挡，我们顺便参观了附近城市，并观赏了世界第一大的尼亚加拉大瀑布。

2001 年，张明生院长把江苏省院推荐的“梁思成建筑提名奖”的名额给了我。照理，这个奖应属于赵总、李总和陆总。他们三位分别是两项和一项国家级一等奖获得者，在院里享有盛誉。是他们的礼让给了我的机会。所以，我既要感谢张院长，也要感谢三位前辈老总。尽管自知获奖希望渺茫，仍感到十分高兴。这是鼓励，更是肯定。

姚宇澄总建筑师是我最尊重的前辈之一，是我院资深建筑师，对于我的建筑设计创作影响深远。在南师大图书馆新馆的规划设计中，我突破了传统布局，得到姚总的鼓励和肯定。

江苏省院良好的创作氛围，让我有机会充分展现了自己的设计风格。更常常想起众多的前辈和合作者。其中，设计前辈和好友有江良栋、严浩、洪树荣、江三林、安琰、黄慕贞、朱玲、卢福荫、马希良、陈松华、魏玛丽、陈景尧、吕国刚、金启英、陆宗明、陆寅福、张仁淦、徐罗以等；设计合作者：建筑设计专业有徐中、林晞、徐勇、肖敏华、曹兴儒、罗胜华、谭林海、韩森、陆以良、俞养荪、翁天禄、徐延峰、宋华、赵北平、常玉明、吴亚雄、徐敏娟、吴正清、濮巍、陶鸿诚、王兴农、唐滇璋、王学明、孙锡根、张墨新、俞俭、赵淑艳、顾晓然、彭岭岭、吴亚雄、廖杰、余年冰、陈江华、陶敬武、彭六保、张滢、刘志军、王小敏、顾晓然、孙建明、费跃、张诚、李伟、江兵、葛宣、纪虹、梁小燕等；结构、给排水、强弱电、暖通、预算等专业的有：李伯年、吴林祥、周泉兴、林章宝、陈文美、龚任远、陈迺铨、赵伟、陈建明、孙秀真、肖靖娜、朱强、任家骥、周淑秀、李爱春、金如元、王兵、彭星河、赵海宁、张林保、沙祥林、贾锋、夏建明、冷斌等；房薇生、方玉妹、翁文炳、李戈兵、陈光生、蔡钧、周绍兰、皇甫涓涓等，姚敦友、施顺英、韩镜明、周大成、许秀芳、毛丽伟、宋涛、谢维穜、张云等，朱钰铃、夏卓平、臧克勤、付克丽、陈则友、周勤、王伟平、朱峥彧等，周建华、钱玲珠等等。其中有资深同事，也有后起之秀，都曾经精诚合作，共同努力的同事。林章宝、陈文美曾是浙大同届工民建专业校友；赵淑艳、刘志军则为建筑学专业学妹、学弟（排名不分先后，名单可能不全，甚至有误有漏，敬请各位谅解）。

省设计院部分同事集体合影（本照片由江兵提供）

1979年春，我接家母来南京小住，不料因水土不服，她偶受风寒，卧病在床，且神志不清，我紧张得束手无策。我永远不会忘记，在最困难的时候，是翁天禄和吴亚雄两位同事，向我伸出援手，帮我渡过难关，终生不忘。

最后，我要再次感谢省院现任领导。特别是总建筑师徐延峰的决定和领导们的支持；有副总建筑师王小敏的努力和付出才会有这本书的出版。这是江苏省院给我的褒奖，送给我一本结集成册的个人作品，感激不尽。

本书收集的资料有点多也有点杂：有设计作品，有评论文章和讲课提纲，甚至还有效果图。其中部分作品已收入《中国百名一级注册建筑师作品选》中，本书已全文收录。1982年起，我在《建筑学报》《江苏建筑》《室内》《现代城市研究》等期刊，陆续发表了多篇评论，本次也收入书中。近六年，所写论文多属于医院和老年人建筑及公寓类住宅建筑的防火设计、安全疏散、防火构造、等待救助、消防扑救等内容。都是我因病住院手术时的亲身感受和审图过程中所发现的问题。论文内容包含全局构思、理念论述、方案实践等，文章深入浅出、图文并茂，已经达到并符合真正意义上的论文水平和要求，也一并收入书中。读者可直接拿来实践，这也是我最希望的结果。

六、尾声

浙江大学土木系建筑学专业是周荣鑫校长创建的。1959年，周荣鑫校长到浙江大学赴任，前后仅三年就为土木系创办了建筑学专业。他的决定和决心，绝对不是盲目的好大喜功，而是必须的也是必然的需求。他来浙江大学之前就是建工部副部长、中国建筑学会理事长。他最了解国内著名的理工科大学建筑系和建筑学专业的设置情况，认识建筑权威、熟悉专家教授，是真正的内行。他作为校长，付出了极大的努力和贡献，完善了土木系建筑学专业配置，这是浙江大学的福气，他是一位有开拓、创新精神的好校长。

至1959年，浙江大学创建近70年；土木系也已有30年的历史。按理早就应该有建筑系或建筑学专业了。然包括富有前瞻性的竺可桢校长在内，都无建树。足可见周校长的魄力和决心。然而周校长一走，建筑学专业又被彻底取消了。新招的建筑“591”班又回到了工民建专业。甚至在《1927—2007浙江大学土木工程系系志》里都没有“老三届”建筑学专业各班的花名册，仍都混杂在各届工民建的花名册内。这是对不起周校长的，也让老三届建筑学专业的同学心寒。

然而，回过头来想想当时土木系领导的畏难情绪也是可以理解的。没有建筑专业的老师，想要创办一个专业谈何容易？他们也承担着失败的风险的。但在全体建筑学专业师生的共同努力下，学习成绩提高很快，特别是走上工作岗位后的学生们的努力、取得的成绩，挽回了系领导的面子、放下了沉重的包袱。

浙大玉泉校区的规划和教学楼设计，都是由吴钟伟老师规划设计完成的。当时，土木系已有建筑教研室、建筑制图教研室，有一定基础。同时，系里还有一名美术老师杜高杰，工民建专业还有2个学期的素描课。这是入学时土木系与建筑学专业相关的基本情况。当时最需要的是建筑学专业的老师（之前，一位专业老师都没有）。于是，周校长调来了北京建筑设计院的许介三老师，许老师毕业于之江大学，是北京首都机场第一个航站楼的设计者。而后同济、天大的应届毕业生沈石安、王馥梅两位老师来浙大任教，为组建建筑设计教研组奠定了教学基础。同时浙江美院分配来的应届毕业生单眉月等两位老师，充实了美术课的实力。尽管大都是新手。其中，出身于工民建专业的王德汉老师，热爱建筑专业，是土木系中鼓吹建立建筑学专业的积极分子，印象深刻。他到兄弟院校建筑系进修培训建筑历史课程，回校后教我们中外建筑历史课，他讲课深入浅出，是我崇拜的老师之一。每次回浙大，我总会去各位老师家拜访。他们对我十分亲切，恩师终身难忘。

尽管，土木系对建筑学专业的学生在学习上不抱厚望，但建筑学专业“老三届”的教学质量不低，甚至可以认为较高。三届同学中有建筑561、建筑581两位国家级设计大师；大多数同学都活跃在京、陕、鄂、皖、苏、沪、浙、闽等省、市政府和部队的设计部门，担任重要职务。也与国内其他著名大学同专业毕业生的工作能力和业绩水平相当。所以，我还是要感激土木系，毕竟是土木系培养我成为了一个名副其实的建筑师。

2017年是浙江大学校庆120周年，也是土木系建系80周年双庆纪念日。“57”级同学决定举办一次纪念展览。我趁与王总共写论文之机，用现有材料编了一本作品集。着重写了一篇纪念周荣鑫校长的回忆文章。是周校长指导土木系增设了建筑学专业，使我成为了一名真正的建筑师；他改变了我的人生，他是我的大恩人。我的成绩都是周校长的功劳。所以，我要把《缅怀和感激周荣鑫校长》一文，放在本书的最前面。

注：本书中已出版、发表作品均为影印件，未作删改，如有错漏，敬请谅解。

浙大校庆土木系建筑学 571 班专业部分同学在图书馆前合影
自左至右，前排：陈玉华、郭志贤、邱登清、黄淼、徐家铭，后排：梅钧安、曹振文、刘锦泉、查富源、丁公佩、郑式乐

浙大校庆土木系工民建 571 班部分同学在图书馆门前合影
自左至右，前排：唐为玉、沈家骝、金小龙、郭添木、钱国桢，中排：窦南华、罗允富、赵宗梗、黄志群(生财)、孙田成、章志棠、江金宝，后排：丁公佩、曹振文、戴文豪、陈锡福

作品集

退休前设计作品

退休后设计作品

注:此作品集为原书影印件。

丁公佩作品选

我的建筑观

我的建筑创作理念主张在现代建筑理论基础上的“多元化”，注重现代建筑的地方性，而民族性则包容在地方性之中。

现代建筑理论是世界建筑史上留下的划时代篇章，以其科学的、理性的、纯净的思想和形象，顺应工业化时代潮流，在世界上独占鳌头，经久不衰。虽然各种建筑理论流派层出不穷，给现代建筑以各种各样的冲击，然而这些流派或由于换汤不换药，或势单力薄，始终无法动摇其根本理念。尽管现代建筑已为世界各国所接受，但由于民族的不同，地域的区别，气候的差异，环境的变化，人们对建筑有着不同的要求和审美观。这一方面给建筑创作带来挑战，然而也为建筑多元化带来条件和机会。只有这样，建筑才能植根于自己的民族、地域和城市之中，才能和环境相协调，与自然联系在一起。

我和同事们合作在南京、上海、苏州、青岛等地所做的设计作品，就是在现代建筑的理论指导下，考虑到不同地区、不同城市的历史文化背景，结合当地环境按照自己的认识所作的尝试。

青岛世界贸易中心

我的简历

1938年5月生，浙江省定海县（现舟山市定海区）人。1957年7月毕业于上海市洋泾中学，同年报考同济、清华、天大三校建筑系，因两眼视差悬殊，被认为无透视感觉者而名落孙山。结果以第四志愿被浙江大学土木系工民建专业录取，1959年，时任建工部部长、中国建筑学会理事长的周荣鑫同志调任浙江大学校长期间，提议土木系在美丽的西子湖畔增设建筑学专业，从此改变了我个人的命运，终于戏剧性地实现了自己做一名建筑师的夙愿。

1962年7月大学毕业后参军服役，分配在南京军区后勤部营房部设计所工作。两年后的1964年12月转业到江苏省建筑设计研究院工作（其中1969年4月至1975年7月曾下放江苏省“五七”干校和江苏省第一建筑工程公司），先后担任建筑技术员、建筑师、主任建筑师、副总建筑师等职，1994年4月起任江苏省建筑设计研究院总建筑师至今。1989年取得高级建筑师职称，1993年享受教授级高级建筑师待遇。

1992年10月起享受政府特殊津贴；同年12月获江苏省先进科技工作者称号；1993年3月获江苏省有突出贡献的中青年专家称号；现为全国二级注册建筑师考试专家组成员，南京市第十一届、第十二届人大代表。

江苏省政府办公楼
南京师范大学图书馆

江苏省政府办公楼

南京师范大学图书馆

南京师范大学图书馆

作为图书馆建筑和南师大教学区内纵轴线上的最后一栋压轴建筑，这种全方位体形布局都是十分适当的。它的造型能与民族形式的建筑群协调共处。

主要合作人：肖敏华
建造地点：南京师范大学校园内
结构形式：框架体系
总建筑面积：5000 m²
建筑层数：4层
建筑高度：17.40 m
建设单位：南京师范大学
施工单位：南京市第三建筑工程公司
竣工时间：1985年

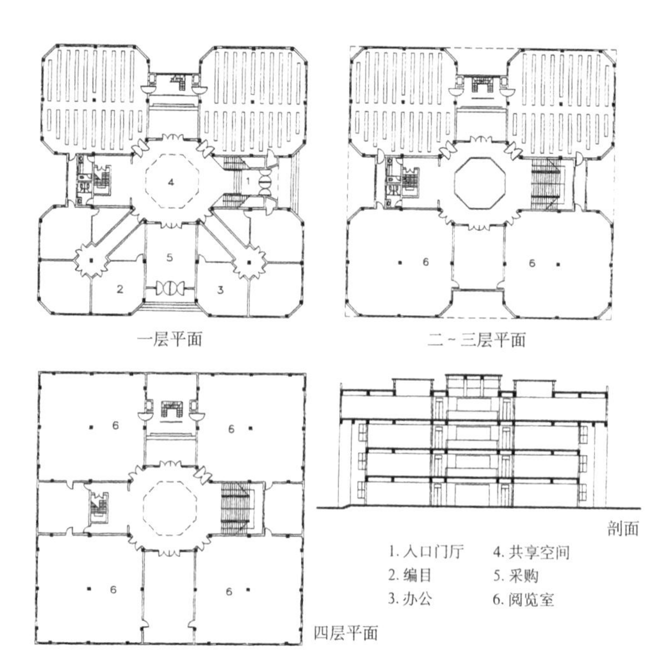

一层平面　二~三层平面　四层平面　剖面

1. 入口门厅　2. 编目　3. 办公　4. 共享空间　5. 采购　6. 阅览室

南京太平洋商厦
南京渡江胜利纪念碑

主要合作人：徐中　林晞
建造地点：南京市淮海路洪武路口
结构形式：框架剪力墙体系
占地面积：5400 m^2
总建筑面积：48000 m^2
建筑层数：地下1层　地上30层
建筑高度：106 m
停车数量：45辆
建设单位：南京宏达房产开发公司
施工单位：南通市第七建筑公司
竣工时间：1996年

渡江胜利纪念碑由罗胜华、丁公佩、谭林海、韩森集体创作

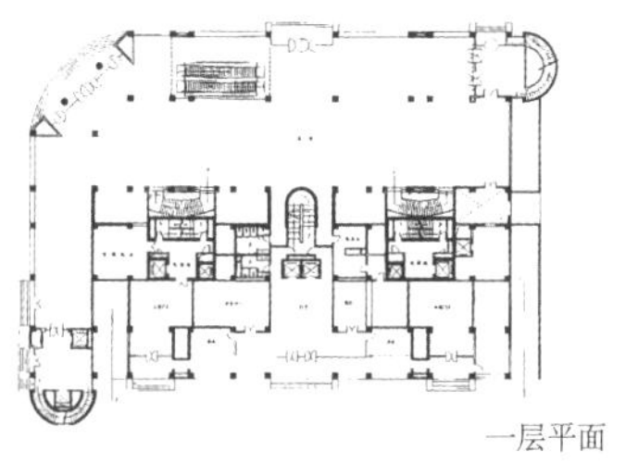
一层平面

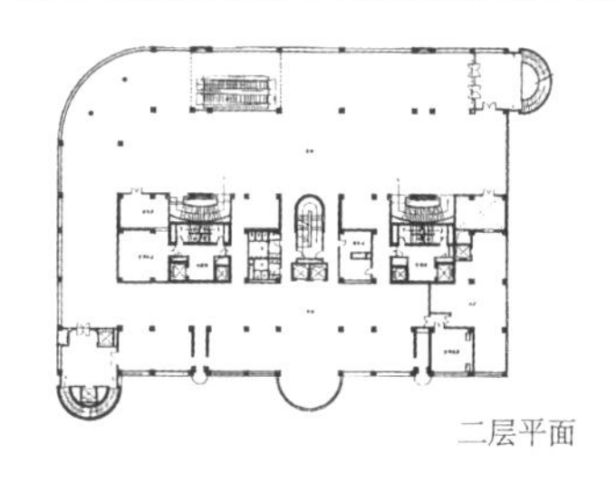
二层平面

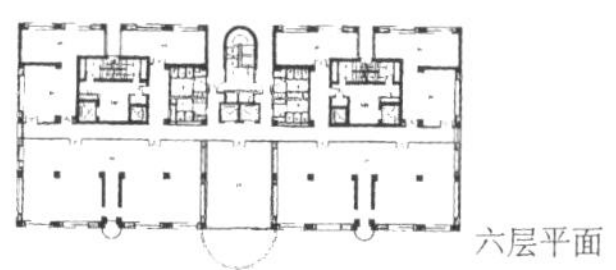
六层平面

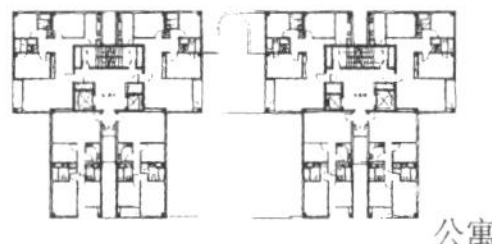
公寓标准层平面

南京大桥影剧院

剧院的主要特点在于前厅设计，它把大厅、休息平台、天桥、咖啡厅四个不同柱高错落地融合在一个开敞空间里，用主楼梯上下联系，丰富了门厅空间，增加了人看人的机会。天桥标高与楼座的横走道标高相同，避免了楼座观众在观众厅里走楼梯的不便，给观众带来安全感。

建造地点：南京市大桥南路
结构形式：框架、排架体系
总建筑面积：4200 m²
建筑层数：2层　局部3层
建筑高度：23.4 m
建设单位：南京市电影剧场公司
施工单位：南京市第一建筑工程公司
竣工时间：1989年

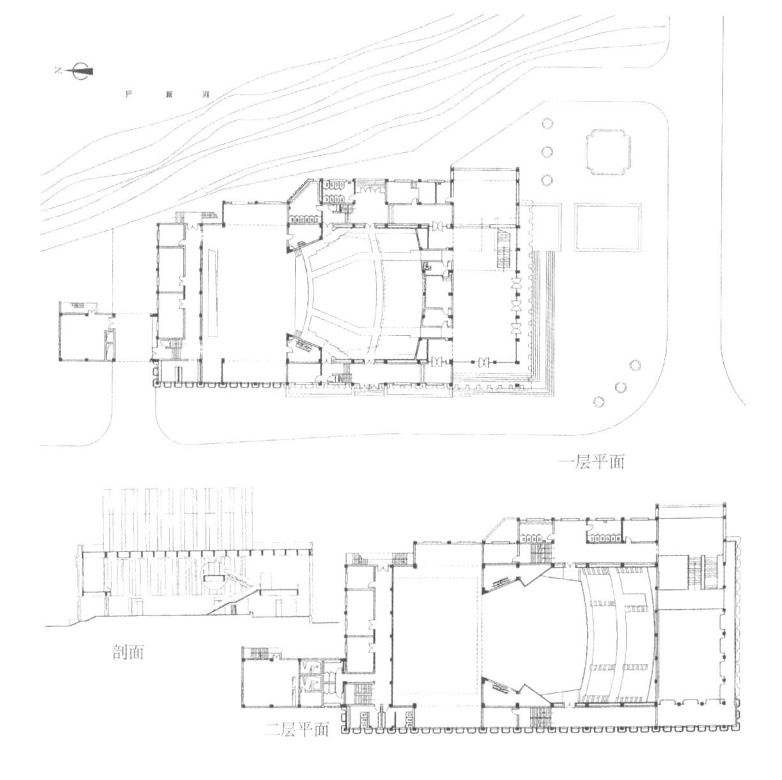

一层平面

剖面

二层平面

苏州长谷集团商厦（右）
南京江苏出版大厦（下）
（外文书店）

主要合作人：肖敏华
建造地点：南京市中央路湖南路口
结构形式：框架剪力墙体系
占地面积：2800 m²
总建筑面积：9200 m²
建筑层数：13层
建筑高度：52.70 m
建设单位：江苏省出版局
施工单位：南京市第一建筑工程公司
竣工时间：1985年

南京光华园住宅团地

光华园住宅团地结合狭长的鱼腹式场地特点，将住宅沿周边布置，斗折蛇行，错落有致，形成周边式内院格局。留出中部场地有机地布置为团地服务的幼儿园、老人活动中心、青少年广场。团地规划设计受到'86南京国际住宅年中外专家好评。

团地集中设置两个出入口，由环路沟通每栋住宅楼。单元出入口都面向内院以提供居民更多的交往机会；公共设施则为居民创造更多交往空间和场所，也为团地的交通和生活的安全性提供了足够的保障。

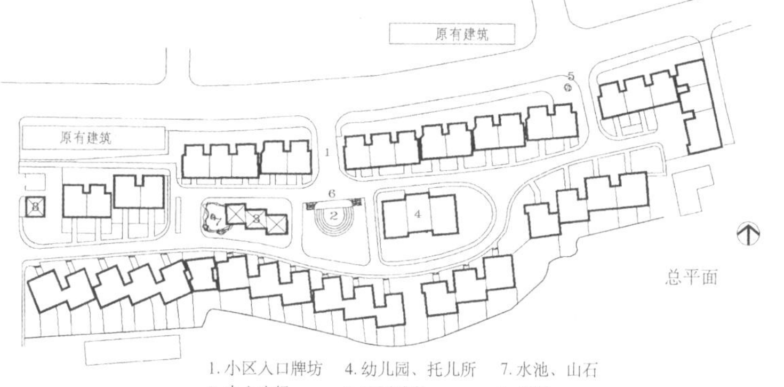

总平面

1. 小区入口牌坊　4. 幼儿园、托儿所　7. 水池、山石
2. 中心广场　5. 花圃雕塑　8. 厕所
3. 活动中心　6. 浮雕照壁

主要合作人：张诚　赵北平　常玉明
建造地点：南京市光华东街
结构形式：砖混体系
占地面积：16500 m²
总建筑面积：34000 m²
建筑层数：2～7层
建筑高度：7.2 m～20.8 m
建设单位：南京市白下区城镇开发公司
竣工时间：1986年

住宅造型采用硬山坡顶、漏空阳台、拱洞拱窗、米墙红瓦，具有现代住宅氛围。积木式幼儿园、吊楼式老人活动中心、高台式青年广场在住宅楼群中间别具特色，统一中富有变化。团地内牌楼、照壁、水池、雕塑相映成趣。

南京影视百花园

本工程作者为方案设计人
工程负责人为徐中

主要合作人：徐中 徐勇 赵淑艳
建造地点：南京市延龄巷
结构形式：框架体系
占地面积：4340 m^2
总建筑面积：8200 m^2
建筑层数：5层
建筑高度：23.6 m
停车数量：16辆
建设单位：南京市影剧公司
施工单位：南京市第二建筑工程公司
竣工时间：1991年

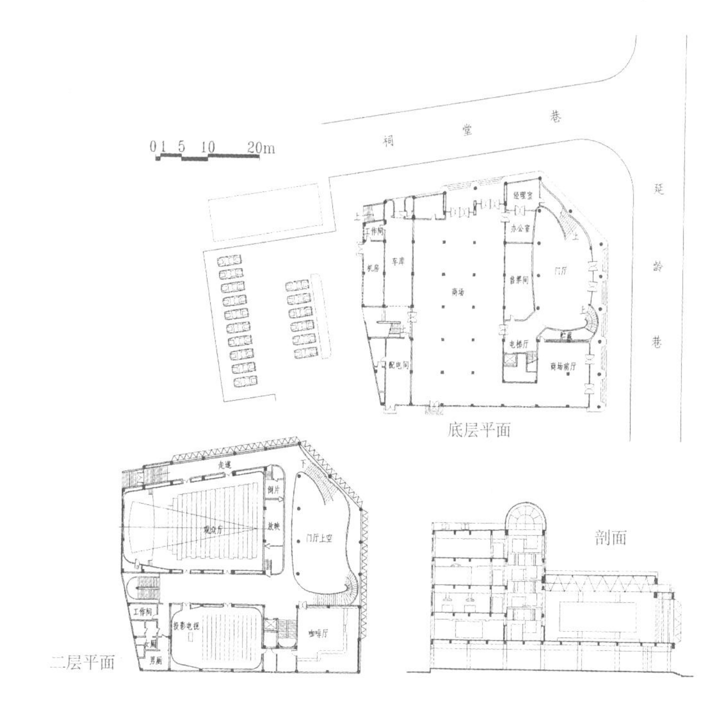

南京利奥大厦

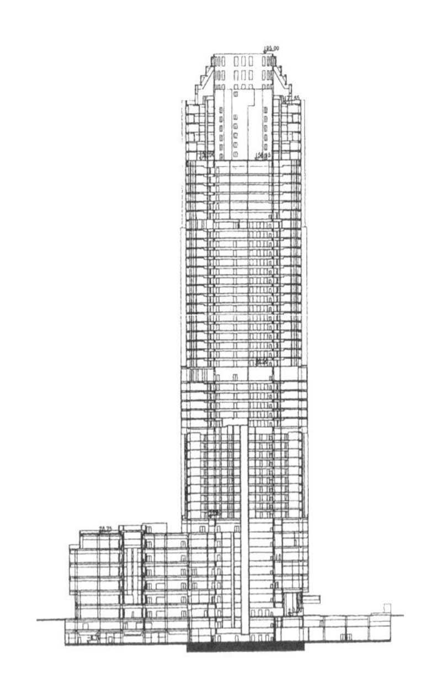

主要合作人：濮巍 赵北平
建造地点：南京市中央路
结构形式：框架核心筒体系
占地面积：11400 m²
总建筑面积：116000 m²
建筑层数：地下2层 地上53层
建筑高度：195 m
停车数量：215辆
绿化面积：2040 m²
建设单位：利奥房产开发有限公司

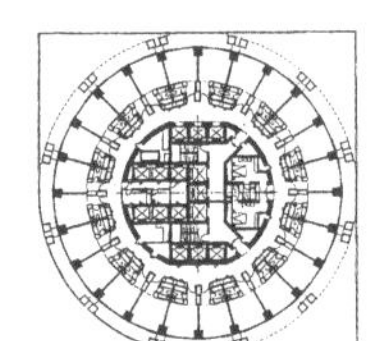
8～17客房层平面

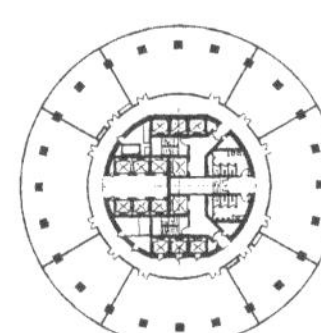
18～45办公层平面

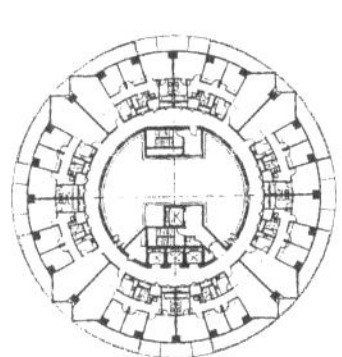
46～51公寓层平面

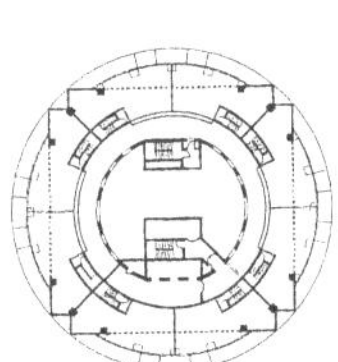
52机房层平面

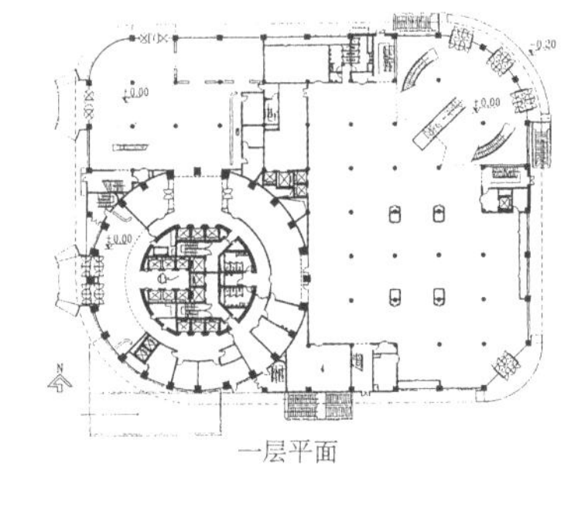
一层平面

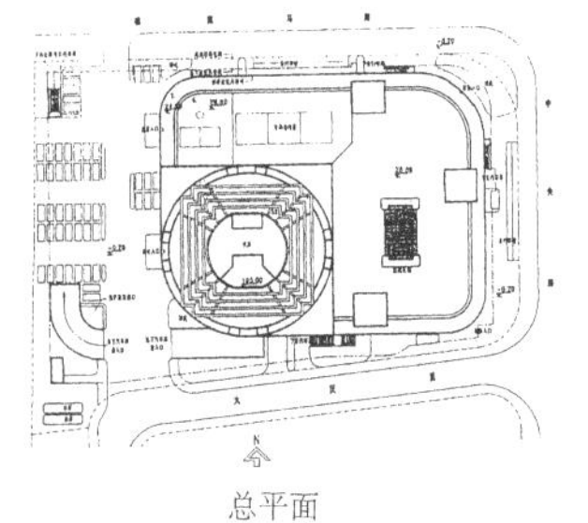
总平面

南京国税局大楼

主要合作人：孙锡根　宋华
建造地点：南京市白下路
结构形式：框架核心筒体系
占地面积：4200 m^2
总建筑面积：41000 m^2
建筑层数：地下2层　地上30层
建筑高度：113.6 m
停车数量：70辆
建设单位：南京市国税局
施工单位：南通市第三建筑公司

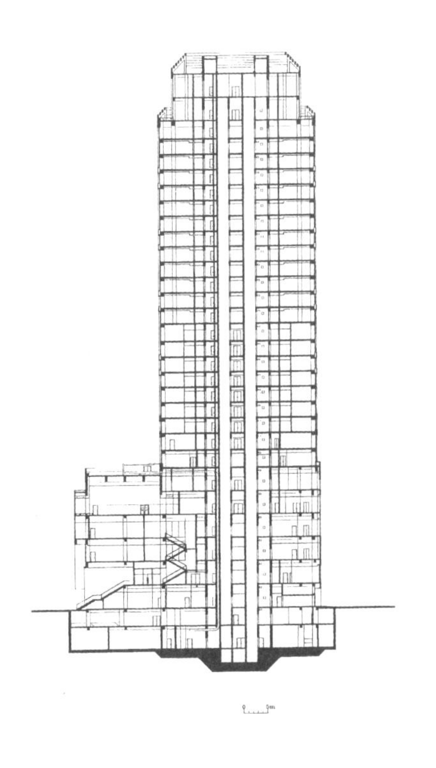

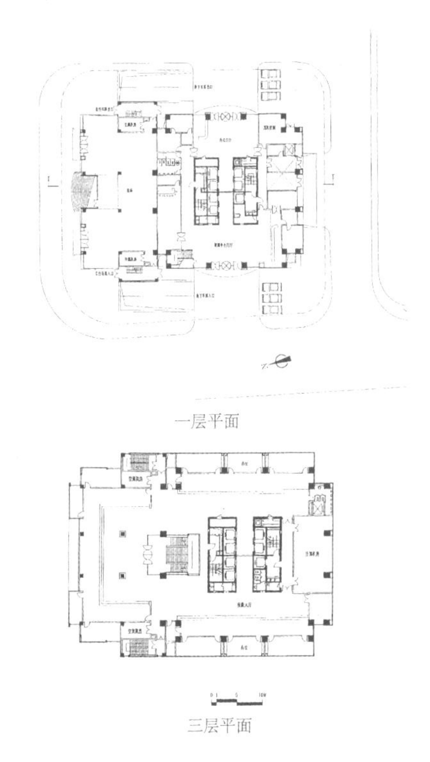

一层平面

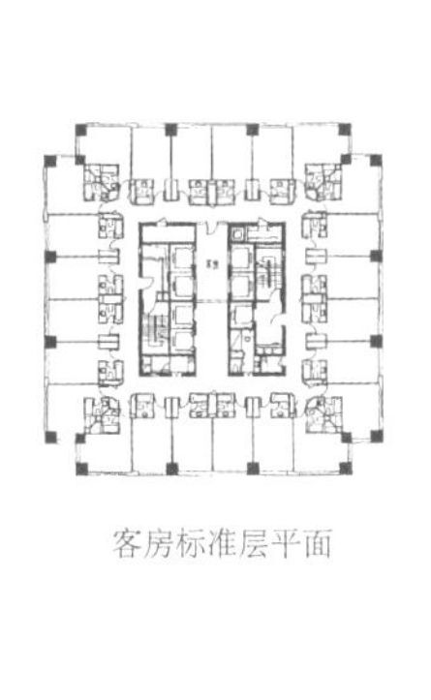

客房标准层平面

三层平面

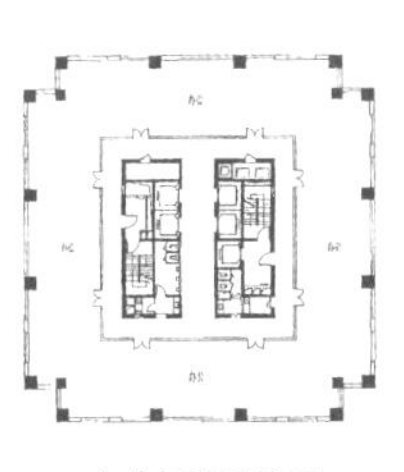

办公标准层平面

南京九龙大厦(右)
南京友谊大楼(下)

本工程作者为方案设计人
工程负责人为赵北平▶

主要合作人：江兵 葛宣
建造地点：南京市汉中路铁管巷口
结构形式：框架剪力墙体系
占地面积：5515 m²
总建筑面积：37600 m²
建筑层数：地下2层 地上20层
建筑高度：82.40 m
停车数量：40辆
建设单位：南京市一商局友谊华联集团
施工单位：南京市第二建筑工程公司
竣工时间：1994年

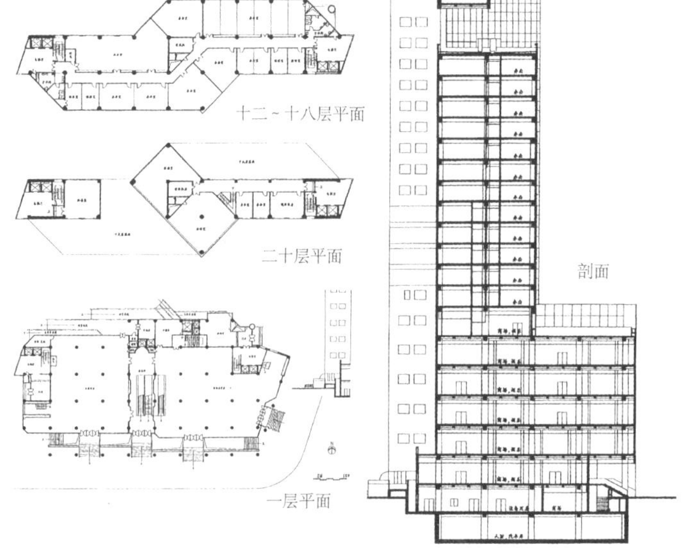

南京江苏展览馆

主要合作人：赵北平　张诚　纪红
建造地点：南京市中央路
结构形式：框架体系
占地面积：25400 m²
总建筑面积：25600 m²
建筑层数：半地下1层，地上3层
建筑高度：21.6 m
停车数量：98辆（地下车库）
建设单位：江苏省工贸中心
施工单位：南京市第一建筑工程公司
竣工时间：1988年

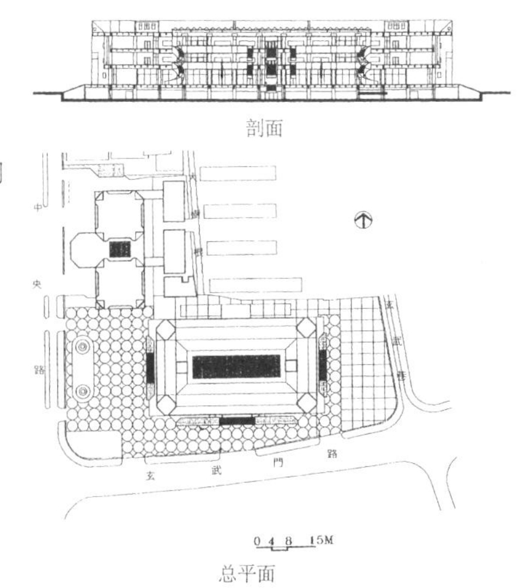

剖面

总平面

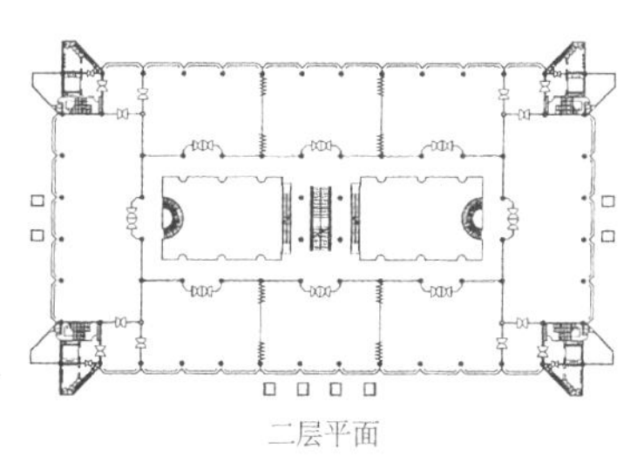

二层平面

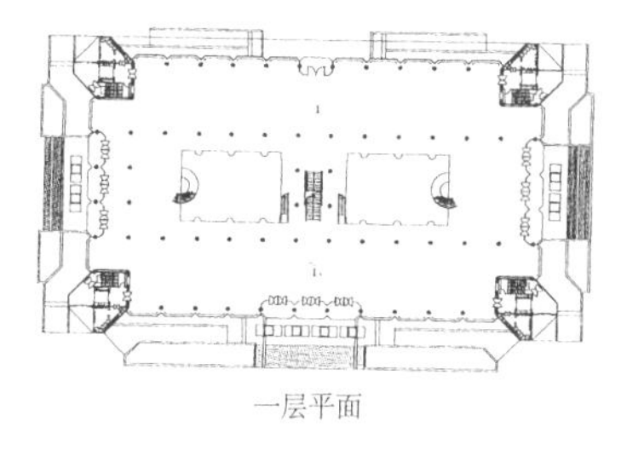

一层平面

上海浦东江苏大厦

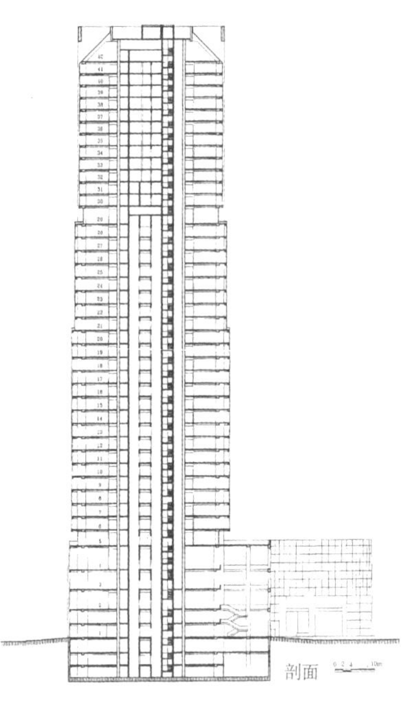

剖面

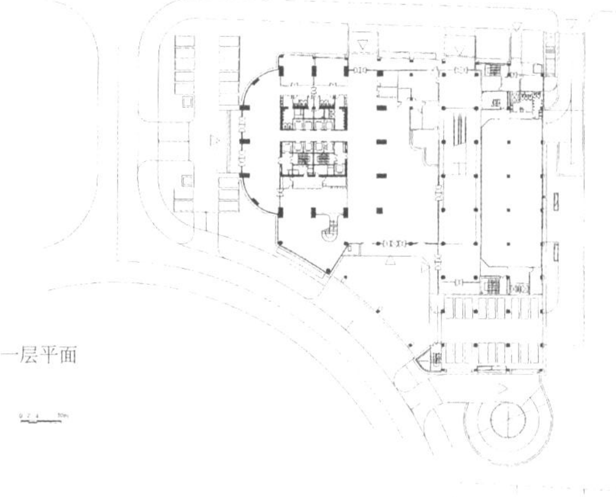

一层平面

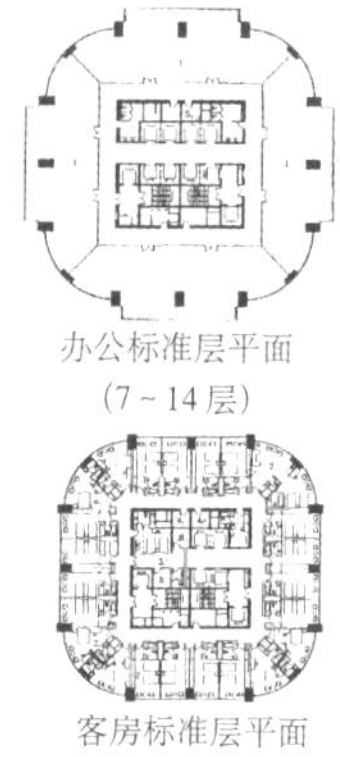

办公标准层平面
（7～14层）

客房标准层平面
（32～39层）

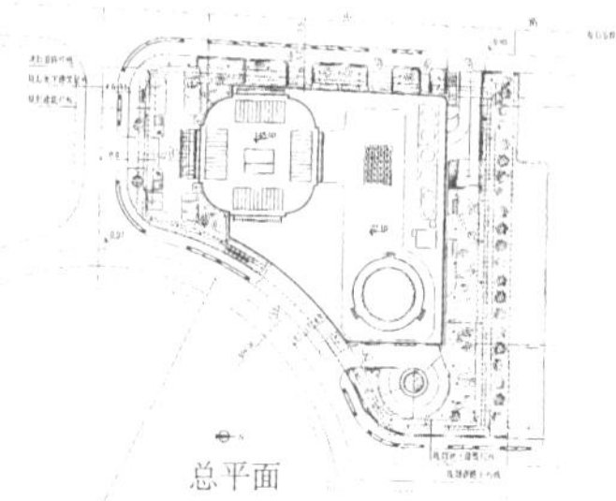

总平面

主要合作人：曹兴儒　宋华　徐敏娟
建造地点：上海市浦东崂山东路
结构形式：框架核心筒体系
占地面积：10700 m²
总建筑面积：76000 m²
建筑层数：地下3层，地上43层
建筑高度：147 m
停车数量：205辆
建设单位：江苏省兴江公司
施工单位：江苏省建筑工程总公司
竣工时间：1998年

南京供电局综合调度楼

南京供电局综合调度楼是一座集办公、集会、计算机中心、各类机房和中央调度室于一体的综合楼，要求大空间多而且集中，希望具有尽可能大的灵活性和可变性，以不变应万变。

为适应这种需要，建筑和结构紧密配合，采用单跨大跨度双排柱板式建筑平面，将主要使用空间集中于中部，两端设置垂直交通、卫生间、设备管道空间形成核心筒，以增强结构刚度。

结构采用现浇钢筋混凝土框架剪力墙体系，跨度13.6 m，两侧各悬挑2.4 m。采用非预应力梁，梁宽900 mm，梁高700 m（梁高约为跨度的1/20），大大降低了结构空间高度。

在高层建筑中采用这种建筑结构体系，是一次机会，也是一次尝试。结果十分理想，解决了无柱大空间的功能问题，又未增加层高，估计可能会提高造价的结果也未出现，因此业主满意，设计满意，皆大欢喜。

主要合作人：孙锡根
建造地点：南京市中山路
结构形式：框架剪力墙体系
总建筑面积：15200 m^2
建筑层数：地下1层，地上20层
建筑高度：89 m，塔顶高100 m
停车数量：院内停车
建设单位：南京市供电局
施工单位：江苏省启东建筑公司
竣工时间：1995年

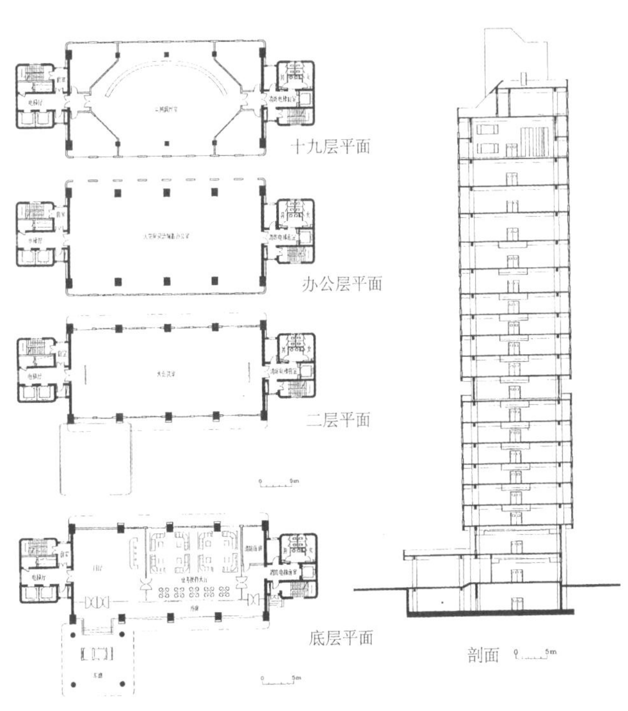

青岛世界贸易中心

中央轴线，对称的西洋式圆弧形广场和柱廊体现着青岛固有的城市风貌和文化氛围，建筑造型和外墙蓝灰色水平条带则具有滨海建筑的特征，这是一组既是青岛的又是青岛所没有的现代建筑。

主要合作人：俞养荪　濮巍　吴正清
建造地点：青岛市香港路6号
结构形式：框架核心筒、剪力墙体系
占地面积：34700 m²
总建筑面积：（一、二、三期）120900 m²
建筑层数：地下2层，地上31、23层
建筑高度：（一期）110 m，（二期）84 m
停车数量：320辆
建设单位：青岛市经贸委
施工单位：中国建筑第八工程局
竣工时间：1996年

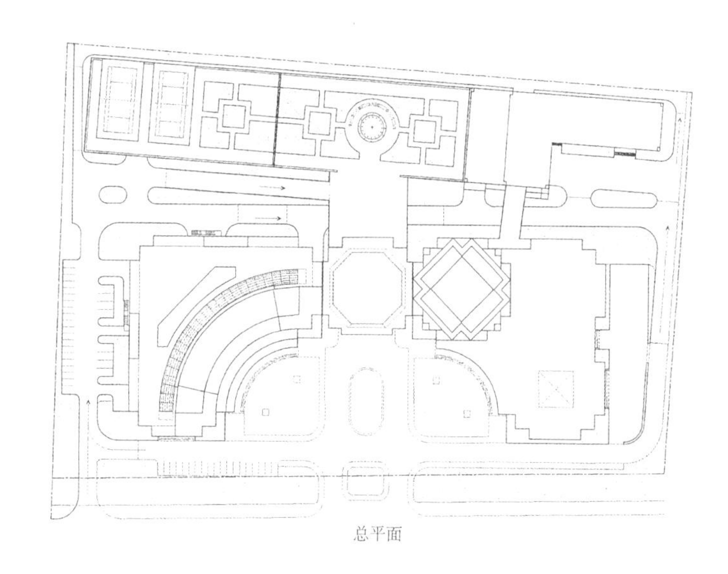

总平面

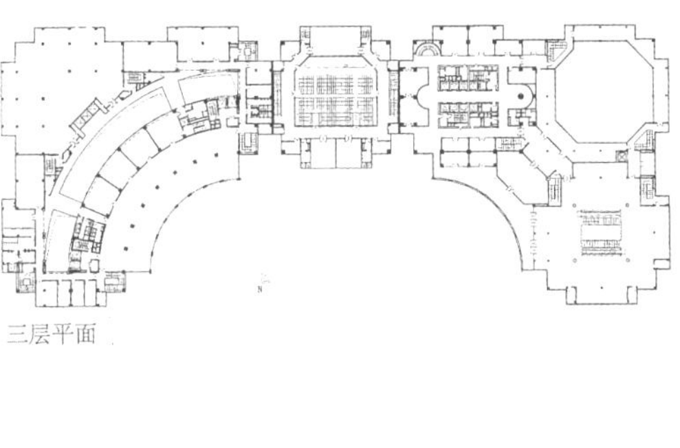
三层平面

标准层平面

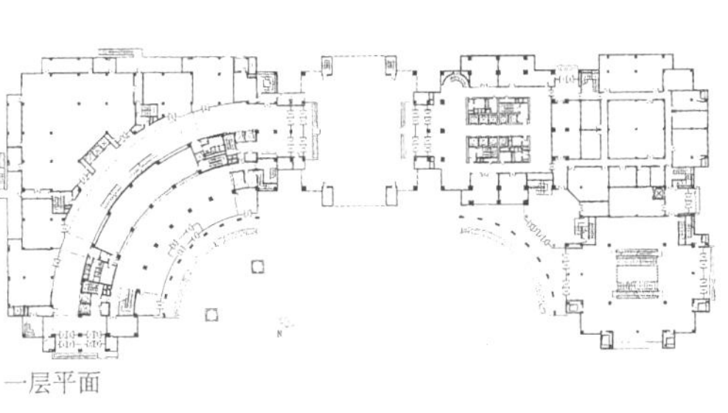
一层平面

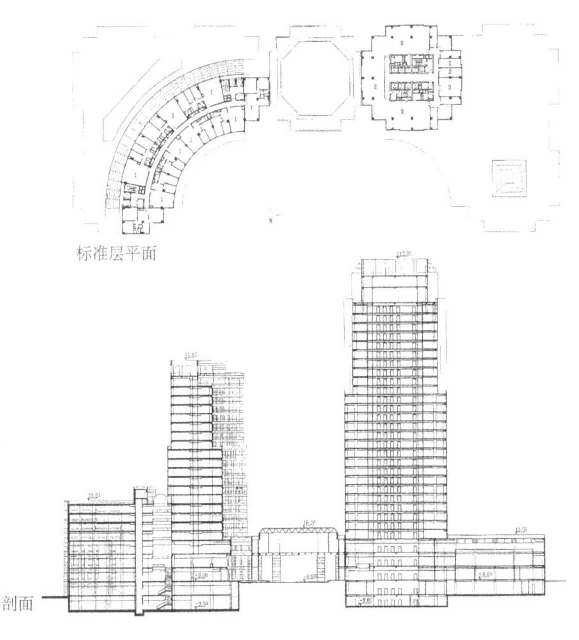
剖面

青岛双飞教育科技大厦

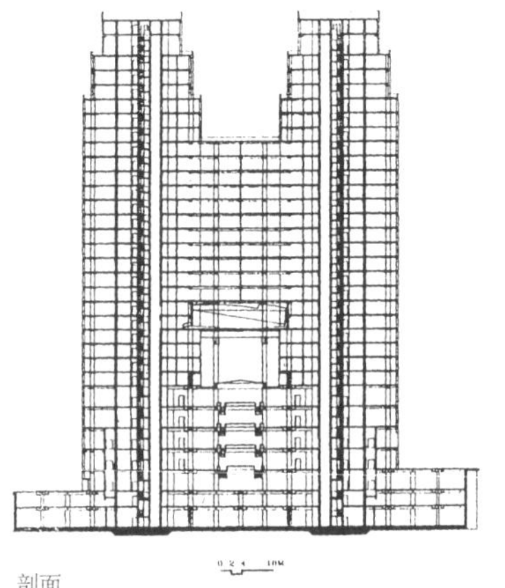

16

剖面

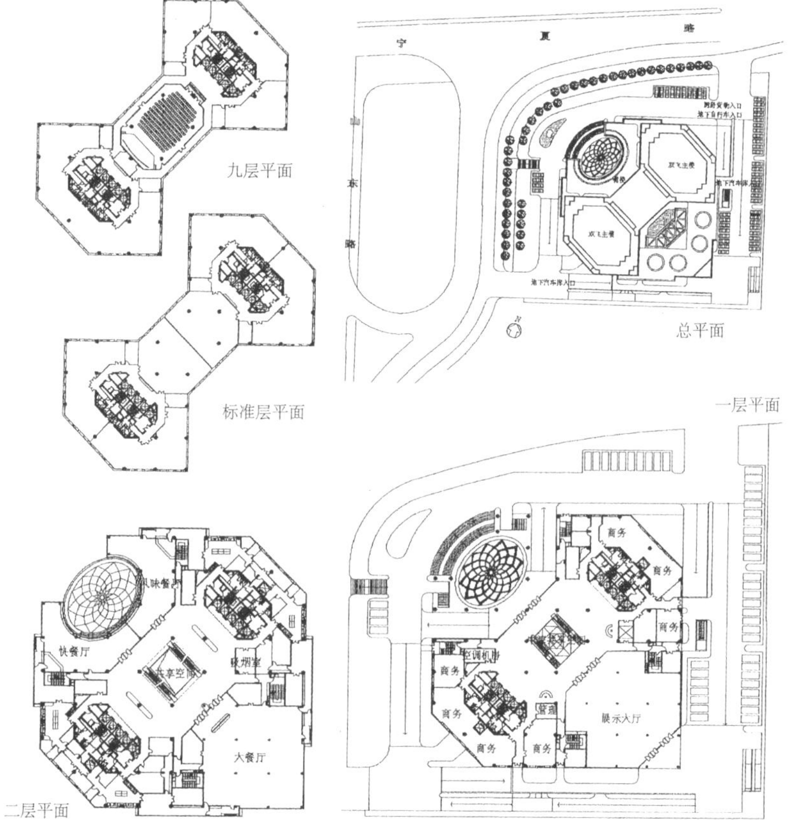

九层平面

标准层平面

总平面

一层平面

二层平面

主要合作人：徐敏娟 赵北平
建造地点：青岛市山东路宁夏路口
结构形式：框架核心筒体系
占地面积：9786 m²
总建筑面积：77000 m²
建筑层数：地下3层，地上28层
建筑高度：105 m
停车数量：192 辆
绿化面积：2450 m²
建设单位：青岛市建设集团

中国百名一级注册建筑师作品选

第一卷	第二卷	第三卷	第四卷	第五卷
齐　康	莫伯治	张锦秋	宋　融	吴良镛
邢同和	关肇邺	严星华	熊　明	佘畯南
布正伟	彭一刚	陈世民	李宗泽	项祖荃
白佐民	顾奇伟	戴复东	何玉如	王天锡
潘玉琨	梁友松	吴庐生	朱嘉禄	蔡镇钰
张孚珮	袁培煌	黄汉民	魏大中	正阳卿
谭志民	聂兰生	胡镇中	黄　汇	莫天伟
葛守信	邵　琦	梅季魁	马国馨	凌本立
周庆琳	梁鸿文	蒋虔生	刘　力	沈国尧
左肖思	饶维纯	董学奎	柴裴义	周方中
时　匡	程泰宁	郭明卓	冯钟平	徐　勤
罗德启	胡绍学	赵秀恒	马家骏	丁公佩
张皆正	费　麟	刘克良	蔡希熊	寿震华
唐玉恩	黄星元	黄克武	卢济威	张耀曾
梁应添	林兆璋	胡诗仙	刘　云	陈克理
王小东	蔡鹤年	屠传孝	黎志涛	赖聚奎
乐民成	任焕章	卢小荻	顾宝和	管式勤
徐显棠	向欣然	陈政恩	何镜堂	王孝雄
崔　恺	曹亮功	钟新权	郭怡淬	魏敦山
孙国城	蒋伯宁	程宗灏	黄为隽	

南京大学图书馆

南京大学图书馆航拍图一(西南方向)

杨廷宝先生设计的原金陵大学图书馆完整保留

南京大学图书馆航拍图二(西北方向)

南京大学图书馆航拍图三(正西方向)

南京大学图书馆位于汉口路校区正大门右侧,与左侧的物理楼遥遥相对,位置重要,是校前区广场围合的最后一栋建筑。由于当时的南大中轴线与旧时金陵大学的中轴线相距近百米,杨廷宝先生设计的老图书馆就在新图书馆的用地范围内,因此必须精心保护。新馆规划平面如“同”字形,因为拆迁原因,首期为“司”字形。老馆的位置恰是这两个字中的“口”,四面不靠如保护文物,并作为特种图书馆使用。

“司”字形新馆规划既定,设计也就顺理成章了。“司”字上面一横南北朝向,共五层空间,一层为门厅、目录厅、出纳台,二层以上全部做阅览室。下面一横则为书库,与阅览室可错层连通。“司”字一竖朝向不好,需做遮阳板,故而采用单面走道做成小房间,作为图书馆内业用房和专题研究室之用,尽可能减少不利影响。

南京金城机械厂西华门饭店

南京金城机械厂西华门饭店(照片来自网络,近日走访,发现已被拆除)

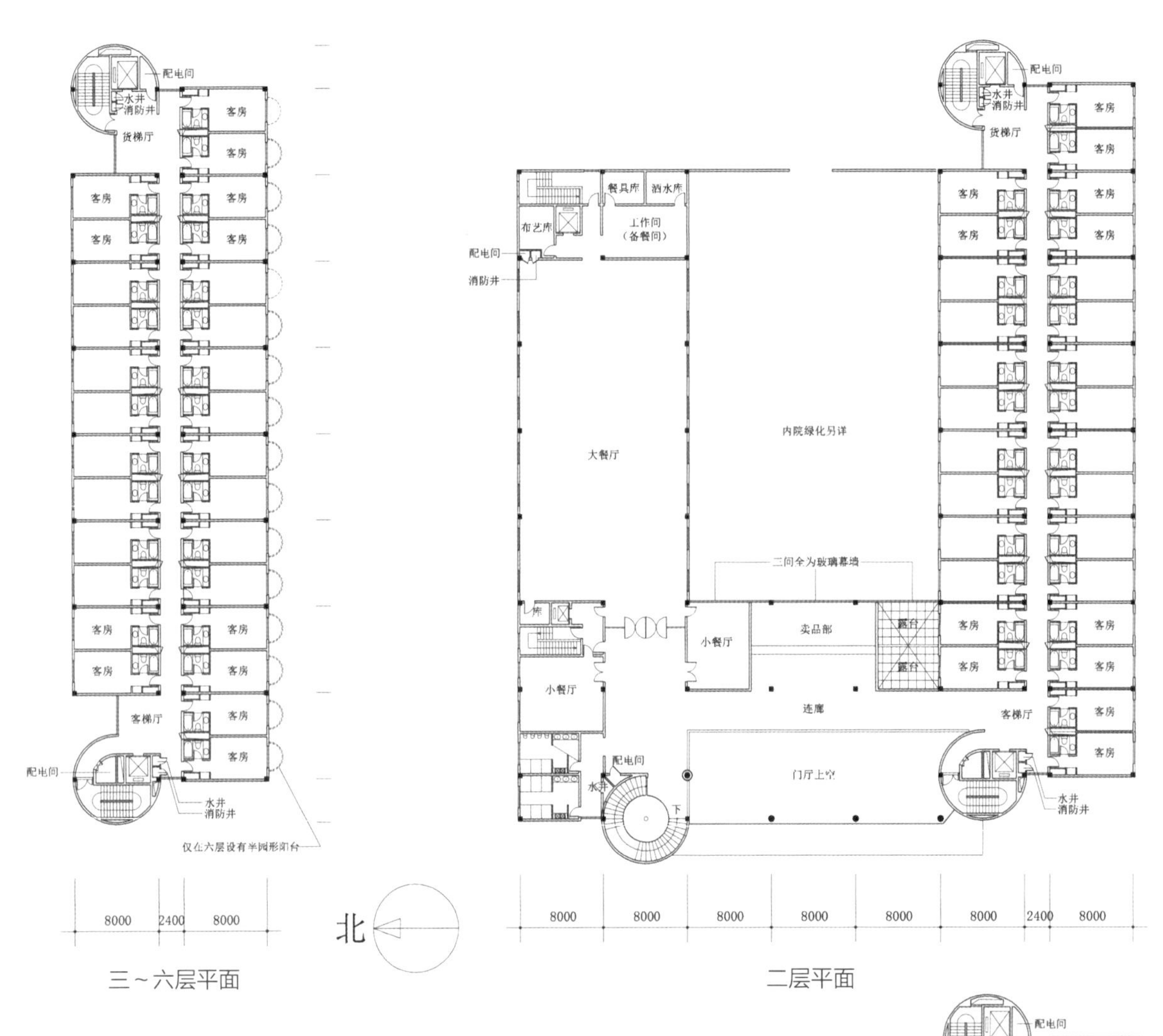

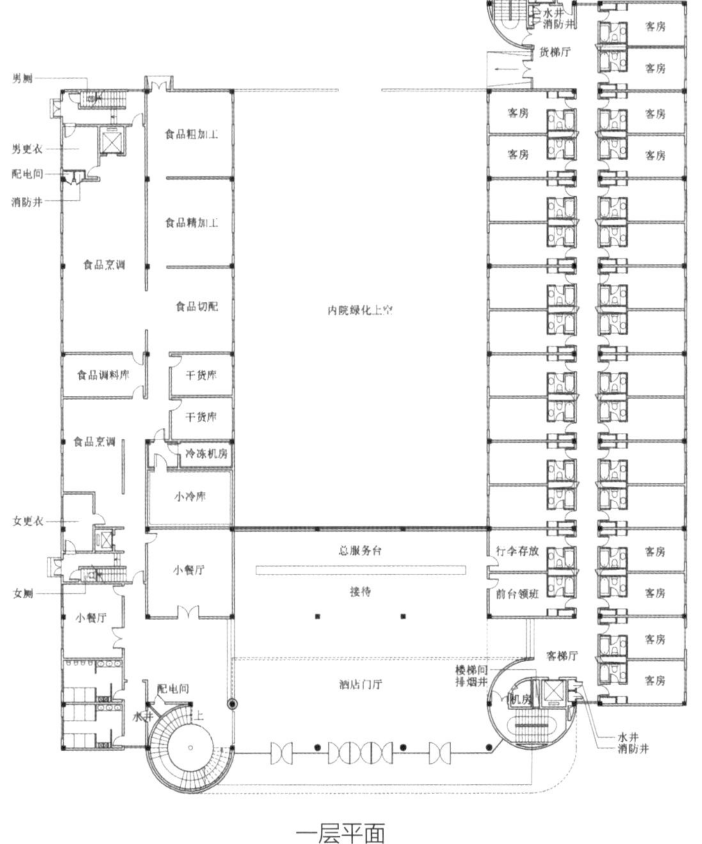

南京金城机械厂西华门饭店，厂方原只想设计一栋招待所。做方案时发现该建筑位置十分重要。它位于逸仙桥对面，更是两条主干道中山东路与龙蟠中路的交汇处；右侧是西安门遗址公园。看过现场后，我认为这个工程既不能复古；也不应该过于时髦，但应该做出自己的个性和特色。于是我利用客房楼东西两端的楼梯和电梯间，做成实体圆筒，高高地伸出客房楼屋面 6 m，上部作为电梯机房和水箱间。又把餐饮楼的公用楼梯也做成旋转楼梯。让两高一低外径 8.2 m 的三个楼梯间作为西华门饭店独有的标志性形象，展现在路人眼前，印刻在客人们的脑海里。在当时的经济条件下，这是个不错的选择。

南京瑞金路小学

南京瑞金路小学(教师办公楼)

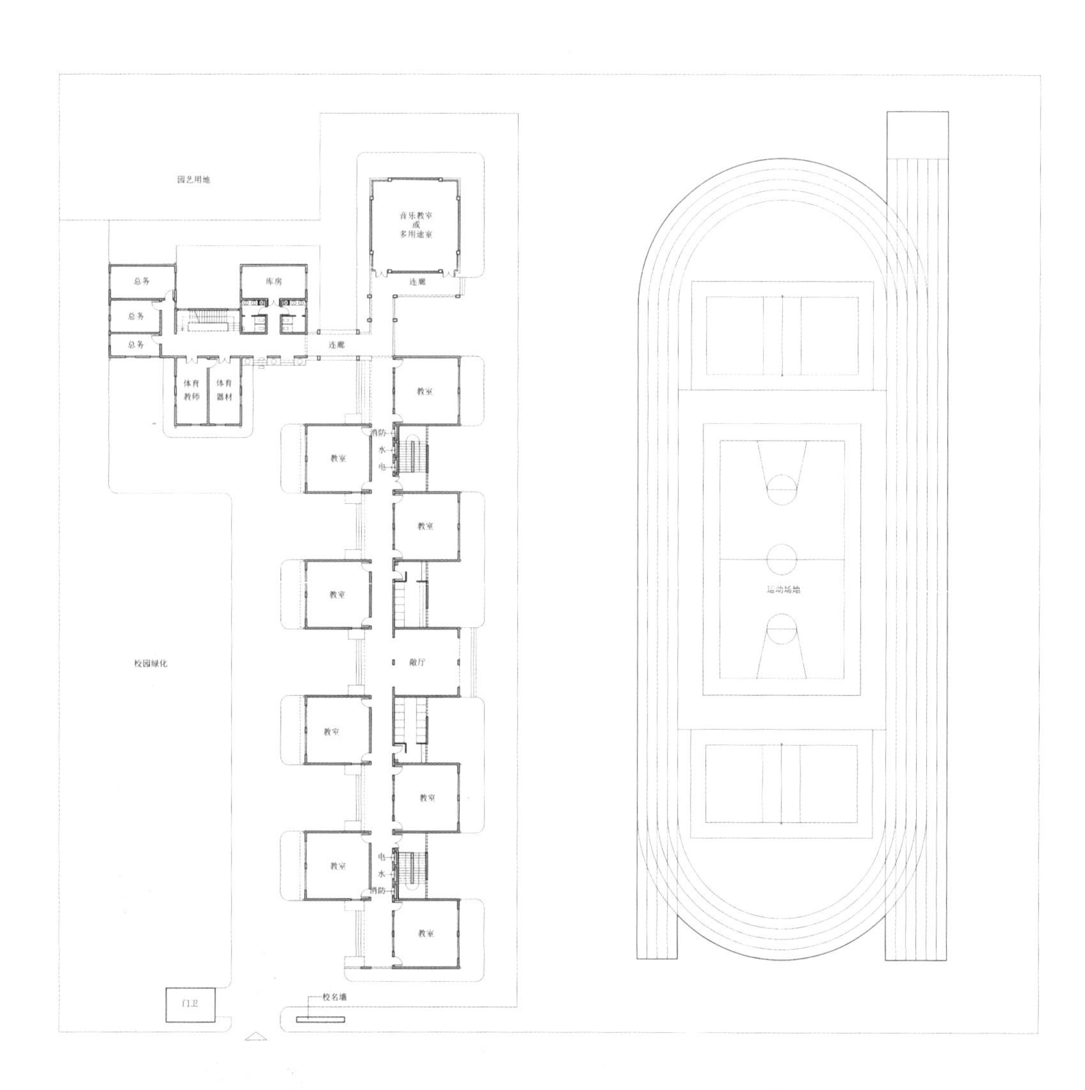
园艺用地
音乐教室
或
多用途室
连廊
总务
库房
总务
总务
连廊
体育
教师
体育
器材
教室
消防
水
电
教室
教室
教室
敞厅
校园绿化
运动场地
教室
教室
电
水
消防
教室
教室
门卫
校名墙
北

一层平面

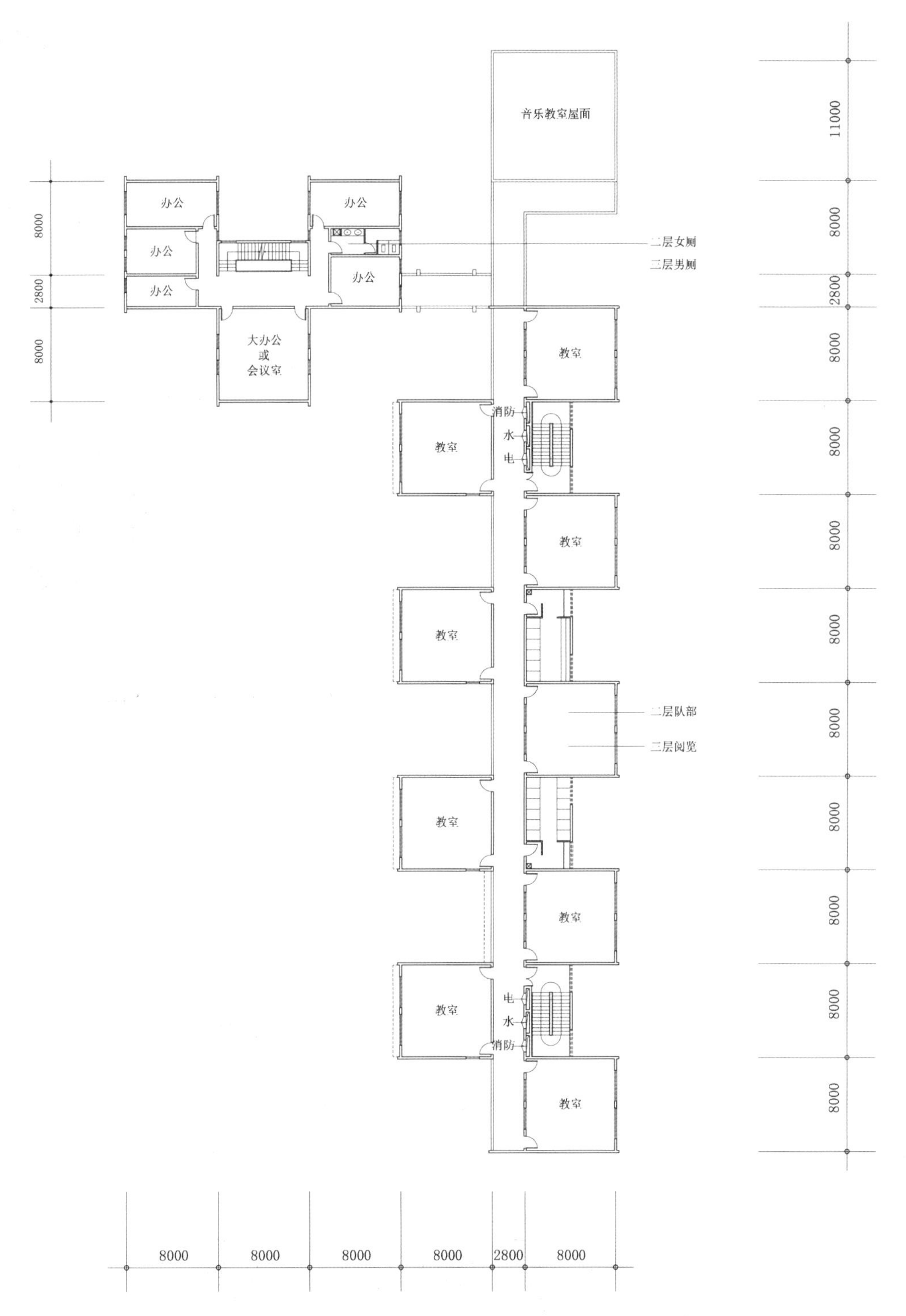
音乐教室屋面
办公
办公
办公
办公
办公
大办公
或
会议室
二层女厕
二层男厕
教室
消防
水
电
教室
教室
教室
二层队部
二层阅览
教室
教室
电
水
消防
教室
教室
11000
8000
2800
8000
8000
8000
8000
8000
8000
8000
8000
8000
8000
2800
8000
8000
8000
8000
8000
2800
8000

二、三层平面

人们往往认为小学教学楼是最简单的建筑。在小学教学楼建筑设计标准图中，就是一栋栋外廊式教学楼的组合，既简单且经济，很少变化。这其实不符合少年儿童活泼好奇的心态。因此，我想设计一栋让孩子们喜闻乐见的教学楼，这是我在设计之初的期盼和希望。经过一段时间的思考，糖葫芦式教学楼方案诞生了：这是中廊式和外廊式相结合的教学楼，平面凹凸有序，建筑造型变化强烈，并在一层形成了多个安全的小场地，特别适合一层低年级小朋友们的课间活动。音乐教室设在教学楼北面，是个 11 m×11 m 的多功能大空间，不会影响正常教学；开转角窗尽可能地减少眩光。

教师和行政办公楼呈“凸”字形，独立于教学楼尽端左侧（南侧），朝东正对学校大门，而办公室的窗子则可以全部南北向开启。这又是个有意为之的特点。另外，在二、三层朝东墙面上，做成以加减乘除算术题为图案的浅浮雕墙面。中间一块镶嵌一枝绿色幼芽，作为学校的独有标志。本工程缺点是外墙面积较大，造价会有所增加。

从建筑平面构图的形式来看，整个工程全部由 12 个 8 m×8 m 的正方形和一长一短的两条走道组合而成。方案的形式感非常强烈，个性十分明显突出。

办公楼与教学楼间连廊

教学楼南立面

南京洪武路商住楼

主要合作人　宋华

洪武路商住楼

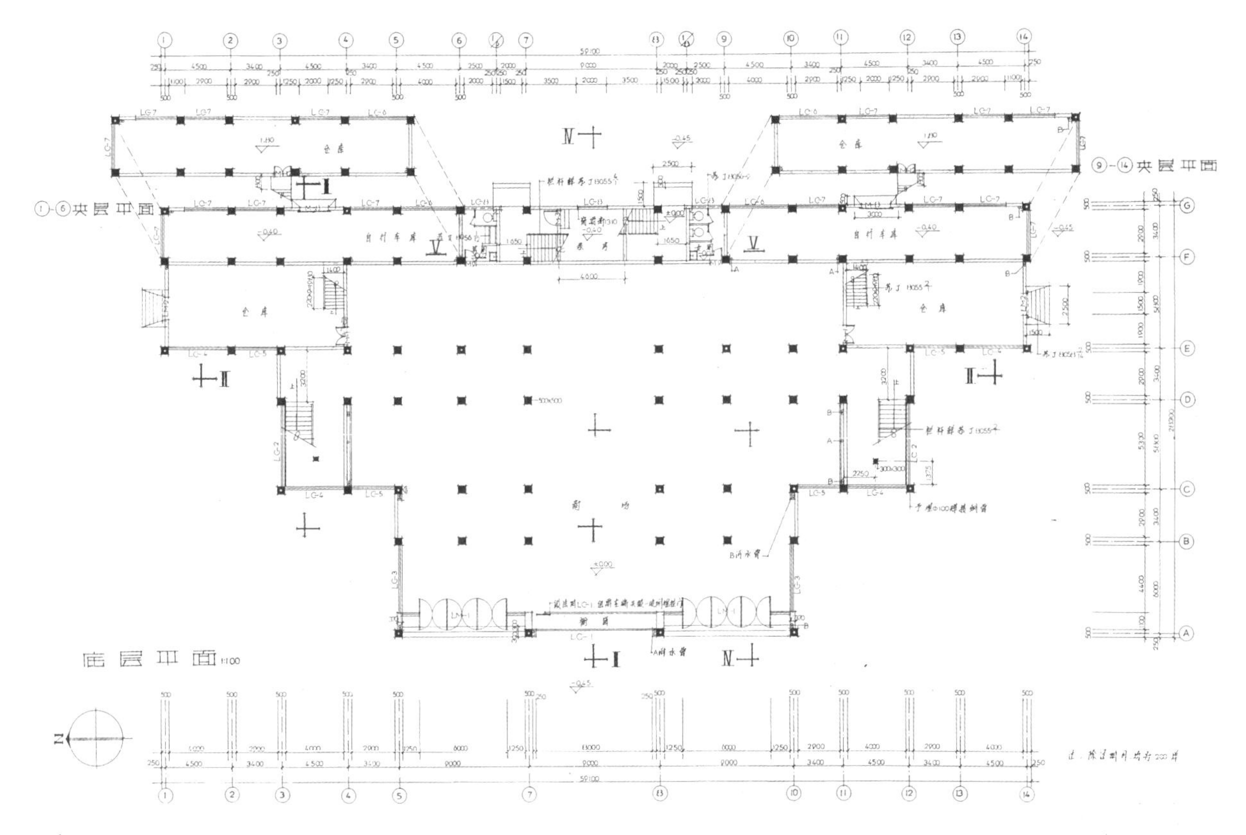

底层平面

南京市白下区开发公司在洪武路的东侧，有一处沿街小地块，打算建一栋商住楼。一、二层为商铺，三到八层为住宅。居民先走两层楼梯至商铺屋面，稍事休息后再走住宅楼梯到各家各户(当时，这种做法被公认可行，且可以不设电梯)。开始时，在长方形的商铺上面摆了两排住宅，简洁、朝向好，但显得单调小气。从效果看，布置成两栋中高层或一中一高住宅更好。可开发公司对建高层住宅顾虑重重：一是怕容积率超标；二是怕造价过高，难以承受。最后决定做一栋全方位效果较好且各方面都比较稳妥的多层住宅。

决心既定，根据裙房的柱网和屋面大小，布置了两撇“八”字形、锯齿状住宅。“八”字形顶部脱开一个柱网，八层前后做两片钢筋砼剪力墙，并留出半圆形空洞及上梁缺口。经过上述细部处理，两栋住宅合成为一栋。同时又把各户的阳台统统朝西，既可遮阳又丰富迎街立面。住宅单元仍为南北朝向。方案上报规划局后，得到充分肯定和欣赏，很快获得批准，真是皆大欢喜。几年后南京下关区热河南路西侧改造，其中的沿街建筑，规划部门要求他们仿造洪武路的那栋商住楼模式。之后我路过多次，果真一模一样。可见规划局对洪武路商住楼的建筑设计印象有多深刻。

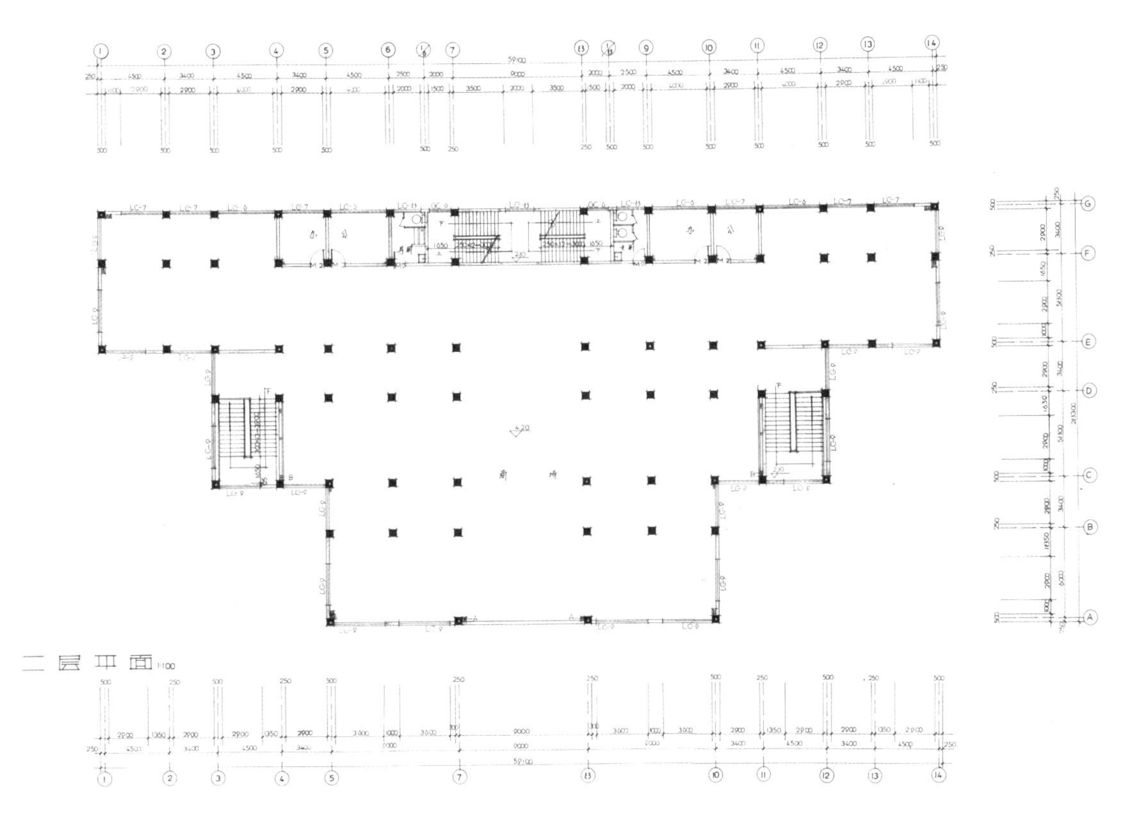

二层平面

外立面

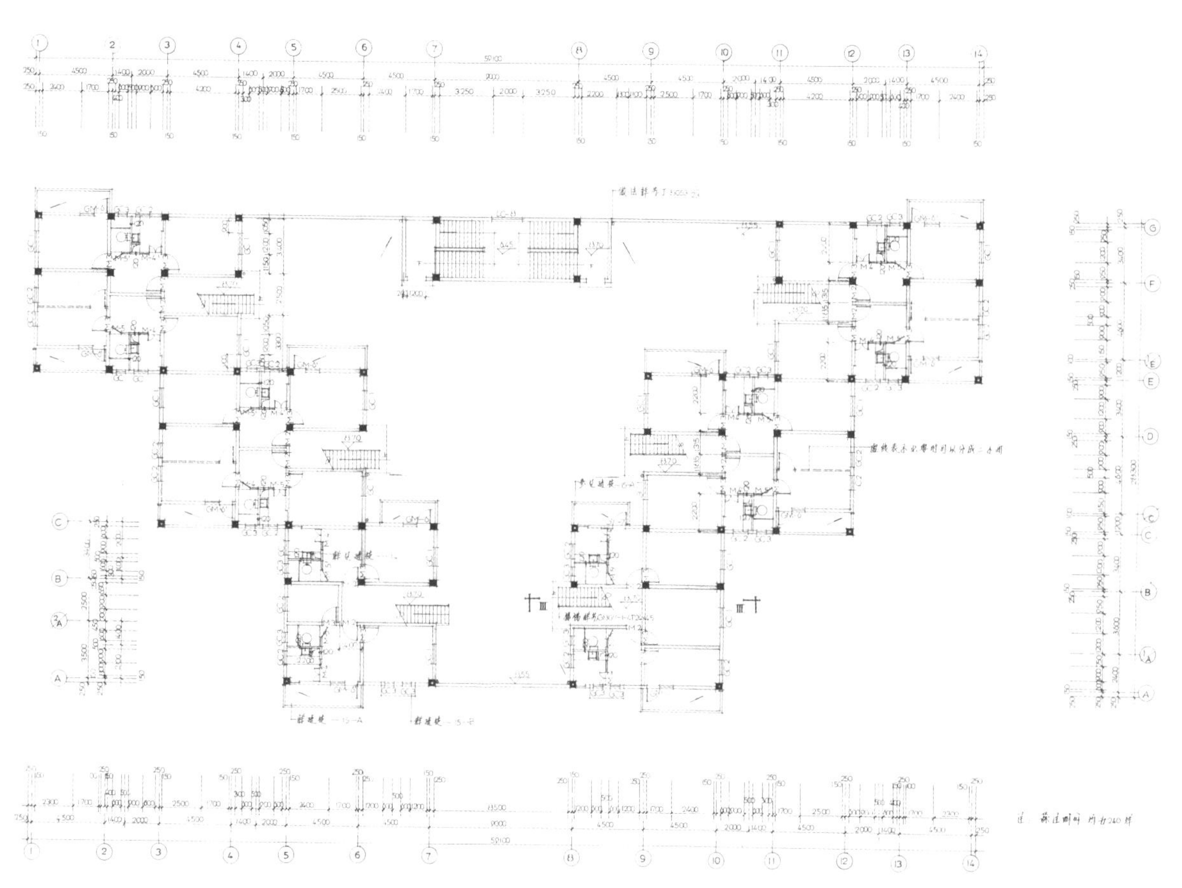

三层平面

局部

无锡太湖淡水养殖基地研究楼

最初设计手绘实验楼效果图(炭笔画)

无锡太湖淡水养殖基地远眺

无锡太湖淡水养殖基地图书馆

本项目的最初设计为平屋面，后考虑到与太湖风景区的协调，在平屋面上覆盖四坡顶青平瓦屋面。从远观，建筑与山体一色；走近看完全是一栋现代建筑，实际效果很好。手绘效果图为炭笔画，用笔可轻可重，素描关系更好，树木、远山、绿化等配景尤其自在。

因调整办公室，我从大房间搬到了小房间时，没把文件柜搬过去。本项目的几张手绘效果图就一直落在柜子里好几年。一天有同事电话告诉我，发现了几张效果图，估计是我画的。我过去一看，果然是遍找不着的这几张图，真是喜出望外。这次正好可以编入本书中作为补充。还有几张水彩、水粉的已不知所踪。随着电脑的普及，手绘效果图已渐渐退出历史舞台。

无锡太湖淡水养殖基地水族馆

——撒在湖滩边的贝壳

背山面水，步移景异

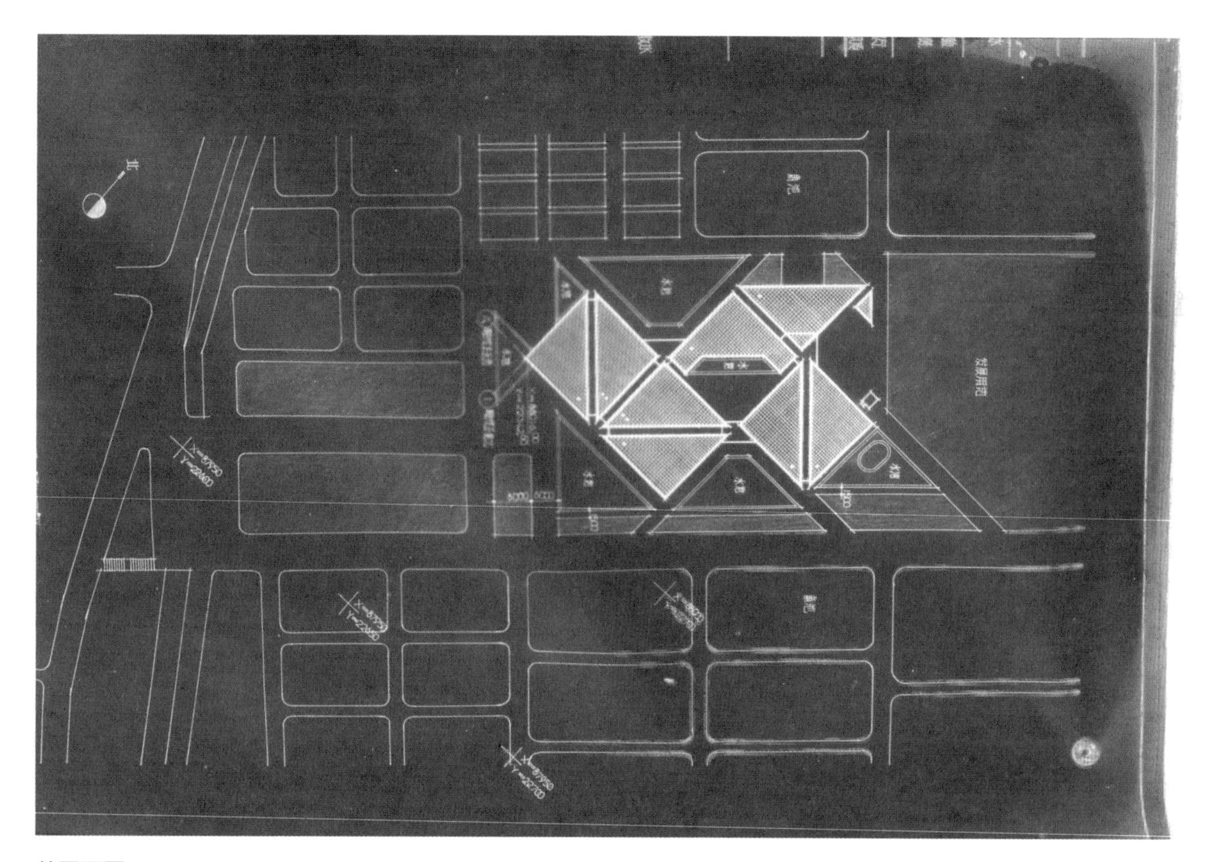

总平面图

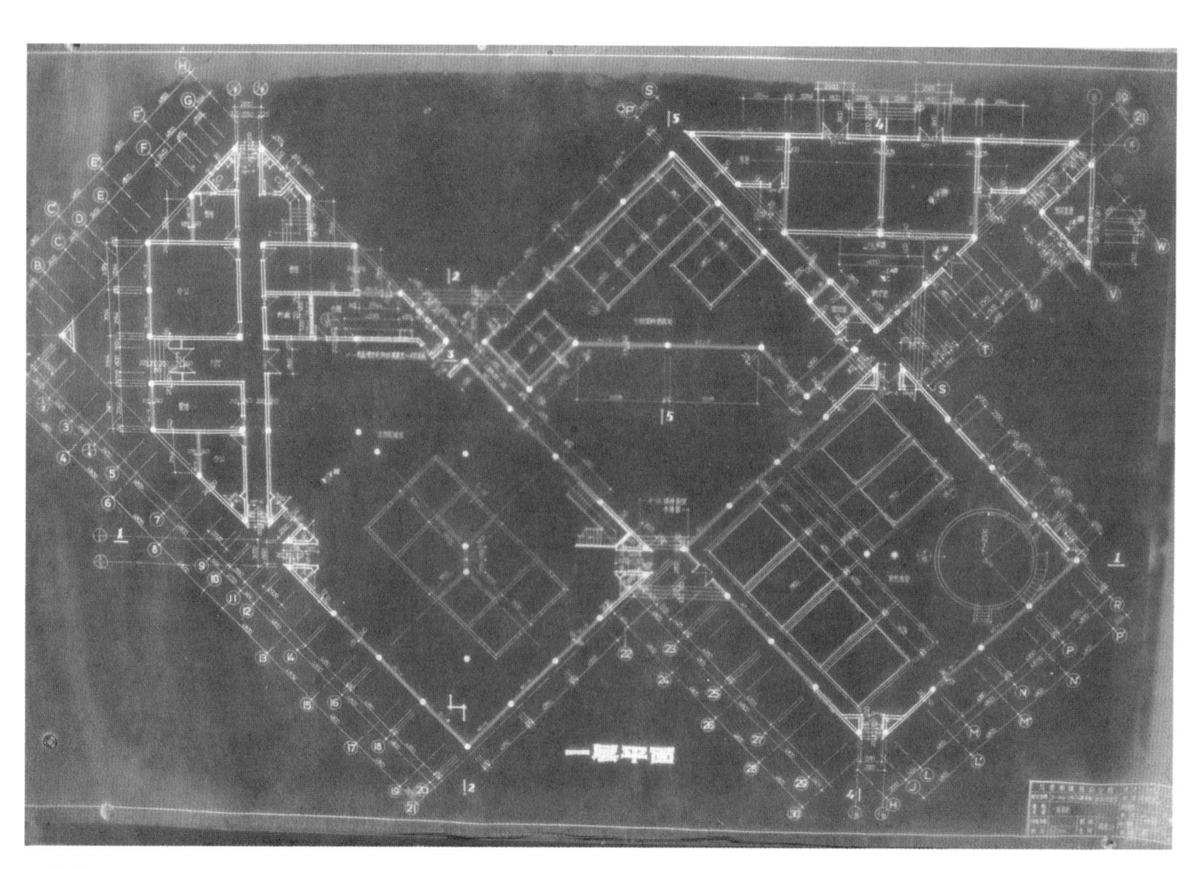

一层平面图

不同方位的立面形象一

不同方位的立面形象二

从长桥桥面鸟瞰水族馆

水族实验室的性质有些特殊，它既有研究任务，又有水族馆的科普功能，要求对公众开放。因此，建筑设计从平面到造型都希望有点个性。于是，“一把撒在湖滩边上的贝壳”想法产生了。八个等边直角三角形组合成为面积大、形态规正、空间变化的展示厅，利于布置养鱼池和大型水族箱体。八个直角三角形屋面大小一样、坡度一致，但位置不同，多数为一层，也有二层的。又因坡度方向各异，带来的变化也多，可以说整体造型是理性又带着律动。在统一中求变化，这是所有“特色方案”的诀窍。

青岛军转干部培训中心

主要合作人　宋华

西南沿街立面一

正面透视

南立面透视

东立面透视

北入口主立面透视

青岛军转干部培训中心方案是我院在青岛的第一个中标项目，达到了规划部门要求的理念——“既是青岛的又是青岛没有的”。这个理念的提出很有水平，也很有意义。自此，江苏省院在青岛打开了设计市场。由我院其他设计所中标的就有某研究所科研楼、青岛大学图书馆，以及两座位于栈桥两侧的滨海办公楼。因我院累累中标，当地设计院认为我院已经吃透了“青岛风格”。

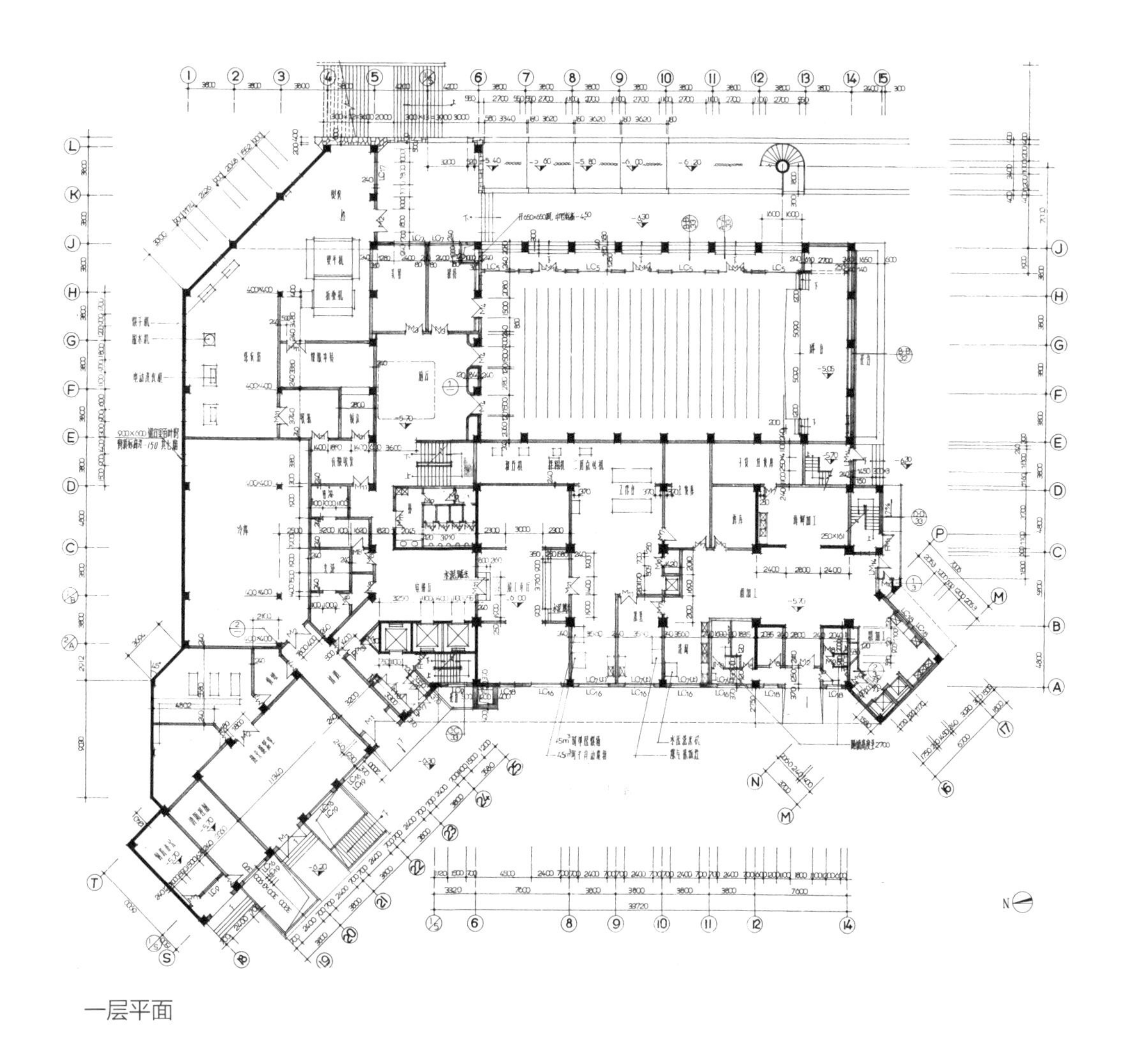

一层平面

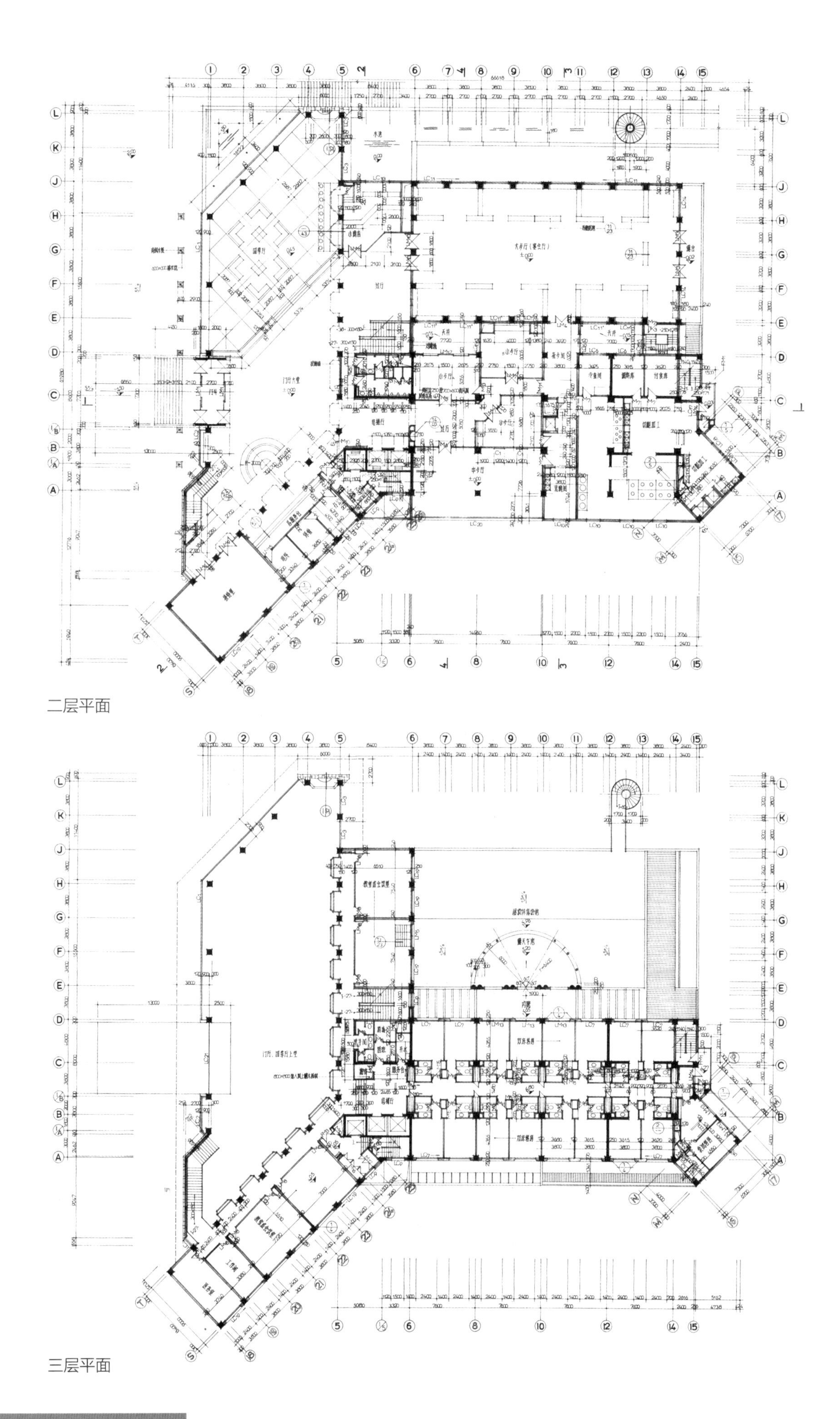

二层平面

三层平面

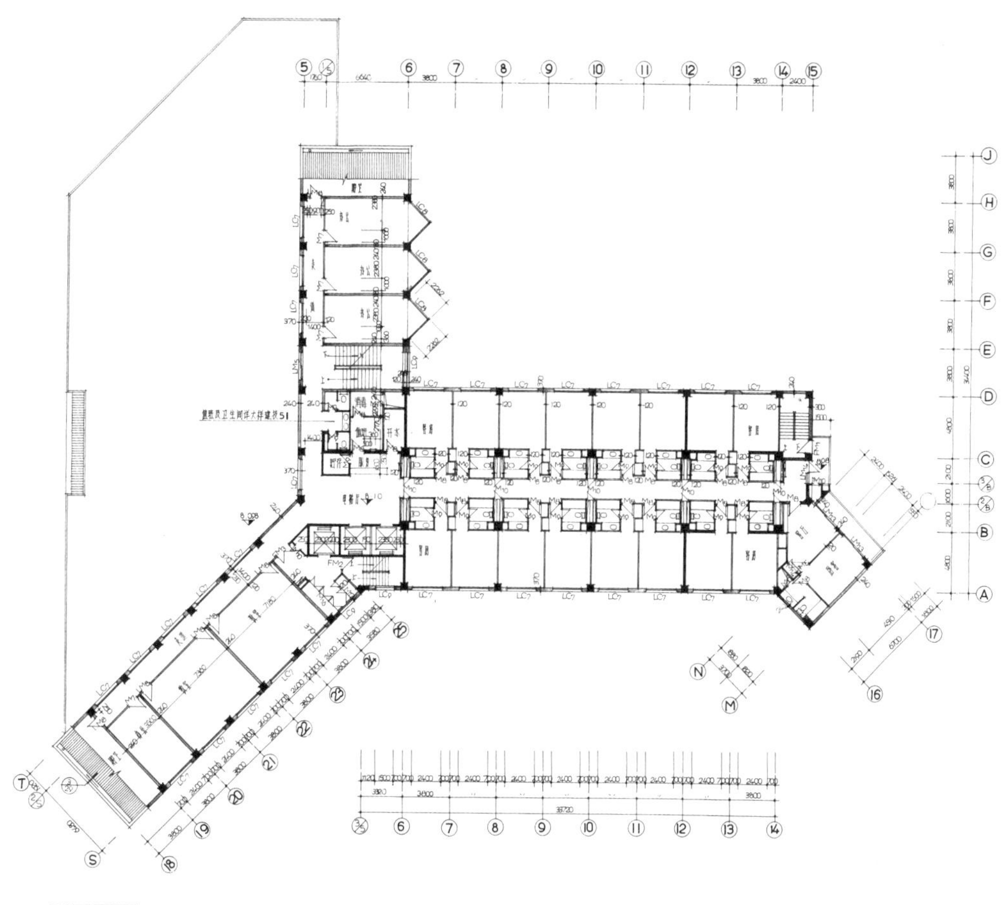

四层平面

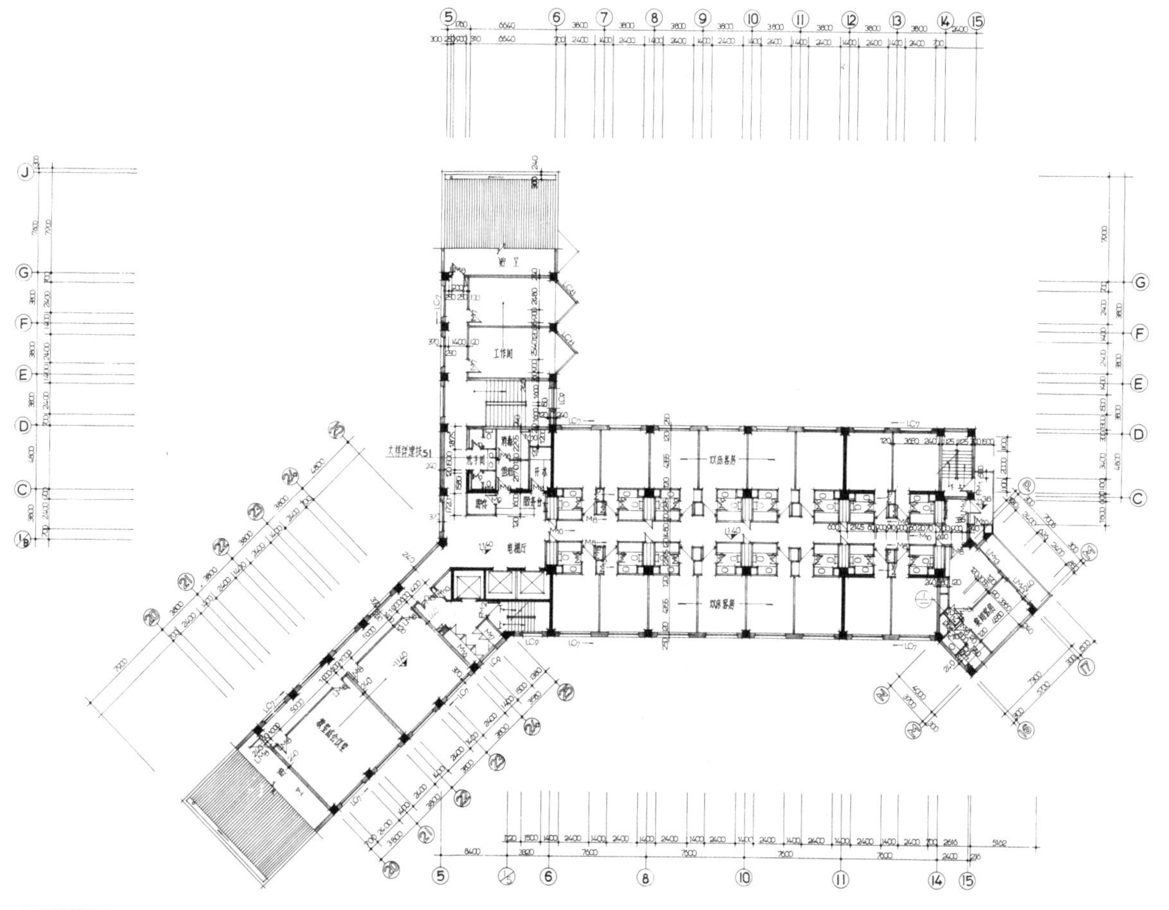

五层平面

中国银行南京分行大楼

主要合作人 徐 勇

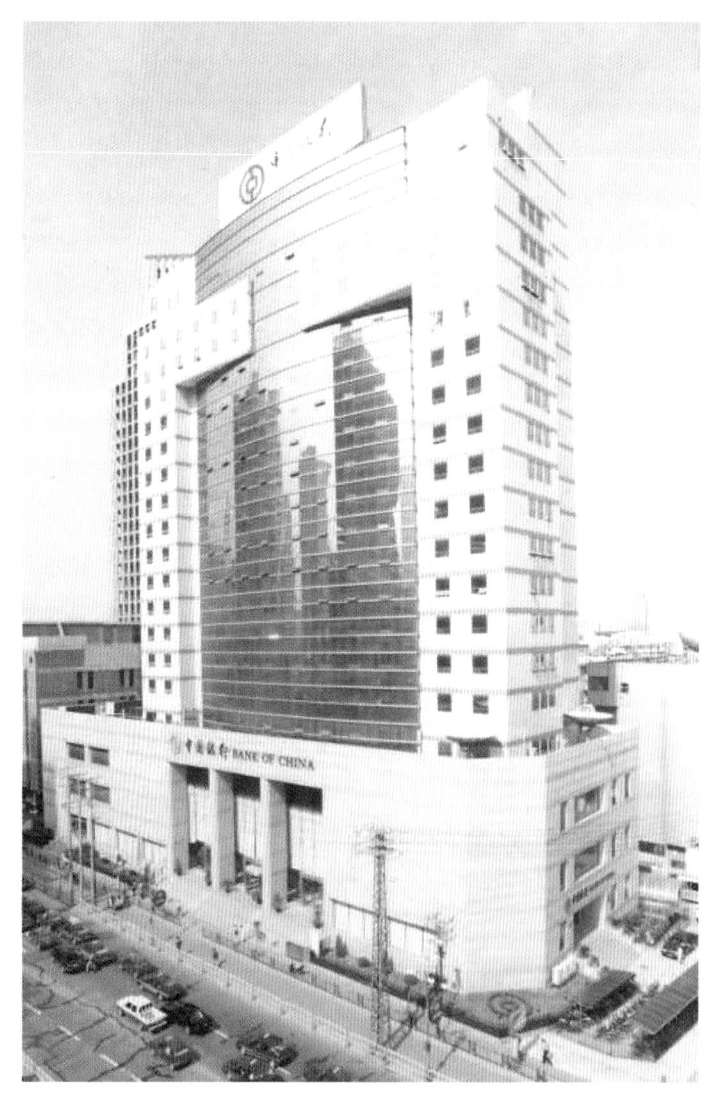

沿洪武路西立面

沿洪武路南望

沿洪武路北望

二层营业厅

一层营业厅

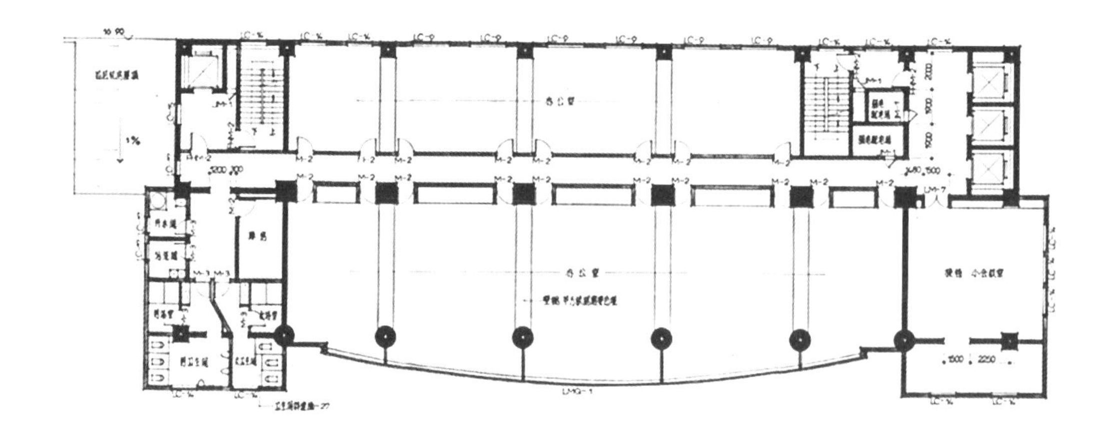

五～十、十二～十五层平面

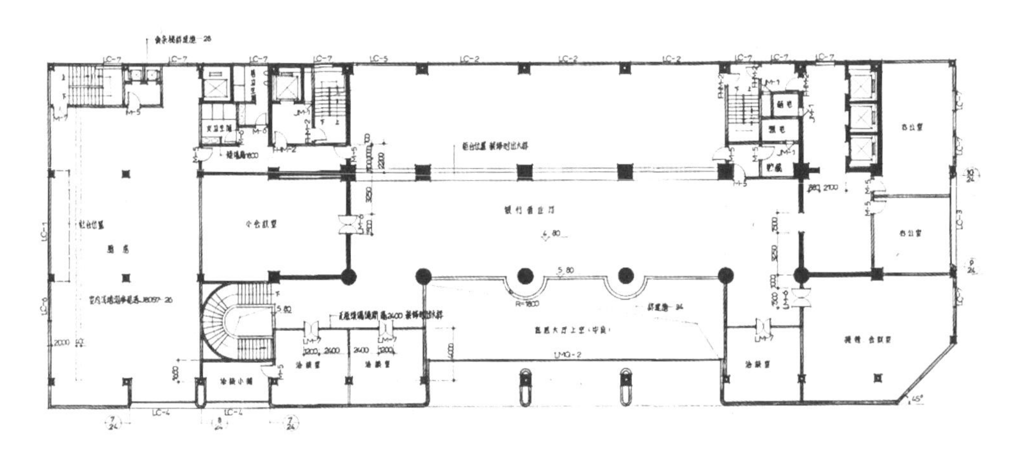

二层平面

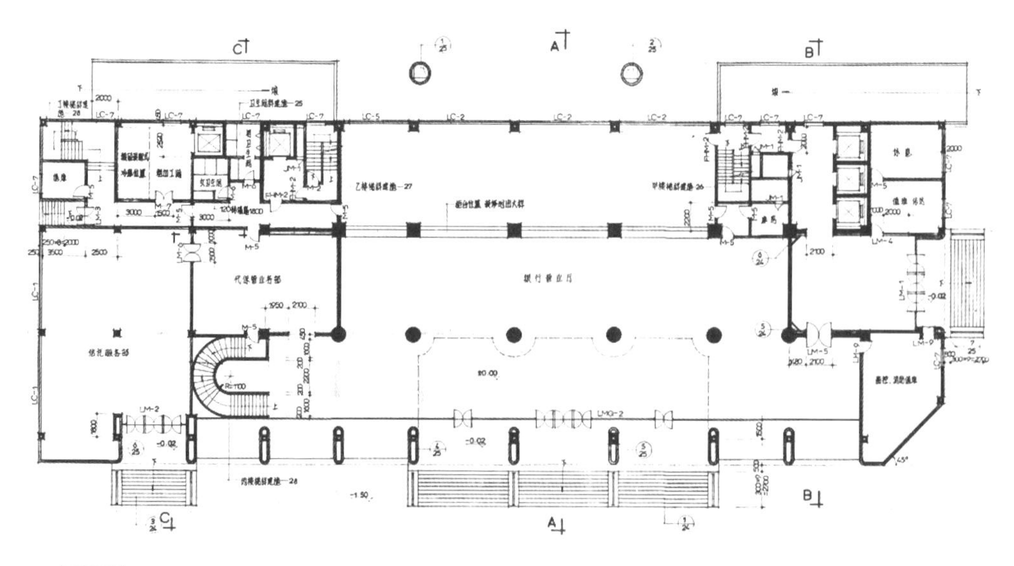

一层平面

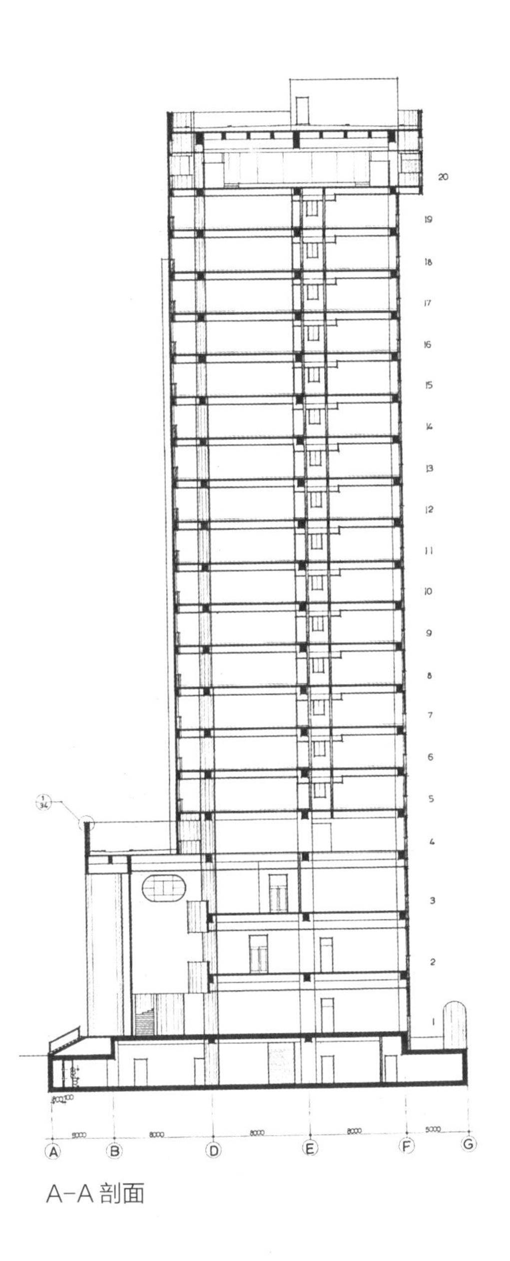
20
19
18
17
16
15
14
13
12
11
10
9
8
7
6
5
4
3
2
1
5000
8000
8000
8000
5000
A
B
D
E
F
G

A–A 剖面

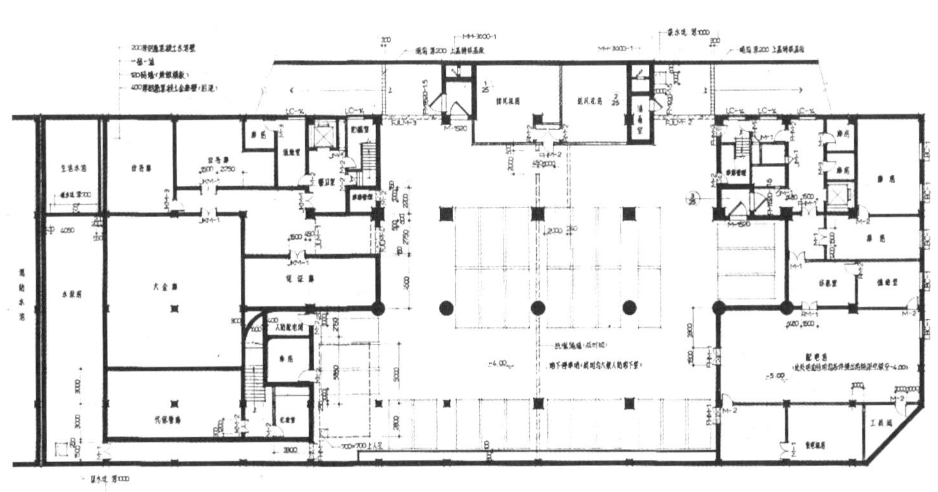

地下室平面

南京星湖饭店

东南角立面

沿汉中路西北透视

星湖饭店设计时日已久，大概是20世纪90年代末的项目。位于南京汉中门大街与莫愁湖西路丁字路口的西南侧。用地很紧，规模较小。西侧又紧靠着市公交公司的多路公交车始发站。噪声比较大，环境并不理想。

唯一优势在于基地的东面隔着一条马路（莫愁湖西路）就是南京著名的莫愁湖公园。该楼朝东、朝南的客房均可以欣赏到莫愁湖公园的美景。同时地铁2号线的出入口就设在马路对面；另外公共交通线路也十分方便，约有十条公交始发站或过境线路在汉中西路和莫愁湖西路通过，方便公众乘车需求。

星湖饭店高11层，其中，1层为门厅、总台和休息会客厅，2层为大小餐厅，3层为内部办公用房，4~11层则全部为客房。尽管该酒店景观优美、交通便利，但因离市中心稍远，加上饭店规模较小、配套不全、经营管理不到位，使用功能一变再变。所幸外观还维持原貌，没有变化或人为破坏，算是不幸中之万幸。希望该项目能得到妥善经营。

东北角主入口透视

东南角局部透视

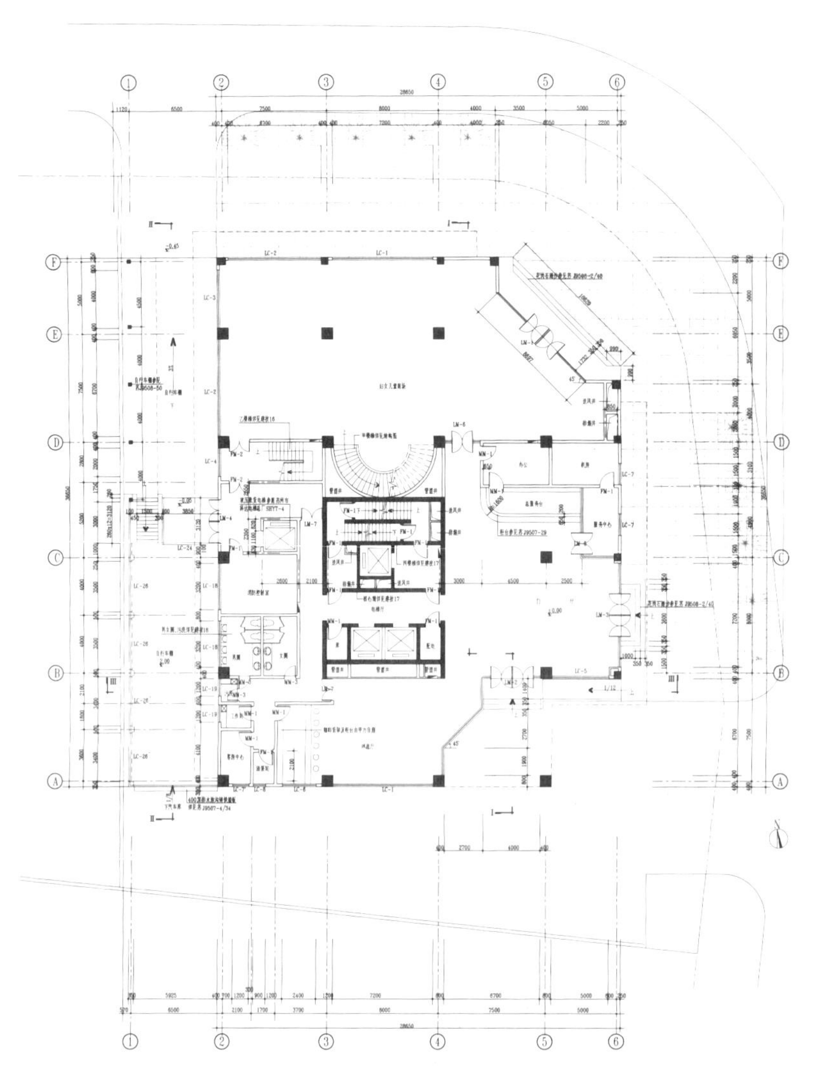

一层平面图

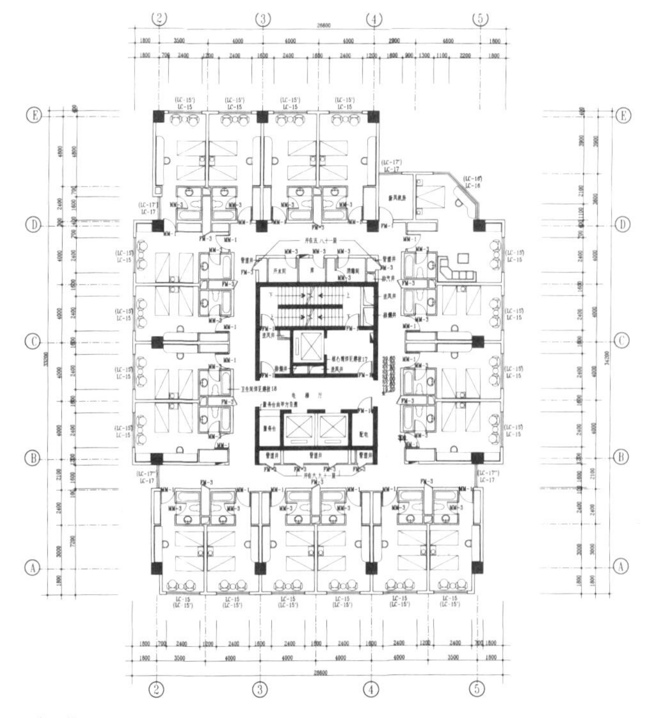

标准层平面图

针管笔建筑效果图

某商住楼效果图

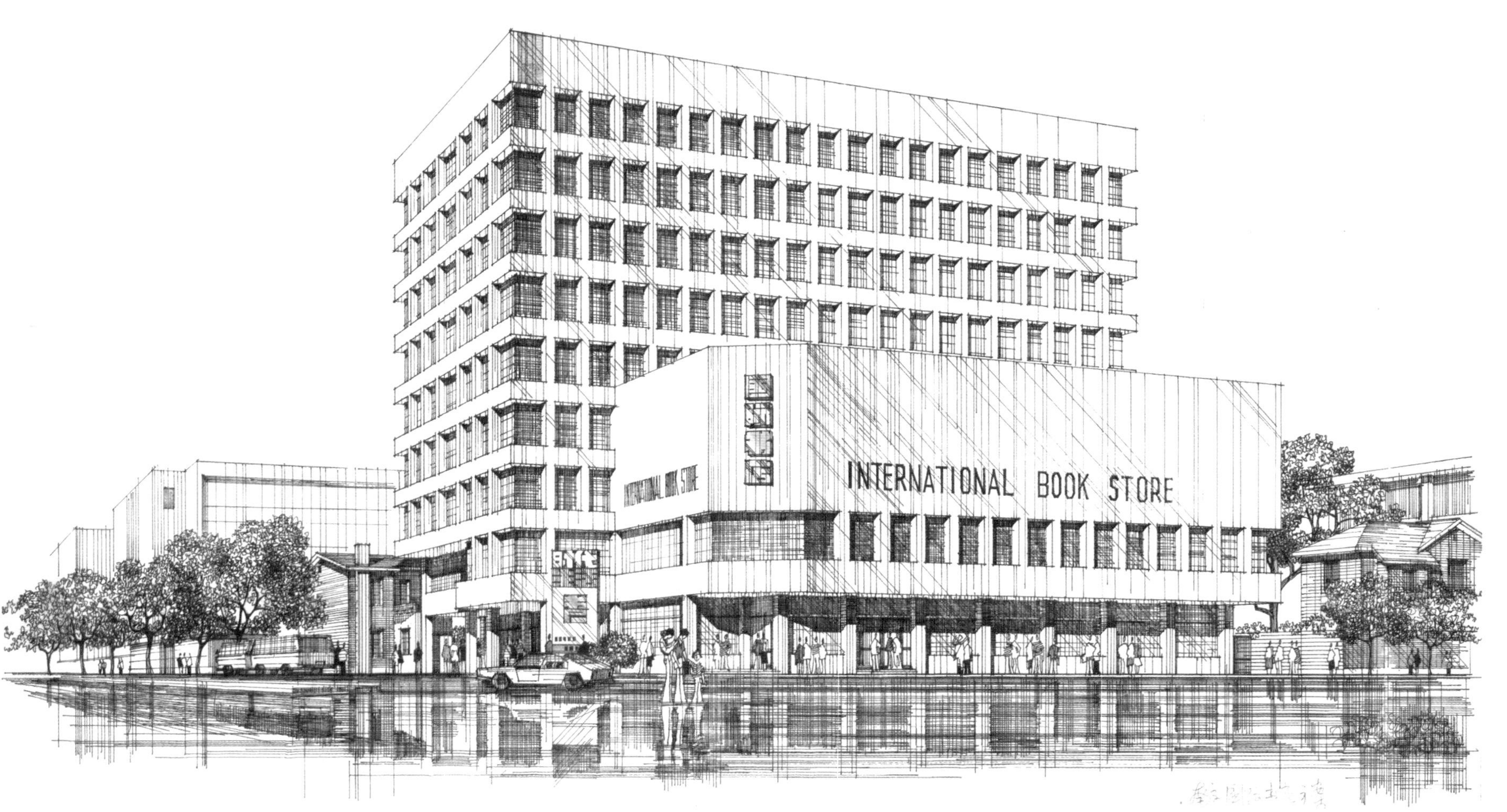

南京国际书店（现为南京江苏出版大厦，后改为13层）

御道街南京某学校大门方案
（该校不沿马路，规划局未同意，经处理后用于江苏展览馆入口）

上海市闵行区中心医院改扩建工程

主要合作人 宋 华 徐 勇 濮 魏

中心医院沿街立面

病房楼

工程概况：

● 建筑性质：医疗建筑（新建门急诊楼、病房楼、病员厨房、改造老病房楼为医技楼）。

● 建筑面积：50 000 m^2（其中门急诊楼 16 000 m^2、病房楼 31 000 m^2、病员厨房 3 000 m^2）。

● 建筑高度：门急诊楼 21 m、病房楼 84 m、病员厨房 14 m。

● 建筑层数：门急诊楼地下 1 层、地上 3～4 层；病房楼地下 1 层、地上 20 层；病员厨房 3 层。

● 门急诊人数：设计 1 600 人 / 日，实际平均 2 500 人 / 日，最高 3 600 人 / 日。

● 病床数：设计 630 张床，目前开放 530 张床。

● 设计时间：1999 年 4 月～12 月。

● 竣工时间：2001 年 12 月。

门诊入口

门诊中庭

急诊入口

急诊二层中庭

急诊候诊

1999 年，江苏省建筑设计研究院上海分院接到闵行区中心医院工程任务。这是个改扩建工程，方案采用拆除旧有门诊楼，新建一栋 4 层门急诊楼和一座 20 层病房楼，利用原病房楼和医技用房改建成为新的医技楼，然后用一条“T”形的走廊把三栋新旧大楼串联起来，使其成为功能完善的整体。

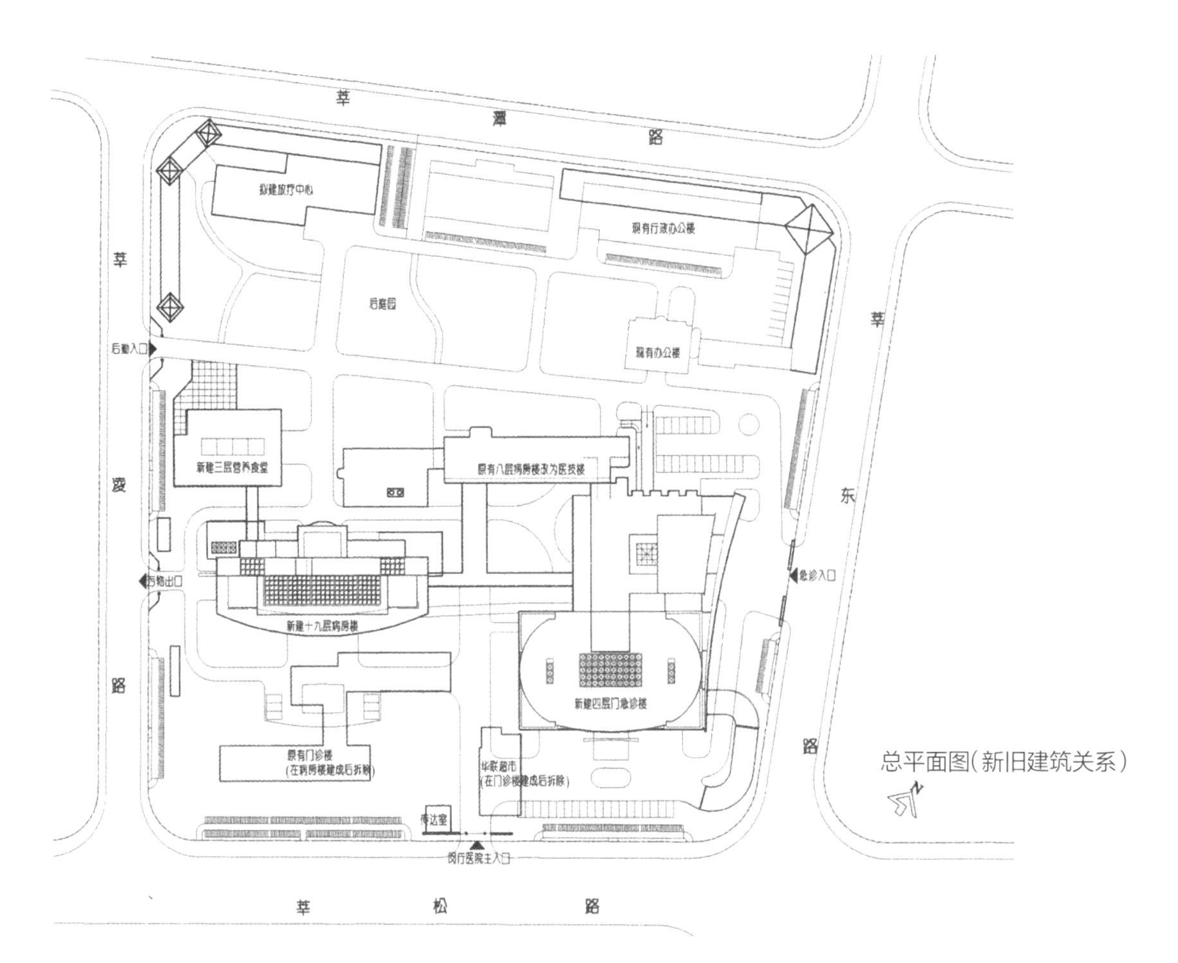

总平面图(新旧建筑关系)

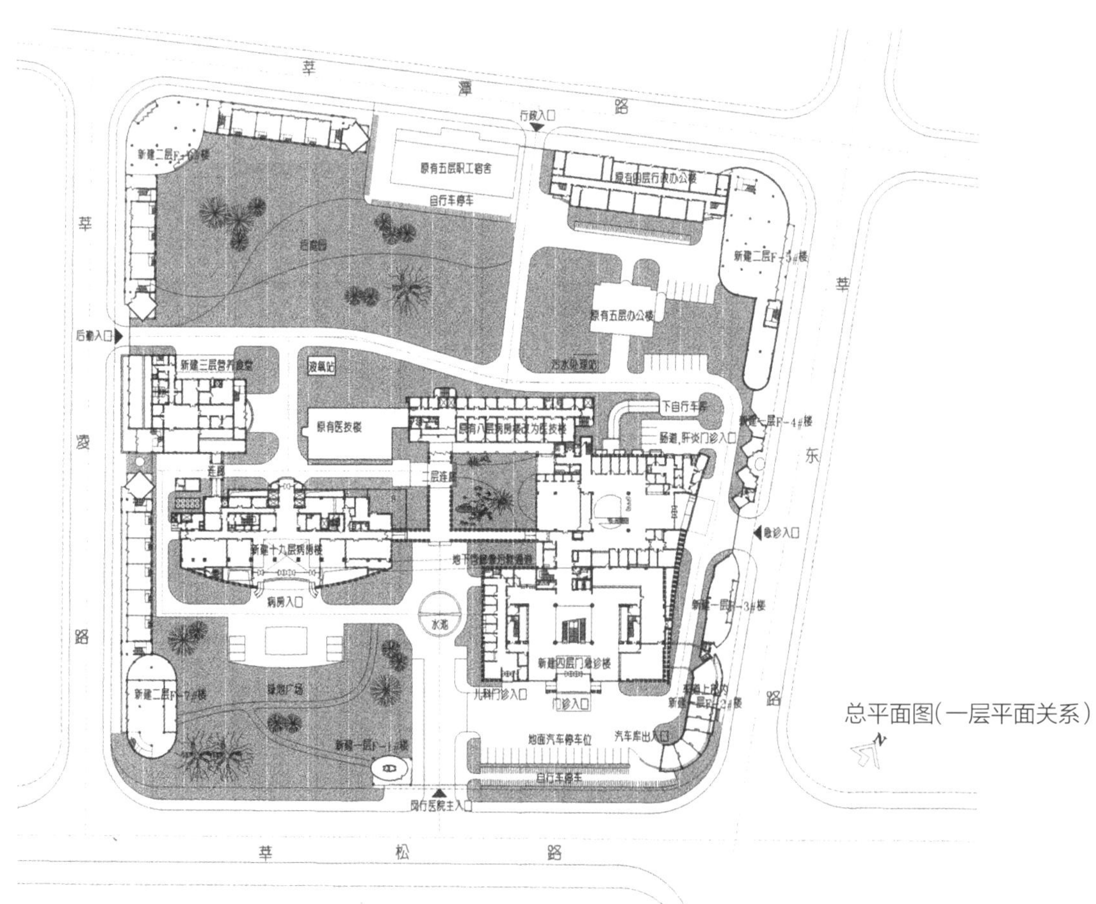

总平面图(一层平面关系)

总平面图

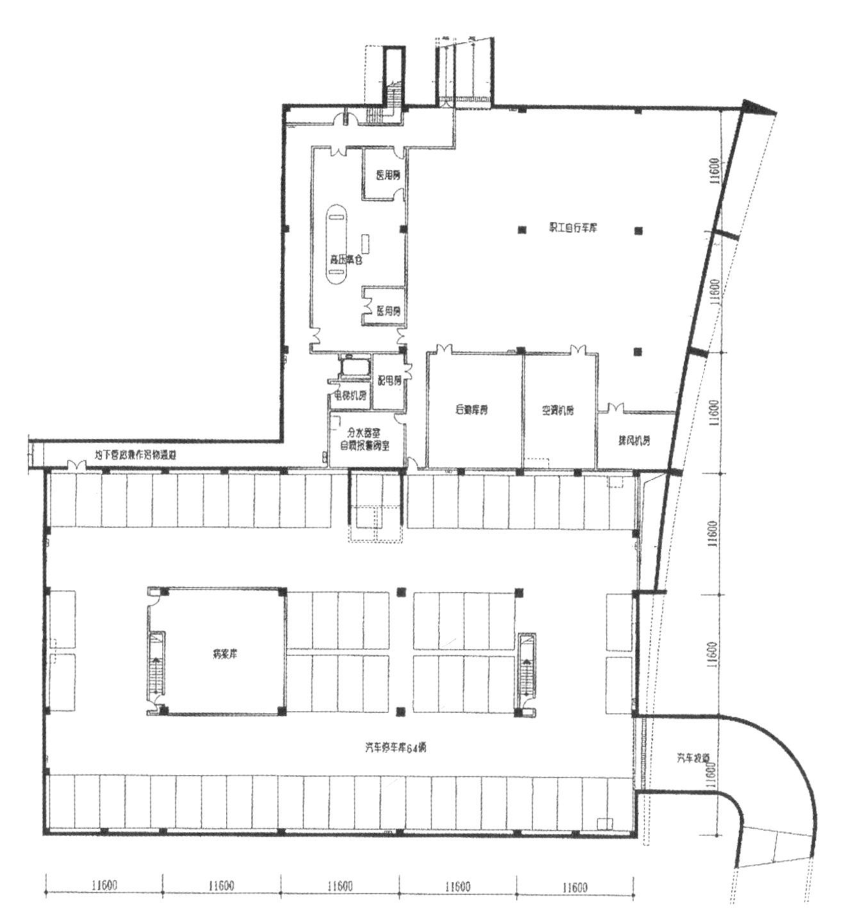

门急诊楼地下一层平面

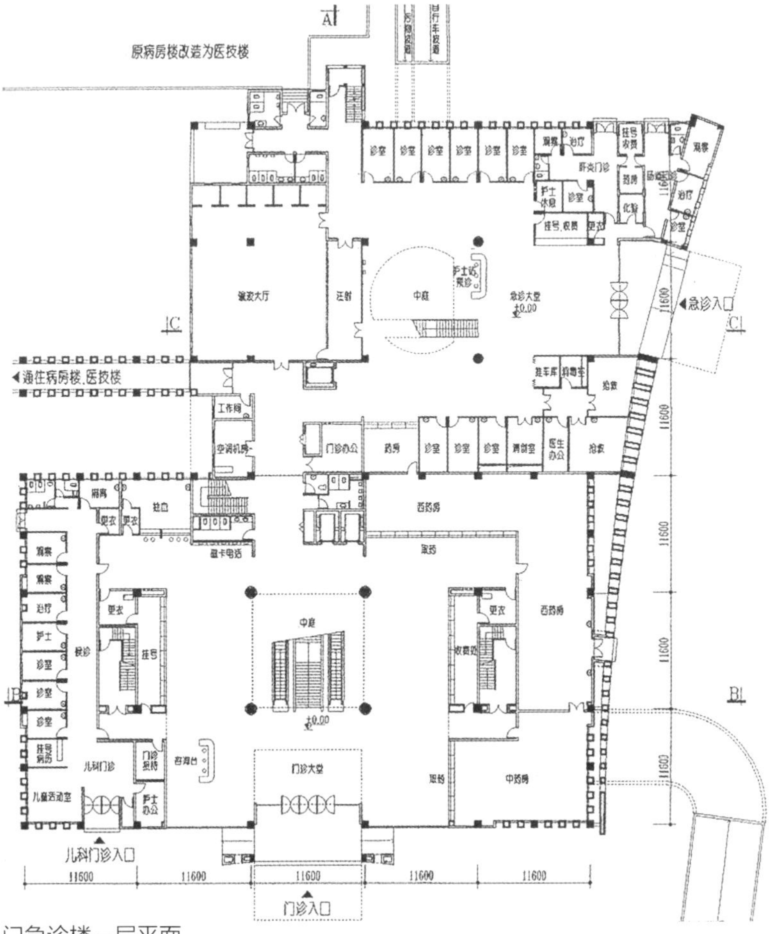

门急诊楼一层平面

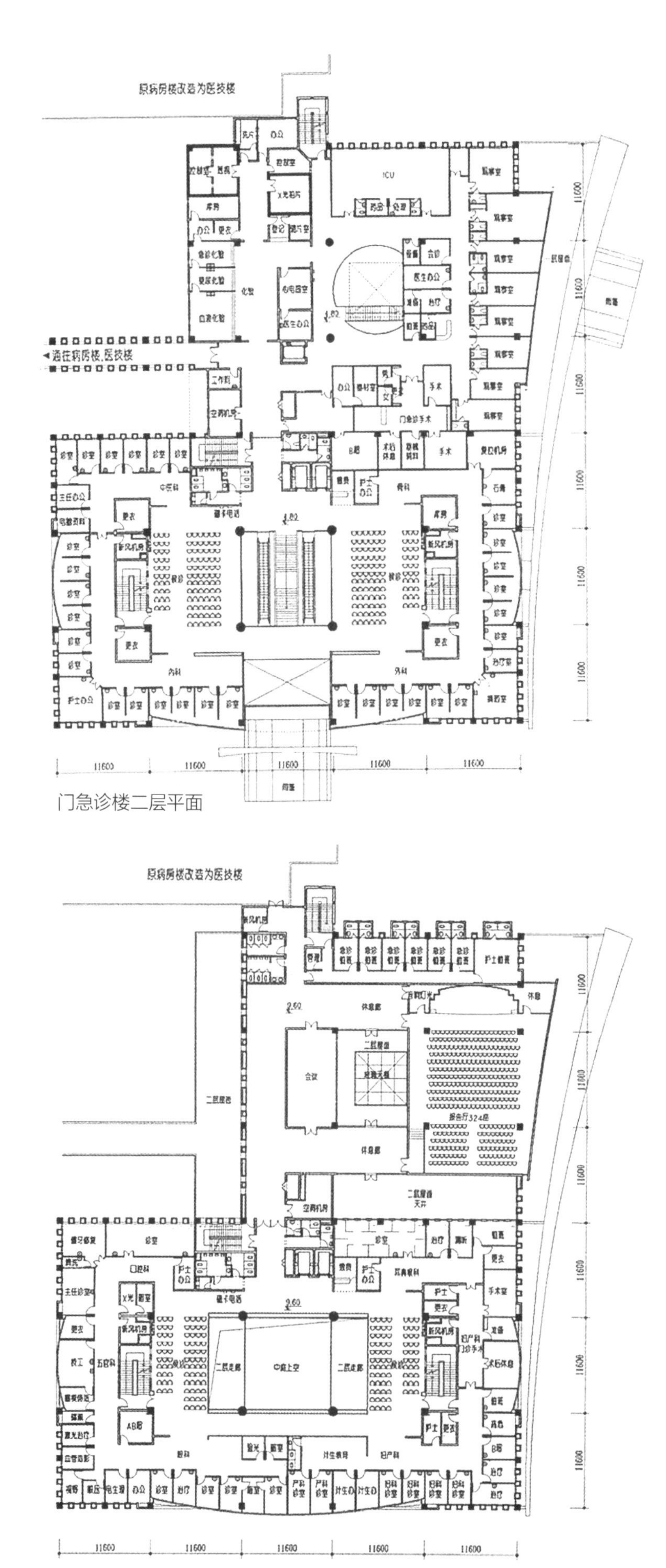

门急诊楼二层平面

门急诊楼三层平面

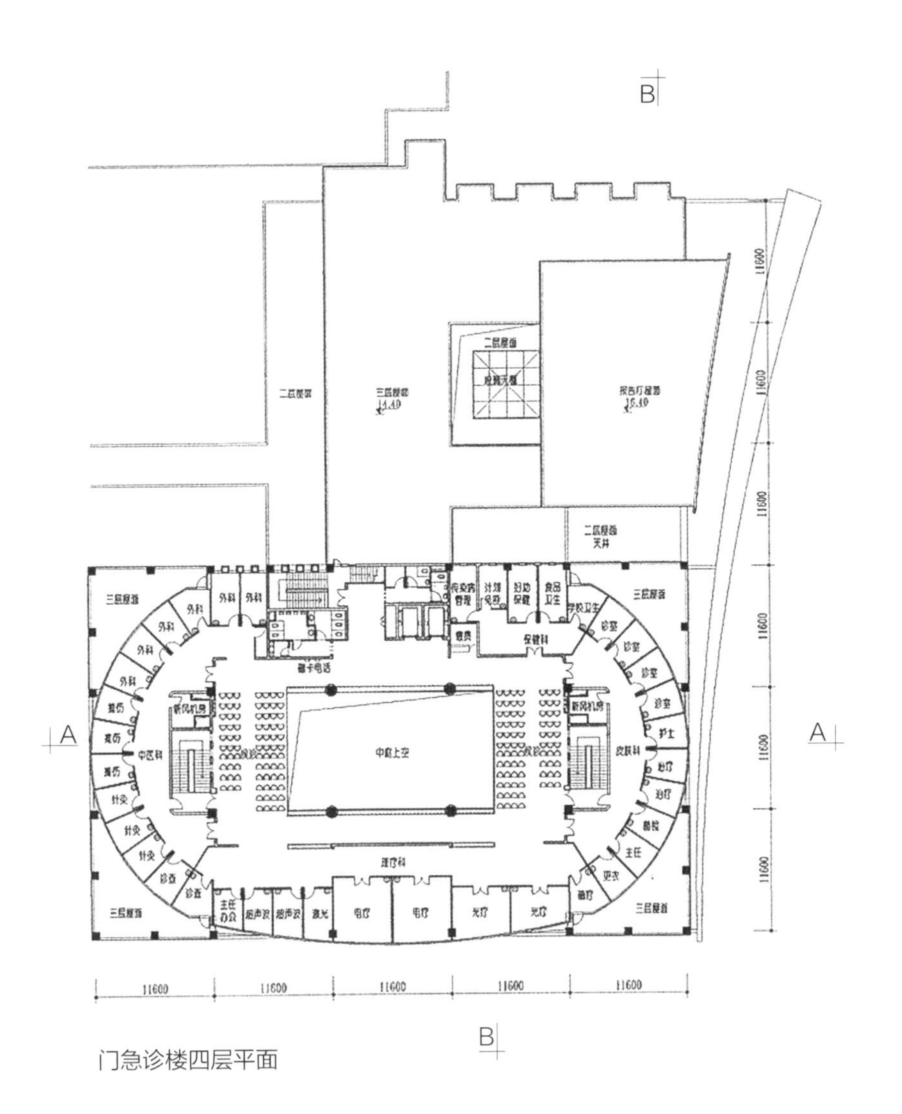

门急诊楼四层平面

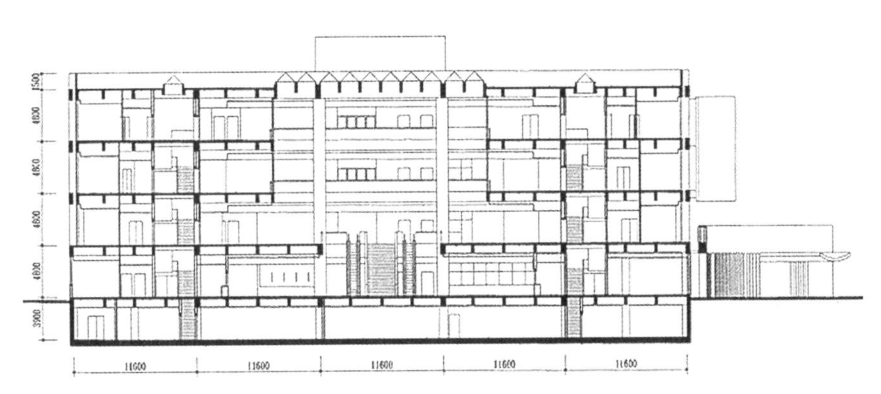

门急诊楼 A–A 剖面

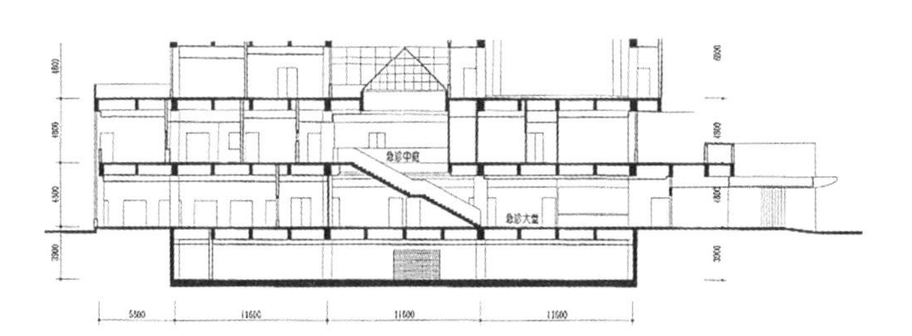

门急诊楼 B–B 剖面

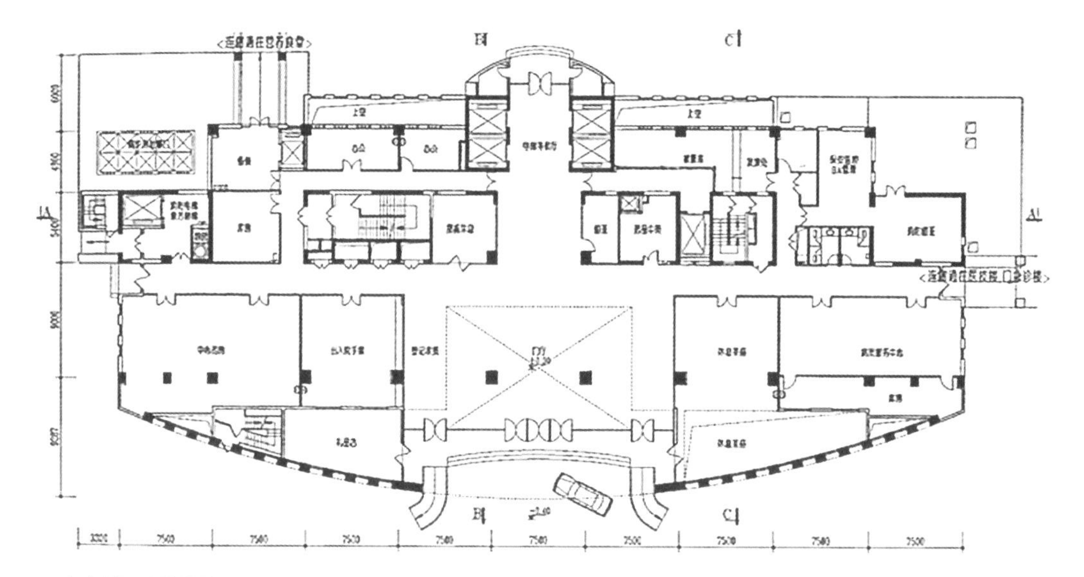

病房楼一层平面

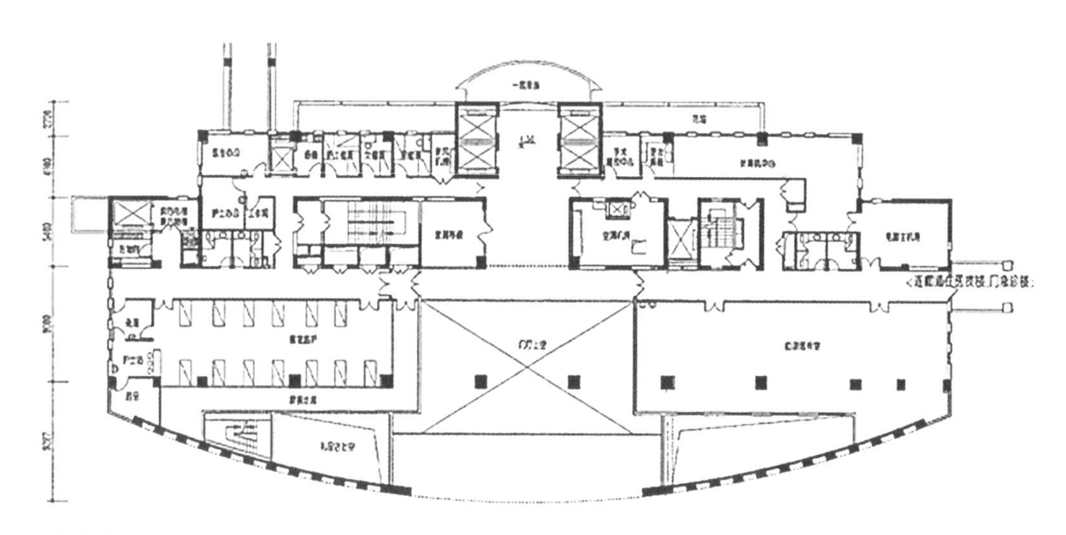

病房楼二层平面

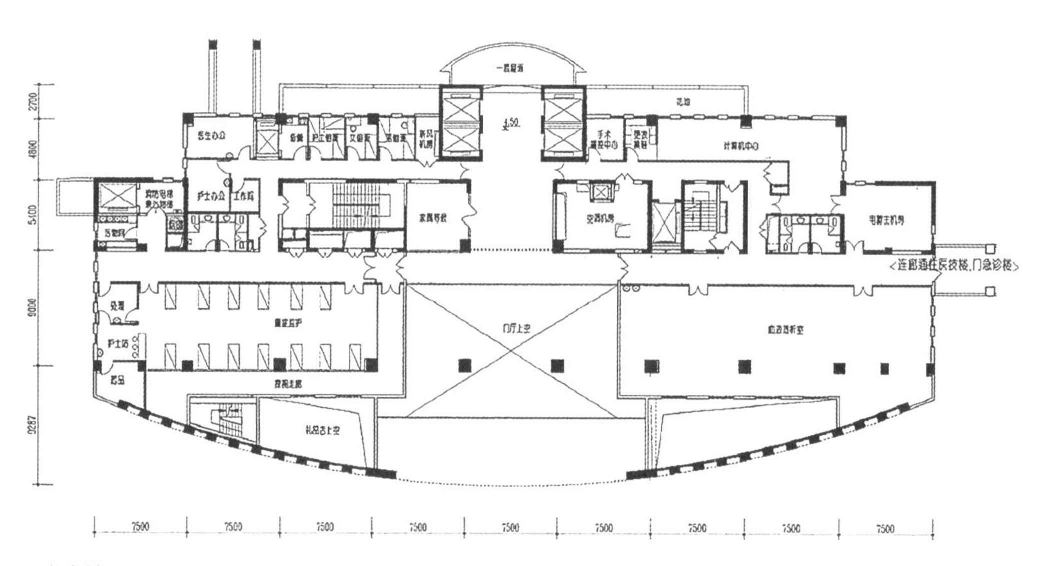

病房楼三层平面

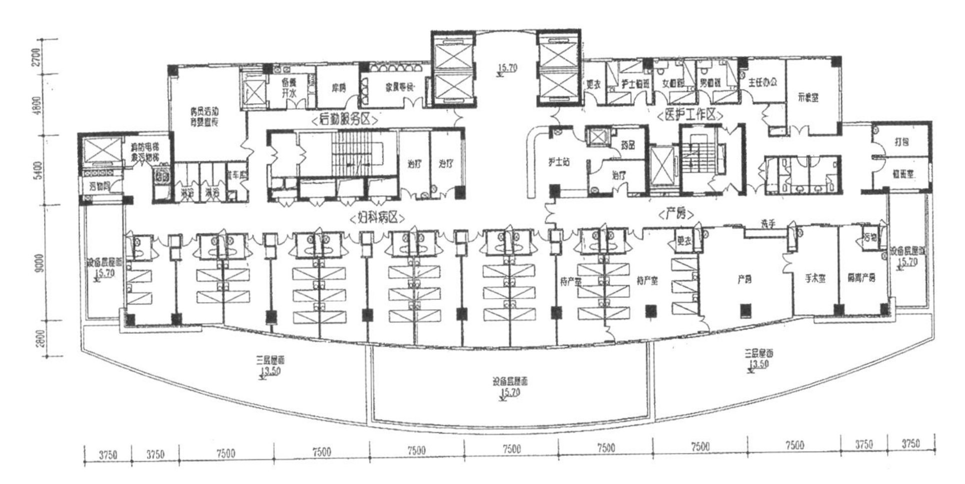

病房楼四层平面（产房、妇科）

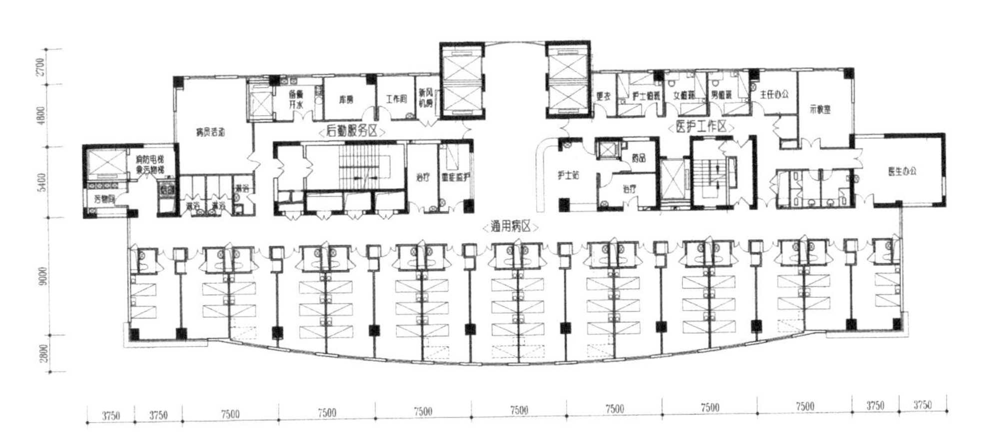

病房楼标准层平面

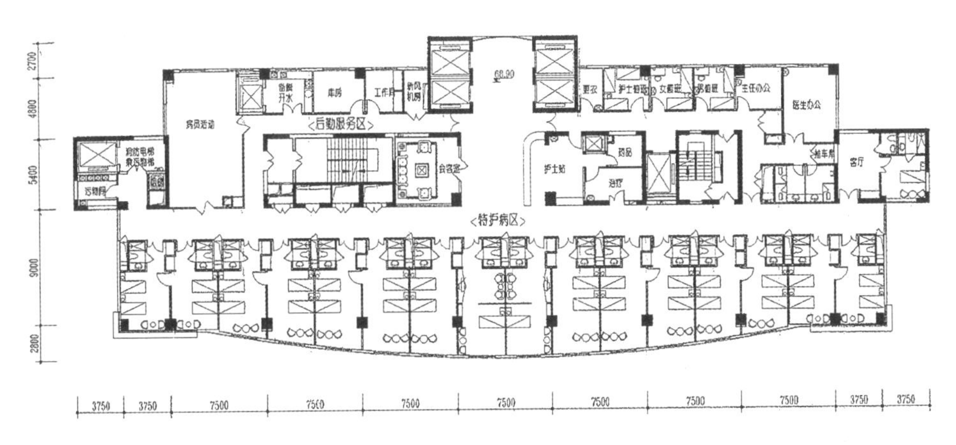

病房楼十八、十九层平面

急诊与病房密柱连廊

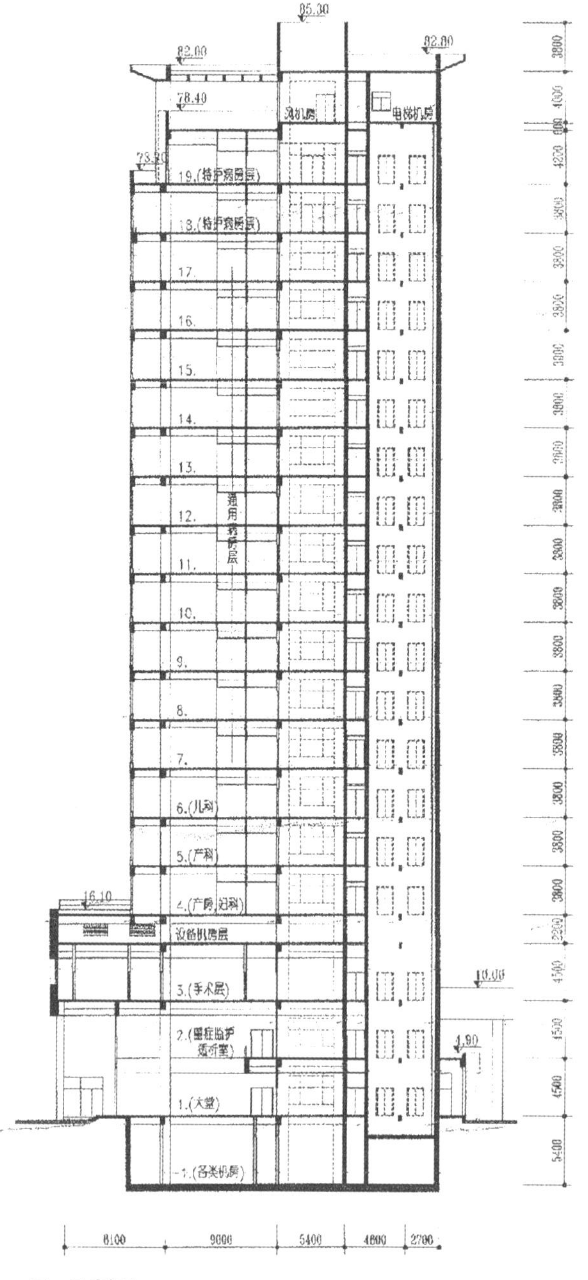

E－E 剖面

上海市普陀区利群医院方案设计

主要合作人 宋 华 李 伟

利群医院鸟瞰效果图

上海市普陀区利群医院效果图

上海市普陀区利群医院

- 建筑地点：上海市普陀区桃浦路
- 建筑性质：医疗建筑（新建 300 张床位综合医院）
- 建筑面积：21658 m^2
- 建筑层数：3～7 层
- 门急诊量：1 500 人 / 日
- 设计时间：1999 年 10 月
- 本工程为投标方案。1999 年 10 月利群医院邀请包括江苏省建筑设计研究院在内的 6 家设计单位参加竞标。

本方案经精心构思，以简洁、理性的构图，明确、合理的功能，明快、现代的造型，得到医院和方案评审专家的一致好评。

评审结果本方案以全票 8 票的绝对优势获得第一名（第二名仅得到 5 票）。然而最后结局却是第二名中标，本方案反而名落孙山。

尽管如此，我们仍认为本方案是一个优秀方案。

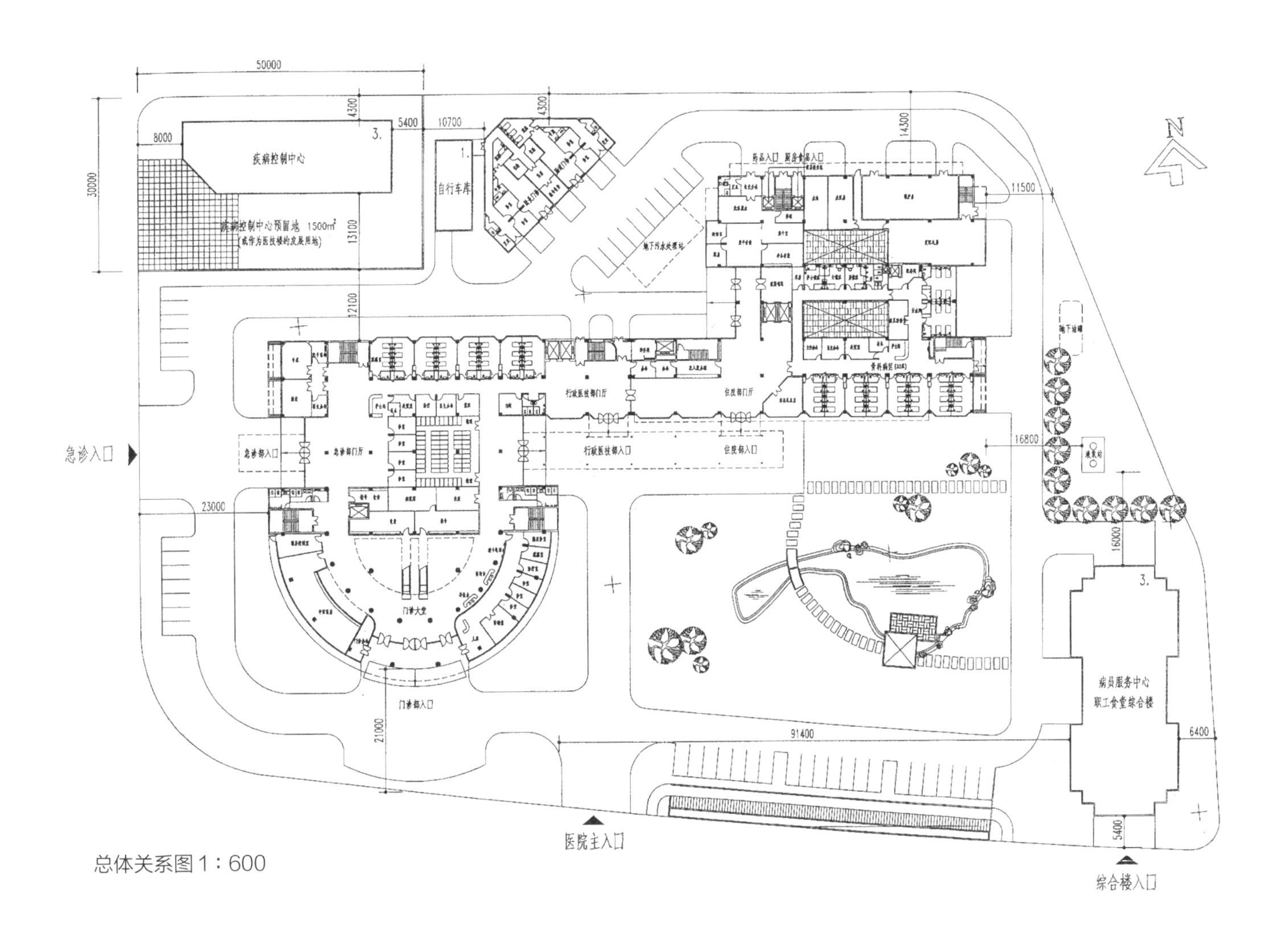

50000
30000
8000
4300
5400
10700
14300
11500
13100
12100
16800
23000
16000
21000
91400
6400
5400
疾病控制中心
疾病控制中心预留地 1500m²
(或作为医技楼的发展用地)
自行车库
行政医技部门厅
住院部门厅
急诊部门厅
急诊部入口
行政医技部入口
住院部入口
门诊大堂
门诊部入口
急诊入口
病员服务中心
职工食堂综合楼
医院主入口
综合楼入口
N

总体关系图 1：600

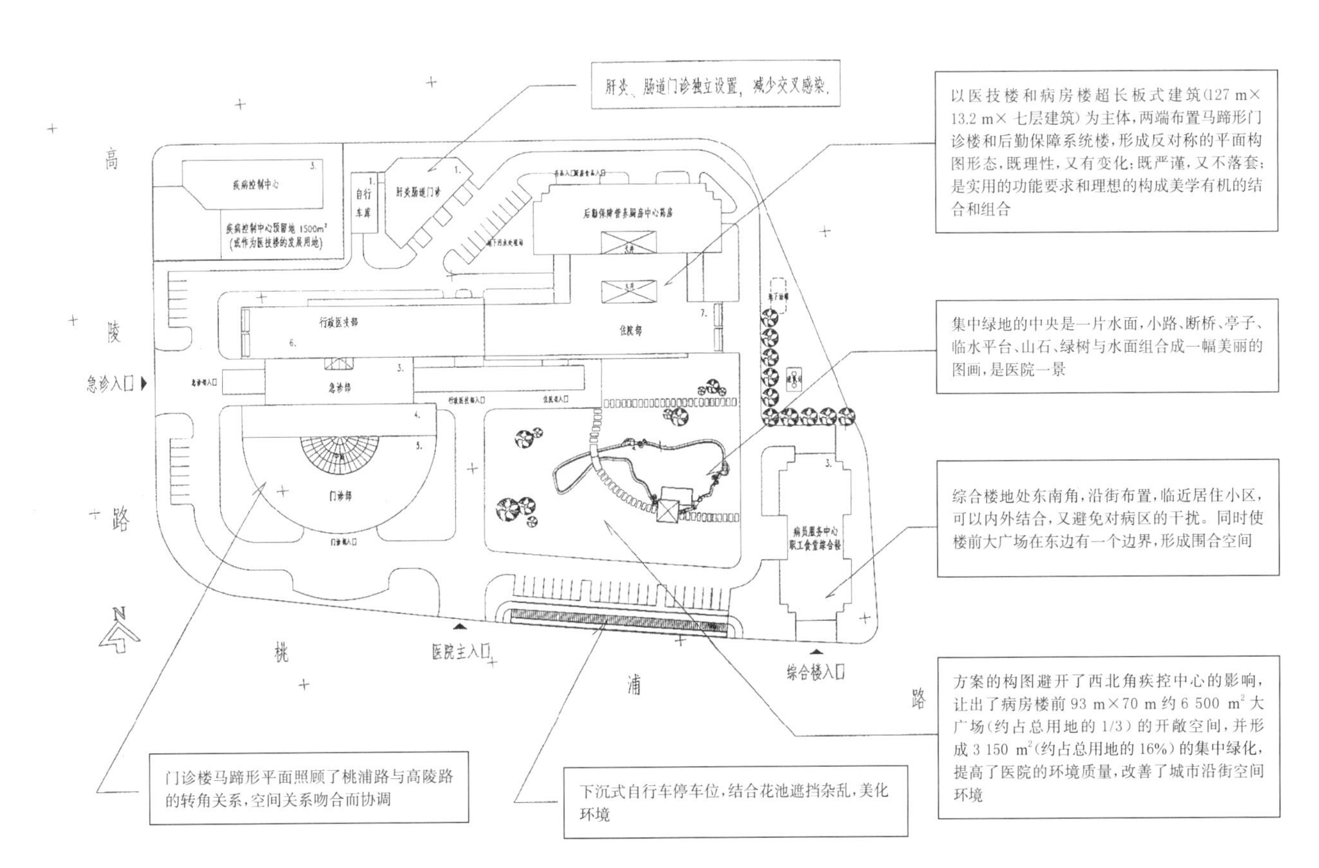

肝炎、肠道门诊独立设置，减少交叉感染。
以医技楼和病房楼超长板式建筑(127 m×13.2 m×七层建筑)为主体，两端布置马蹄形门诊楼和后勤保障系统楼，形成反对称的平面构图形态，既理性，又有变化；既严谨，又不落套；是实用的功能要求和理想的构成美学有机的结合和组合
集中绿地的中央是一片水面，小路、断桥、亭子、临水平台、山石、绿树与水面组合成一幅美丽的图画，是医院一景
综合楼地处东南角，沿街布置，临近居住小区，可以内外结合，又避免对病区的干扰。同时使楼前大广场在东边有一个边界，形成围合空间
方案的构图避开了西北角疾控中心的影响，让出了病房楼前93 m×70 m约6 500 m²大广场(约占总用地的1/3)的开敞空间，并形成3 150 m²(约占总用地的16%)的集中绿化，提高了医院的环境质量，改善了城市沿街空间环境
门诊楼马蹄形平面照顾了桃浦路与高陵路的转角关系，空间关系吻合而协调
下沉式自行车停车位，结合花池遮挡杂乱，美化环境
高
陵
路
桃
浦
路
疾病控制中心
疾病控制中心预留地 1500m²
(或作为医技楼的发展用地)
自行车库
肝炎肠道门诊
后勤保障营养厨房中心药房
行政医技部
住院部
急诊部
门诊部
门诊部入口
急诊入口
病员服务中心
职工食堂综合楼
医院主入口
综合楼入口
N

总体构图形态与空间环境分析上 1：1 000

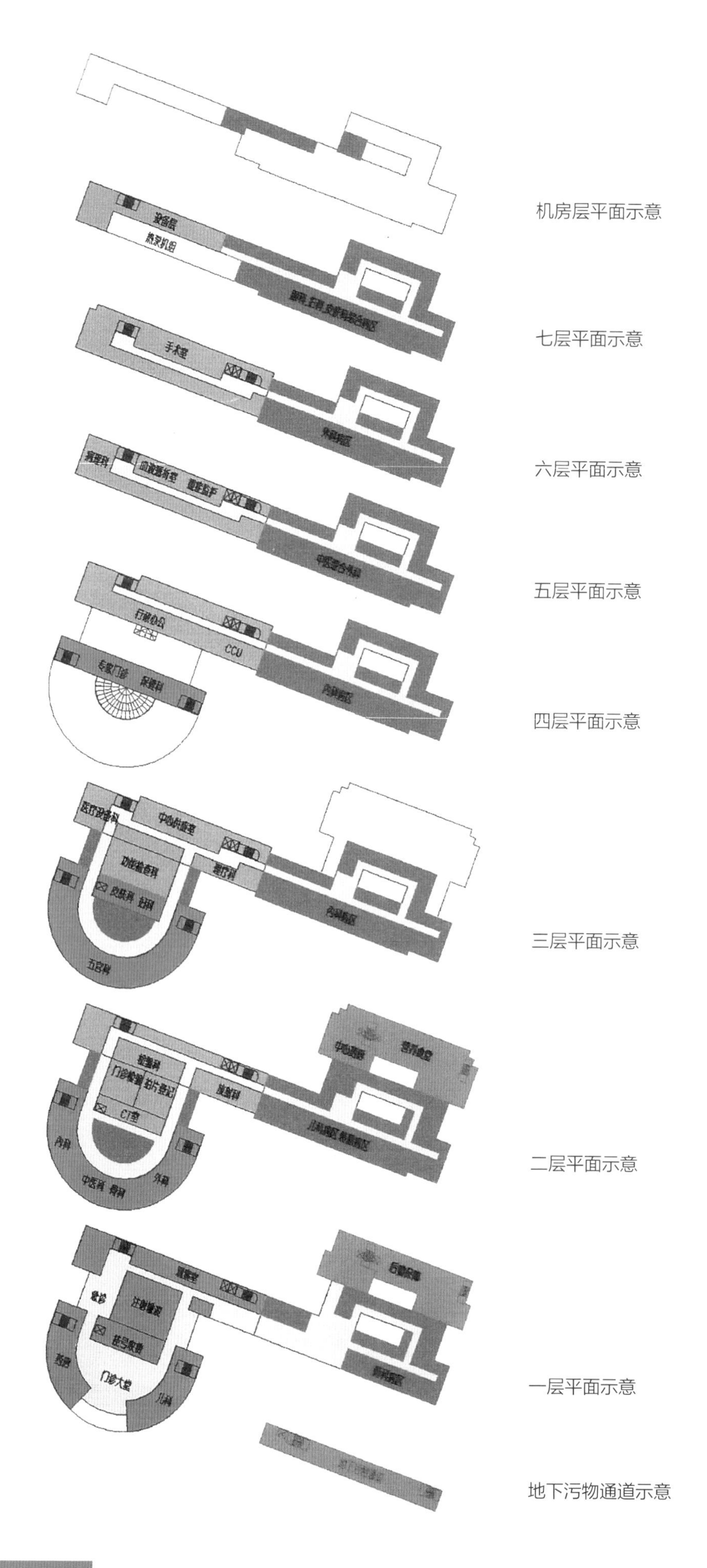

机房层平面示意
七层平面示意
手术室
六层平面示意
五层平面示意
行政办公
CCU
专家门诊
保健科
四层平面示意
功能检查科
五官科
三层平面示意
CT室
内科
外科
中医科
骨科
二层平面示意
急诊
门诊大堂
儿科
一层平面示意
地下污物通道示意

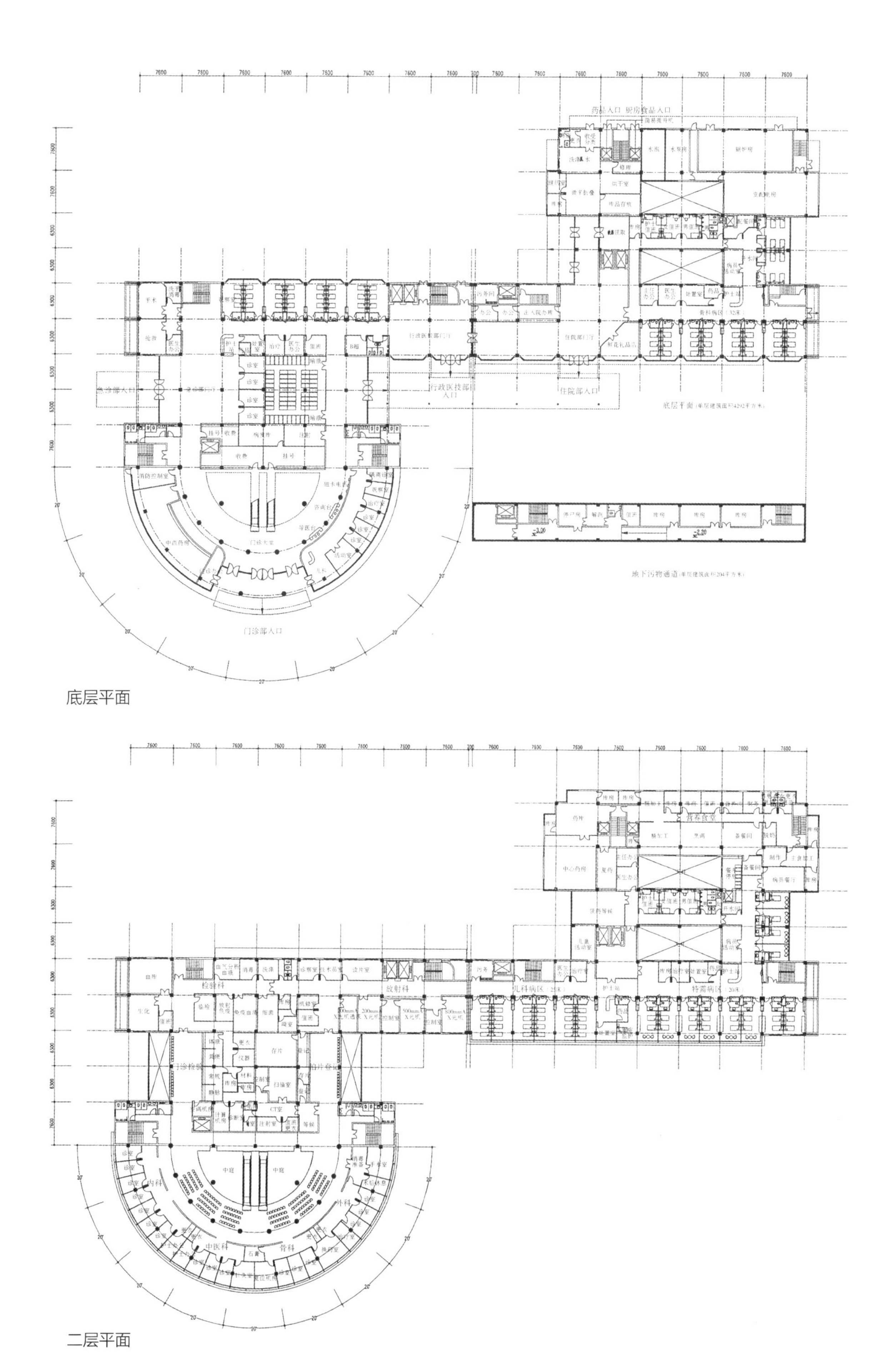
药品入口 厨房食品入口
急诊部入口
行政医技部
入口
住院部入口
门诊部入口
检验科
放射科
儿科病区
特需病区
内科
外科
中医科
骨科
底层平面

二层平面

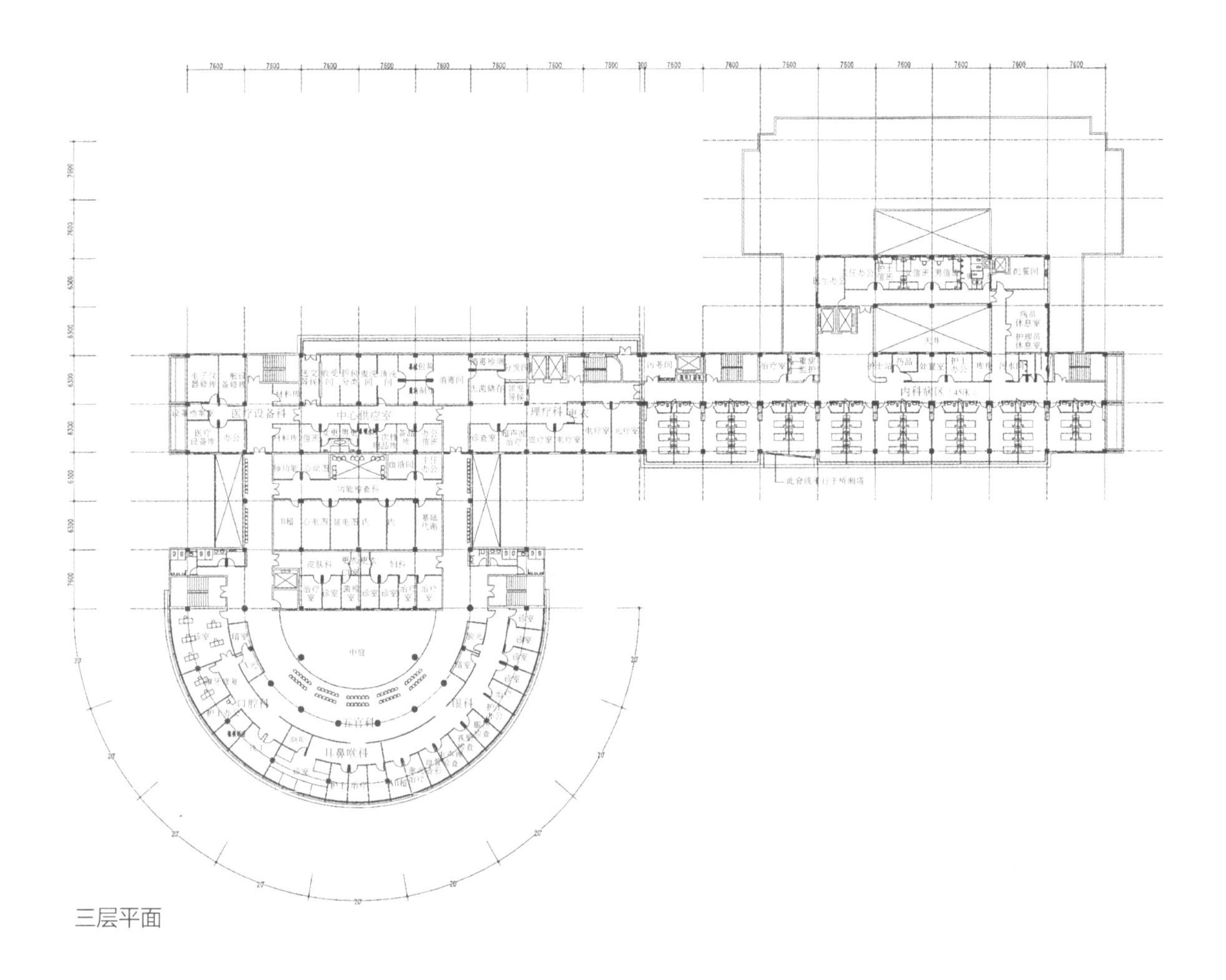

三层平面

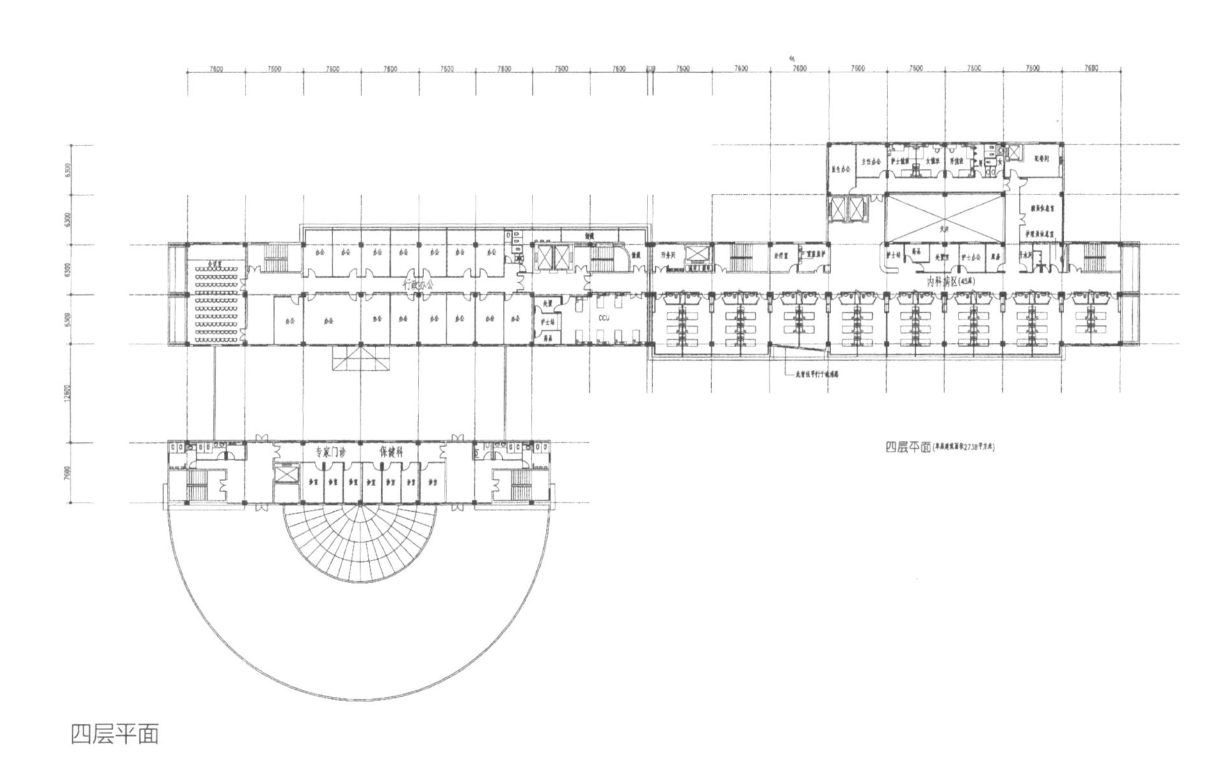

四层平面

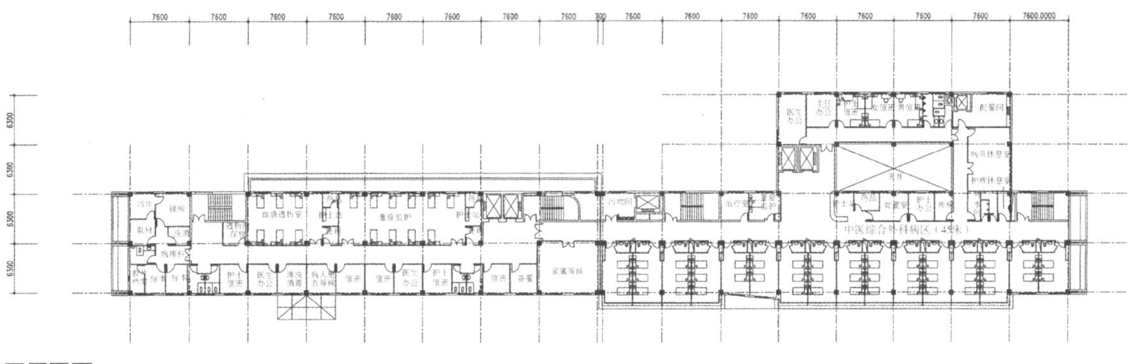

五层平面

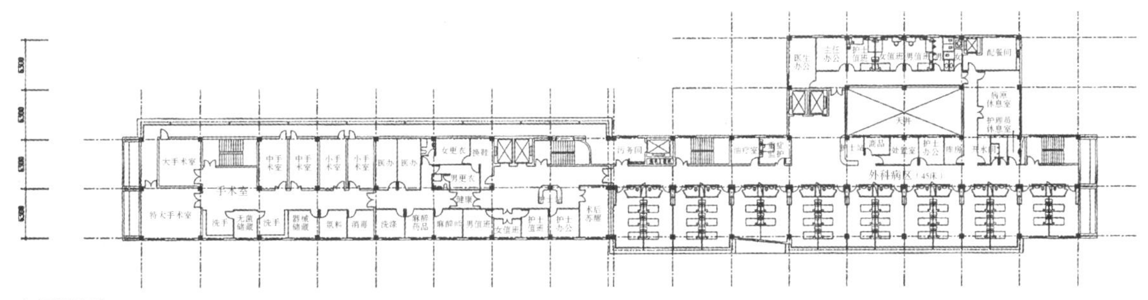

六层平面

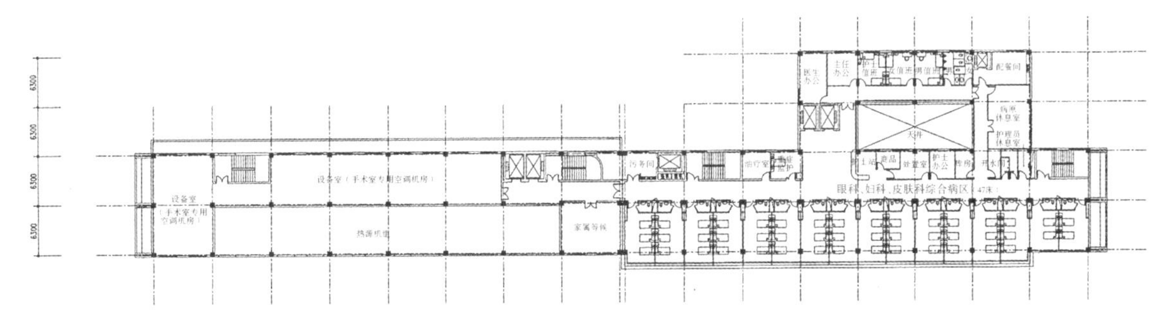

七层平面

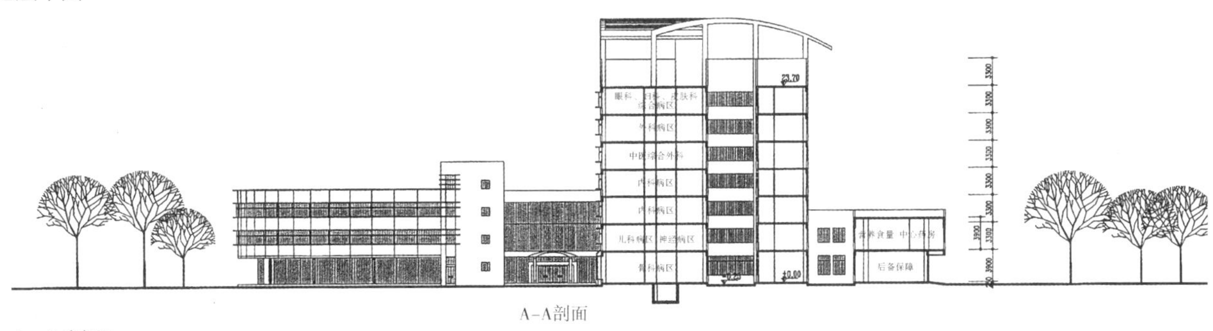

A–A 剖面

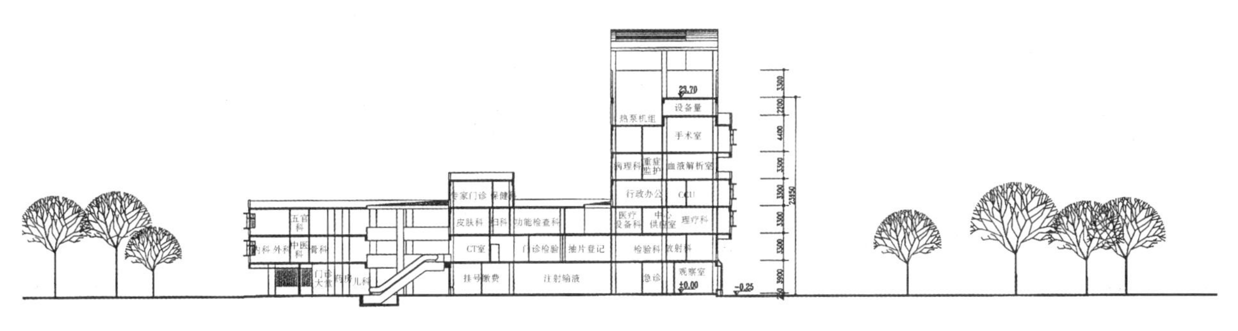

B–B 剖面

南京新利奥大厦

主要合作人　宋　华　赵北平

中央路与新模范马路转角处效果图(绘图　刘志军)

东北向立面图

东北角航拍图

西南向立面图

西南角航拍图

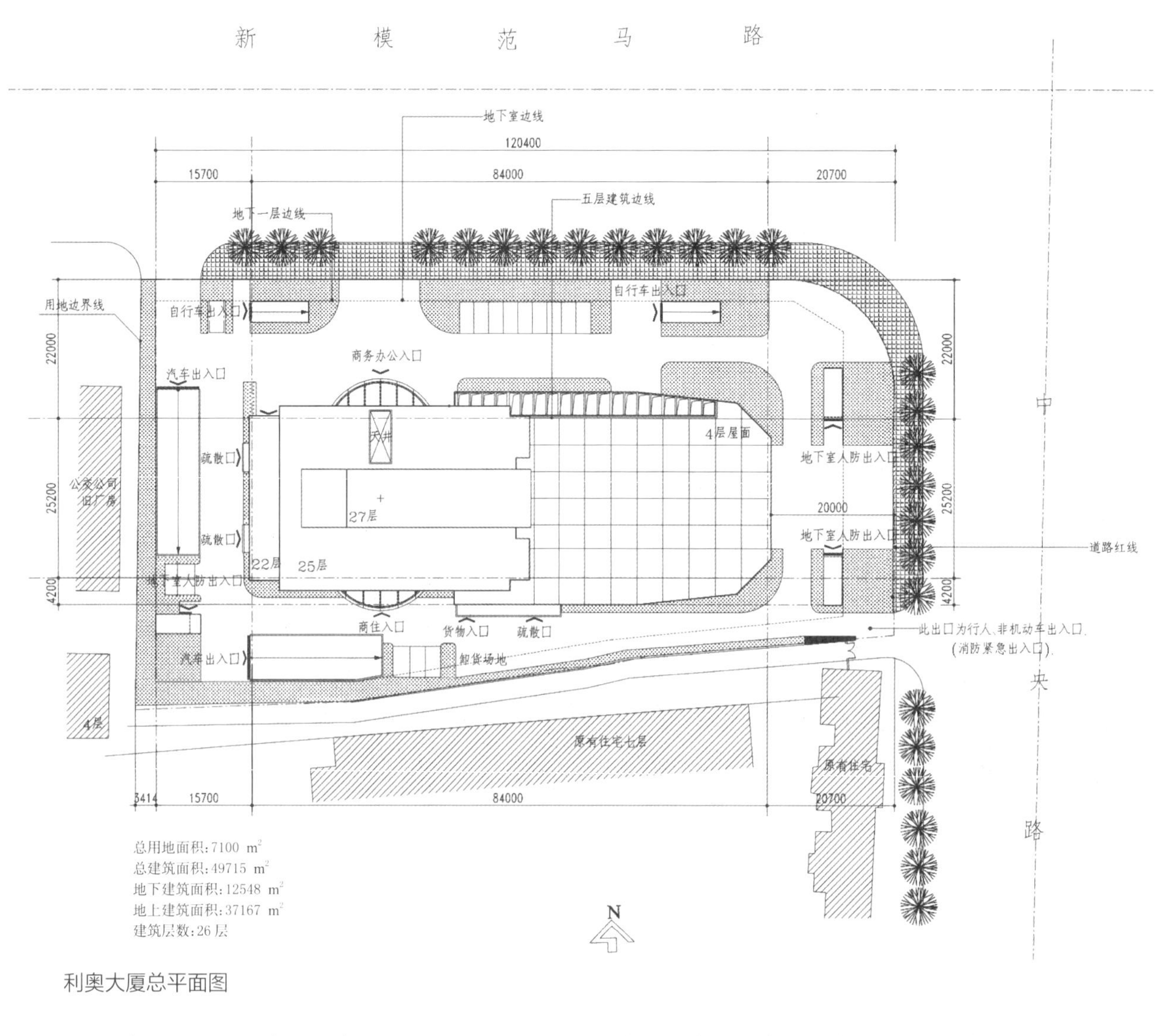
新 模 范 马 路
地下室边线
120400
15700
84000
20700
五层建筑边线
地下一层边线
用地边界线
自行车出入口
自行车出入口
商务办公入口
汽车出入口
天井
4层屋面
疏散口
疏散口
公交公司旧厂房
27层
25层
22层
地下室人防出入口
地下室人防出入口
地下室人防出入口
20000
道路红线
商住入口
货物入口
疏散口
此出口为行人、非机动车出入口
（消防紧急出入口）
汽车出入口
卸货场地
4层
原有住宅七层
原有住宅
3414
15700
84000
20700
22000
25200
4200
中
央
路
总用地面积：7100 m²
总建筑面积：49715 m²
地下建筑面积：12548 m²
地上建筑面积：37167 m²
建筑层数：26层
N

利奥大厦总平面图

地下一层平面

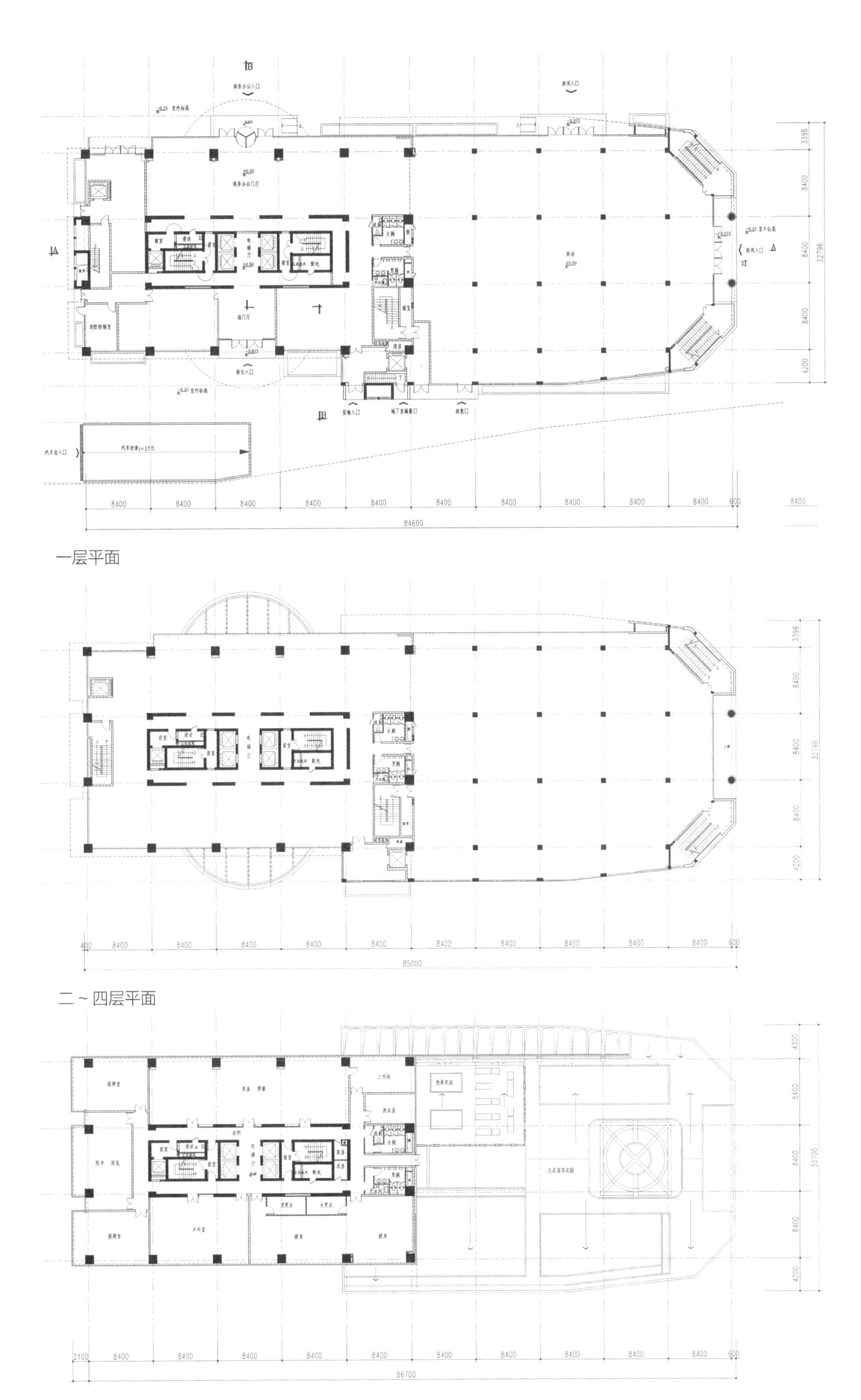

一层平面

二～四层平面

五、六层屋顶花园

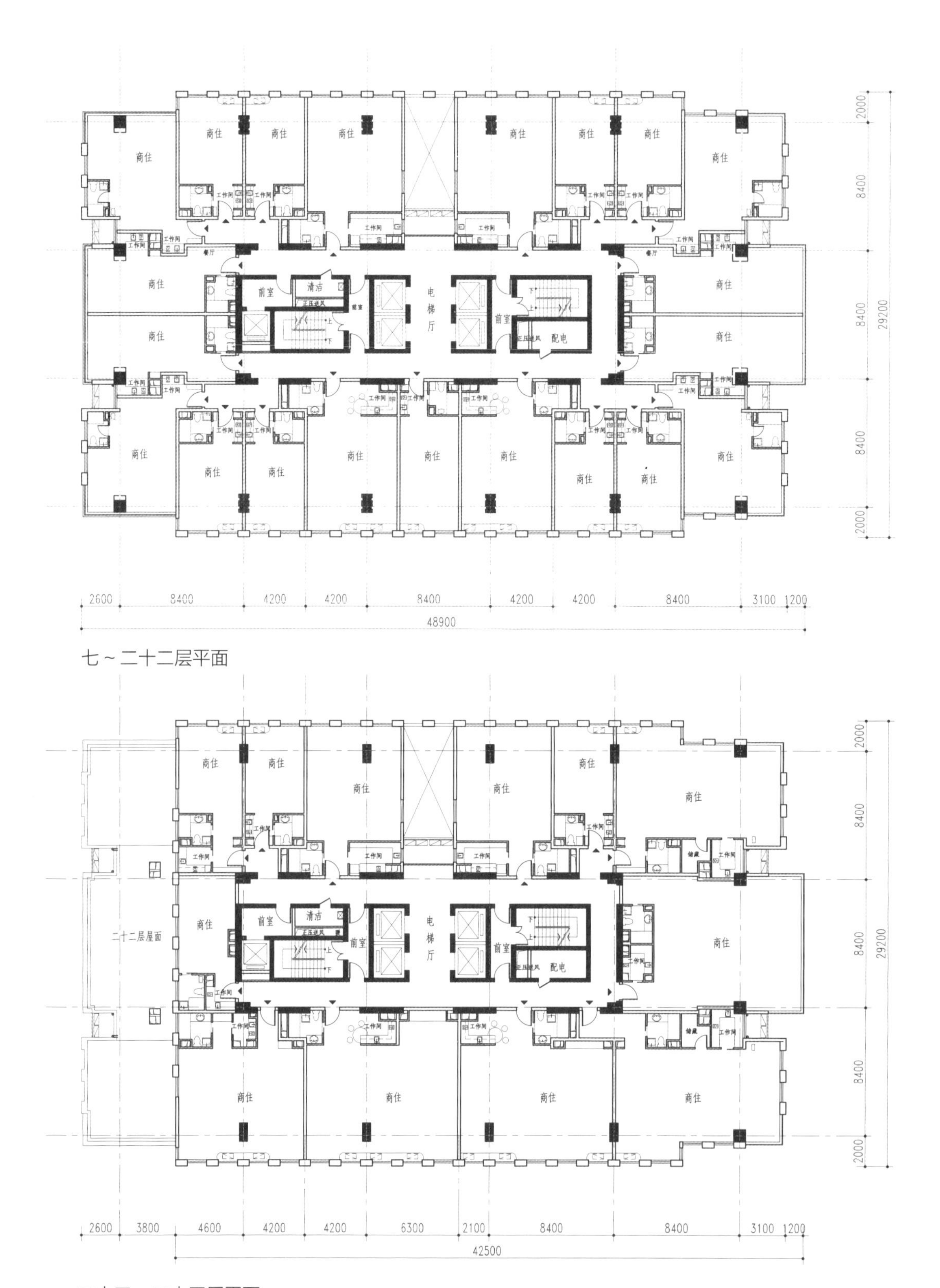

七～二十二层平面

二十三～二十四层平面

扬州汽车客运东站

主要合作者　王小敏

扬州汽车客运东站

总体鸟瞰方案效果图

全景透视方案效果图

随着高速公路的迅速发展和延伸，城市与城市、城市与集镇的距离已经缩短到早出晚归的公交化程度，一小时城市圈、两小时城市圈的形成，给长途汽车客运业带来新的发展机遇和挑战。在速度与效率、管理与调配、计算机硬件与软件的配置、行李托运业务的转变、人性化服务的提高、长途车与公交车的零距离的对接等方面都提出了新的要求。同样要求我们对现代汽车客运站有新的认识，在设计中有更高的起点，体现更新的理念。

扬州汽车客运东站位于扬州城东，运河路与新沙湾路交叉口的西北地块，周边有两条城市支路，临近宁通高速，地块方正，交通便捷，是客运站的理想选址。

客运东站规模按一级客运站设计，年度平均日发送旅客 10 000 人次，日发班车 700 辆次，站台发车位数 20 位，按智能化汽车站设计，充分体现以人为本的理念。车站总用地面积约 50 000 m^2，总建筑面积为 35 000 m^2，分两期进行建设。

根据汽车客运站的基本要求和新理念、新动向的实践，扬州汽车客运东站设计有以下特点：

1. 总平面设计方面，车站沿运河路和新沙湾路的建筑退让线“L”形布局，最大限度利用基地面积，保证停车场的完整性并把停车场挡在沿街建筑的后面，提高城市景观形象；在建筑造型设计方面，一期站房为单、多层建筑，横向展开，体量大、高度低，二期综合楼为高层建筑，向空中发展，占地小、尺度高，一前一后，一高一低，构图相得益彰。

2. 长途车出站和进站均可直接右转沿城市道路行驶，尽量减少对城市交通的影响；公交车站设于站房西侧与长途车下客站台和出口连廊相邻、相连，真正做到了长途车与公交车零距离对接；出租车采用港湾式双线布置，停车位置正对出站口，也临近售票处，全面考虑上下客的便利，这种布置有利于出租车的有序管理，防止拉客和“黑出租”行为。

3. 候车大厅是一座单层 92 m×32 m 大跨度建筑，空间开敞，无柱子遮挡视线，整个大厅一览无余，一目了然，容易找到发站口、候车位。

4. 把母婴、老人、军人、残疾人等特殊旅客候车室设置在候车厅的最中间位置，正对入口，可以就近候车，缩短上车的距离，改变以往总是放在边角位置的不便，最大程度上体现了以人为本的理念。

5. 将小超市、小商店设在候车厅内，也是出于人性化的考虑，由于候车时间缩短，一般买了票就可以上车，旅客在候车厅内等候时间不长，为满足旅客随手购物、就近购物的便利创造了条件。

6. 候车厅站台发车位设计为 20 个车位，特殊候车室前预留了 12 m 的绿化带，必要时可以改为站台，这样发车位可以增加到 23 个。可以减轻春运、小长假等客运高峰时的压力，提高效率。

7. 由于长途车的公交化趋势在逐渐加快，旅客随身所带的行李也越来越少；且随着车上设施的改善，大件行李可直接放在行李舱中，因此行李托运业务也发生了根本性的变化，由过去的旅客行李为主改为以公司、企业、工厂的货运为主。行包房的位置因此由过去靠近售票处改到交通方便的地方，便于中型货车进出、停放。这也是一个新的动向，扬州汽车东站已经实践。

8. 长途车下客站台和出站通廊与公交车枢纽站站台结合起来，做到长途车公交车零距离对接，能迅速疏散到站旅客，减少旅客长距离寻找公交车站，降低对城市交通的影响和干扰，并有效地阻止了“黑车”进站拉客的混乱现象。这样处理既是人性化的体现，也是改善城市车站地区脏、乱、差现象，提高管理水平，创建文明城市的措施之一。

9. 扬州汽车客运东站离扬州市区约有 10 公里，相对较远。根据扬州客运总公司的预测，该车站需要几年的时间才能达到设计运量。交通影响评价的指标也比任务

站房主入口

书要低。结果 2008 年 8 月试运行时就已经达到设计运量的 60%～70%，国庆节小长假期间则已经达到饱和且运行正常。真有点像机场航站楼，刚投入使用就准备扩建一样。

之所以有这样意想不到的结果，是因为：① 在车站建设过程中其周边地区同时有了较大的发展，工厂企业、大卖场、住宅小区等已有一定规模；② 客运站设施齐全，硬软件配套到位；③ 调整运行策略，客运站专为扬州以东县、市和苏南、上海、浙江等地区旅客服务，使客源有了基本的保证。

出站敞廊

西南外景

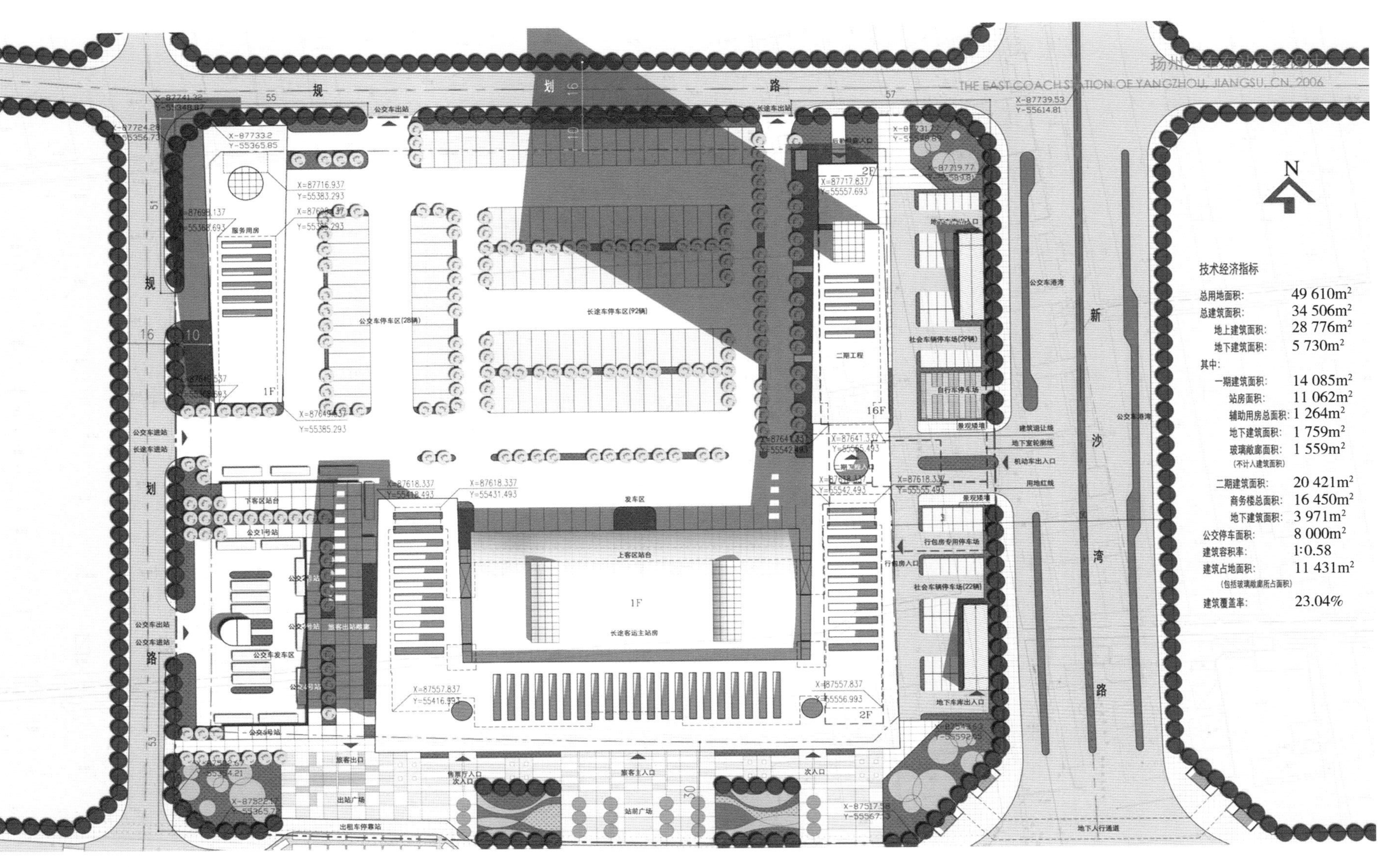
THE EAST COACH STATION OF YANGZHOU, JIANGSU, CN, 2006
技术经济指标
总用地面积: 49 610m²
总建筑面积: 34 506m²
地上建筑面积: 28 776m²
地下建筑面积: 5 730m²
其中:
一期建筑面积: 14 085m²
站房面积: 11 062m²
辅助用房总面积: 1 264m²
地下建筑面积: 1 759m²
玻璃敞廊面积: 1 559m²
(不计入建筑面积)
二期建筑面积: 20 421m²
商务楼总面积: 16 450m²
地下建筑面积: 3 971m²
公交停车面积: 8 000m²
建筑容积率: 1:0.58
建筑占地面积: 11 431m²
(包括玻璃敞廊所占面积)
建筑覆盖率: 23.04%
N
规划路
新沙湾路
公交车港湾
长途车停车区(92辆)
公交车停车区(28辆)
服务用房
二期工程
发车区
上客区站台
长途客运主站房
下客区站台
公交车发车区
旅客出站敞廊
社会车辆停车场(29辆)
社会车辆停车场(22辆)
自行车停车场
行包房专用停车场
行包房入口
地下车库出入口
机动车出入口
建筑退让线
地下室轮廓线
用地红线
景观绿墙
旅客出口
售票厅入口
次入口
旅客主入口
出站广场
站前广场
出租车停靠站
地下人行通道
公交车出站
公交车进站
长途车出站
长途车进站
1F
2F
16F

总图(屋面平面图)

1 站前广场
2 站房
3 车站办公
4 商铺
5 发车站台
6 停车场
7 出站敞廊
8 公交始发站
9 服务用房
10 加油站
11 二期工程
12 的士站
13 停车场

一层总平面

前厅

候车厅

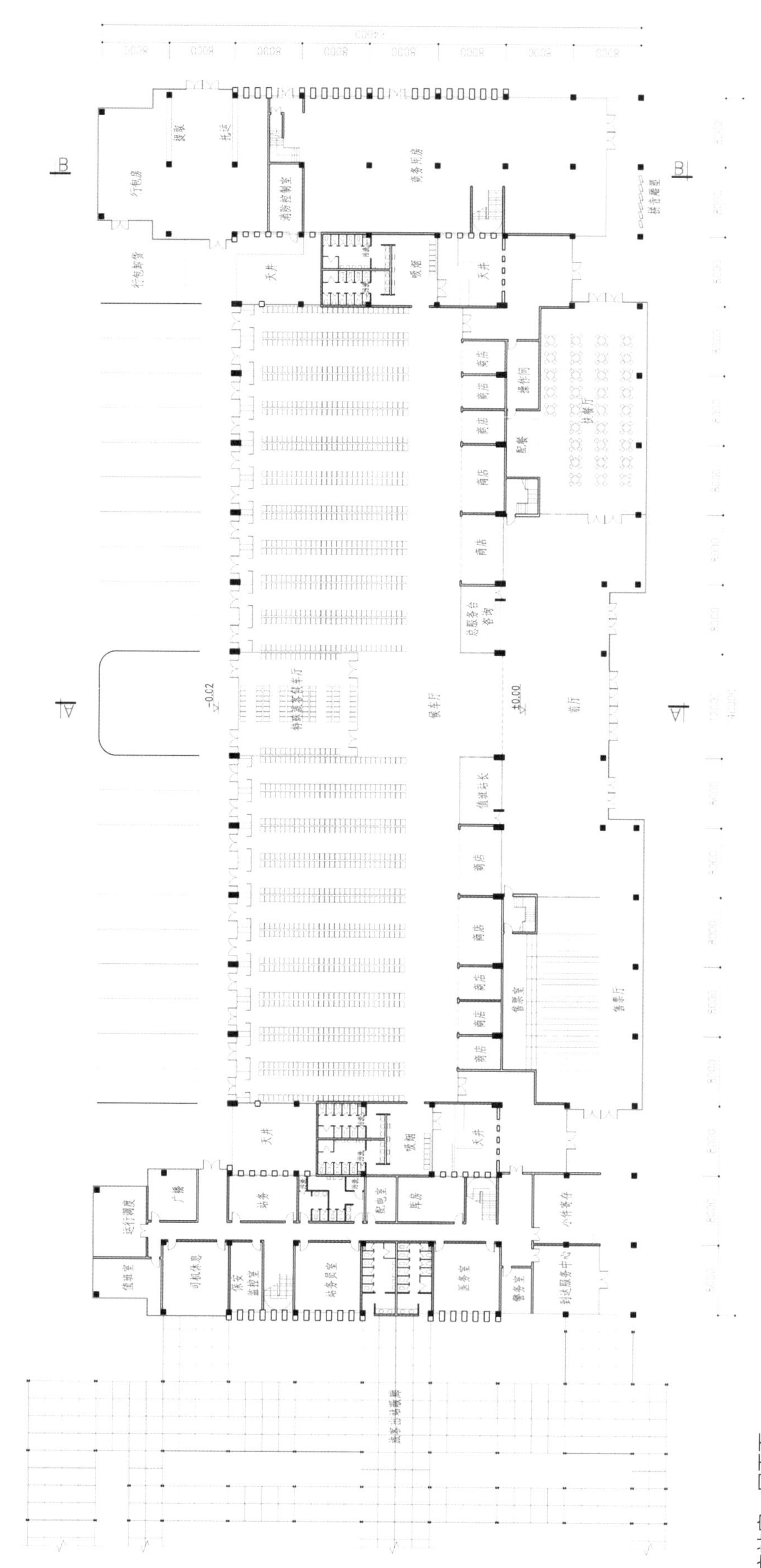

主站房一层平面
本层面积:7040 m²

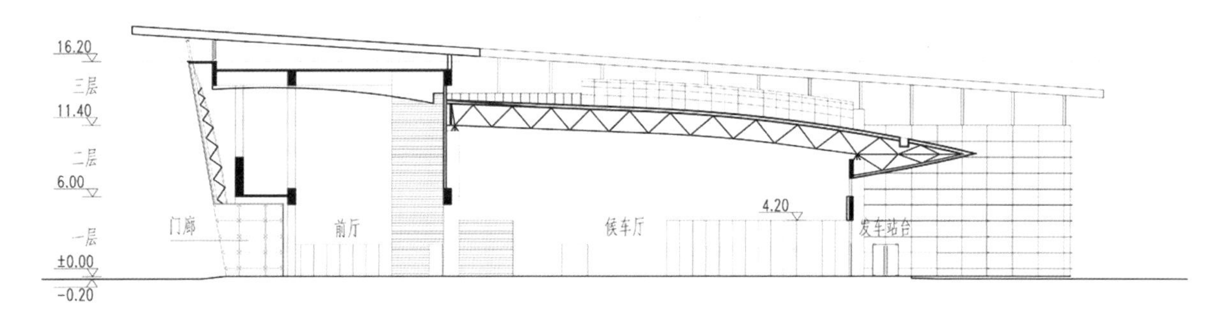
16.20
三层
11.40
二层
6.00
一层
±0.00
-0.20
门廊
前厅
候车厅
4.20
发车站台

横剖面

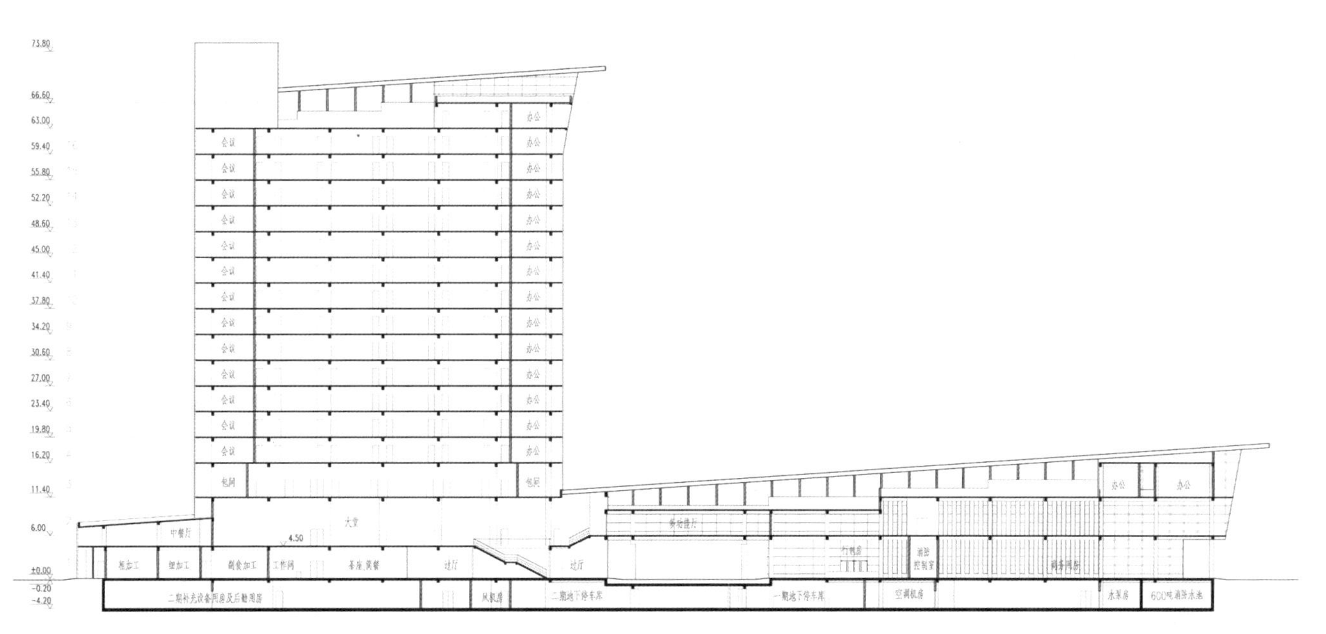
73.80
66.60
63.00
59.40
55.80
52.20
48.60
45.00
41.40
37.80
34.20
30.60
27.00
23.40
19.80
16.20
11.40
6.00
±0.00
-0.20
-4.20
会议
办公
包间
大堂
中餐厅
4.50
粗加工
细加工
副食加工
工作间
茶座 简餐
过厅
过厅
消防控制室
风机房
二期地下停车库
一期地下停车库
空调机房
水泵房
办公
办公

剖面图

车站售票厅

车站主入口

泰州市烈士陵园纪念碑、纪念馆、墓园及管理用房规划设计

设计　丁公佩　王小敏

泰州市烈士陵园纪念牌

一、工程概况

泰州市革命烈士陵园位于泰州市西门桥西侧，其东侧和南侧由南官河环绕，北临迎春西路，西为江洲南路，地理位置适中，植被茂密，自然生态良好，是块环境优雅的宝地。该地块已经过规划，由纪念碑、陈列馆和综合管理办公和半地下室停车库组成。本次方案设计为以上四项的单体设计和陈毅、粟裕雕像迁移，烈士墓园布置。规划用地为64.37 亩（4.29 ha）。

二、总体规划作适当的调整

泰州革命烈士纪念馆的总体规划基本满足任务书的要求，但为了更好地体现纪念园区的整体环境效果，我们在尊重原规划的基础上做了适当调整。

1. 入口广场两侧的机动和非机动车的布置会产生凌乱和无序感，为此利用地形的自然高差做成半地下室停车库以改善整体环境，特别是入园处的环境。

2. 1 000 m^2 的综合管理办公楼，是集爱国教育、老干部活动和纪念园区管理的综合性用房，但规划位置不甚恰当，不但遮挡园区景观，阻挡了纪念碑视线，而且在整体布局上十分别扭，风格上难以统一协调。然而总观全园区以及从城市景观考虑，也确实没有合适的场地。为此我决定由地面建筑改为地下建筑，利用下沉式广场解决日照和采光问题。同时下沉式地下建筑有生土和窑洞建筑的特点并能使人联想起延安根据地的生活氛围，把纪念新四军和八路军结合在一起。

3. 在原规划图上发现纪念碑广场的标高不够高，未反映竖向设计，纵向景观轴上都是平地或坡地，不能反映纪念建筑和园林建筑的特点。本次调整以纪念碑广场为制高点，从西面江洲南路入口广场开始，经过英雄桥和下沉广场分三段逐级提高标高，创造一种登高敬仰的气氛。再通过台阶通向陈列馆的甬道，直至陈列馆前广场，给人们以高低起伏的感受。

4. 经过调整之后，整个纪念园区除纪念碑和陈列馆以外，地面上除入口牌坊、小亭、矮墙外，再没有其他大的建筑物和构筑物，重点更为突出，景观更为和谐。由于增加了下沉广场，序列更有层次，空间更加丰富，视野更为开阔，城市景观也更为纯粹，纪念性更强。

三、单体建筑突出个性

1. 胜利的丰碑——纪念碑设计

纪念碑方案设计试图打破传统单碑或单塔的构思和造型，采用群碑的方式，从而在尺度上能掌控园区全局，既有一定的体量、合适的比例，又能做到灵巧而不臃肿，并与陈列馆的体量和形态相协调。同时根据任务书提供的资料，可以充分展示泰州市历史上发生的四大重要的胜利史实。

四片“V”字形造型相同，高度 36 m 上薄下厚的纪念碑组合成一个 11 m×11 m 的正方形平面构图的群碑，45° 方向斜置，每块象征胜利的“V”字形碑身上薄下粗，上大下小，组合后四面通透，由于碑身平面 45° 斜放可使视线穿透而没有阻挡，从各个方向看都不分主次。人们可以自由进入群碑内部，仰望天空，不同距离、不同仰角会产生不同的视觉效果，变幻莫测，神圣而伟大。这是单碑所不能及的，只有群碑才有的效果。碑身外装修采用清水混凝土。

群碑围合的中央为陈毅同志的题词碑。碑体为 3 m×5 m 的优美原石，两面局部加工磨光，一面雕刻陈毅同志题字“革命烈士纪念塔”，一面雕刻《纪念塔题记》和重修纪念园区、新建纪念碑和陈列馆的意义和经过。该碑粗犷、豪放，粗中带细，能充分体现陈毅同志的个性，突出文武双全的高大形象。然而，方案提出后，并修改了多次，都被否定了。后来甲方提供了一张 20 世纪50年代的纪念碑照片。造型颇为新颖、现代化。我们基本按原样放大、加厚、拔高，调整比例，增加基座，确定字体大小和位置等，使纪念碑的造型具有历史的传承意义。修改后的纪念碑方案得到泰州市的领导一致同意并得以实施。

2. 永恒的花环——陈列馆设计

陈列馆的设计理念为在烈士墓园的巨石上放置的永恒花环，它象征烈士的革命品格，如巨石般坚定不移，又如宝石一样闪闪发光，永垂不朽。

陈列馆是一个48.8 m×48.8 m的正方形平面，屋面倾斜，中间有一个20 m直径的内天井。内天井的周围便是一个巨大的如宝石一样的花环。花环的下面是环状休息廊的上空。

陈列馆分上下两层，根据设计任务书要求从北大门入口进入二层，按顺时针流线参观，二层结束后由休息廊过渡至一层继续参观，最后由南大门出口到达烈士墓园致敬。陈列馆一层设有贵宾厅、会议室等，二层设有宽幕影视厅，同时还设有无障碍设施供老同志及残疾人使用。

陈列馆全部用清水混凝土饰面，外墙凹凸，肌理清晰。东西两个侧面做成浮雕状，南立面、屋面、北立面连成一体，整体观感十分强烈。屋面的肌理还有中国筒瓦的影子，符合任务书“传统又现代”的要求。

在陈列馆的入口平台下，利用空间布置了设备用房。

3. 地下的“窑洞”——综合管理办公用房设计

把办公用房做到地下，采用下沉式广场的做法，不但提高了园区的环境质量，增加了空间层次，扩大了视野宽度，纯粹了城市景观，还提高了办公室的使用质量和环境质量，不受马路噪声干扰，比楼房还要清净舒服。在这里满足了任务书的所有要求：200人的会议室（报告厅）位于中轴线上，跨度12 m×16 m。把办公和接待活动分成南北两处，分区明确，功能更加合理。两个下沉式广场，中央种两排/棵银杏，一公一母，这是中国庙宇等纪念性建筑的传统布置，在这里再一次体现了“传统又现代”的要求。

4. 烈士墓园设计

陈列馆的东南角烈士墓园采用一片2.4 m高的折线形忠烈墙，墙的南面和东南面布置了两组烈士墓，共33座，面向河道，视野开阔，周围遍植灌乔木，环境幽静。忠烈墙每隔2 m有一个30 cm的空隙，是每座墓穴有规律的分界，从陈列馆南出口望去，视线通透。

方案效果图

方案鸟瞰图

纪念馆西北角透视

纪念馆东南角透视

纪念馆内部圆形天井和锥形天窗

纪念碑

烈士墓园

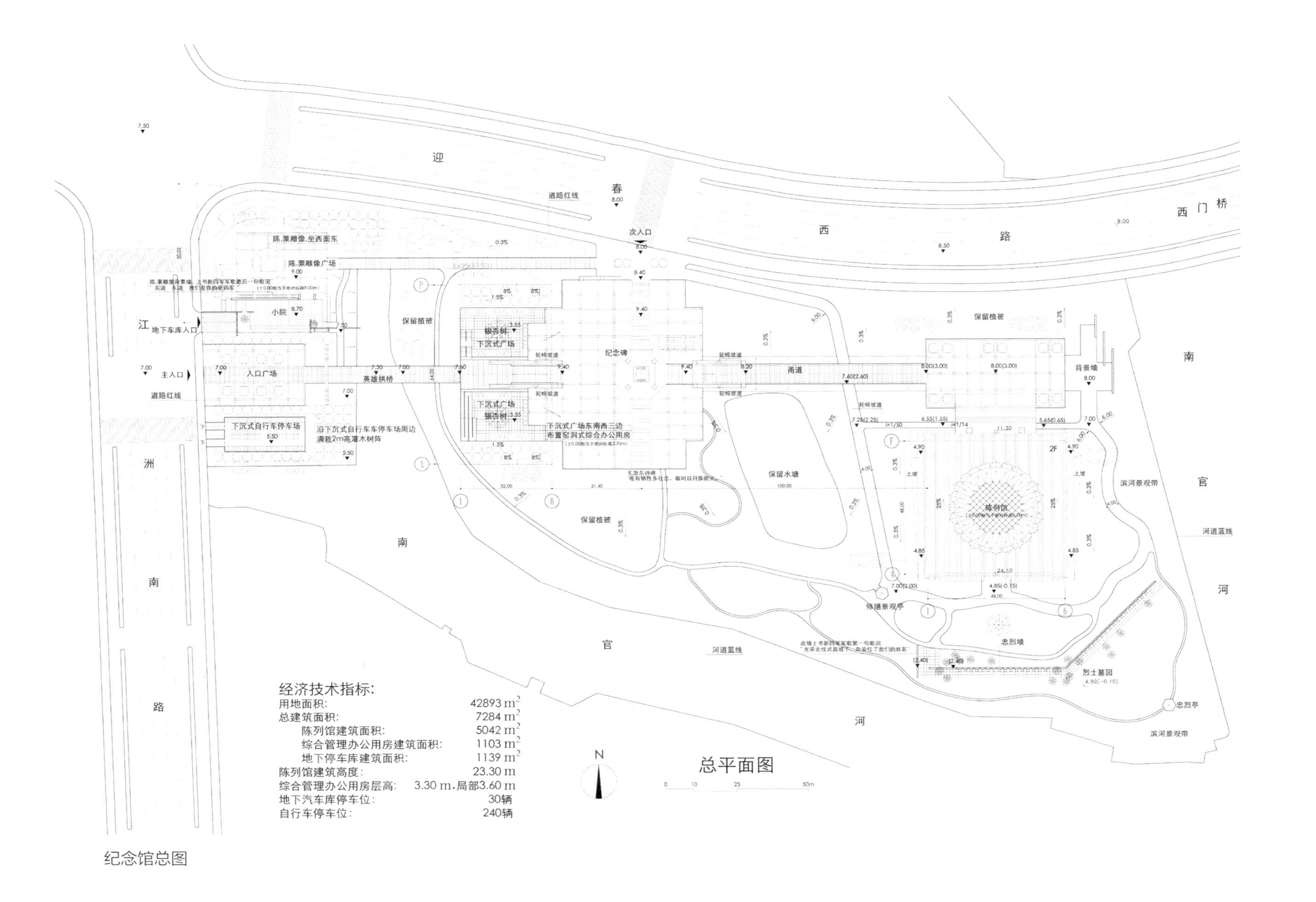
迎春西路
西门桥
江洲南路
南官河
道路红线
次入口
主入口
地下车库入口
陈.粟雕像.坐西面东
陈.粟雕像广场
小院
入口广场
英雄拱桥
下沉式自行车停车场
沿下沉式自行车车停车场周边满栽2m高灌木树阵
保留植被
银杏树
下沉式广场
轮椅坡道
纪念碑
下沉式广场东南西三边布置窑洞式综合办公用房
甬道
保留水塘
背景墙
陈列馆
滨河景观带
河道蓝线
修德景观亭
忠烈墙
烈士墓园
忠烈亭
经济技术指标:
用地面积: 42893 m²
总建筑面积: 7284 m²
陈列馆建筑面积: 5042 m²
综合管理办公用房建筑面积: 1103 m²
地下停车库建筑面积: 1139 m²
陈列馆建筑高度: 23.30 m
综合管理办公用房层高: 3.30 m,局部3.60 m
地下汽车库停车位: 30辆
自行车停车位: 240辆
N
总平面图
0 10 25 50m
纪念馆总图

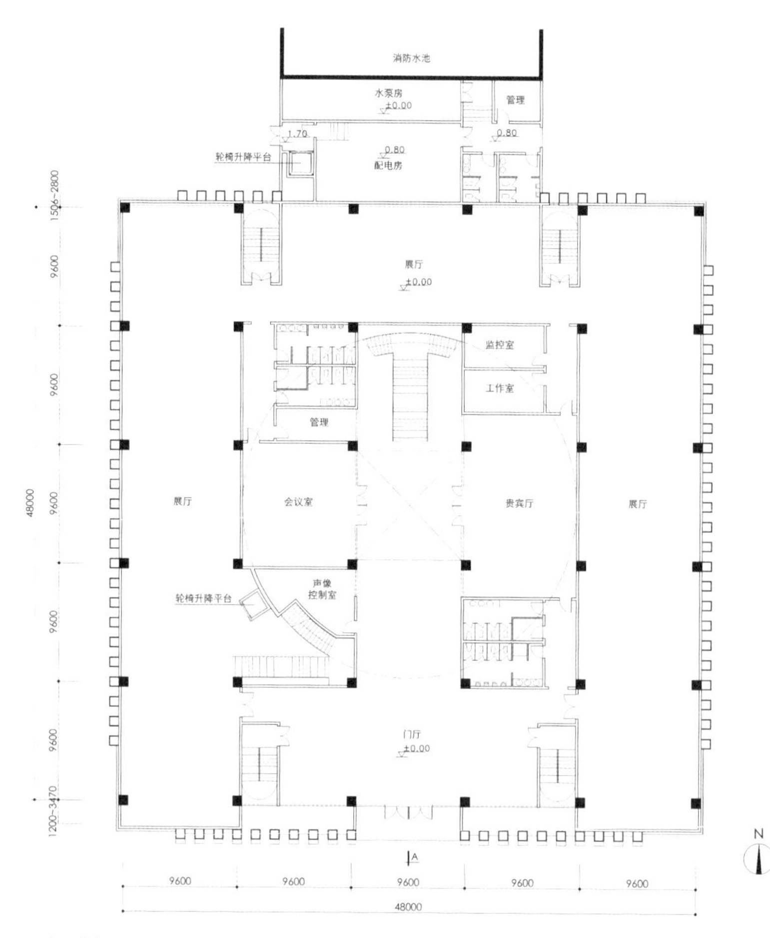

陈列馆一层平面图

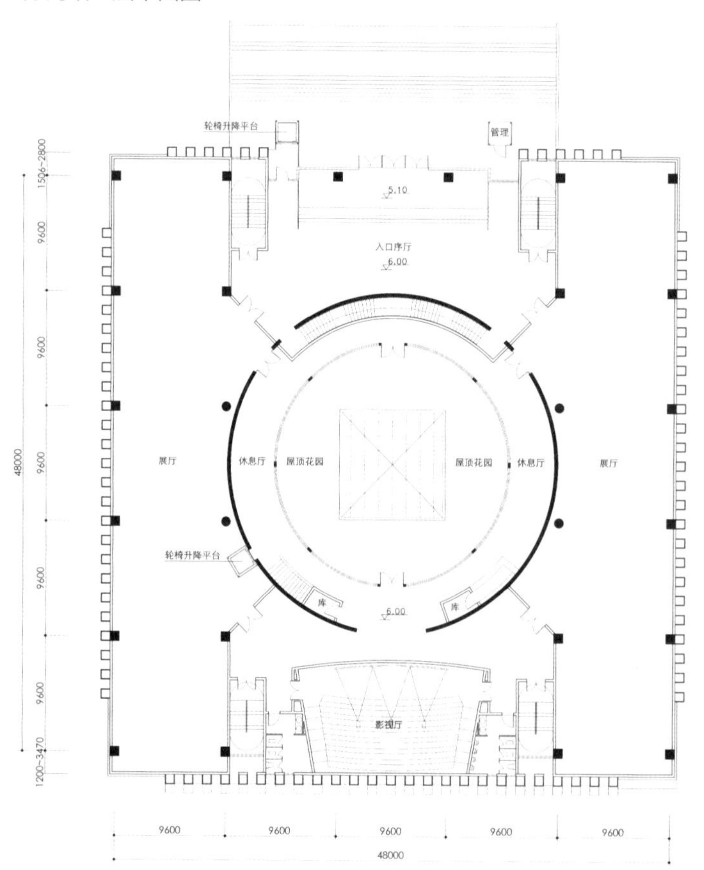

陈列馆二层平面图

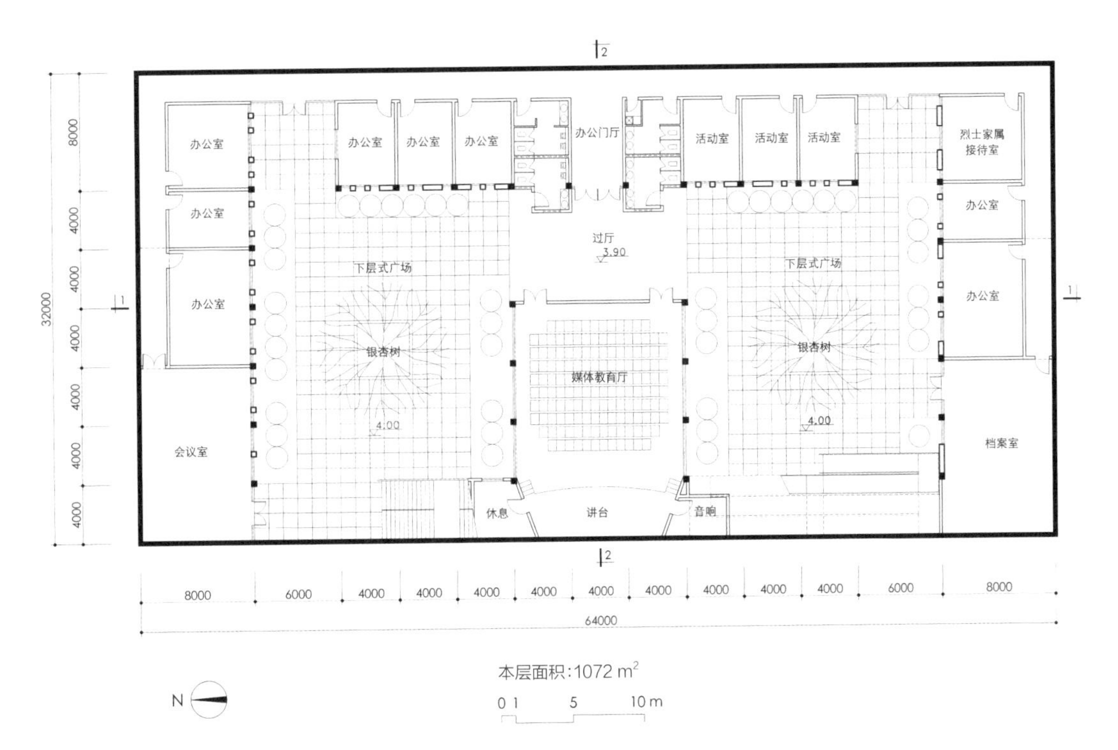

窑洞式爱国主义教育基地综合办公用房平面

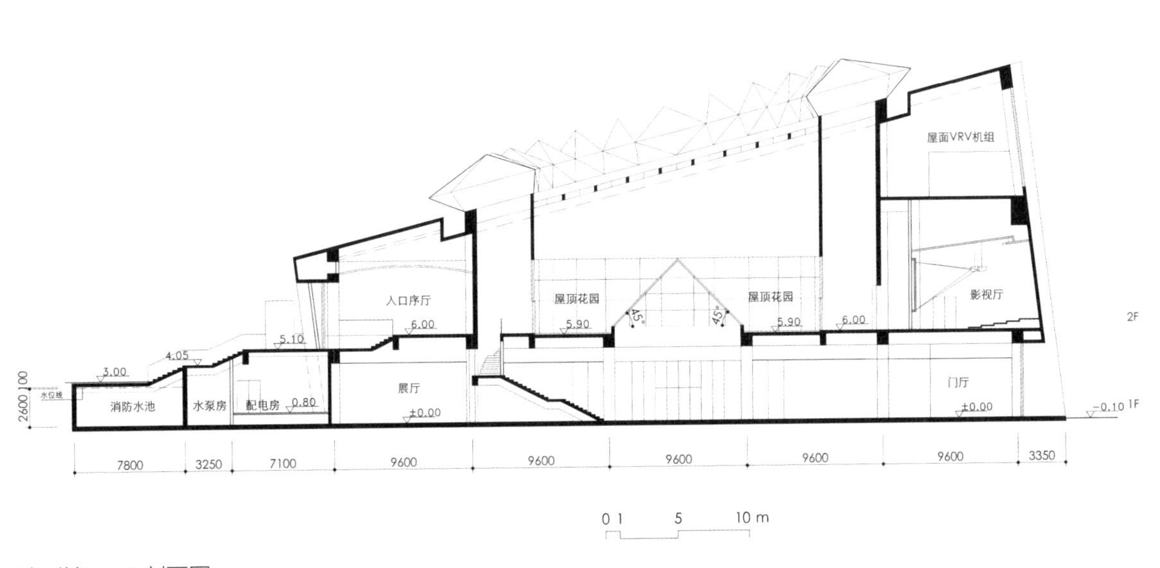

陈列馆 A-A 剖面图

讲课提纲与论文集

注册建筑师继续教育讲课提纲：施工图审查中建筑专业常见问题

讲课提纲

01 关于总平面设计问题

02 关于建筑分类和建筑定性问题

03 关于防火分区问题

04 关于安全疏散问题

05 关于超高层建筑避难层设计问题

06 关于住宅建筑防火设计问题

07 关于建筑防火构造问题

08 关于《民用建筑设计通则》执行中的常见问题

论文集

已发表论文与发言

2018—2021年未发表论文

施工图审查中建筑专业常见问题

目　录

■ 关于总平面设计问题

● 沿街建筑长度超过 150 m，总长超过 220 m 时应设穿过建筑的过街楼作为消防车道。确有困难时，进深小于 50 m 的可设环形消防车道。进深大于 50 m 时则必须设置。

● 有些方案以广场替代消防车道，不好。道路是车行道，广场是人行道，一般不准行车，当然更不能通行消防车，主要是广场的承载能力有限，大块铺面也容易碎裂，因此总图上一定要明确路是路，广场是广场。作为消防车道的广场应用小块的花岗石结合图案铺出消防车道，使人一目了然。

● 除消防车道外，还应明确消防扑救场地。该场地不能停放机动车或非机动车，附近不应有妨碍扑救场地和消防车行动的车辆、树木、路灯、电杆等障碍物。

● 室外停车场或停车位应分组布置，每组不宜超过 50 辆，每组之间的防火间距＞6 m。停车场和停车位距建筑外墙的防火间距也应＞6 m。

● 地下汽车库出入口坡道与城市道路或基地内道路应有缓冲距离，即坡道起坡线至城市道路红线或基地道路边线的缓冲距离≥7.5 m。这个问题是审查中的常见病。

● 总平面中机动车出入口距城市主干道或次干道红线的交叉点的距离常常＜80 m、70 m 或 50 m。

■ 关于建筑分类和建筑定性问题

● 厂房和库房的火灾危险性分类，按《建筑设计防火规范》把厂房和库房分为甲、乙、丙、丁、戊五类，并按此分类决定厂房和库房的耐火等级、层数和防火分区的最大允许建筑面积。

● 在施工图审查中发现设计存在的问题是：民用建筑如何分类和定性问题，特别在大型、超大型公共建筑中。如体育建筑中的体育场、体育馆、游泳馆，文化建筑中的大剧院，展览建筑中的会展中心，交通建筑中的航站楼、火车站、汽车站，商业建筑中的超市、大卖场、地下商业建筑以及各类建筑中的库房、储藏室等。如何确定其为单层、多层或高层建筑，如何确定民用建筑中分散在各层（特别是地下室）的库房或储藏室的火灾危险性的类别，在设计中要非常明确，但实际上却十分模糊，甚至是错误的。

● 审查中常常发现在地下汽车库不太好停车的旮旮旯旯设置了一些库房，把汽车库与库房划在同一个防火分区内，享受汽车库的防火分区面积。

● 有的把分散在各层的库房，不管是什么性质的建筑，是办公或是商业或是酒店……一律将库房定为戊类，以为这样就可以高枕无忧，万事大吉，不怕火烧，也不会波及其他。戊类物品是什么东西？是钢铁、铝合金，是玻璃。办公、商业、酒店放这些东西干什么？他要放的是办公用品、商品货物、酒店物品，而这些多是丙 2 类物品，也有丙 1 类物品。因此，设计时必须先了解设计的是哪一类建筑，放哪一类用品、商品、物品，再确定库房的类别。

● 一般来说，库房以丙 2 类最为普遍，因此分散布置在各层的丙二类库房应采取耐火极限不低于 2 h 的不燃烧体墙和不低于 1 h 的楼板与其他场所隔开，墙上必须开启的门应为乙级防火门，防火门应向疏散方向开启。

● 商业建筑中商场的商品绝大多数为可燃烧体，有些商品如铁锅、电器、玻璃制品等虽然本身不会燃烧，但其包装盒、箱都是可以燃烧的，必须从本质上来认识。规定地下室内存放的可燃物平均重量超过 30 kg/m^2 的房间隔墙，其耐火极限不应低于 2 h，房门应为甲级防火门。

● 规范把体育建筑、剧院建筑归属于多层建筑，而且观众厅的防火分区面积还可以适当扩大，观众厅的单层高度即使超过 24 m，仍可以视为多层。但现在的设计突破了允许扩大的限制，扩大了还要扩大，工程变得越来越复杂。原来单纯的体育馆、大剧院现在成了多功能的体育中心、健身中心、会议中心、文化中心。功能的多样性和复杂性，使建筑的定性、防火分区的划分变得复杂，防火分区面积越超越多。因此，必须通过计算机模拟性能化设计进行验证或召开专家论证会，论证并采用消防安全的加强措施来提高其抗灾能力。

■ 关于防火分区问题

● 为什么要划分防火分区，目的在于将火灾危害控制在一定的范围内，保证消防扑救、自动喷淋、人员疏散等都在一个防火分区内完成。财产损失仅限于在一个防火区内，不影响或不扩散到相邻的防火分区去，使相邻防火分区能有效防控、不产生恐慌，有序疏散。

● 防火分区根据建筑类别、耐火等级以及其所位置地上或地下、多层或高层、裙房或主体、住宅或公建、车间或库房等决定其面积的大小。从目前国家各类建筑设计防火规范来看，在最小的防火分区面积 150 m^2(地下室丙 1 类库房）到最大的防火分区面积为 10 000 m^2(商业建筑、展览建筑的单层或多层的首层营业厅或展览厅）之间，差距很大。

● 除上面提到的商业建筑、展览建筑外，目前除规范允许体育馆、剧场的观众厅的防火分区面积可以适当放宽外，很多交通建筑如航站楼的办票厅、候机厅，火车站、汽车站的候车厅的防火分区面积也都大大突破，已成为建筑设计的重大特点和难题。

● 所有防火分区的面积都以建筑面积进行计算，规范交待得很明确。除消防和生活水池外，防火分区面积包括使用面积、交通面积、管道井面积、结构面积和内外墙体面积在内的所有面积，那种把核心筒内的管道井，暂不使用的电梯井楼梯间及其前室的面积扣除的做法都是错误的，因为这相当于增加了防火分区的面积。例如某些高层建筑标准层面积已超 2 000 m^2，应划分为两个防火分区时，通过减少面积后可变为一个分区。这会使建筑的防火安全性大打折扣。每一个建筑面积都应该由其防火分区的归属。任意取舍防火分区建筑面积，没有规范依据。

● 还有一个误区就是把架空层、开敞式外廊、开敞空间以及把二端无门的通道和几十米长过街楼都当做室外安全空间处理，不划分防火分区，"理直气壮"地作为室外安全区疏散。按照这种误解，隧道、单多层农贸市场、菜场、开敞式汽车停车楼等都可以称为室外了。所以凡是无法见到天空的有楼面或屋面的空间，都应划分防火分区。当可以定性为开敞空间时，防火分区面积可以增加一倍。

● 汽车库、地下汽车库的防火分区设计

①防火分区允许最大建筑面积单层汽车库≤3 000 m^2；多层汽车库≤2 500 m^2；地下和高层汽车库≤2 000 m^2，设有自动喷淋时面积可增加一倍，如采用开敞式、错层式、斜坡式汽车库，则面积还可以增加一倍。

②复式（机械）汽车库的防火分区面积应减少 35%，以地下车库为例不大于 2 600 m^2。

③室内地面低于室外地面 1/3 ＞车库净高＜1/2 时，防火分区面积为 2 500 m^2。

④审查中常发现这样一种情况，多层或高层建筑的地下室汽车库和与汽车库无关的设备用房划及同一个防火分区内按汽车库的防火规范享受 4 000 m^2 的优惠。而安全疏散的安全出口，则又占了多层和高层建筑防火规范只需一个直接对外安全出口的便宜。一切好处都要，鱼和熊掌都得。有的把设备用房、库房等分散在几个汽车库防火分区内，有的填充到不好布

置车位的空档内。没有独立的防火分区，这是一个很大的误区，必须纠正。

⑤正确的做法是：地下汽车库和为汽车库服务的通风排烟机房应与为全楼服务的各类设备用房、库房和其他用房分别划分防火分区，前者执行汽车库设计防火规范，每个防火分区面积最大可达 4 000 m^2，每个防火分区除Ⅳ类车库外应有二个人员安全出口。后者执行多层和高层建筑设计防火规范，每个防火分区面积最大为 1 000 m^2。每个防火分区应有一个直接对外的安全出口，另一个可通过相邻防火分区的直接对外安全出口疏散（包括汽车库的安全疏散出口）。

■ 关于安全疏散问题

● 除允许设一个楼梯的建筑或允许设一个安全出口的防火分区外，每个防火分区应有二个和二个以上直接对外的安全出口、地下室每个防火分区的安全出口不应少于二个，当有二个以上防火分区时必须有一个直接对外的安全出口。另一个可以通过防火墙上的防火门向相邻防火分区疏散或相互疏散。安全出口指供人员安全疏散的楼梯或楼梯间以及首层的外门。

● 每个防火分区的二个或二个以上的安全出口——楼梯间应分散布置，应保证防火分区内的每一个房间和空间都有二个方向的安全出口，保证安全疏散距离满足要求。

● 二个楼梯之间应有公共通道连接，保持通道畅通，不应以各种理由切断通道以扩大房间的面积或在通道上设门，以划分功能区域或利用通道分隔出防烟楼梯间前室等等。保持公共走道的畅通是安全疏散的重要保障。

● 除地下室外，每个防火分区的安全疏散应独立完成，不应借用相邻防火分区疏散。疏散距离过长或袋形走道过远或楼梯疏散宽度不够，应采用增加楼梯间来满足，不能向相邻防火分区疏散。向相邻防火分区疏散没有规范依据，但可以利用相邻防火分区界面上共有的楼梯间疏散，楼梯段疏散宽按二个防火分区按比例摊派。

● 沿街多层住宅下部一～二层、建筑面积不超过 300 m^2 的小型商业用房允许一个疏散楼梯，沿街一～三层商业并联店，建筑面积一层 500 m^2 以下、二～三层合计小于 300 m^2，允许一个疏散楼梯，其必要条件是必须沿街、沿广场或小区道路布置，进出口都在室外；其充分条件是，每一个商业并联店应用防火分隔墙分隔出独立的防火单元。

以上二种小型商业用房的最大区别在于前者允许位于多高层居住建筑的首层或首层及二层；后者则必须是独立的三层以下的联排商业。

● 首层平面的安全疏散应通过各类门厅、过厅、走廊尽端的疏散外门直接疏散至室外，看得见，摸得着，迅速而方便，不宜穿越楼梯间疏散。理论分析，楼梯间的疏散出口是供二层以上的人流疏散用的，一层人流不要凑热闹，增加疏散压力。一般来说一楼的人进楼梯间是为了上楼而不是疏散到室外。

● 每个防火分区都应该满足：①防火分区的面积符合要求，即小于规定的面积以下；②要进行安全疏散计算，满足疏散走道、疏散外门、安全出口、疏散楼梯以及房间疏散门的各自总宽度；③房间内或大空间内最远点至房门或安全出口楼梯间的距离应满足规范要求；审查中常发现楼层的安全疏散能满足要求，但由于防火分区划分和楼梯间的设计或布置不合理，造成有些防火分区的安全疏散有富裕，有些防火分区的安全疏散不满足，而违反了强制性条文或标准。所以楼梯间的设计和布置的合理性很重要。

● 汽车库地下汽车库的防火分区设计。

● 地下汽车库除Ⅳ类汽车库或人数少于 25 人的汽车库外，汽车库的汽车疏散口不应少于 2 个，车库内每个防火分区的人员安全出口不应少于 2 个，同时人员安全出口和汽车疏散出口应分开设置。这里说的安全出口是直接对外的安全出口，不是向相邻防火分区的间接疏散出口。在汽车库设计防火规范中没有向相邻防火分区疏散的条文。

■ 关于超高层建筑避难层设计问题

● 避难层设计在《高层民用建筑设计防火规范》中没有太多要求。建筑专业有三条强条：①超高层建筑要做避难层；②避难层防烟楼梯间要进行分隔，同层错位或上下层断开，人员均必须通过避难层方能上下；③应设消防电梯出口。有三条强标：①从首层开始宜每隔 15 层设一个避难层；②避难层的面积指标为 5 人 /m^2；③避难层可兼作设备层，但设备管道宜集中布置。其他条文是对设备专业，水、电、暖的要求。

● 避难层可兼作设备层。是否可以兼作其他功能用房？客梯能不能停站？规范都没有明确可否，有的省市允许兼作其他功能用房，也允许客梯停站，但江苏是不允许的，因为规范没有允许就是不允许。

● 设备区（间）与避难区（间）之间一个是安全区，一个是非安全区，应采用怎样的防火构造和布局，规范也没有明确做法，这又是一个困惑，也造成了各式各样的理解和做法，需要统一。①首先要认定避难区必须是绝对的安全区，疏散人流要经避难区强制通过，因此要把避难区看作前室中的“前室”，比前室更安全；②设备区发生火灾时，不能封堵和影响避难区的人流疏散；③设备区工作人员，必须通过避难区经由公共通道再进入各设备用房；④设备间及其公共通道与避难区之间的隔墙应为耐火极限大于 3 h 的防火墙；⑤通往设备区公共走道的门应为甲级防火门，各设备间的房门也应为甲级防火门；⑥避难区与设备区的防火墙靠外墙两侧的窗间墙应＞2 m。

● 各设备用房的房门，各个设备小间或管道小间的门不能直接开向避难区（间）。比不能开向防烟楼梯的防烟前室或封闭楼梯间更严格。

● 在平面布置中，超高层塔楼的标准层面积＜2 000 m^2，每层只有一个防火分区又采用环形走道形式的话，核心筒内两个楼梯间的位置切忌对角线布置出入口，最好采用对称平行的布置方式，这样便于布置集中的避难区和相对集中的设备区，能把所有设备间由一条公共通道连接起来，否则设备间会布置得非常分散凌乱。

● 宜把强弱电小间，水、暖管道小间分别集中布置在核心筒内组成设备间，由一 / 二个房门进出集中管理，不要各自独立在核心筒的周边开太多的门，使避难层设计更合理。

● 规范规定宜隔 15 层设一个避难层，审查中常有每隔 16 层、17 层设一个避难层的，特别到最上部区位甚至有 18 层的。本人认为最好不要随便突破，最多突破一层。

■关于住宅建筑防火设计问题

● 住宅建筑按其垂直交通的独占性和共享性，可以分为独立别墅、并联别墅、联排别墅和公寓，前三类垂直交通每户独用，公寓的垂直交通多户乃至“N”户合用，这是别墅和公寓的最大区别，也是公寓名称的由来。前三类别墅在农村基本就是这种形式的住宅；近几年在城市化进程中农村也已出现了公寓式住宅，并在逐渐发展之中。而在城市里从 20 世纪 50 年代以后，新建的住宅基本上都是公寓，且今后仍绝大数为这种形式。

● 由于独立别墅、并联别墅和联排别墅层数较少、高度较低、耐火等级在三级以上，且以户为独立的防火单元，每户均有独立的疏散楼梯(间)，并可直接疏散至室外，其消防的安全性较有保障。虽然有一些别墅的层数也有做到四五层的，不很规范，但数量较少，大部分座落在城中村，目前已属于逐渐改造之列。

● 因此，住宅的防火设计的注意力主要应集中在公寓类住宅中。尽管公寓的形式各式各样但归纳起来可以分为二类：一类为任一层面积较大，超过 650 m^2，或任一住户的户门至安全出口的距离大于 15 m，该建筑每层安全口不少于 2 个。由一条较长的公共走道连接“N”个居住单元组成的通廊式(板式)和环廊式(塔式)公寓。另一类则为以一个或两个疏散楼梯间为中心并列或围绕 2～8 个居住单元的单元式公寓或点、塔式公寓，其中单元式公寓在公寓或住宅建筑中又占绝大多数。

● 通廊式、环廊式公寓的防火设计特点：每层由一条公共通廊或环廊串联“N”个居住单元(每个单元一个防火单元)，连接两个以上的安全出口(封闭楼梯间或防烟楼梯间)，形成一个或两个防火分区的标准层平面。从防火分区、安全疏散到防火构造都与其他民用建筑没有太多区别。执行《建筑设计防火规范》《高层民用建筑设计防火规范》中与其他民用建筑相同的有关规范。

● 单元式公寓和塔式公寓的防火设计特点：

①规范中没有防火分区概念，不论单元的楼层多高，不管单元的面积多大，都以疏散楼梯为中心，形成一个完整的防火自救体系。

②单元式公寓和塔式公寓的安全疏散和防火构造是防火设计的重点。

③根据公寓的层数由低层、多层、高层到超高层，采用与其安全保障相适应的开敞楼梯间、封闭楼梯间和防烟楼梯间，并要求每个单元只有一个楼梯的楼梯间通至屋面，与相邻单元的楼梯间连通以便在火灾发生时可经屋面从相邻单元的楼梯间疏散至地面。

④加强单元式公寓单元与单元之间防火墙和户与户之间、楼梯间等其他防火分隔墙的两侧水平窗间墙及垂直窗间墙的防火构造。

⑤单元式公寓分户门允许直接开向楼梯间或封闭楼梯间或防烟楼梯间，但要提高分户门的等级，保障楼梯间的疏散安全，同时防止户与户之间的灾情延烧。

⑥超高层单元式公寓和塔式公寓要不要设避难层(间)，《高层民用建筑设计防火规范》中没有明确要求，但在《民用建筑设计通则》中规定：“建筑高度超过 100 m 的超高层民用建筑应设置避难层(间)”。其“条文说明”中指出北京、上海已建 100 m 以上的高层住宅(包括单元式或长廊式)也已有设置了避难层的。理由是 100 m 以上的高层住宅要将人员在尽短的时间内疏散至室外是件不容易的事。就是说这个问题已经提到议事日程上来了。对通廊式和环廊式超高层公寓来说因人数相对较多，应按对民用建筑的要求设置避难层。

⑦综合楼中的单元式公寓、塔式公寓的疏散楼梯间应专用，不能与其他功能部分的疏散楼梯间混用或合用。

⑧ 10 层以上单元式公寓相邻单元的高度不同、单元间无法利用出屋面的楼梯间互为疏散时，每个单元都应设二个疏散楼梯间。

⑨单元式公寓、塔式公寓建筑设计和防火设计严格执行《建筑设计防火规范》《高层民用建筑设计防火规范》《民用建筑设计通则》和《江苏省住宅设计规范》。

■ 关于建筑防火构造问题

建筑防火设计中防火构造是在火灾发生时对建筑安全和人身安全的有力保障。如果说建筑的防火分区、安全疏散是防火设计中的必要条件的话，那么防火构造就是防火设计的充分条件。

● 防火墙无疑是隔绝火源，防止火势蔓延和扩大的最重要的屏障，是防火设计中保证建筑安全的最有力措施。

● 防火墙是 2 个防火分区的界面，因此防火墙最好不要开门、开洞，必要时应采用甲级防火门和特级防火卷帘，而且应越少越好。

● 防火墙两侧外墙门窗洞口的窗间墙净距应大于 2.0 m。防火门窗也不宜设在阴角转角处。必要时，内转角两侧墙上的门、窗洞口之间最近边缘的水平窗间墙距离不应小于 4.0 m。如不宜或不能做窗间墙，可以用乙级固定防火窗替代。

● 当外墙是玻璃幕墙时，窗间墙可砌在幕墙内侧，并紧贴幕墙砌筑，不能在幕墙上标注采用防火玻璃了事，由于铝型材经不住火烧，达不到 1.0 h 的耐火极限；如局部采用钢型材防火玻璃的防火幕墙，局部加工麻烦，整体效果也不会好。

● 当防火墙的一侧为中庭时，常常忘掉各楼层的防火分区与中庭并非同一防火分区而漏掉防火构造。还有屋面局部玻璃顶棚与垂直幕墙或相邻外窗的距离也常被遗漏，它们应与阴角外墙一样有大于 4.0 m 的窗间墙防火构造。

● 楼梯间的墙体、消防控制室、固定灭火系统的设备室、消防水泵房、通风空气调节机房应采用耐火极限不低于 2.0 h 的隔墙和不低于 1.5 h 的楼板，与其他部位隔开，隔墙上的门多层建筑应采用乙级防火门，高层建筑应采用甲级防火门。

● 剧院后台的辅助用房(这几乎是后台的所有用房)，除住宅外的其他建筑内的厨房，丙类以上库房，地下室内存放可燃物平均重量超过 30 kg/m^2 的房间应采用耐火极限不低于 2.0 h 的隔墙，隔墙上的门应为乙级防火门或甲级防火门。

● 屋顶或中庭金属承重构件应采用外包不燃材料或喷涂防火材料等措施。其耐火极限不低于 1.0 h，或设置自动喷水灭火系统。

● 当建筑采用坡屋顶形成闷顶时，应在防火隔断范围内设置一定数量的老虎窗，窗的间距宜小于 50 m。楼梯间应升至闷顶。

● 民用建筑及厂房的疏散用门应为向疏散方向开启的平开门，不应采用推拉门、卷帘门、吊门、转门。审查中常常有设了自动门或旋转门而不在两侧同时设置平开门的实例。

■ 关于《民用建筑设计通则》执行中的常见问题

● 基地内道路宽度：单车道不应<4 m，双车道不应<7 m，审查中常有 6 m 宽双车道。

● 基地内地下车库的出入口没有 7.5 m 的安全缓冲距离是审查中常见的问题。

● 当宾馆、住宅等建筑上部有较多的房间，下部为大空间房间或转换为其他功能用房而管线需要转换时，宜设设备层，但很多工程为了省钱或省空间不做设备层；有的为了不计面积层高设为 2.15 m，这样虽然可以不划分防火分区，但要考虑安全疏散，要有足够的安全疏散出口和满足疏散距离要求。

● 厕所间设计存在以下问题：

①男、女合用一个前室，走同一个出入口，很尴尬，设计不妥。

②男、女厕所的隐蔽性太差，视线干扰严重，有的好像没有干扰，但从洗手盆上的大镜面中可一目了然，实在不雅。

③男、女厕所位比例失调，特别是人员密集场所，如商场、车站、体育馆、电影院等处，女士们排队严重，等候时间太长，设计常无动于衷。

④交通建筑中机场候机楼，火车站，汽车站，展览会议中心，影剧院，大、中、小学等处的男、女厕所最好不要设门，采用迷道的方式彻底解决视线干扰，运用抽风造成负压保证气味不致外溢。方便带行李旅客，使大、中、小学的厕所间门不被脚踢坏。

⑤交通建筑的厕所隔间宜采用 1.0 m×1.5 m 内开门隔间，便于旅客能带着拉杆包如厕。

⑥厕所隔间内应有牢固的挂物钩。

● 楼梯间顶层平台栏杆收头处下部距平台楼面 0.1 m 高度处常留空，不符合安全要求。

● 楼梯设计时，常常遇到 ±0.0 标高处，地上、地下楼梯合用时，通往地下室的楼梯开门就是踏步没有缓冲平台过渡，或很窄一段平台过渡，很危险，存在安全隐患。

● 楼梯梯段宽度 2.7 m 以上，已超过四股人流，很多设计梯段中间不加扶手，在紧急情况下中间二股人流没有扶手着力相当危险，容易跌倒或被挤倒，同样存在安全隐患。

● 关于楼梯踏步最小宽度和最大高度问题，通则中表 6.7.10 要求，除专用疏散楼梯之外，其他楼梯尺寸都是以人体工程学角度提出的作为交通楼梯要求的尺寸，因此任何工程不管有无电梯或自动扶梯，多层建筑和高层建筑中的裙房部分的楼梯间的踏步尺寸都应满足通则的规定要求。高层部分，核心筒内的疏散楼梯可以做得比规定陡一点或采用疏散专用楼梯的尺寸。

● 电梯候梯厅的尺寸，常常出现问题，特别在住宅设计中，因为追求紧凑，电梯厅毛坯尺寸 1.5 m 或 1.8 m，装修、粉刷后肯定不够，达不到要求，又难以修改，设计时一定要放宽一些，留有余地。

● 自动扶梯在选用倾斜角度时，一定要注意设计对象，使用对象，审查中也常发现医院、商场、车站等老弱妇幼都频繁使用的场所选用 35° 较陡的自动扶梯。有的完全从平面尺寸或结构尺寸出发，这样做显然不合理。

● 自动扶梯紧靠无凸出物的墙边没有问题，但靠梁柱边就很危险！会轧头、轧手，宜离开 0.5 m 以上，有的设计尺寸排得太紧，这也是常见问题。

● 变形缝二侧房间常常只有一道墙体，另一边墙体被省掉，认为利用了空间，扩大了面积，但带来不少后患，如装修裂缝、屋面墙面漏水、地面“开裂”等等，正确的办法是两边砌墙，把需要处理的缝做到最小为止。

● 开向疏散走道及楼梯间的门扇，开足时影响走道及楼梯平台的疏散宽度。

● 门的开启跨越变形缝，变形缝的变形造成门无法启闭。

● 审查中还发现把管道间设置在房间内，其检修门朝房间开启，一旦房间内无人时门被锁住，管道、线路无法检修，且线路易走火，在房间内开门，不安全且走火时不易发现而带来大祸。因此管道小间的门宜开向公共走道一侧。还发现有管道小间设置在库房或储藏室内的问题更大。

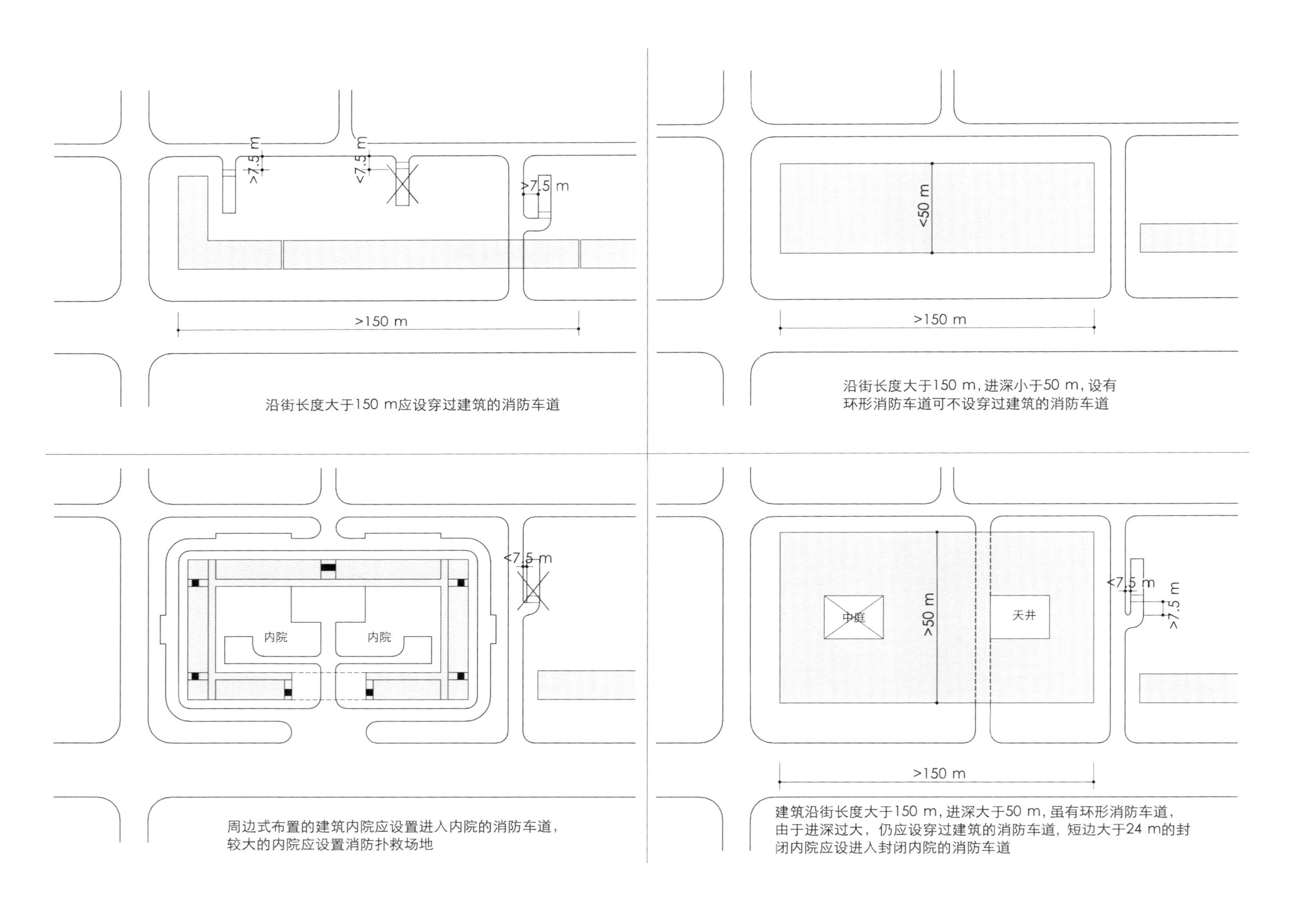

>7.5 m
<7.5 m
>7.5 m
>150 m
沿街长度大于150 m应设穿过建筑的消防车道
<50 m
>150 m
沿街长度大于150 m，进深小于50 m，设有环形消防车道可不设穿过建筑的消防车道
<7.5 m
内院
内院
周边式布置的建筑内院应设置进入内院的消防车道，较大的内院应设置消防扑救场地
中庭
>50 m
天井
<7.5 m
>7.5 m
>150 m
建筑沿街长度大于150 m，进深大于50 m，虽有环形消防车道，由于进深过大，仍应设穿过建筑的消防车道，短边大于24 m的封闭内院应设进入封闭内院的消防车道

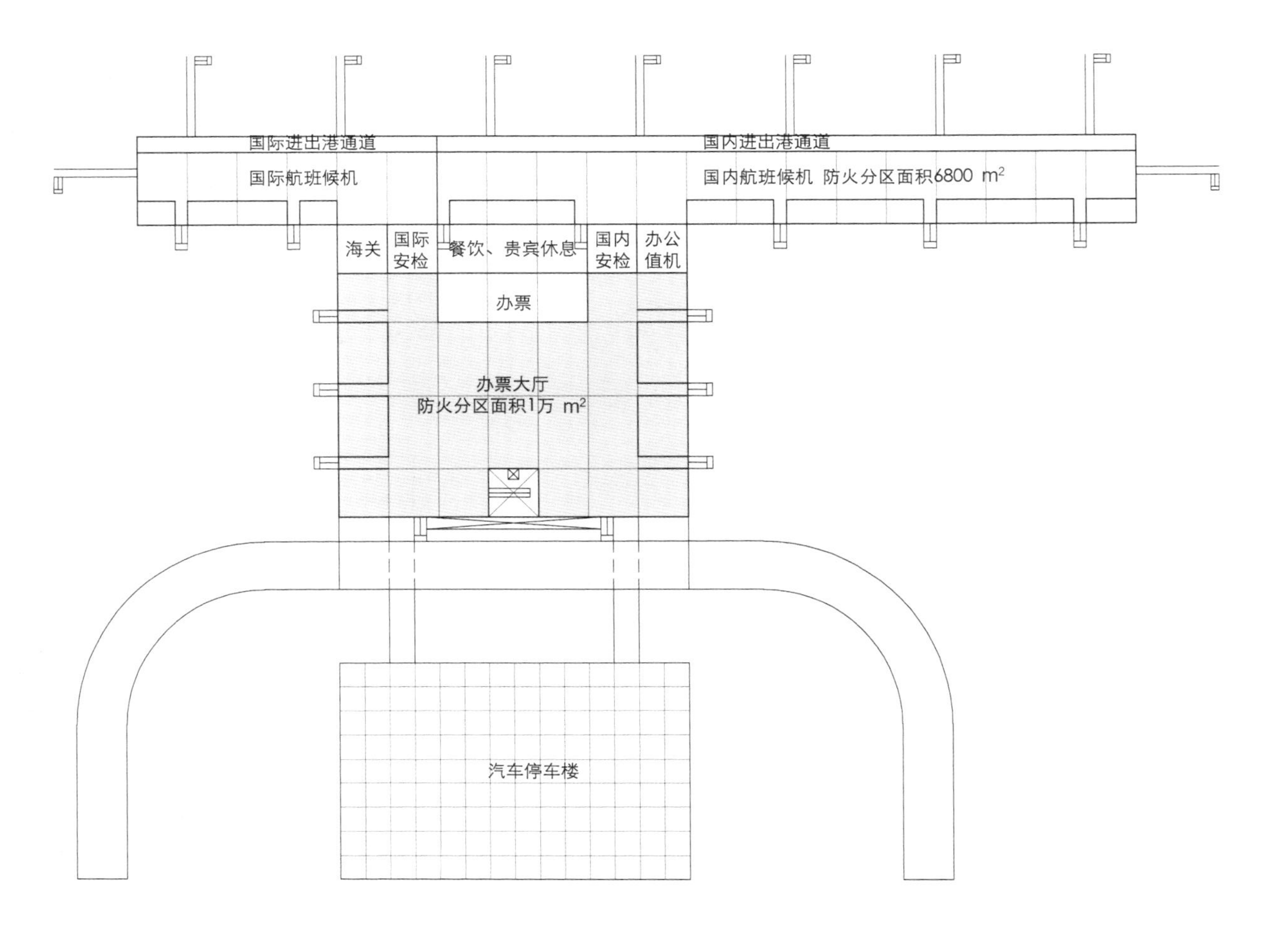

中型民航机场示意图

机场办票厅、候机厅一般面积都较大，通过加强安全疏散、提高消防扑救能力来保障安全。由于航空对气象的要求很高，由于天气原因晚点误机的概率较大，容易造成旅客滞留，因此增加安全疏散的出口，增加楼梯的宽度十分必要

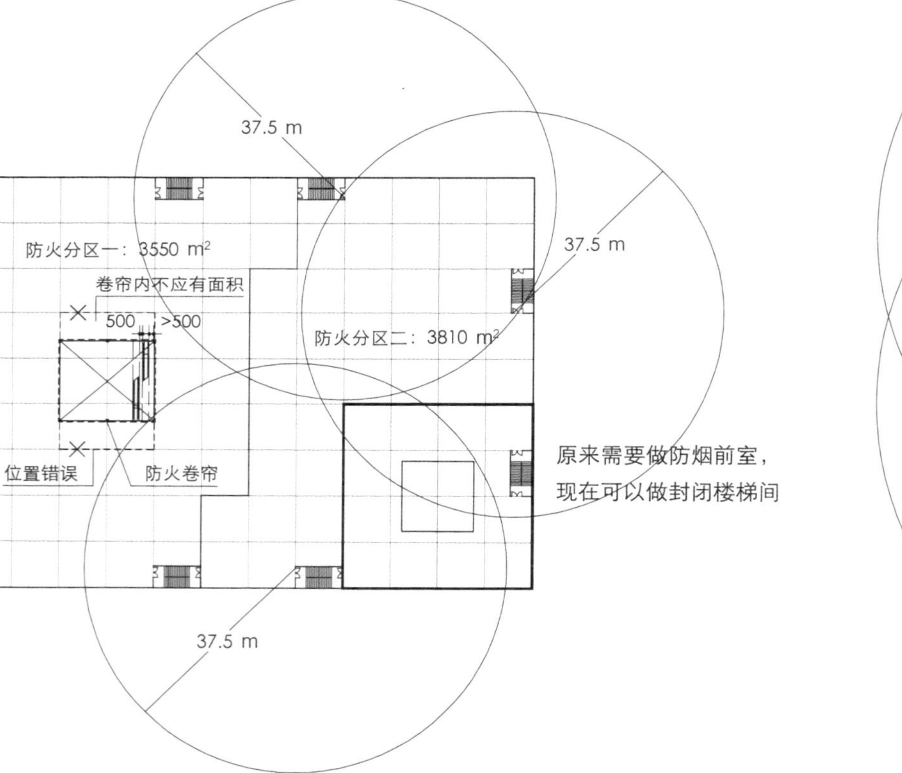

高层建筑多层商业裙房
每个防火分区面积满足商业建筑规范要求，
每个楼梯宽1.5 m，8个楼梯总宽12 m>计算
结果10.5 m（按最不利的4层商场计算），
商业自动扶梯倾斜角应采用30°，扶手带中
心线离墙柱不宜小于0.5 m

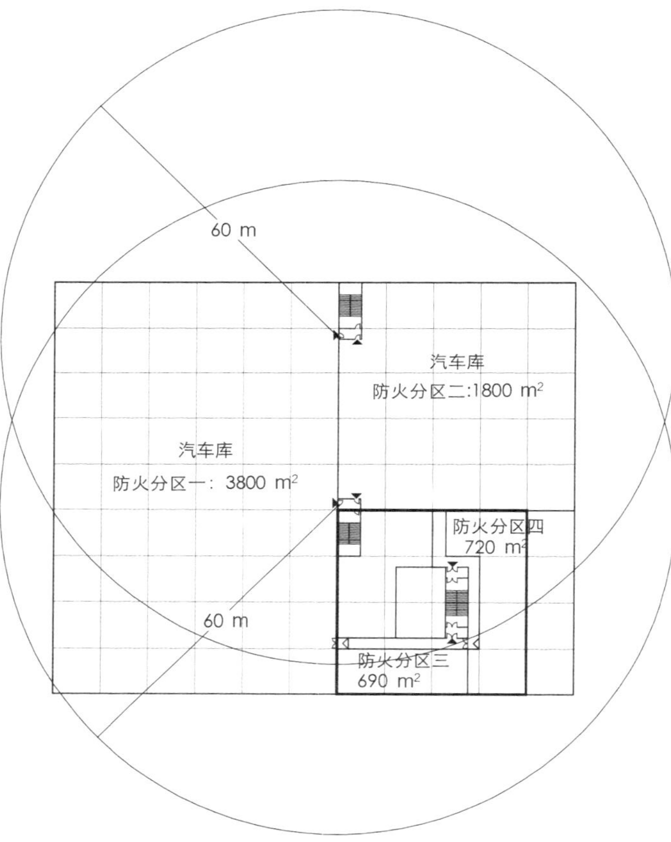

高层建筑多层裙房地下室
主体下部做设备用房，裙房部分下部做汽车库，
汽车库利用防火分区界面上的两个楼梯间解决
两个防火分区的人员安全出口，而且都是直接
对外出口；
利用塔楼剪刀楼梯通到地下室解决两个防火分
区直接对外安全出口；
由于汽车库楼梯间的位置适中，能满足工作面
至安全出口60 m的疏散距离要求

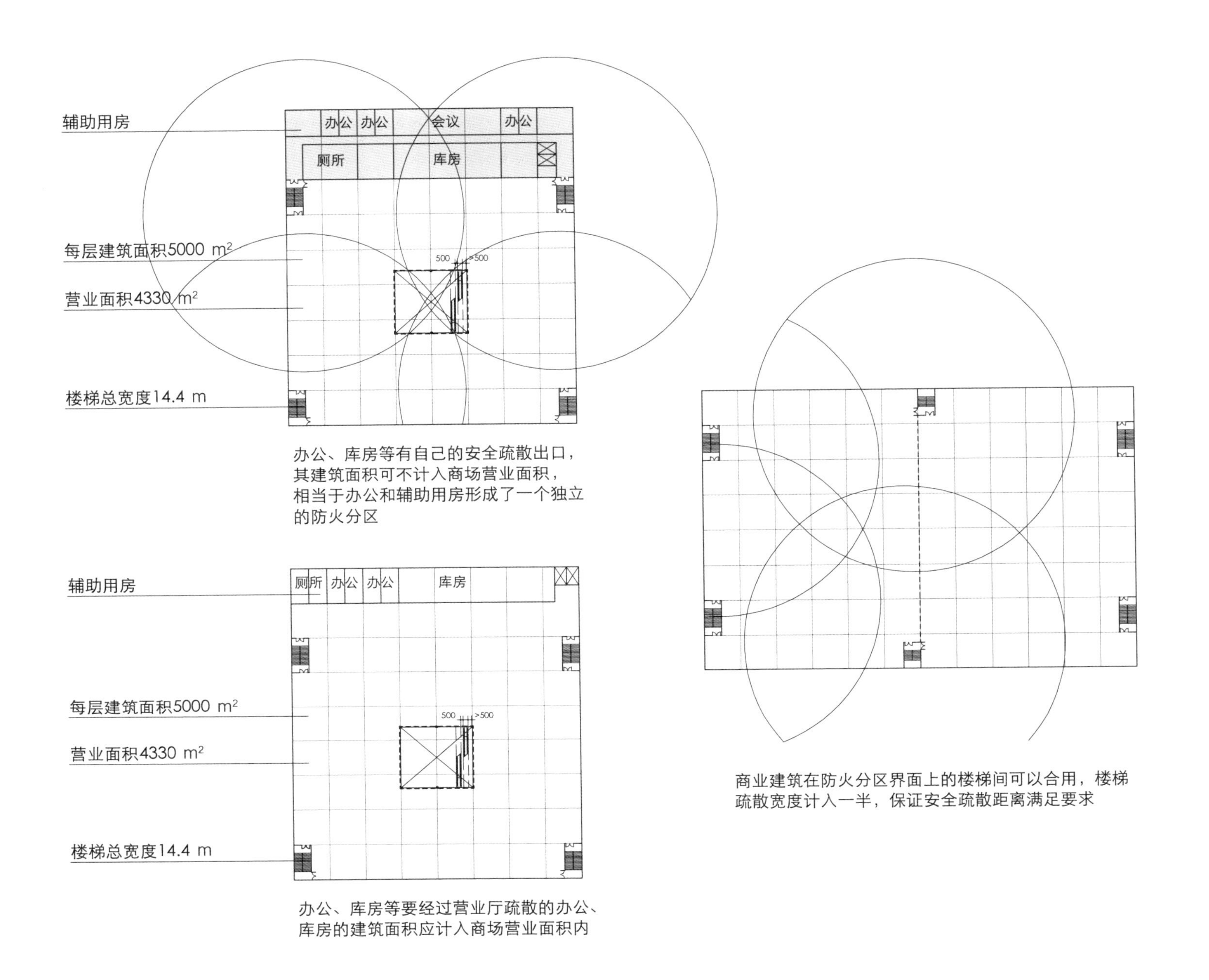

办公、库房等有自己的安全疏散出口，其建筑面积可不计入商场营业面积，相当于办公和辅助用房形成了一个独立的防火分区

办公、库房等要经过营业厅疏散的办公、库房的建筑面积应计入商场营业面积内

商业建筑在防火分区界面上的楼梯间可以合用，楼梯疏散宽度计入一半，保证安全疏散距离满足要求

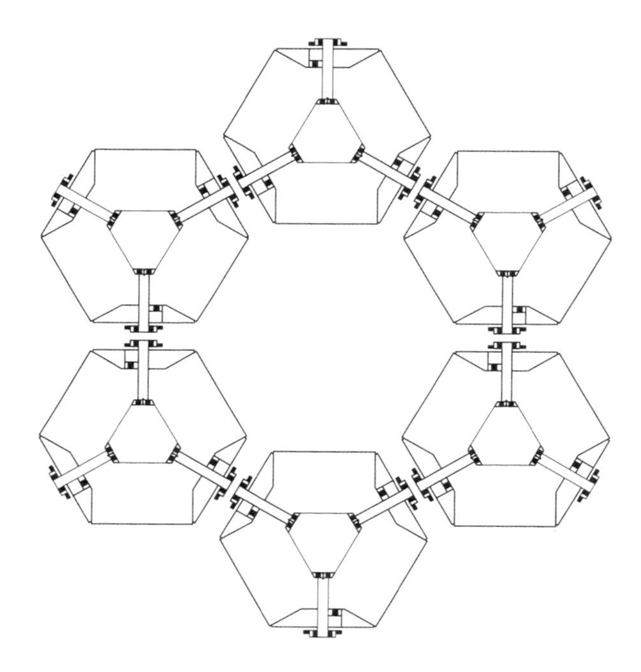

昆山会展中心——多层建筑
会展建筑的一种类型——蜂窝式，由于平面形态不好，中间部分疏散距离过长

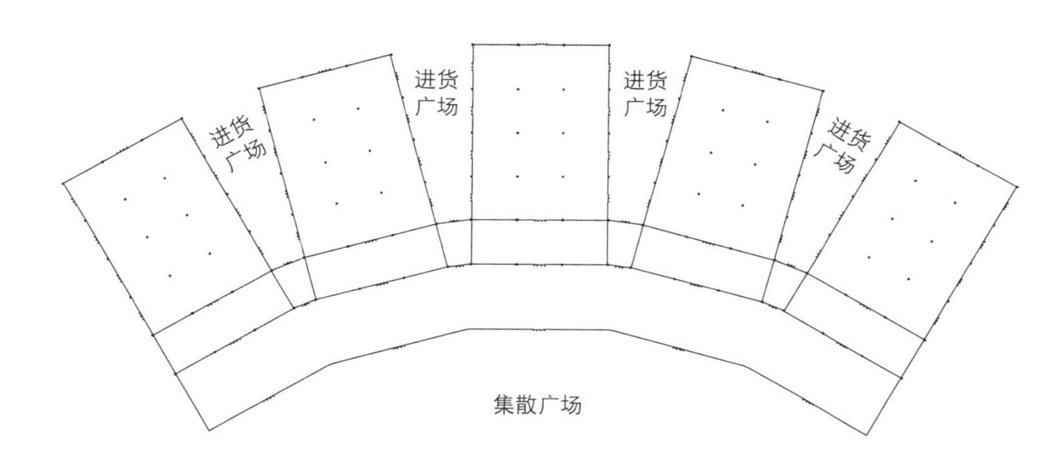

南京会展中心——单层建筑
会展建筑的另一种类型——矩形扇面式，单层建筑，展厅72 mX135 m，平面规整，疏散合理，一条统长的连廊贯穿各个展厅，是展览建筑中较好的例子

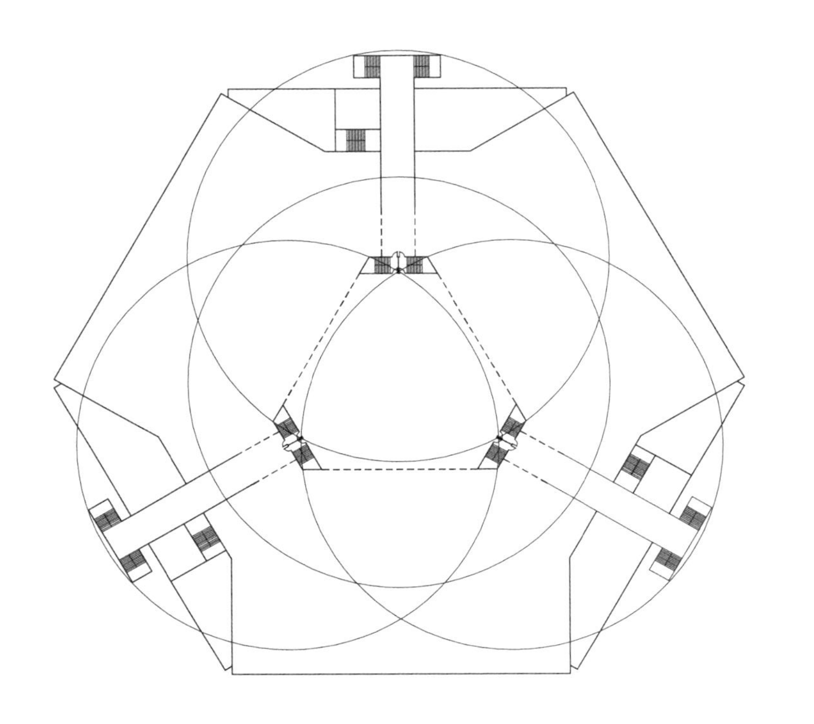

昆山会展中心——多层建筑
中间一部分疏散距离过长，又无安全出口，
因此要做三条安全通道才能满足疏散要求

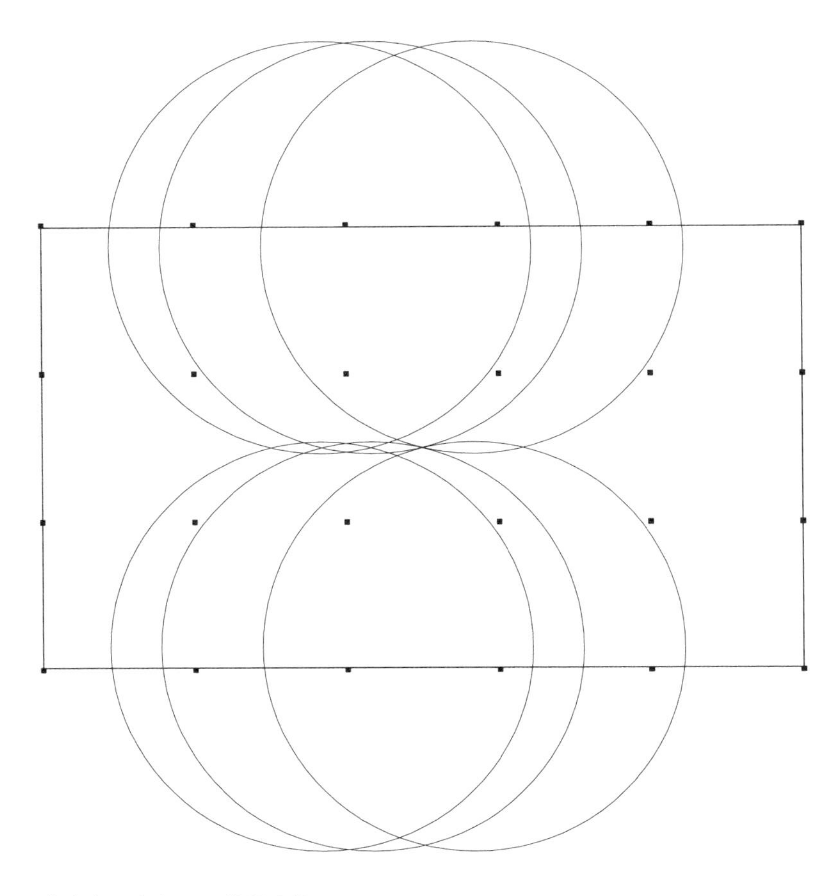

南京会展中心——单层建筑
向两侧直接疏散，简洁明了，安全合理

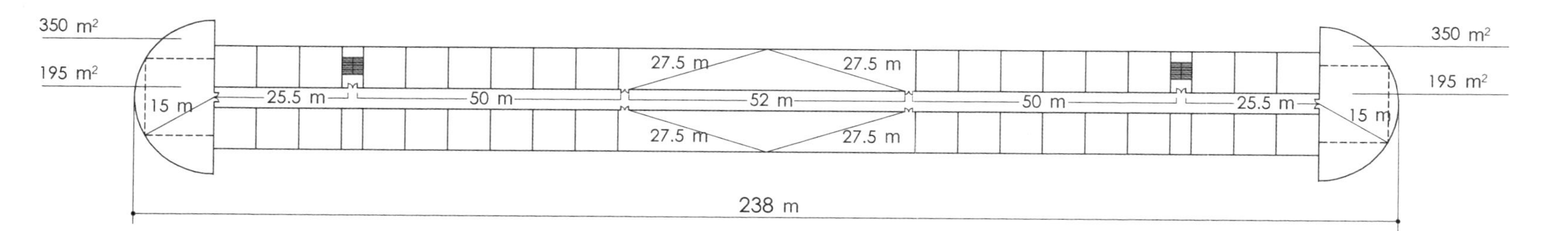

多层建筑符合规范的极端情况下每层一个防火分区建筑面积4800 m²，两部楼梯可做到238 m长

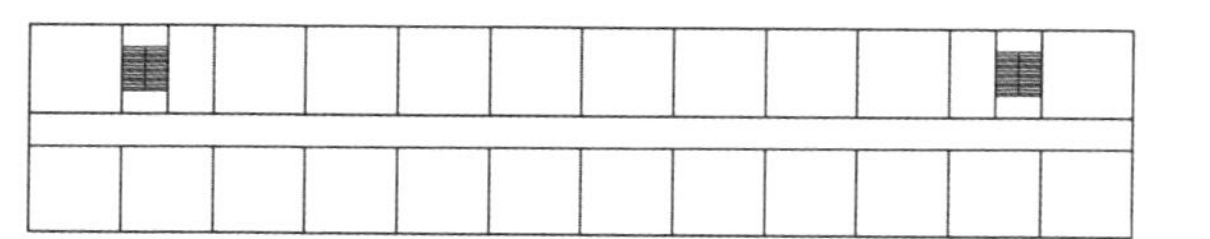

多层建筑，一个防火分区，两个楼梯，两个安全出口：两个楼梯之间用公共通道连通，保证每个房间，每个空间都有两个安全出口，设计合理

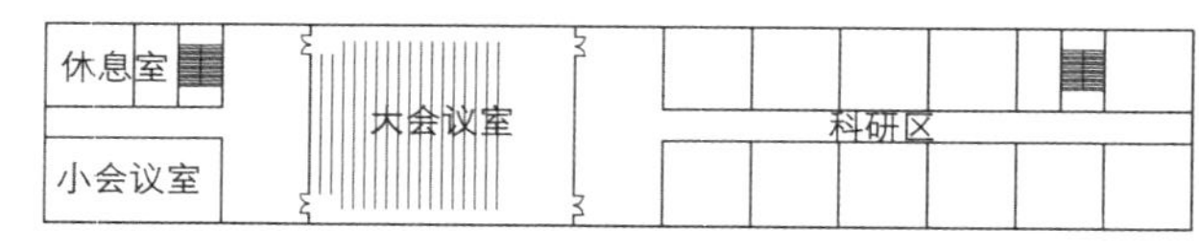

公共通道被会议室切断，每个区域只有一个安全出口，不符合规范要求，设计错误

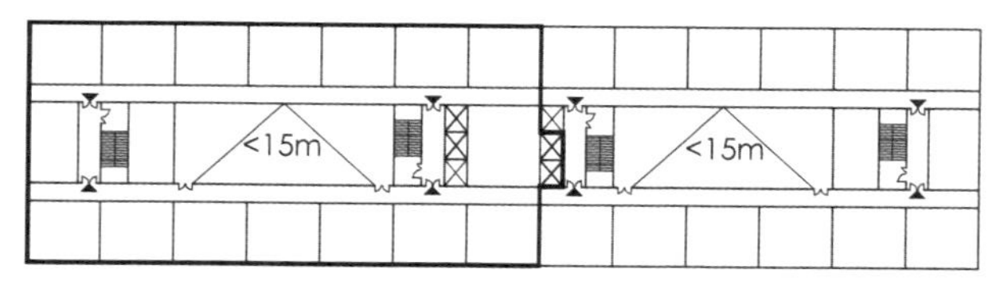

高层建筑，两个防火分区，四个楼梯，八个安全出口：两个楼梯之间用公共通道连通，保证每个房间，每个空间都有两个安全出口，设计合理，楼梯太多，应适当减少

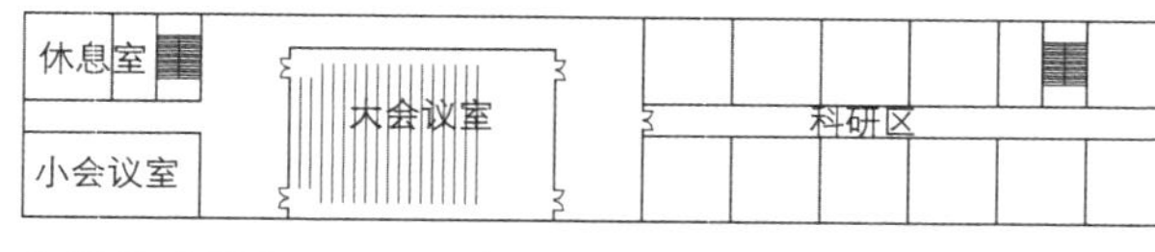

为满足功能分区需要，在公共通道上设门，门一旦锁死，造成每个区域只有一个安全出口，不符合规范要求，设计错误

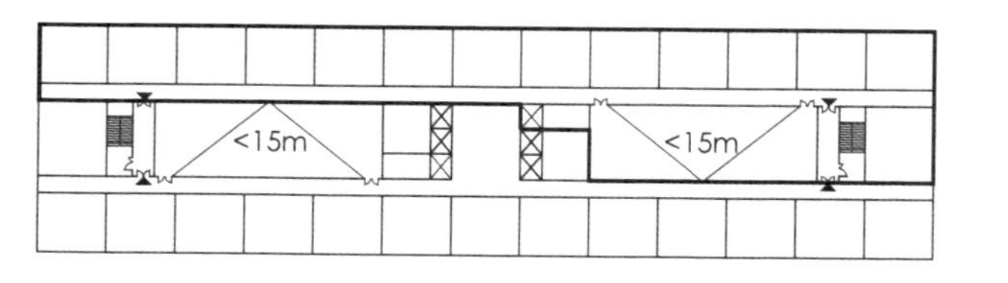

高层建筑，两个防火分区，两个楼梯，四个安全出口：设计合理，但也有人认为每个防火分区应有两个楼梯

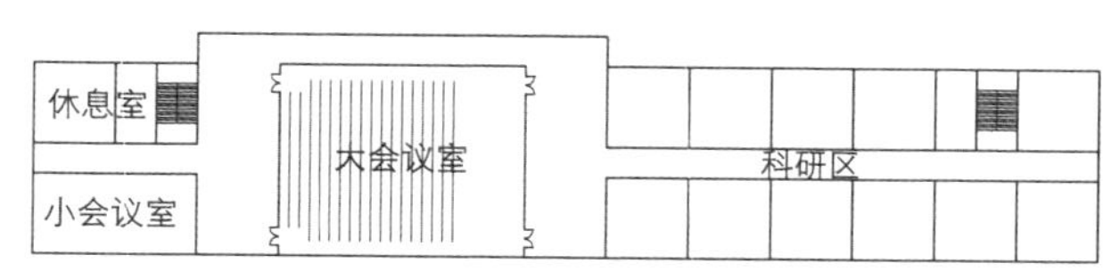

两个楼梯有公共通道连通，每个区域，每个房间都有两个安全出口，设计正确

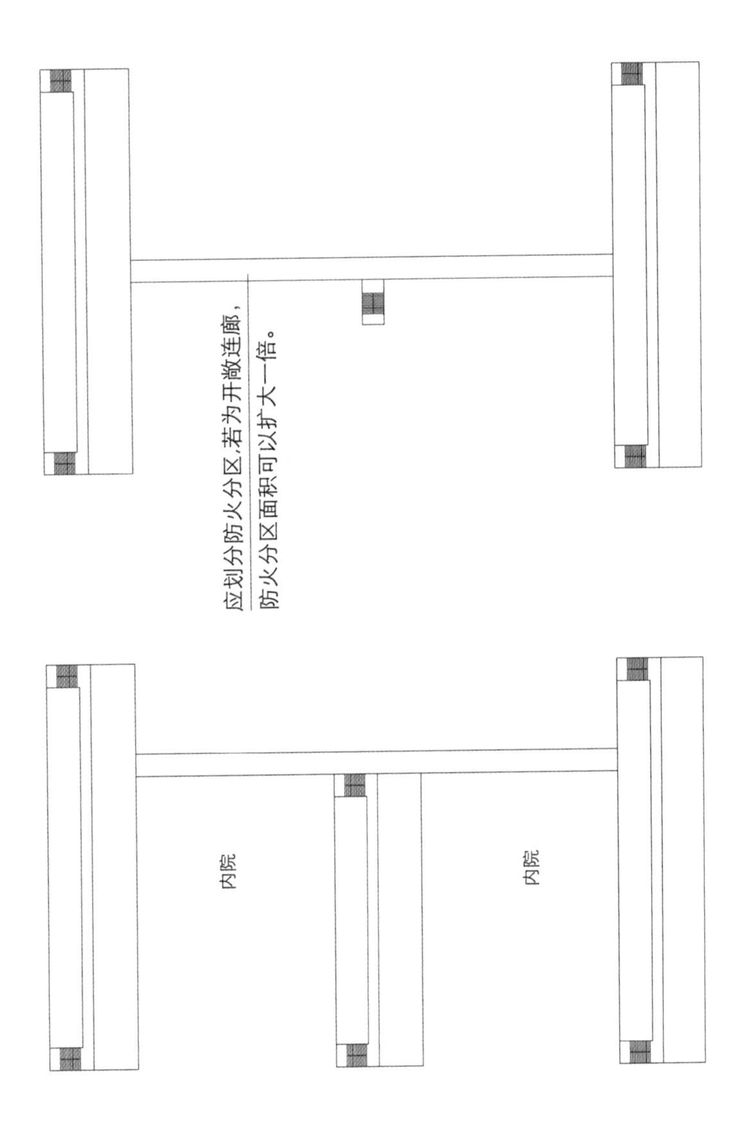
应划分防火分区,若为开敞连廊,
防火分区面积可以扩大一倍。
内院
内院

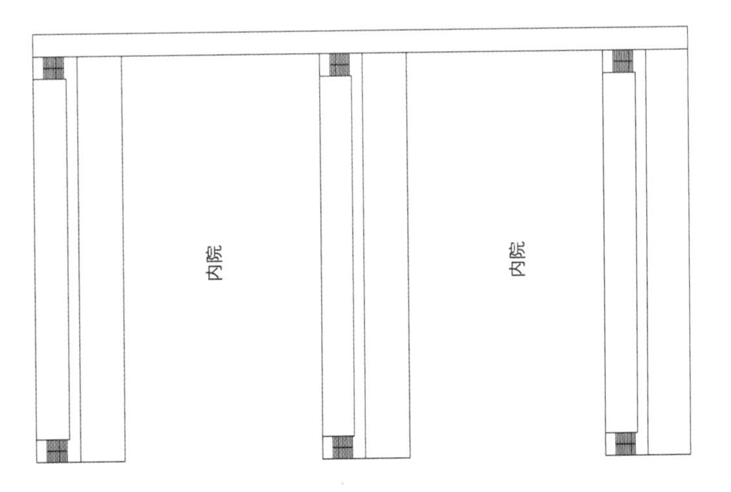
内院
内院

客厅采光太差
不符合采光要求

客厅采光太差
不符合采光要求

凹天井距离太小
至少要做2个防火窗

客厅采光太差
不符合采光要求

客厅采光太差
不符合采光要求

FC

<2000

单元式公寓——采用剪刀楼梯，有两个前室，不是“三合一”
暗房间太多，凹天井太窄，采光和防火都不好

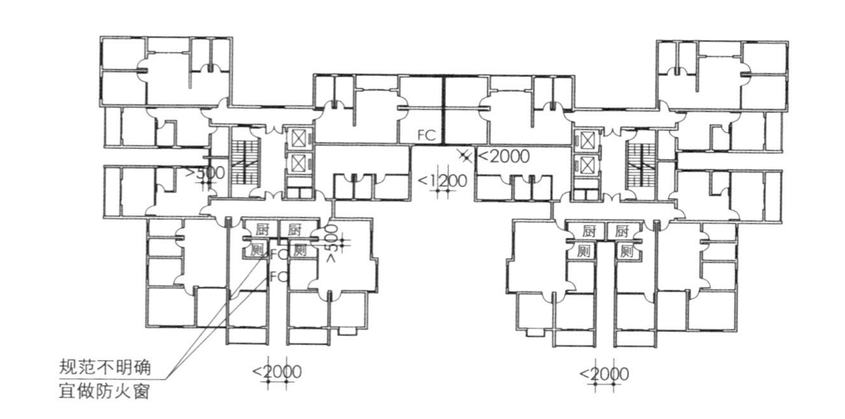

塔式公寓——采用剪刀楼梯，“三合一”前室
卧室、厨房、厕所的门全部对着客厅开门，
动静不分，视线干扰

住宅消防设计特点

● 通廊式环廊式公寓执行“建筑设计防火规范”和“高层民用建筑设计防火规范”

● 单元式和塔式公寓的防火设计特点：

1.规范中没有防火分区概念，不论单元的楼层多，高不管单元的面积多大，都以疏散楼梯为中心，形成一个完整的防火自救体系。

2.单元式公寓和塔式公寓的安全疏散和防火构造是公寓防火设计的重点。

3.根据公寓的层数由底层、多层、高层到超高层，采用与安全保障相适应的开敞楼梯间、封闭楼梯间和防烟楼梯间，并要求每个单元只有一个楼梯的楼梯间通至屋面。

4.加强单元式公寓单元与单元之间防火墙和其他防火分隔墙两侧水平窗间墙及垂直窗间墙的防火构造。

5.单元式公寓分户门允许直接开向楼梯间或防烟楼梯间的前室，但要提高分户门的等级，保障楼梯间的安全，同时防止户与户之间在火灾发生时相互延烧。

6.超高层单元式公寓和塔式公寓要不要设避难层（间），《高层民用建筑设计防火规范》中没有明确，但在《民用建筑设计通则》中规定“建筑高度超过100 m的超高层建筑应设置避难层(间)”，其条文说明中指出北京、上海已建100 m以上的高层住宅(包括单元式和长廊式)也已有设置了避难层的。理由是100 m以上的高层住宅要将人员在尽短的时间内疏散至室外是件不容易的事。就是说这件事已经提到议事日程上来了。

7.综合楼中的单元式公寓、塔式公寓的疏散楼梯间应专用，不能与其他功能部分的疏散楼梯混用和合用。

8.单元式公寓、塔式公寓建筑设计的防火设计严格执行《建筑设计防火规范》《高层民用建筑设计防火规范》《民用建筑设计通则》《江苏省住宅设计规范》。

● 根据公寓的层数由底层、多层、高层到超高层，采用与安全保障相适应的开敞楼梯间、封闭楼梯间和防烟楼梯间，并要求每个单元只有一个楼梯的楼梯间通至屋面。

● 加强单元式公寓单元与单元之间防火墙和其他防火分隔墙两侧水平窗间墙及垂直窗间墙的防火构造。

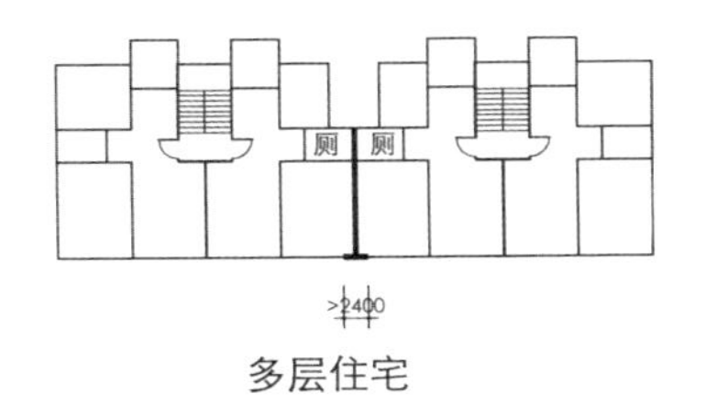

多层住宅

楼梯为开敞楼梯间，防火构造到位，户门距离正常，相对安全

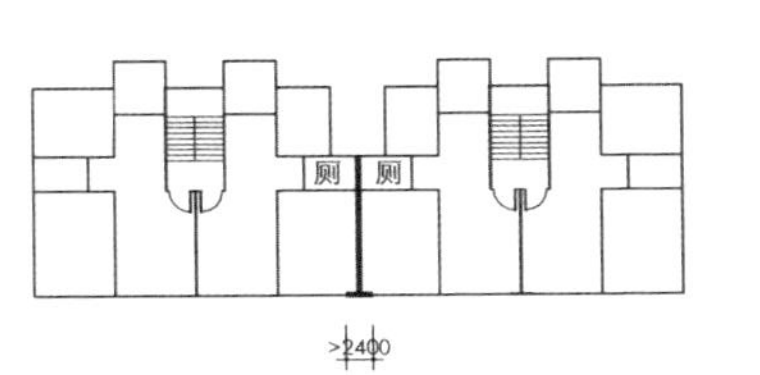

多层住宅

楼梯为开敞楼梯间，防火构造到位，户门距离太近，容易延烧，宜提高分户门的防火等级

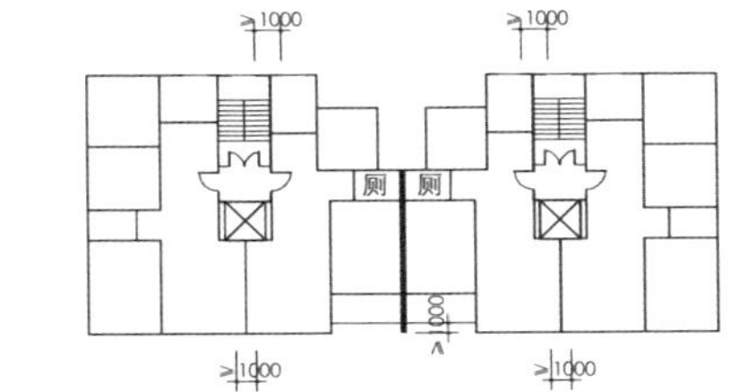
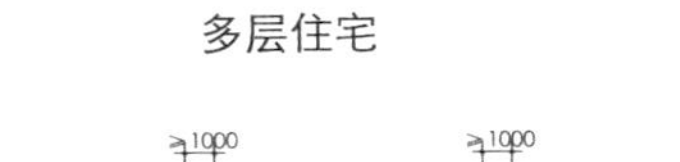

中高层住宅

楼梯为封闭楼梯间，防火构造到位，户门距离正常，相对安全

一个楼梯一个前室　　两个楼梯两个前室标准设计

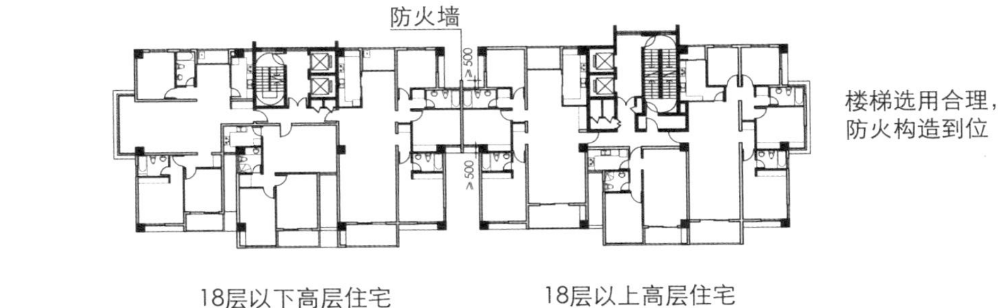

18层以下高层住宅　　18层以上高层住宅

楼梯选用合理，防火构造到位

“三合一”前室

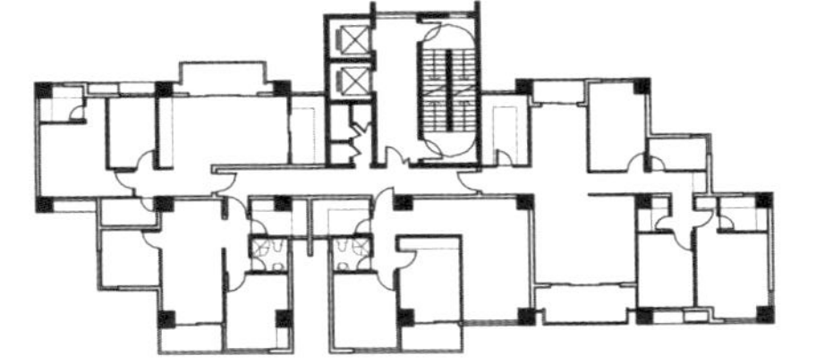

18层以上高层住宅

楼梯选用合理，防火构造到位

“三合一”前室变种

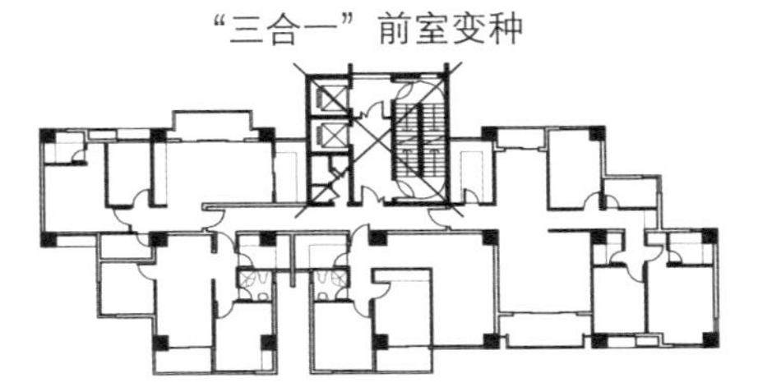

18层以上高层住宅

前室套前室，并没有解决两个前室的问题，且一个前室没有直接对外的窗户，纯属多此一举

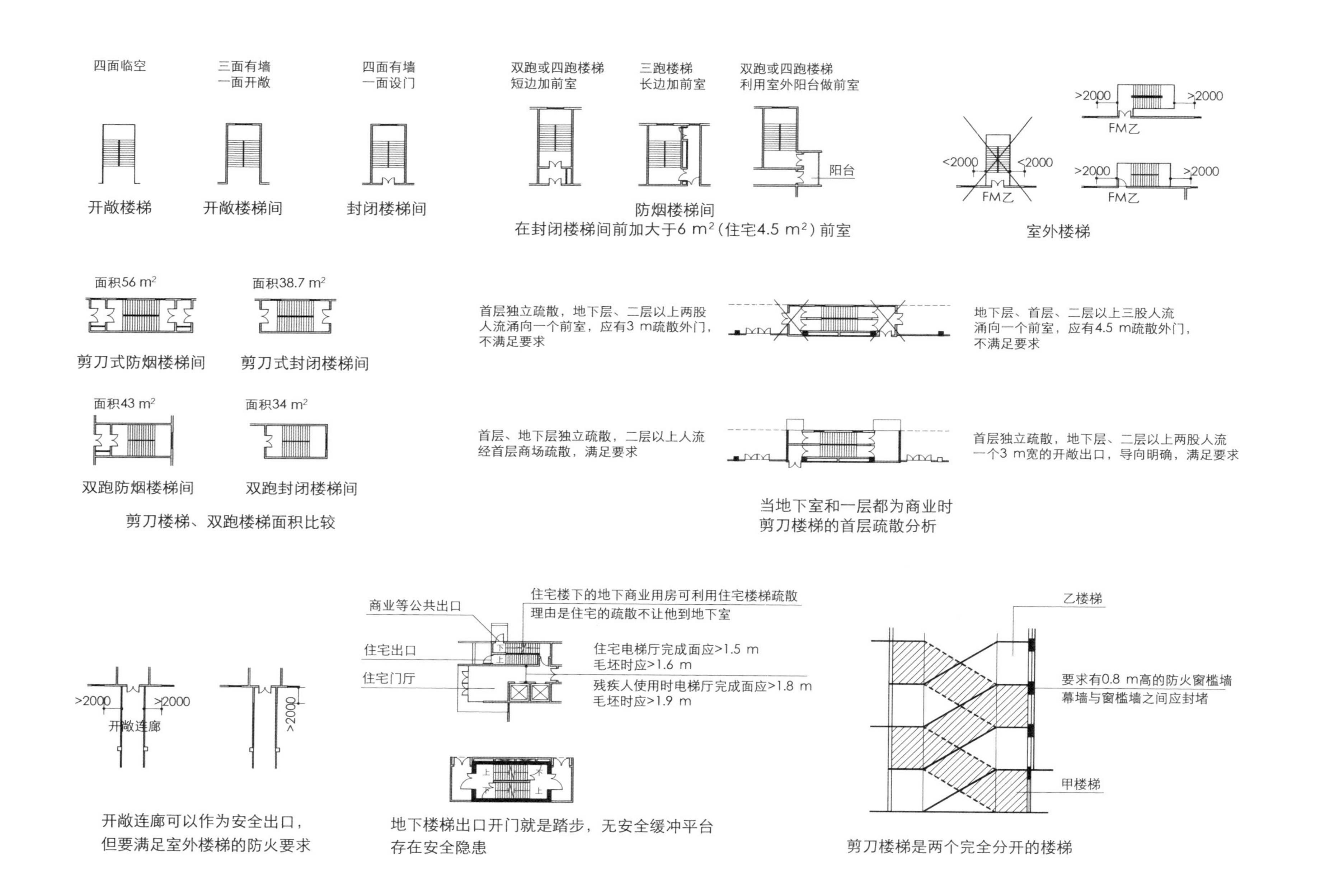

开敞楼梯　开敞楼梯间　封闭楼梯间

防烟楼梯间
在封闭楼梯间前加大于6 m²（住宅4.5 m²）前室

室外楼梯

剪刀式防烟楼梯间　剪刀式封闭楼梯间

双跑防烟楼梯间　双跑封闭楼梯间

剪刀楼梯、双跑楼梯面积比较

当地下室和一层都为商业时
剪刀楼梯的首层疏散分析

开敞连廊可以作为安全出口，
但要满足室外楼梯的防火要求

地下楼梯出口开门就是踏步，无安全缓冲平台
存在安全隐患

剪刀楼梯是两个完全分开的楼梯

淮 安 勺 湖 饭 店 设 计

注:本文为原论文影印件,发表于 1982 年。

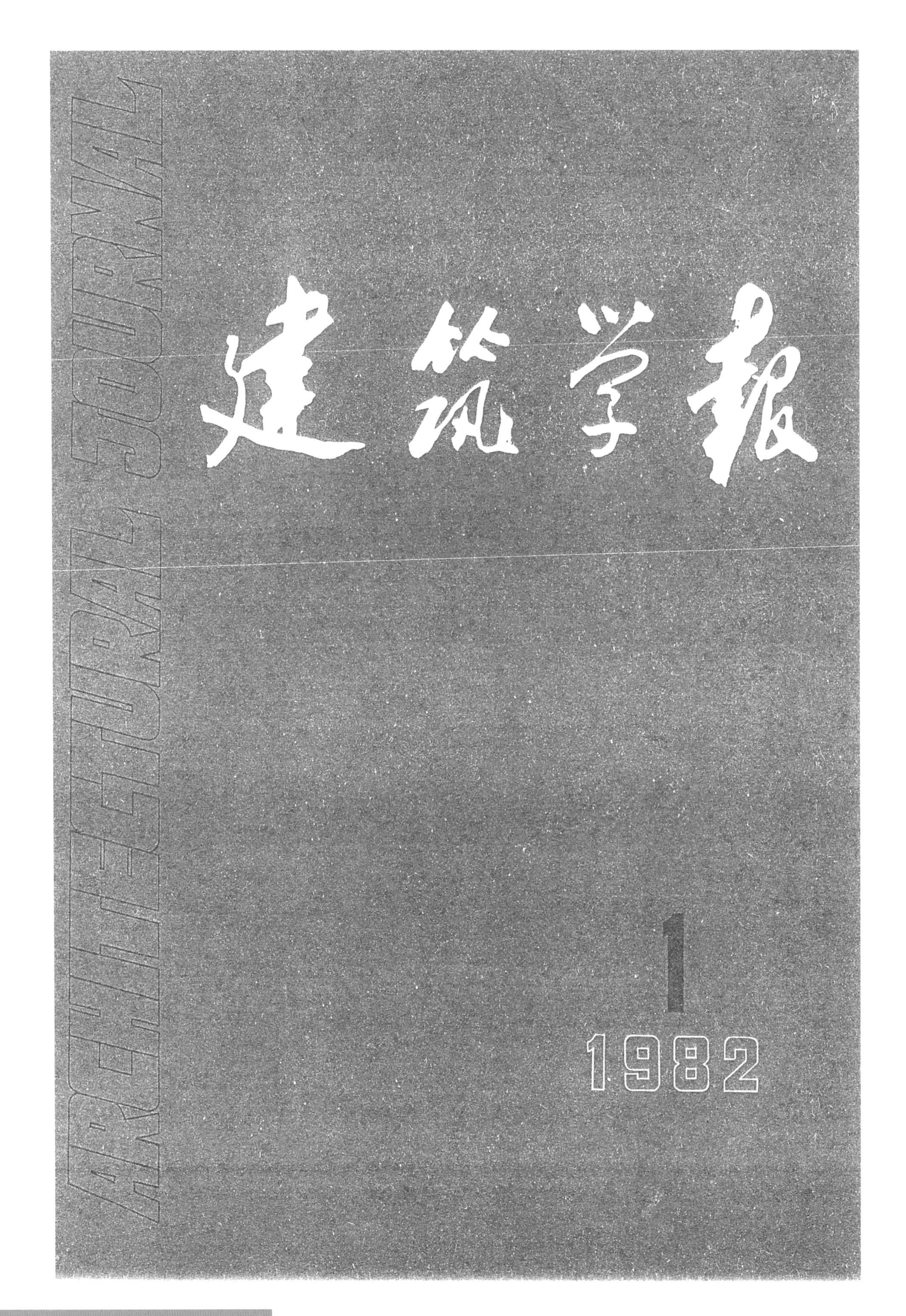
ARCHITECTURAL JOURNAL
建筑学报
1
1982

建筑学报

1982.1.

ARCHITECTURAL JOURNAL

No. 1, 1982.

目　录

CONTENTS

建　筑　学　报　(月　刊)　　1982年第1期　(总第161期)

编辑者	中国建筑学会(北京百万庄)	国外总发行	中国国际书店(北京2820信箱)
出版者	中国建筑工业出版社	国内总发行	北京市报刊发行局
封面印刷	北京胶印厂	订购处	全国各邮电局
正文印刷	北京印刷一厂	本刊代号	邮局2-192　国际书店M82

1982年1月20日出版　北京市期刊登记证第500号　报纸本定价0.50元，道林纸本国内定价0.90元

建筑设计及研究

淮安勺湖饭店建筑设计

丁公佩

淮安地处苏北平原的中心，很早就是一座历史名城，相传汉将韩信就是淮安人；文学名著《西游记》的作者吴承恩则葬于淮安；鸦片战争抗英名将关天培的家乡也在淮安。淮安更是我们敬爱的周恩来总理的诞生地。周总理在淮安度过了十二个春秋的童年生活，处处留下了他的足迹。粉碎“四人帮”之后，周总理的旧居经局部修复，已向广大群众开放。

随着旅游事业的发展，淮安已成为江苏省内旅游点之一。目前，全县近五百户海外侨胞，经常回乡探亲访友；港澳客商也时来洽谈贸易；还常有外国海员远道从连云港前来参观；一些到扬州观光的外国旅游者也常常慕名来此一游；至于国

图 1　客房外景（采用吊脚楼式阳台）

▲图 2　套间前的空花墙　　▼图 3　东南立面

内各界人士来淮安的更是络绎不绝。

为了适应旅游业发展的这种需要，省有关部门决定兴建一座小规模的旅游旅馆——勺湖饭店，有客房36间，容66～72床。

勺湖饭店选址县城北部、老运河河堤东侧，面对勺湖公园。这里原是一片蒲草滩地，四周湖塘回环，景色清幽。饭店占地约一公顷（图4）。南

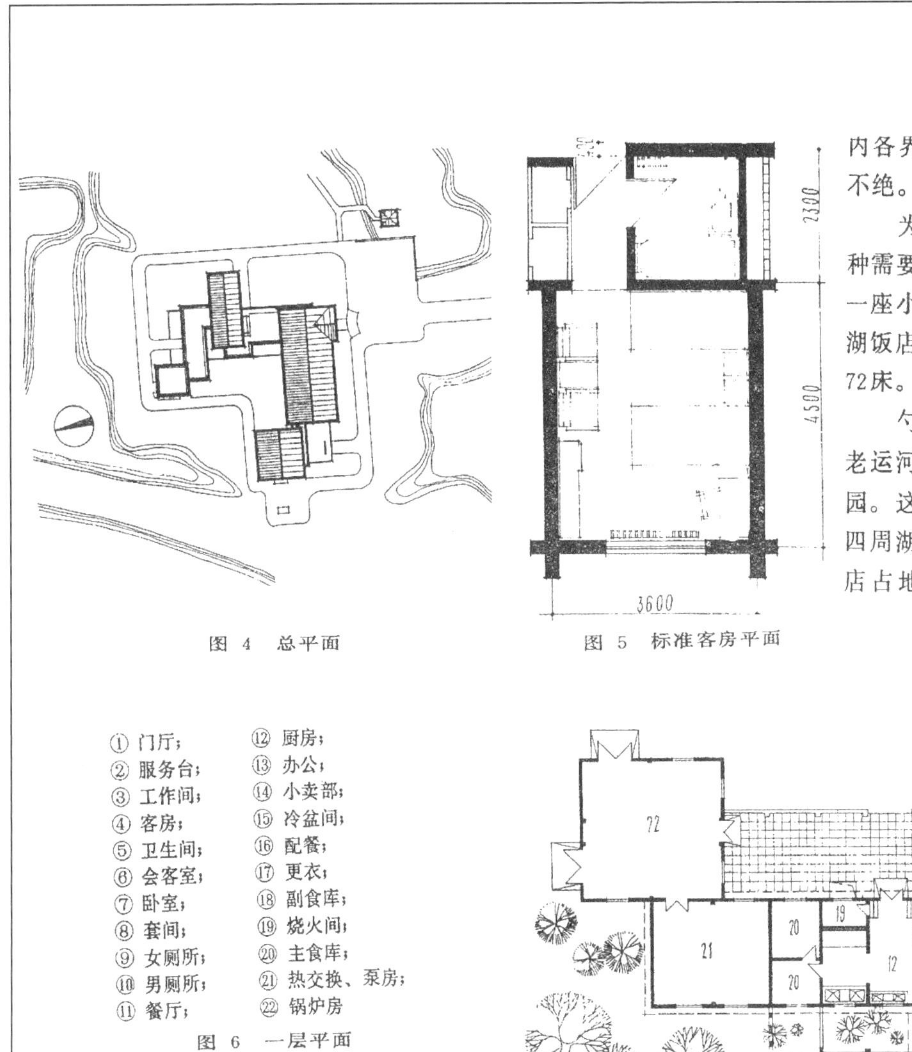

图4　总平面

图5　标准客房平面

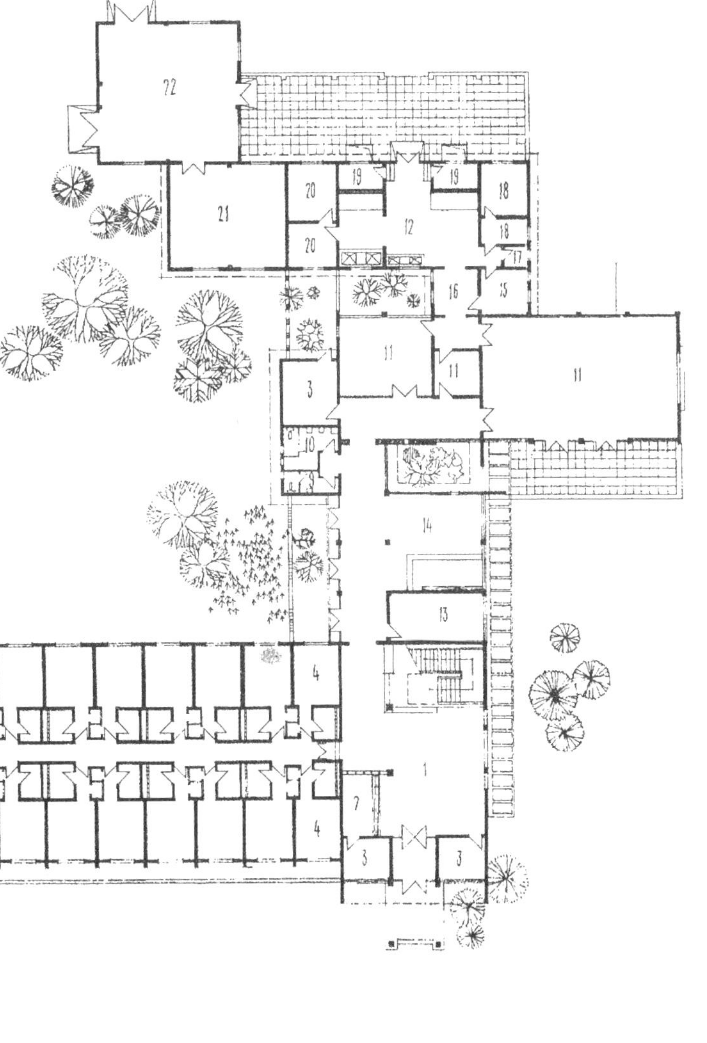

图6　一层平面

20

▲图 8　西立面

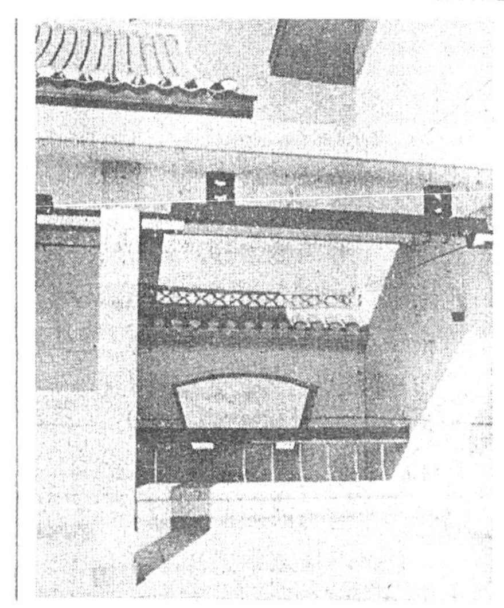

图 7　平房与楼房的过渡空间

▼图 9　餐厅与客房楼间的小天井

面为新建马路，东至北门大街，西通河堤公路，交通方便。

在设计中，我们控制了建设规模和标准，使设计符合县一级接待水平。在建筑处理上不搞千人一面的洋楼，而是采风于居民住宅，使其具有一定的民族特色和地方风格，以与淮安这座古城的面貌相协调。

平面设计吸取民居住宅布置自由灵活的特点，采用不对称的布局。以客房楼为中心，西侧布置相对独立的套间平房，以保证居住安静。餐厅位于东北端，三面凌空视野开阔；在客房楼与餐厅之间，则安排小卖部、冷热饮料等公共活动及服务用房以方便旅客；后部则布置厨房、锅炉房、水处理间等设备用房，使其处于下风向，避免噪声和油、烟气干扰。在客房楼与套间平房、客房楼与餐厅之间以及餐厅与厨房之间，留出民居中常用的小天井，除

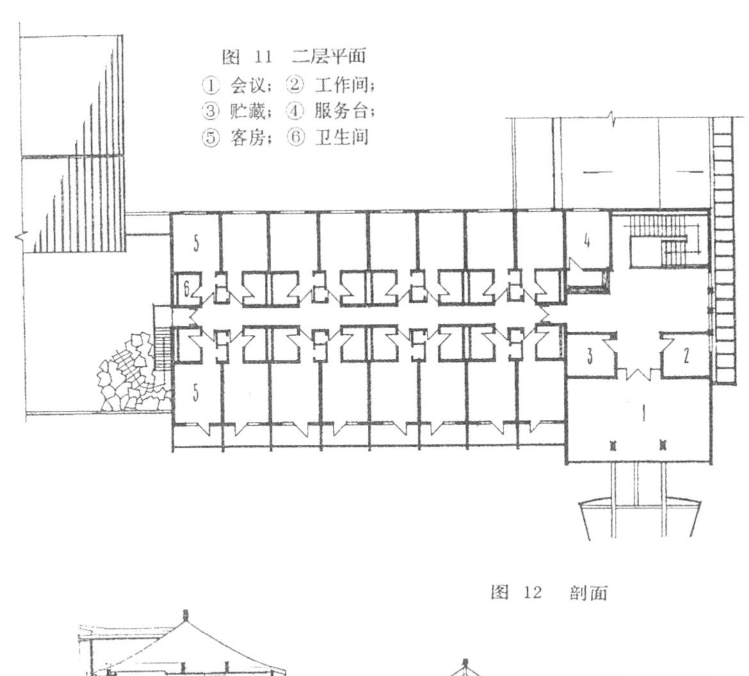

图 11 二层平面
① 会议；② 工作间；
③ 贮藏；④ 服务台；
⑤ 客房；⑥ 卫生间

图 12 剖面

用作通风采光手段外，并适当布置绿化，用院墙局部分隔，创造院中有院的小环境，使有限空间内外交融，通透多变。

考虑到旅客在淮安参观游览的时间不长，一般只过一夜或最多二夜（会议代表例外）的特点，客房以双床间为主，家具宜简单小巧，这样客房面积便可尽量紧凑。因此我们压缩开间宽度，采用3.6 m×4.5 m（轴线）的客房尺寸，净面积14.64 m^2。另外，注意到接待中的特殊需要，安排了二组套房（可作一组大套房或四个双床间使用），以别墅形式处理，有单独出入口，有前廊与客房楼相通；设有会客室和小餐厅；并有中国式小庭院布置，围以空花围墙，留有月洞院门，具有良好的居住环境和浓郁的生活气息。

客房楼的主楼梯敞开在门厅之中，扩大了门厅空间，使上下联系的主要通道一目了然。疏散楼梯则用悬臂外楼梯沿山墙而下与假山石级相连，具有园林气氛，自然而不造作。

客房楼采用“糖葫芦”式走道，净宽1.36 m，由于将客房门后退0.4 m，从而使走道在局部人流交会处扩大到2.16 m。相对地缩短了客房内过道的距离。

淮安这座古城，经逐年建设，虽也有一些“现代式”新建筑，但大量的普遍的仍然是一、二层的民居住宅。它们多为青砖清水或白粉墙面，砖挑檐或大出檐的小瓦屋面加清水屋脊，十分简洁古朴，地方特色浓重。在这种环境下建造旅游旅馆，如何注意发挥民族形式和地方风格。使建筑本身能与古朴的小城充分协调陪衬，而不是鹤立鸡群、孤芳自赏，乃是一个值得研究的课题。

自然，民族形式决非只有宫殿式大屋顶一种，更多地藏于民间，因此采风于广大民居、酒肆、茶楼这些为群众天天生活，经常接触，时时活动的居住和公共建筑，从中去粗存精，吸取养料为我所用，是一个十分可取的重要途径。

勺湖饭店正是以这种指导思想来进行设计的。除突出粉墙、挑檐、悬山、小瓦屋面这些在民居住宅中最明显的特征外，还运用通常的处理手法，或去繁就简、或充实变化。例如正立面入口，用套上一个山墙的办法来突出重点，并以大面积玻璃窗和凸出的大雨篷进一步强调山墙和入口，表明这部分是公共活动空间。与此相邻的南向客房则稍稍后退挑出一排阳台。以其丰富而有节奏的光影效果显现客房的性格，并与大面积玻璃窗形成对比。阳台的细部处理就是民居中常见的吊楼形式，其上用简单的挂落作为点缀，装饰简洁而不单调。双板及挂落用棕红色水刷石，和栗壳色的封檐板取得呼应，与粉墙形成对比，在色调的运用上统一而有变化。在东、西山墙的处理上，也学习民居中以实为主、服从功能、不求虚假的手法。东山墙按照实际需要适当开窗，用雨篷或悬挑格片解决遮阳问题，也以此丰富山墙造型。西山墙则除必要的门洞外不开一窗，以大片洁白粉墙实面给人以宁静的感受用雨篷、门套和悬挑外楼梯打破其单调感。

室内装修以淡雅、清素的色调和光洁明亮的墙面为主，个别部位以深棕、栗壳等色调和粗糙的水刷石、鹅卵石、虎皮石等墙面加以对比和突出（图15）。如门厅的密肋楼盖，不做吊顶，而用对比手法将肋梁暴露出来油漆成栗壳色，从室内装修中体现出民居木结构厅堂的特色。

内墙面绝大部分贴塑料壁纸或做无光油漆墙面，根据不同部位，采用不同色调。公共活动空间如门厅、小卖部、冷热饮料、过道等处用浅米色微发泡塑料壁纸；餐厅做浅灰绿色无光油漆墙面，以增进人们的食欲；客房则采用织锦型塑料壁纸，富丽而雅致。南向客房为浅绿色，北向客房为桃红色，以色调上的冷暖来调节客房的气氛。

设备标准一般，除平房套间的二组客房设四件卫生设备外，其余客房均为三件。暖气采暖，无空调装置，有条件时安装单位空调器。△

▼图10　联系廊外院墙及小天井

日本居住区和居住小区规划

注:本文为原论文影印件,发表于1986年。

江苏建築

JIANG SU JIAN ZHU

江苏建筑

JIANGSUJIANZHU

（试　刊）

双　月　刊

1986年第2期（总第18期）

1986年4月28日

封　二：南湖小区景街

封　三：南湖小区公共建筑

封　四：南湖新村商业建筑

编辑：《江苏建筑》编辑部

（南京市北京西路12号）

电　话：36014

出版：江苏省建设委员会

江苏省建筑工程总公司

江苏省土木建筑学会

目　录

日本居住区和居住小区规划

江苏省建筑设计院　丁公佩

应中日经济协会的邀请，中国土木工程学会“住宅建设考察团”，于1985年底访问了日本的东京、名古屋、奈良、大阪四个城市。参观考察了三个城市的二个居住区和一个小区。都是日本近几年建设的，一部分已经建成使用，一部分尚在施工，各有特色，具有一定的代表性。现简介于后，由于时间短促，深度有限，仅供参考。

一、东京光丘公园居住区(新镇)

光丘公园居住区位于东京西部约1.5公里，占地186公顷，其中都立公园60.7公顷，住宅用地82.1公顷，大、中、小学用地23.2公顷，道路用地20公顷。在住宅用地中已包括了邻近公园、儿童公园、绿地以及垃圾处理工场的用地（图1）。

居住区分为五个居住小区，每个小区又分成2～4个住宅组团，合计12000户，计划人口42000人。居住区内公园、绿化面积相当大，除都立公园外，尚有五个小公园（每个组团一个）和14个儿童公园。区内教育、卫生设施齐全，有幼儿园6所，小学9所，中学6所，高等学校2所以及医院1所，诊疗所8所。

居住区内设有行政管理服务中心、警察署和三个派出所，一所消防署以及二所邮局。同时还设有为居民服务的公共服务中心，老人福利中心，体育中心、图书馆、文化馆、会场、超级市场、百货公司、书店等设施。

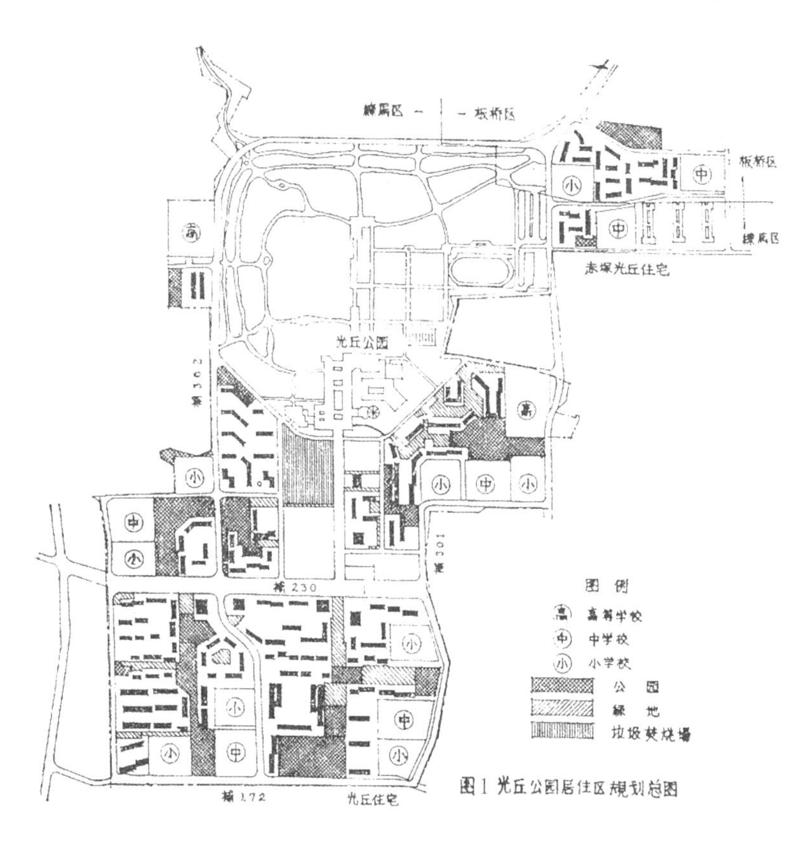

图1 光丘公园居住区规划总图

另外居住区内还有一个垃圾处理工场，二个变电所和20万吨地下蓄水池以解决供电、供水之需。并利用焚烧垃圾的热能供应各户热水和部分住宅的暖气。

该居住区交通方便，有都营12号地铁过境，在居住区的中心补230路设有地铁车站。

在居住区的总平面设计中，以干道和主要道路自然地划分成五个小区，每个小区约2200户～2500户，人口在8000人

33

~9000人。每个小区有一所中学和二所小学，并有一个公园和2～3个儿童公园，还设置了多处绿地。

区内住宅以8～14层高层住宅为主，有一部分3～6层中层住宅镶嵌其间，还有五幢25层或30层的超高层塔式公寓作为点缀，使小区住宅群高低有致，富有变化。除超高层公寓为塔楼形式外，其余均为板式或条状住宅。住宅朝向以南北为主，也有部分东西向或45°方向布置的，主要是考虑到空间的变化和道路环境的协调（图2）。

建筑单体平面设计，南北向的高层住宅以北长外廊为主；东西向的高层住宅则以中

图2　光丘公园居住区局部鸟瞰（图中可以看出高层板式公寓和多层条状公寓）

廊式为主，东西两侧均为住宅；多层住宅则为一梯二户形式。阳台均为统长。高层住宅一般均设有二组电梯，平均45～110户（或每层3～7户）一台电梯，安全疏散梯多为室外敞开式布局。

开间与进深一般均较大，南北向的高层住宅开间一般在6.6 m左右，基本上一开间一户，进深在16 m左右（包括阳台及走廊在内）。东西向高层住宅开间 5.8～6 m，每户占二开间，进深则在20 m左右（包括阳台），多层住宅开间一般也是6.6 m左右，进深则在15 m以上。这种住宅的平面，除起居室、日本式的和室、洋式的卧室有条件而且必须朝向外墙可以直接采光通风外，洗脸间、厕所间、浴室、厨房等一般都安排在中间部位或紧靠中间走廊，依靠人工照明和机械排风装置。这种布局为日本中层和高层公寓住宅的最普遍的形式。

北长外廊高层住宅，虽有节省电梯数量，火灾时疏散快的优点。但存在噪声及视线干扰以及防盗安全和保持住宅的私密性问题。沿走廊的窗子采用了压花玻璃，并装有铝合金栅栏。

这个小区的给排水方面，除上、下水道之外，还有一条中水道。上水是可饮用水，经过严格过滤消毒，日本人有直接饮用自来水的习惯，用来饮用和洗涤。中水没有经过消毒是专门用来冲洗恭盆的，水质可以较差，虽然多了一种管道系统，但节约了大量经常性的水处理费用，这种考虑显然是可取的。

居住区内道路系统分主干道，干道和次道三个等级，主干道为城市干道系统的延伸，宽30 m，干道是居住区内的主要道路宽20 m，次道是联系干道的主要网络宽10～14 m。道路修筑完好，整个居住区的道路系统已形成，这为居住区的建筑施工创造了非常有利的条件（图3）。

在居住区的管理上，在行政管理服务中心有一台电视监察系统，监察整个小区的各个住宅楼中的交通枢纽，以便及时发现和防

图3　光丘公园居住区干道及街景（图中可以看到日本规定在人行道上骑自行车）

止发生盗窃、火灾、人身伤害事故。这种先进技术在管理上的应用，不仅节省了大量人力，而且较为有效的保障了安全。给居民形成一种安全可靠感。

二、名古屋桃花台居住区 （新镇）

桃花台居住区位于名古屋市近郊约15公里，它和东京的光丘居住区不同，全部为低层住宅和多层住宅，低层、多层相间布置，没有高层建筑。总用地面积为322公顷，计划户数10400户，人口40000人。居住区分成四个居住小区，每个小区又有10个左右的住宅组团组成。在居住区内教育设施完善，有幼儿园7所，小学校4所，中学3所，保育所4所；另外还有小区服务中心、商场、邮局、饭馆、会馆、消防署、医疗等公共设施，生活非常方便（图4）。

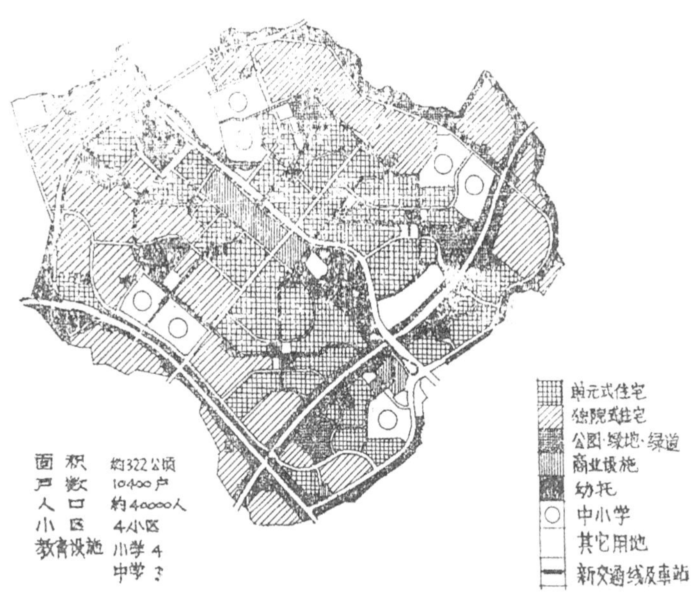

图4　爱知县桃花台居住区规划总图

爱知县政府为吸引更多的住户到桃花台居住区租赁和购置住宅，专门修建了一条从桃花台至小牧市7.9 km长的新交通系统，通过名古屋铁道小牧线可直达名古屋市中心。目前这项工程已完成了33.4%。

图5

桃花台居住区有以下一些特点：

1、全部为低层独院式住宅和中层（四层）公寓式住宅。安静、宽畅、阳光充足，居住条件和居住环境较好（图5、图6）。

2、新交通线贯穿整个小区，为居住者提供了非常便利的交通。

3、在规划中考虑人车分流，新交通系统采用高架形式，小区内专门设置了绿道供自行车、步行者和小学生使用。

4、由于离市区较远，

图6　桃花台居住区四层公寓住宅

这个居住区的房租和房价特别低廉。

三、大阪市北大阪居住小区

位于大阪市淀川区宫原町，属于城市再开发（或称居住区改造）工程。

该居住小区（实际上只是一个住宅组群）由三栋15层的高层公寓组成，三栋分别为⊣形Π形和T形。成为一个高层高密度的住宅楼群。均采用SRC结构，层高2.75 m，总高42.75 m。总建筑面积约为95000m²，计划户数829户，其中有 3户为单间式公寓（图7）。

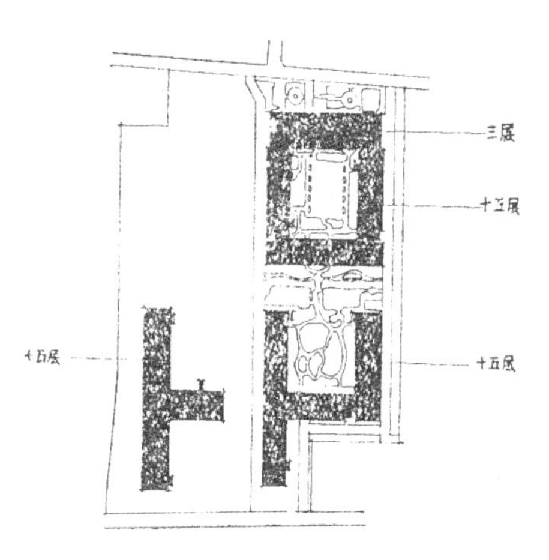

图7 北大阪居住小区

这个小区的特点是：

1、建筑密度高。在大阪这个人口密集的大城市，用地十分紧张，地价高，这个小区布置了大量东西向住宅（尽管日本人普遍喜欢南北朝向），采用周边式布置提高建筑密度。同时，造成了大量的阴影空间，在内院里，下午三点多钟就显得十分阴暗。但确实提高了密度，目前我国通行的行列式布局，密度已无法提高，达到了饱和（图8）。

图8 北大阪小区高层住宅

2、全部采用长外廊平面，每栋楼设二组电梯，平均110户使用一台电梯。这种平面，电梯和楼梯数量较少，但走廊较长，带来噪声和视线的干扰，安全性也较差。

3、将住宅楼的低层局部架空作为通道和自行车停车场不仅使空间流通、改善了封闭空间环境，同时解决了自行车的停车问题，这种方式是可取的。

图9 北大阪小区过街楼及内院

4、内院经过周密的设计和绿化布置，设置了儿童游戏场地，虽然光线欠佳，但较大地改善了内院的环境（图9）。

四、对日本居住区规划和设计的印象：

1、日本政府十分重视住宅建设和城市再开发工作。日本在战后严重缺房的情况下，经过四十年的努力，现在已经解决了缺房问题，并向内部设施现代化和优美的居住环境过渡，这是日本在住宅建设开发中的重大成绩。

2、日本在居住区的开发建设中，十分注意交通、给排水、供电、（**下转第19页**）

责成使用单位开支，最理想的是做为小区配套工程费用统一开支。

至于绿化费用的管理问题是十分重要的，它决定了首次投资能否达到预定的效果。锁金小区一期工程的实施方法是由开发公司一次付款，承包单位分几年实施，弊多利少。发包和承包双方没有明确的工期责任和质量验收合同，发包单位没有绿化质量检验的技术力量，一旦小区交付使用，开发公司的工作重点又转向其它工程，而发包、承包和设计三者之间又没有明确的技术责任制度，就无法加强管理，以确保设计方案的实施。其次，绿化工程可塑性大，绿化苗木及施工费用变化莫测，设计图纸的合理性和现场施工的可能性都会出现一些问题，会导致一次付款无人验收，多年施工，连年拖尾，施工期与养护期混杂不清，面貌走样，责任不明的现象。为此，建议新住宅区首次投资绿化费用应加强管理，可否建委主管，公司掌握，园林领导部门参加监督，承包单位按期实施，设计单位参加定期验收，按进度分期付款。实行主管、承包和设计三结合的管理办法。总之，住宅区的环境美化是住宅区建设的一个组成部分。住宅区的复杂环境给绿化施工带来一定难度。绿化经费的不足影响着小区绿化效果慢，又容易造成绿化成果破坏，反而更增加了绿化的补救费用。因此首次绿化投资标准应该提高和改进，加强管理，保证规划、设计、施工、管理的**连贯性**，是这项工作成效的关键。

锁金村住宅区的造园设计仅仅是一种尝试，设计中也存在很多不足之处，玄武区园林所在实施过程中做了很多改进的努力。我们共同期待着锁金村绿化建设早日显露出她的绚丽风姿。

（上接第35页）供热、文教卫生、商业服务等公用事业的建设和配套，使居住者在住进小区后都能得到十分良好的供应和服务。

3、日本在居住区建设中，十分注意环境的改造和设计以及空间的变化，尽可能多的布置绿地和儿童公园，使居住空间清幽、干净、美观，儿童有游戏的场所。但有些小区因追求高密度，也带来拥挤、遮挡、阴暗等问题，没有能十分满意地达到在再开发中改造环境的目的。

4、在居住区的管理中，普遍采用闭路电视监察手段。在有几万人的居住区内，在管理中心用电视监视各个交通枢纽（电梯、楼梯、走道等部位）的活动情况以防止发生人身、盗窃、火灾、机械等事故。这种先进技术手段的应用，明显地提高了管理水平，降低了事故发生率。

5、在居住区的建设中，普遍采用标准化的构件和工业化的施工方式，配以成套的设备组装件，大大提高了施工速度，缩短了施工周期，更重要的是普遍地提高了工程质量。

6、日本在施工方面，不论是公共建筑还是居住建筑；土建作业还是设备安装；现浇件还是预制件；外装修还是内装饰，都能精心施工，保证质量，做到横平竖直，棱角清晰，工艺精细，手脚干净，同时注意产品的保护和维修。

7、在居住区规划设计中，普遍采用新的建筑装饰材料、成套的卫生洁具设备和厨房设备，这在住宅室内设计中起着非常重要的作用。使室内面貌完整、新颖。相比之下，居住区规划和住宅单体设计的水平显得平淡一些，空间组合和立面处理都稍显单调，在平面设计中还存在一定的缺点和问题。

南京大桥影剧院室内设计随笔

注:本文为原论文影印件,发表于 1987 年。

室内 3

INTERIORS INTERIORS INT

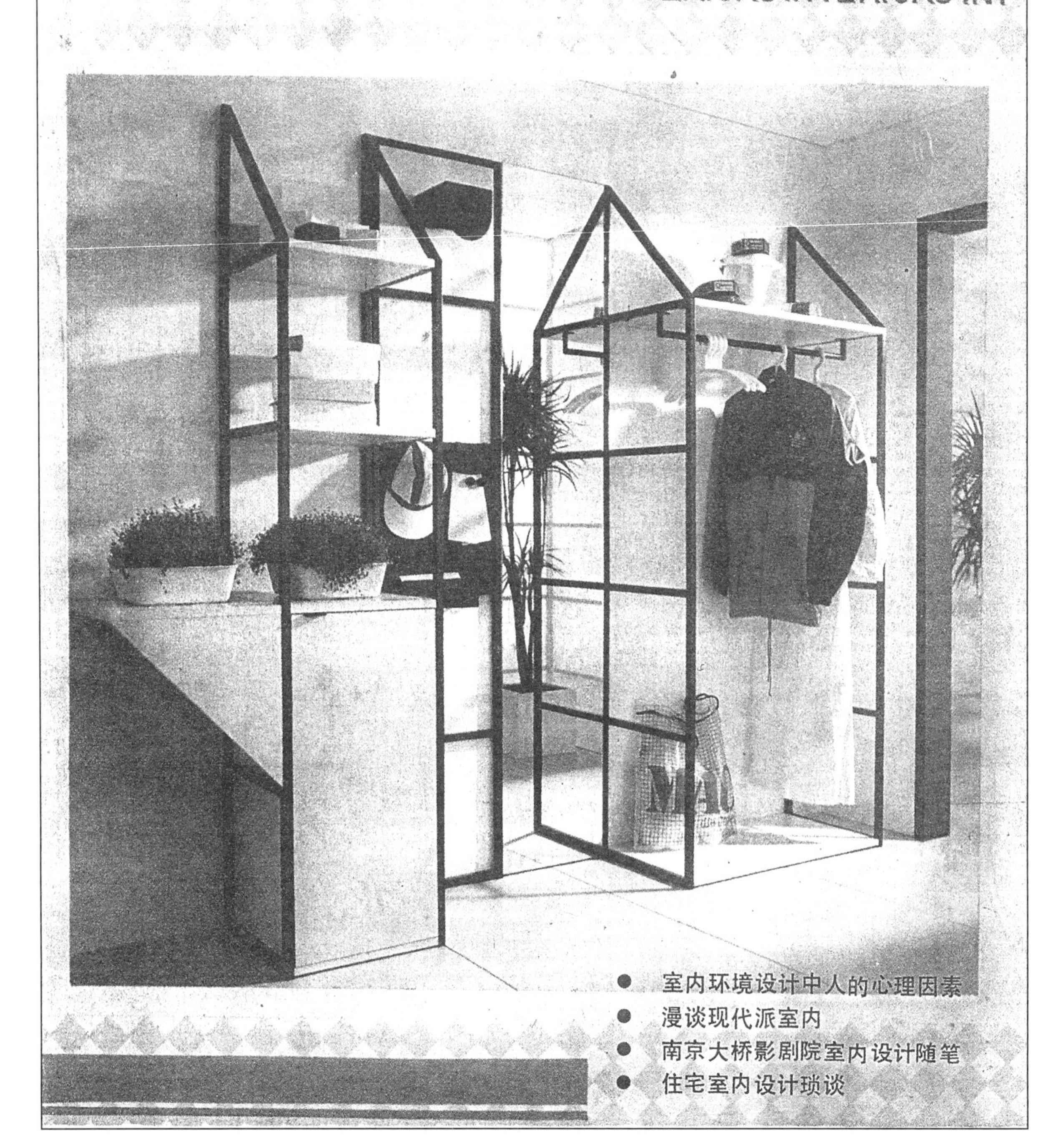

- 室内环境设计中人的心理因素
- 漫谈现代派室内
- 南京大桥影剧院室内设计随笔
- 住宅室内设计琐谈

我对潮流根本不予考虑。我自己的思想就是潮流。我讨厌人们问我正流行什么色调或即将流行什么么。从根本上说，我们这行不是时装业。

美国西海岸装饰家协会主席
托尼·海尔

目　录

主　办　南京林业大学　南京木器厂

主　编　吴涤荣

特邀副主编　高民权、

编辑出版　《室内》编辑部

地　址　南京林业大学林工楼

印　刷　江苏新华印刷厂

发　行　上海市邮政局报刊发行局

江苏省期刊登记证第一八七号

《室内》总第三期

一九八七年九月出版

定价　〇·九八元

1

南京大桥影剧院室内设计随笔

丁公佩

室内设计是建筑设计的继续，是室内空间和环境的再创造过程。它得力于建筑设计，反过来又为建筑设计锦上添花，二者相辅相成，缺一不可。目前建筑师担负着建筑设计和室内设计的双重任务，则更难区分二者的关系，常常是不分先后统盘考虑。因此在谈及室内设计时，又往往把建筑设计的立意和构思融合在内。

影剧院的前厅和观众厅是影剧院室内设计中最有代表性，最重要的两大空间。

前厅是观众进入影剧院的第一个空间，常给观众留下第一印象，虽非高潮，却举足轻重。它是一个逗留、休息和通过的空间。观众的流动性大，他们服饰鲜艳，五彩缤纷，或静或动，为整个环境增添了热闹的气氛。观众本身又是一个个流动的模特儿，所以前厅空间应从不同方位，不同高度，多层次的提供"人看人"的机会，为流动着的观众表现自己和欣赏他人创造合适的空间条件和气氛。

大桥影剧院的前厅就是按照这一构思设计的。前厅空间包括咖啡厅、休息廊、休息平台和天桥。设计中有意地增加它们的空间层次，把楼座的观众由楼梯逐层引上横跨前厅上空的天桥，通过天桥进入楼座；将咖啡厅下降三级台阶，用花池把它和前厅稍加分隔，使其自成空间。实际上，它们统统包容在一个更大的空间里，以四个不同的标高占有着各自的位置。它们之间没有墙体隔断，楼梯和天桥就是联系和分隔空间的手段。整个空间宽阔流畅、开朗通透、高低错落、层次清晰。这是"人看人"的最理想空间，在这里观众成为真正的主人(图1)。

观众休息廊是一个比较单调和难以处理的空间。大桥影剧院利用凸向前厅柱廊的包厢式栏板，来扩大休息廊的宽度，使观众依栏休息时不受过往人流的干扰，形成闹中有静的小环境(图2)。另外还利用西立面外墙遮阳挂板的有效空间，设计了一排十一个壁龛式圆拱形双人休息座，为观众创造了一个方便而又带趣味性的空间，使比较乏味的休息廊显现出活跃的气氛(图3)。

前厅墙面、平顶、地面的处理特别注意整体效果，强调人的装饰作用。不用高级材料，不搞繁琐装修，仅突出正面装饰墙的装饰性，使其成为观众的视觉中心。

墙面采用暖色调，大面积的喷涂浅可可色乳胶漆；柱面和休息廊栏板为深咖啡色劈离砖贴面。同一色调，不同色阶不同材质，调和中有对比。22m长、6m高的装饰墙凸出于底壁，用大红色的化纤地毯粘贴，它所占据的三分之二的墙面醒目而热烈。装饰墙在天桥位置嵌入直径5m的圆形镜面玻璃来突出楼座入口，从视觉上产生天桥无限地伸入墙内的效果。在它的左下方悬挂了五个直径1.4m的、以京剧脸谱为素材的（未按设计要

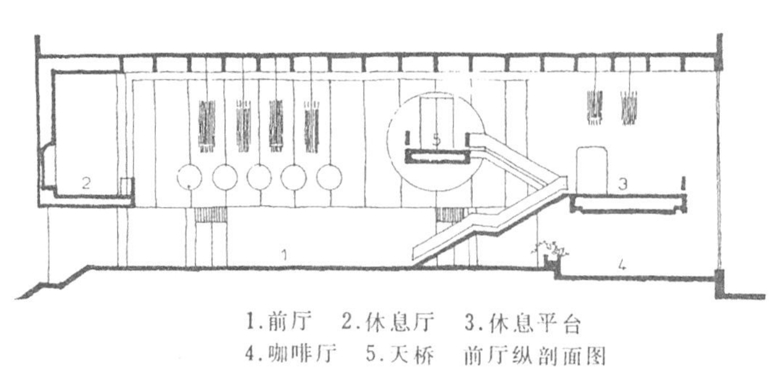

1.前厅　2.休息厅　3.休息平台
4.咖啡厅　5.天桥　前厅纵剖面图

15

求实施）圆形画屏，以体现影剧院的特性以及民族特色（图4、5）。部分墙面则饰以工艺美术作品作点缀（图6）。

前厅平顶是一个大面积（36m×12m）的井式屋盖，它把各个不同高度的空间联系起来，起着统一和协调的重要作用。这个井式屋盖线条平直，从模板支撑到混凝土工程，施工质量都很好，于是采用直接在混凝土梁板之上喷涂白色乳胶漆作为表面处理的。结果非常令人满意。井式平顶由于2m×2m的井格尺度适宜，200mm宽的井字梁比例恰当，并在十字节点作了八角形的细部处理，因此，整体感觉良好（图2）。

前厅的地面为彩色磨石子。深绿色的面层，白色的格子，犹如井式屋盖的倒影，这种重复出现的图案上下呼应，加深了人们的印象，使空间环境更为完整（图4）。

观众厅是影剧院的核心，是观众坐下来观看表演的场所。它除了要满足良好的视听要求外，同时要提供舒适，宁静的环境，柔和适度的灯光，淡雅素净的色调。使观众能集中视线于舞台或银幕，而不为其多余的装饰分散注意力。所以观众厅的室内空间更应有整体感，同时要富有亲切感（图7）。

观众厅内，不同部位的墙面有着不同的声学要求，墙面的做法直接影响着音质的好坏。后墙及楼座栏板要求强吸声，防止产生回音，采用超细玻璃棉毡外包中绿色化纤仿毛粗呢面料的吸音挂板，吸音性能和装饰效果都好。之所以采用挂板是为了防止施工时污染面料。两边侧墙为水泥拉条硬粉刷，使之全反射，以补充直达声之不足。表面做浅灰绿色粗面乳胶漆喷涂，喷涂后拉条断续，隐约可见，简易而有质感。侧墙的后半部，为了能适当控制声场，起自动调节混响时间的作用，利用内外双墙间的孔隙，有规律地布置了近五十个开口为10cm宽、80cm长的声学共振腔。由于共振腔的设置，并在腔内安装了3瓦灯泡，打破了后半部大面积侧墙的单调和空旷，增添艺术感染力。灯灭时，细长深暗的空腔形成一组有韵律的图案，灯亮时，犹如一支支烛光闪烁的火苗，带着某种浪漫的色彩。由于灯泡的瓦数甚小，虽多，但并不费电。这是技术与艺术结合的一次较好的尝试。

平顶同样是观众厅声学上的重要组成部分。按照全反射和声强均匀的要求，用纸面石膏板做成大块下挂式立方体，其间形成井格式的深凹槽，表面作白色乳胶漆喷涂工艺处理，使平顶具有立体感和雕塑感。同时可以联想到前厅的井式屋盖，有着内在的联系，它很像是一种重复，但又不是简单的重复。

座椅的色彩和质感也对观众厅的环境和音质产生影响。如果在冷调子的观众厅内再用冷调子的座椅，未免过于冷漠。因此，座椅采用深红色软靠椅，使观众厅在淡雅中充满生气，饱含人情味。

总之，在观众厅内无论是墙面还是平顶，甚至座椅，都要密切配合视听、声光的要求，把技术与艺术结合起来，融为一体。

照明和灯具的运用是不可缺少的，但不能滥用灯具的装饰作用，把装饰性灯具如天女散花般均匀地布置，没有重点。光源以白炽灯为好，或采用混合照明，照度不能太暗，也不宜过强，要注意节约用电。

大桥影剧院集中在前厅和休息平台的上空悬吊了两组（一组八只，一组四只）装饰性塑料组合筒灯，每组略有参差错落，避免单调。其余空间均为嵌入式圆筒灯。在井式屋盖靠近装饰墙的部位安装了四只投射灯以加强光影效果。整个前厅主次分明，重点突出，绚丽高雅。观众厅的照明全部为点光源，它除排列匀称外没有什么装饰。嵌入式或吸顶筒灯安装在凹槽内，凭借凹槽侧板和墙面的反射，产生若明若暗的光束，使观众厅带有亲切温柔的气息。

通过实践体会到，室内设计不能靠堆砌昂贵的装饰材料来取得效果，而应当在设计立意和构思上下功夫，从空间序列和构成中做文章，为传统材料和施工方法寻求新的工艺手段动脑筋，避免重复雷同。只有这样才能出奇制胜，获得成功。其次进行室内设计时，尤其在详图设计时，必须考虑到材料来源，工人素质，工艺水平，施工条件，安装精度等我国目前的实际状况。脱离实际常常事与愿违，弄巧成拙，花了很大的精力财力，却得不到应有的效果。而采用最简单的办法，运用传统的工艺和材料，只要比例适当，色彩调和，也能取得良好效果。

设计：丁公佩

南京大桥影剧院内部环境设计

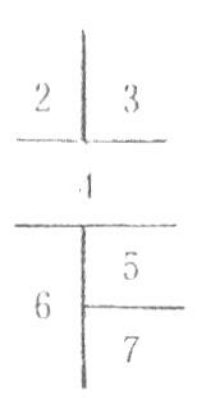

城市中心区停车问题探讨

——兼介绍美国一些城市中心区停车楼建设情况

注：本文为原论文影印件，发表于2003年。

ISSN 1009-6000
CN 32-1612/TU
NO.6
现代城市研究
Modern Urban Research
对普通旧城区在城市历史保护
与发展中地位的若干思考
城市中心区停车问题探讨
景观环境规划为导向的大学
校园规则
本期主题：老工业基地改造

邮发代号：28-275
印刷装订：江苏华柏彩色印刷有限公司
订　购：全国各地邮局
总发行处：南京报刊发行局
国外总发行：中国国际图书贸易总公司（北京399信箱）
国外发行代号：BM5338
广告经营许可证：3201004011624
出版日期：2003年12月
定　价：12.00元

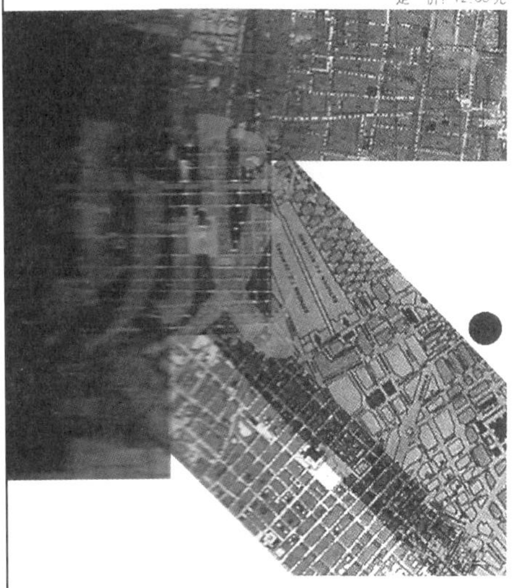

主管：
南京市建设委员会
主办：
南京城市科学研究会
协办：
全国市长培训中心城市发展研究所
中国城科会长江三角洲联系中心
南京大学城市与资源学系
东南大学城市规划设计研究院
南京市规划设计研究院
南京市交通规划研究所
江苏省建筑设计研究院
江苏省城市规划设计研究院
东南大学建筑设计研究院
南京大学建筑规划设计研究院
南京风光建设综合开发公司

编辑出版：《现代城市研究》编辑部

封面题字：叶如棠
特邀顾问：刘忠德
编委会顾问：齐　康／麦保曾
沈道齐／崔功豪
编委会主任：陆平贵
编委会副主任：王汉屏／郭宏定
苏则民／叶菊华
编委会委员：
王　炜／吴志强／周一星／段　进
姚士谋／张正康／顾朝林／阎小培
潘知常／曹奋平（台北）／詹志勇（香港）
张明生／杨　涛／周生路／顾小平
葛爱荣／张　雷／张开荣

主　编：叶菊华
副主编：陈小坚
责任编辑：张炎禹
英文译校：汤茂林
平面设计：曹　方
制　作：何　菲　李海华

地　址：南京市广州路185号
邮　编：210024
电　话：025-83730794
传　真：025-83730884
网　址：http://www.mur.cn
网络实名：现代城市研究
投稿信箱：editor@mur.cn
urbnrech@public1.ptt.js.cn

Sponsor
The Institute of Urban Science of Nanjing
Publisher
Editorial Department of Modern Urban Research
Cheif Editor
Ye Juhua
Deputy Cheif Editor
Chen Xiaojian
Translator
Tang Maolin

Address
No.185 Guangzhou Road
Nanjing 210024 P.R.China
Telephone
86-25-83730794
Fax
86-25-83730884
Web Site
http://www.mur.cn
E-mail
editor@mur.cn
urbnrech@public1.ptt.js.cn

目录

文章编号:1009-6000(2003)06-0035-06
中图分类号:TU248.3　　文献标识码:B

作者简介：丁公佩，江苏省建筑设计研究院顾问总建筑师。

美国亚力桑那图森城市中心区多层汽车库

城市中心区停车问题探讨

——兼介绍美国一些城市中心区停车楼建设情况

Discussion on the Parking Problem in the City Downtown — Also some Introductions on the Constrcut of Parking-Lot Buildings in some of the City Downtowns in U.S.A.

丁公佩
DING Gong-pei

随着国民经济的不断发展，人民生活水平的不断提高，城市化进程的不断加快，城市规模的不断扩容，汽车拥有量的不断增加，尤其是轿车进入家庭的速度不断加快，已经给城市道路带来巨大的压力。特别是城市中心地区新建筑林立，原有路网改造困难，挖潜有限，再由于公司密集，商业集中，车辆出入频繁，交通流量过大，因此常常造成堵车等问题。对进入中心区办事、购物、观光的人来说又往往因找不到合适的停车位而烦恼不堪，甚至为了停车要转好几个圈子，停车难的问题已经非常突出。

在这种情况下，道路只能满足动态交通的需要，如果让静态交通占道停车，无疑会给已经拥挤的道路雪上加霜。因此在城市中心地区建设社会公共停车库已成为解决其静态交通问题的惟一办法和出路。

1　南京市中心区停车问题现状

以江苏省会、滨江中心城市南京为例，其中心区新街口，近年来已汇集了近20家大型商厦，成为中华第一商圈，据媒体报道，该地区商场营业面积已达到46万平方米，超过上海的南京路、徐家汇和北京的王府井、西单。该中心区最高的56层写字楼、拥有近1000间客房的酒店就鹤立其中。

该中心的主要道路还是始建于1927年的中山路和中山东路，以及在30～40年代陆续建成的汉中路和中山南路，虽然对中山路和中山南路进行了砍树挖潜的破坏性改造，对周边道路进行了拓宽，但在上下班时段行车仍十分困难，在这种动态交通状况下，连出租车的临时停车点都十分稀少。

南京新街口中心区的范围东起洪武路，西至上海路，南起石鼓路、淮海路，北至华侨路、长江路，东西长约有1100米，南北宽约800米，共0.88平方公里。目前该中心区有一个上乘庵地面停车场，约有76个车位，地处中心区的东北角；一个地下社会停车库，约有80个车位，位于中心区的东南角香港城的地下二层；还有一条路边停车带，位于华侨路慢车道的两侧，约有400米长共54个车位。三个停车场总共只有220个车位（其中路边停车只是临时措施），都分布在中心区的边缘，离中心点约有10分钟的步行距离。除此之外，就是建在高层写字楼、酒店、商场等建筑物地下的停车库了，其中金陵饭店惟一采用了停车楼形式的停车库。这些车库都属于单位所有，目前都对外开放，在获得一定的经济效益的同时对暂时缓解中心区停车场地的不足起到一定的作用，但这只是权宜之计。这些单位之所以有可能供社会停车，或因为尚有较多的空置房没有出售、出租；或由于主楼尚在建设之中，车库尚未饱和。一旦进入物业正常运作之时，这些大楼连满足自己的客户都不够，哪能考虑社会停车的需要？如金鹰大厦有10多万平方米面积，只有180多个车位；新百大楼也有约8平方米面积，只有120个车位。所以，利用单位剩余车位来解决社会停车不是解决问题的根本办法。只有政府出面由行政职能部门统一规划，统一步骤，积极鼓励开发商投资汽车停车库的新兴产业，并运用政策给予支撑，才可能全面解决静态交通问题（见图1、2）。

2 地上公共停车库建设量少的原因探究

目前在国内，在城市中心区建设多层或高层公共停车楼的还很少究其原因，大致有这么几个方面：

2.1 政府部门对静态交通问题的严重、迫切性认识不足。

只重视动态交通的发展，忽视静态交通的需求，因而在行动上滞后。目前尚有单位停车库可以暂时救急，一旦饱和就会措手不及。

2.2 省、市领导存在保守思想，观念陈旧，有待更新。

总觉得汽车停车楼有碍观瞻，不能登入城市中心区的大雅之堂，似乎城市中心区只能是高层写字楼、大酒店、大商场，这些"宠儿们"的地盘。而停车楼只能考虑在边缘地带或进入地下。

2.3 大多数开发商没有认识到投资汽车楼也是一个有利可图的新兴开发行业。

谁抢先一步，谁就可能是最大的得益者。现在的开发商都挤在中心区建高层写字楼，造商城。如果改变投资方向，瞄准新的停车设施，不能说不是一件好事。当然，由于城市中心区地价太贵，使得有意投资的开发商望而却步，因此政府应当给这一产业在政策方面以有力的支持，在土地价位、规费减免等方面得到优惠，就一定会得到有意投资的开发商的响应。

其实，地面汽车库的投资，除去土地费用之后，大概只有商业建筑投资的1/3。如果利用一、二层作为商业开发，并由汽车库专业管理公司经营，则一定会有较好的经济效益。

3 城市中心区建设地面专用公共停车楼的必要性。

到底是建地下停车库好，还是建地面停车楼好？首先应该因地制宜，比如在城市各类广场的下面，结合广场工程做大规模地下停车库当然是一种利用和选择。但地下停车库一般较难达到规模效益。因为地下停车库一般为一层或二层，最多三层。如以6000 m^2（55 m×110 m）一层为例，最多每层有180个泊位，三层也只有540个泊位。而三层地下室的造价就很可观了。所以，地下停

1

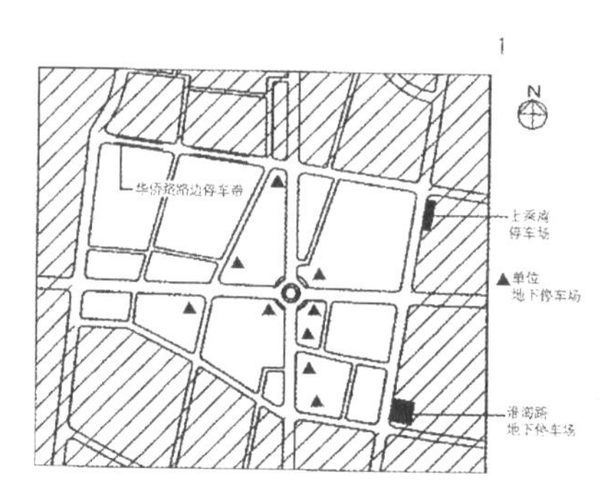

2

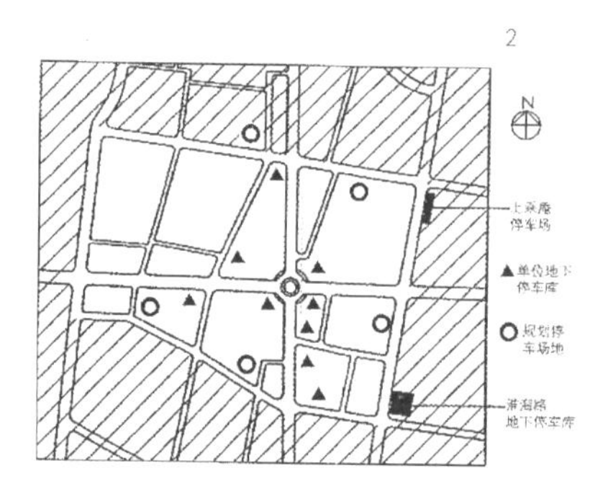

1 南京新街口中心区公共停车场、库现状图

2 南京新街口中心区公共停车场、库规划图

3

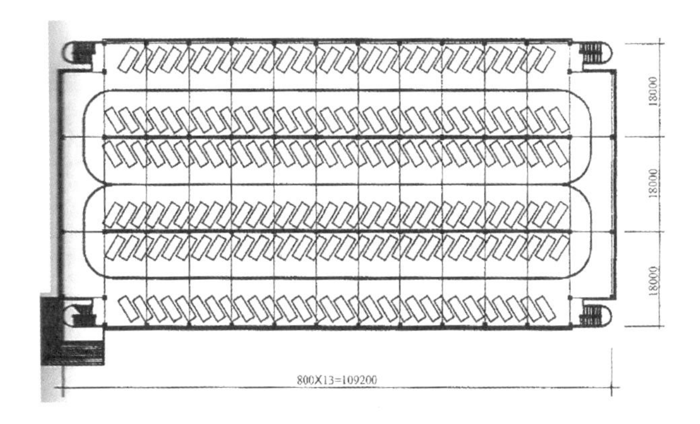

4

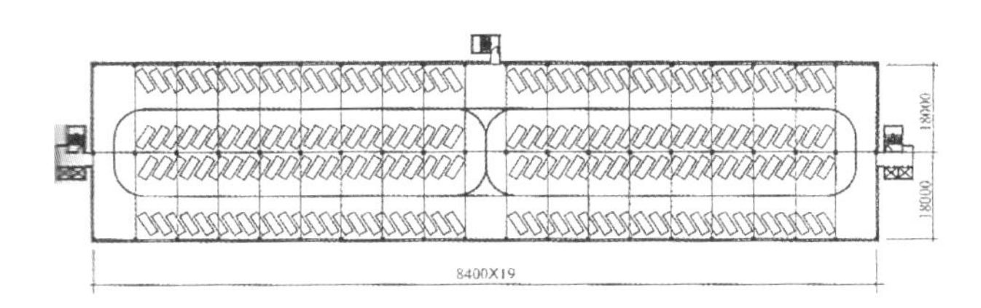

5

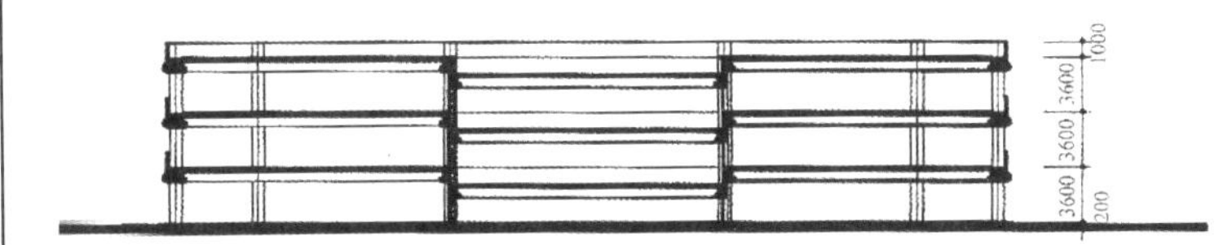

6

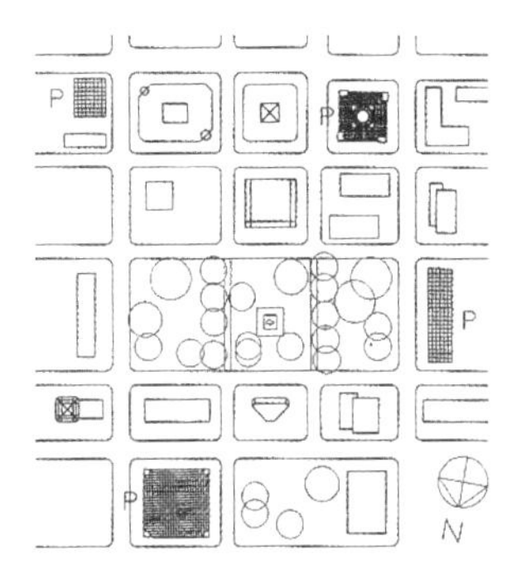

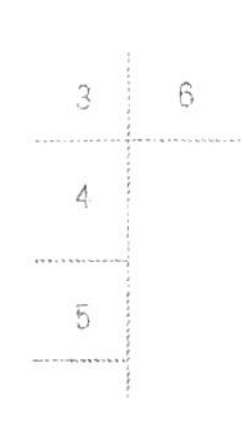

车库的造价高是肯定的，因为它需要做各种防水工程；在地下水位高的地区要采取抗浮力措施；周边与城市道路靠近的要打围护桩且越深费用越高；广场绿化由于复土层浅只能铺草皮和小绿化，不可能种植高大乔木，给广场带来遗憾。在城市中心区由于用地更紧，道路或建筑更密集，围护桩必不可少，地下层数越多，造价越高。又由于停车库不能做成箱式基础，桩基工程省不掉，因此从经济角度来说，做地下汽车库是不经济的(见图3、4、5)。

3、4　汽车楼平面
5　汽车库剖面
6　美国波特兰市中心区示意图

如果做成地面敞开式停车楼，不仅可以达到规模效益，而且经济性也好，特别适合在城市中心区修建。以一层4000 m²为例，约有120个车位，7层（层高33 m），共可有840个车位。如将一层改为商业用房，仍有720个车位。其造价可省掉围护桩工程、土方工程、地下室外墙工程、墙面防水工程、地下室通风排气工程等，增加外墙简单装饰工程、电梯等费用后，单位造价可能只有地下汽车库的一半，最多也不会超过60％。

至于建造机械停车塔，当然也是种选择，它有占地面积小，土地投资费用相对较少的优点。但一次性的机械设备投资、经常运作费用，以及长期的设备保养、维修等费用未作比较，试想绝对不会太低。在美国因土地很多，故很少选择这种停车方式。

不过一座平面尺度不大，而高度很高的停车塔，其比例和选型是否适当还有待商榷。宜与高层建筑贴邻附建较为合理。这同样有一个规模效益问题。笔者认为由几条流水线组合而成的大塔楼可能从经济上、形象上都更好一些。

根据以上分析可以得出结论：在城市中心区建设多层或高层专用公共停车楼，不仅是必要的，而且也是最经济的。

4 美国部分城市中心区停车楼建设介绍

1998年底至1999年初，笔者在美国西部地区4个州的10个城市参观考察，收集了一些城市中心区的汽车停车楼的建设资料（见图7~10）。

在美国，汽车就像我国的自行车一样作为代步工具，除孩子外，大人平均每人一辆。所以，在家里有停车库或停车位；到购物中心、超市、社区中心、菜场等场所，由于地处城市偏远地区，场地大，都设有面积巨大的室外停车场，提供消费者免费停车。但到市中心区去办事或观光，停车难的问题就一下子突出起来，找一个停车位往往要在街上转上几圈才找到车位，而且还要付费（美国城市中心区曾经一度萧条，停车难也是原因之一）。在中心区有路边自动计费停车位，车位有限、费用高，但很方便；另有少量露天停车场，地处中心区边缘，规模不大、收费不高、但不方便；大部分是公共停车楼，穿插在中心区的各街区，停车便捷、费用适中，楼虽高但垂直交通方便。在市中心区笔者未看到过公共停车库设在地下室的，只有公司的停车库设在大楼的地下室里。

在西雅图，笔者曾去一个设计事务所参观，朋友将车一直开到地下停车库的F层（地下六层），据说这还不是最低的，下面还有G层（地下七层）。这是我见到过的最深的地下层数最多的地下车库。西雅图地处丘陵，下面为石质基岩，地质条件较好。因此有条件在闹市区开挖这么深的基坑，而无需支护，就像我国青岛一样。

波特兰市是一座较老的城市，它的中心区道路为格网式，路幅宽度较窄，在以绿化广场为中心的周围是该市的市民中心（由克雷夫斯设计），政府机关、公司和商场，四座公共停车楼就穿插着布置在0.45平方公里（约占该中心区的1/4）中间（见图6）。

5 美国汽车停车楼的特点

5.1 规模大

首先是每一层的平面大、车位多。一般面积都在6000 m²以上，停车位

7 | 8 | 9 | 10

7　美国伊利诺伊州芝加哥城市中心区高层汽车库

8　美国俄勒冈州波特兰城市中心区多层汽车库

9　美国亚力桑那图森装配式结构多层汽车库

10　美国内华达州拉斯维加斯汽车库内景

至200个左右，多的达500个车位以上，少的也在100个车位上下。其次是层数多，低的在三层以上，高的有八九层，笔者所见到的最高的停车楼在波特兰，为12层。这些停车楼都有很好的规模效益(见图11~15)。

5.2　平面理性

多、高层停车楼的平面都以最简洁、最合理、最经济的形式构成，不搞形式的东西。多层多以二跨、三跨、四跨甚至五跨(一跨为18米)构成矩形平面，高层则多以方形、口字形、日字形等形式构成方形或近方形平面。在这个基础上根据所处地段的不同和场地形状的差异作一些局部的调整和变化，再按照垂直交通的位置对平面进行细部的处理，从而出现Z字形、缺角形、风车形等异化形式，但这些仅仅是建筑师们的手法而已。

5.3　跨度大

多、高层停车楼一般均为全框架结构，也有局部加剪力墙的。横向框架跨度都在18~20米之间；纵向框架柱网则在6~9米之间。它的优点在于车道与车位之间不受柱子影响，可斜位停放，方便倒车、出车，且能增加停车位数量。停车楼大多采用现浇钢筋砼结构，也有采用预制钢筋砼结构的，柱、梁、"T"形梁板全部预制，纵向框架梁与柱同宽，梁底挑出花篮，搁置预制T形梁板，这样T形梁板规模统一，不受柱子影响，受力清晰，构造相当合理。

5.4　车库多采用坡道式

虽然多、高层停车楼的剖面可采用多种形式，但在美国采用得最多的是坡道式，即汽车就停在缓坡上，这缓坡既是上楼的坡道，又是车道，也是停车位，三者合一，十分经济合理。

5.5　建筑造型简洁

美国的汽车停车楼立面处理都很简洁，从它们的外形就可以反映出汽车库的特点，表里一致。不管是竖线条横线条还是一个个窗洞，绝大部分都是敞开形式的，不装窗子，因此车库完全靠自然通风和采光，不必设置机械通风和排气系统(在美西地区因受太平洋暖流影响，连最北面的西雅图和波特兰都较温和，因而可以采用这种做法，在美东北、美中北寒冷地区是否也可以这样做，未做调查)。

5.6　内外墙装修简单

内墙一般为清水混凝土墙面；外墙则直接在清水混凝土墙面上刷涂料，效果也挺好。

5.7　商用和停车共存

在城市中心区停车楼的底层或一、二层，也有不作停车库使用的，只留出车库的出入口及其车道，其余都作为商业用房。一方面满足城市对商业用房的需求，增加城市的商业氛围，一方面也照顾投资者的商业利益，这是解决城市中心区停车和商业之间矛盾的较好办法和途径之一，这就是所谓的因地制宜。

5.8　垂直交通便利

在一般情况下垂直交通均布置在车库的二端或四角，距离过长的则再在中间增加疏散楼梯，垂直疏散交通布置均匀、合理。电梯设置较多，多层设2~4台，高层则有6~8台，上下非常方便。在波特兰，考虑到城市中心区的景观，有的停车楼采用观光电梯，效果很好。

5.9　不同地段，不同收费

城市中心区的停车楼收费比中心区

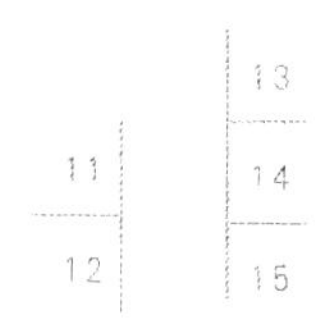

11 汽车库A一层平面
12 汽车库A二层平面
13 汽车库B一层平面
14 汽车库B二层平面
15 汽车库B标准层平面

13

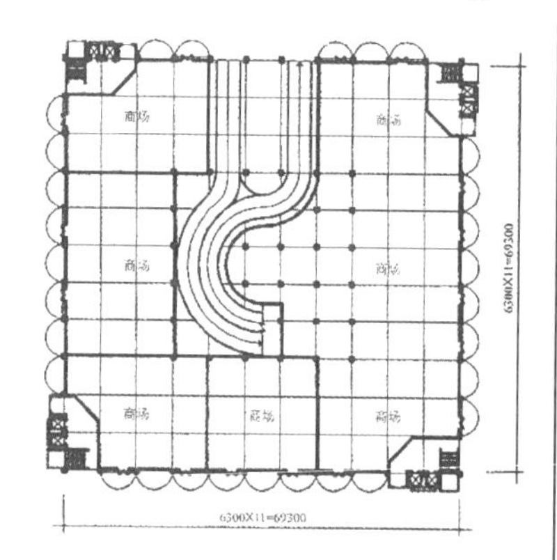

11

边缘的停车楼要贵，而停车楼又比停车场要贵些，最贵的则是路边的自动记时停车位，它以15分钟为一个时段，超时而不继续投币，汽车有被拖走的麻烦，但它是最方便的一种停车形式和步行最短的停车点。

14

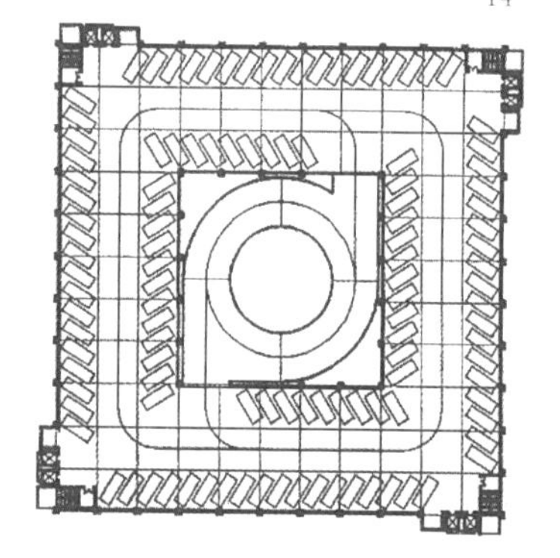

摘要：

通过对南京市中心静态交通状况的分析，考察了美国一些城市中心区停车楼的建设和布局情况，提出在我国城市中心区建设公共停车楼以解决停车难问题的设想、方式、途径和策略。

关键词：

城市中心区； 停车难 、 建设公共停车楼

12

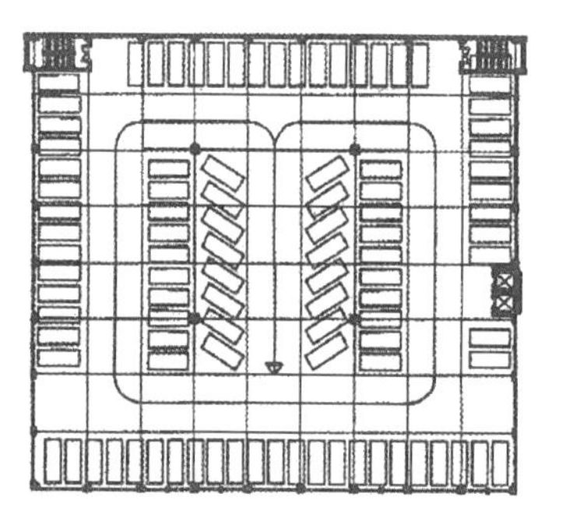

Abstract: The article begins with the analysis of the static traffic situation in the city downtown of Nanjing.And then it investigates the construction and layout situation of the parking-lot buildings in the city downtowns in U.S.A.Finally, the author carries out theassumption,method,path and strategy of the construction of parking-lot building in the city downtown of Nanjing, in order to solve the problem of parking difficulty.

Key words: city downtown; parking difficulty; public parking-lot building

15

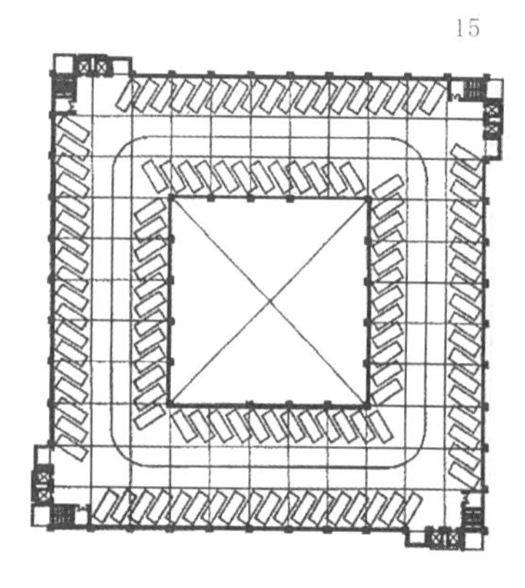

“86”南京国际住房年学术讨论会论文(1986.10)

南京光华园住宅团地规划与设计

丁公佩

江苏省建筑设计研究院

摘要

本文通过光华园住宅团地的开发建设，探讨该团地规划与设计如何着意渴求新的构思，打破千篇一律的布局、单调乏味的空间、方盒子式的造型，统筹兼顾经济、社会、环境三个效益，希望以新的内容、新的形象奉献给社会。

注：本文是原会议论文影印件，会议召开于1986年。

南京光华园住宅团地规划与设计

光华园住宅团地因位于南京市东南隅的光华门附近而得名。

团地紧贴旧城墙根，北边临光华东街，基地狭长，犹如鱼腹。东西长约265 m，南北宽55～80 m不等，西北角有保留住宅一栋(图1)。

该团地为城市再开发工程之一。此地原为棚户集中之地，多为单层简易住房，缺少必要的卫生、市政等基础设施。为改善居住条件和加紧商品住宅的建设，南京市白下区城镇建设开发公司于1984年9月着手开发，委托设计，1985年2月实施动迁，同年4月全面开工，历时一年又一个月至1986年5月全部建成投入使用。现在住户已纷纷迁入新居。

光华园团地占地1.62公顷，总建筑面积为33 200 m^2(其中住宅面积32 100 m^2，公建面积1 100 m^2)，容积率2.05。居住总户数557户，居住总人数2 340人，平均每户建筑面积57.63 m^2。共有单间套21套，占3.8%；小套177套，占34.3%；中套245套，占43.9%；大套100套，占18%。复建房和商品房各占50%。

这个团地从规划到设计，一开始就着意渴求新的构思，打破千篇一律的布局、单调乏味的空间、方盒子式的造型，统筹兼顾经济、社会、环境三个效益。希望以新的内容、新的形象出现在人们面前，留下耳目一新的深刻印象(图2)。

一、规划

没有经济效益的规划，团地开发只能是一句空话，但是如果只有经济效益而没有社会效益和环境效益，哪怕经济效益再高，也是一个不完善的、将产生恶性循环的规划。所以只有全面分析、综合平衡才能做到三方满意。

增加基地容积率是提高经济效益最积极的办法，而合理地组织总体布局，恰当地选择单体形式又是增加基地容积率的有效措施。这不是意味着拥挤和闭塞，牺牲居住者的利益，相反以改善居住条件和丰富生活环境为前提。

从当前条状的行列式和点、条结合的混合式两种总体布局来分析，虽有朝向、通风好的优点，但存在容积率饱和、空间单调等问题。于是为了提高经济效益，增加人际交往，丰富空间环境，周边式布局又重新引起人们的重视。当然，周边式要尽可能减少东西朝向的住宅，并做好单体设计。

强调团地设计的社会效益已是当务之急。公寓住宅独门独户，随着楼层越来越高，人际交往却越来越少，甚至老死不相往来。不少老人郁郁寡欢十分孤独，往往产生某种变态心理；独生子女也因没有伙伴又长年封锁在空中小天地里，只能与老人、父母为伴，失去童年应有的欢乐，又得不到足够的阳光和空气，影响健康成长。所以，不论老人、孩子还是青年人都渴望有自己足够的、安全的、良好的活动天地。这个天地又希望近在眼前，使老人的子女、孩子的父母在家里就可以观察到他们的活动，从而产生放心感。很显然，周边式布局为此提供了可能性。

综合以上分析，结合基地实际地形，光华园住宅团地便采用周边式布局方案。九栋大小不同、长短不一的住宅楼围绕基地四周布置，其中只有一栋为东西朝向。住宅单体全部选用单元式大进深凹天井条状或锯齿状平面组合，以七层为主，其间穿插一些三、四、五、六层的住宅。因此整个团地的楼群进退曲折、错落有致、统一而有变化（图 3）。

沿街的三栋住宅楼均为七层，体形较长，连同山墙间隙宛延近 200 m。其目的：一是提高容积率；二是隔绝来自马路的噪声；三是阻止冬季寒风的侵袭；四是保持内院空间的良好环境。沿旧城墙的四栋锯齿状住宅楼，斗折蛇行。为争取东南风的导入，有意将东南角的两栋分别作五、六、七层台阶式处理，留出风口，合理地组织气流和风向。

考虑到交通和防盗方面的安全需要，团地内住宅楼的单元出入口全部面向内院，沿街住宅一律不面向马路设出入口。这种安排保障了安全，也为居民们充分享用内院空间带来方便，为增进人际交往提供更多的机会。

在住宅楼作了周边式布局后，中央便留出了足够的内院空间。由于位置适中，居住方便，自然成了老人、青年、儿童们的公共活动和社交中心。在这个内院里，正对团地入口安排了一个以音乐台为中心的青年广场，东侧为幼儿园，西侧是老人俱乐部。这是一组各自独立又相互关联的建筑和设施。团地内主要环行道回绕其四周，把它们同住宅楼分隔开来，却只有一路之遥，十分接近、方便，漫步其间犹如在街坊之中，使人感到亲切、愉快、富有人情味。从而取得明显的社会效益和环境效益（图 4）。

二、设计

光华园住宅团地的建筑设计包括住宅楼、幼儿园、老人俱乐部三种类型的单体和青年广场设计。

1. 住宅

住宅单体全部为一梯二户单元式大进深凹天井平面，分南入口和北入口二种，有 A、B、C 三种基本类型，采用并联式或锯齿式单元组合。图 5 是 A 型、B 型、C 型单元平面。A、B 型开间 3.6 m，每单元三开间，进深 11.7 m；C 型开间 3.4 m，每单元二间加一个小间，进深 12 m。A 型为小套、大套组合；B 型为二个中套组合；C 型为小套、中套组合。C 型的中套又可自然地分隔成一大二小室套，以满足成年子女分室的需要。这三种类型的尽端单元又有很大的灵活性，可根据需要演变为更大的套型或特殊的套型。所以很受开发单位和住户的欢迎（图 5）。

大进深住宅目前多利用天井采光，通风条件尚好，但采光效果极差，且有排水、卫生、视线及油烟干扰等问题。而凹天井平面则解决了内天井平面的诸多不足。其穿堂风在居室—前厅—居室间组织，避免了厨房油烟气的干扰。

在细部设计上也作了一些尝试。在当前住宅面积不可能增加，而居住水平又希望有所提高的情况下，改进住宅的服务空间便是努力的目标。首先适当增大厨房、厕所、前厅的面积，以适应家用电器的发展；其次上水管道暗敷，并设上下水管道竖井，每户水表安装在竖井内，这样厨房、厕所内再也看不到令人讨厌、有碍观瞻、不易清洁的各种管道和多余的东西，特别有利于装修、清扫和使用。竖井设有统长的检修门，随时可以检修和查表。虽然竖井占用了一定的面积（约 0.35 m^2），但得到的好处则是显而易见的。

剖面采用坡屋顶与平屋顶相结合的形式，南北居室做成单坡屋顶，中间前厅、厨房、厕所作成平屋面。这样做既改变了住宅千篇一律的形式，打破了方盒子的单调造型，使它们从老面孔中解脱出来，赋予住宅以浓郁的生活气息，也改善了顶层住户保温隔热问题。另外，把水箱等屋面附加物自然地隐蔽了起来，也使排气竖井始终处在负压区之中，不致产生气流倒灌现象。这种形式的屋顶剖面，不只是形式上的选择，也是功能上的需要，是功能和形式的有机结合。

立面强调平、坡结合的屋顶形式，反复运用圆拱券、圆拱窗、圆拱遮阳板、圆弧形阳台栏板等几个有别于一般住宅的形象符号和少量封山、窗眉等细部处理以及红色瓦顶、米色墙身、白色阳台这些明快、热情的暖调色彩，来突出丰富的有韵律的外型特征，反映朝气蓬勃的、充满信心的生活场景，展现居住建筑的固有个性(图 6)。

2. 幼儿园

幼儿园是这个团地的公建之一，在内院的东侧，分大、中、小三班。因场地限制，平面无法展开，只能相对地集中布置(图 7)。虽然平面功能合理，但如果仅作一般性处理，则缺乏幼儿园的特征。因此只有另辟蹊径，从形式上寻求孩子们喜爱的东西，发现孩子们熟悉的符号，才能体现幼儿园的个性。于是从孩子们最早的玩具——积木中得到灵感，把幼儿园的立面做成积木的形象，将会使他们接受并喜爱，也许比平面上的变化更容易为孩子们所认识。就这样，积木式立面产生了，圆柱、拱券、山花成了它们的主要符号。东西立面结合烟囱做成尖塔，加上破山墙和半圆拱，好像童话中的建筑，使孩子们觉得自己就生活在童话世界里。

从建成后的效果看，这个幼儿园的立意和构思是成功的。它的独特的造型反映了儿童的心理，增添了趣味性，丰富了内院空间，又没有脱离整个团地的格调，相反成为一个有机的不可缺少的组成部分。它的建成也为同类建筑突破现有框框，开阔思路，作了一次有益的尝试。

3. 老年人俱乐部

老年人俱乐部与幼儿园遥遥相对，位于内院的西侧。它是一个休息和活动场所，分上下二层，一层是支柱层，为一个开敞空间，供老人们(当然也供青年人和小朋友)休息、交往、谈天论地之用。其东北角设有小商店，就近为休息的人们服务(也为整个团地服务)。二层设置阅览室和棋室，其一侧作为居委会，以便于管理(图 8)。

平面由三个上层大、下层小的正方形锯齿状拼联而成，并扭转一个角度，使其四角悬挑凌空，轻颖中带着某种动感。屋面为三个连续的红瓦方尖顶，门窗由不同曲律的拱窗组合而成。它像连环亭，又如吊脚楼，具有自己的特色，但它的细部、它的色彩又与周围住宅楼相呼应，浑然一体。

4. 青年广场

在夏季，如果老人俱乐部是人们白天消暑之处，那么青年广场便是夜晚纳凉之所。

现代青年爱好广泛，兴趣多样，尤喜弹唱流行音乐，成为时尚。为他们创造条件，提供场所，引导他们健康发展，提高艺术鉴赏水平，不单是社会的职责，也是建筑师的任务。由此想到为团地的青年们设计一座以音乐台为中心的多功能广场将是一件好事，想必会受到青年们(包括老人和孩子)的欢迎。

青年广场约 480 m^2。为增加空间层次，我把广场标高提高了 1.5 m，利用这一高差做成五级斗圆形看台。利用入口照壁的背面作为音乐台的反射墙(它背风面阳，也是冬季晒太阳的好地方)。广场用彩色地砖铺砌，周边围以一圈花圈，并有石凳排列其间，确实是活动休息的理想之地(图 9)。

这个广场也为团地集会、幼儿园小朋友表演节目提供了场地。这一构思突破了团地中心多为亭、廊、花架之类的老一套手法，为开拓新的手段，适应时代的潮流做了又一个尝试。

除上面介绍的几个小型公建和设施之处，还有入口牌坊、照壁墙、水池和两个雕塑等小品类分布在团地主要入口和内园四周，它们起着点缀和装饰空间环境的作用。

光华园建成后，有不少人问我：这个团地是什么风格、什么形式的建筑？我实在难以回答，无法用几个简单的字说清楚。我反问：你们觉得它美不美？喜欢不喜欢它？他们都一致表示：美而且喜欢。这就够了，只要人们觉得它美，并为人们所喜爱，那么形式也好、风格也好，都是次要的了。事实上一栋建筑也罢，一组建筑也罢，很难说它一定属于某种风格或某种形式，在多数情况下往往是兼而有之，既有中国的也有外国的特色，既有古典的也有现代的甚至后现代的风格，大可不必如此严格地把它们区分出来。问题在于把它们有机地揉合在一起，使之成为一个（或一组）美的建筑；而不是东拼西凑、生搬硬套、矫揉造作。

这个团地的建筑形象吸取了中国有、外国也有的拱券符号，希望能从这一符号中产生对曾经有过，而现今已不复存在的光华门的联想。因为没有大屋顶，所以更多的人认为它是外国教堂式的。这里有中国民居的形式，也有外国某些居住建筑的特征以及某些后现代的语言，因此有着后现代的影子。至于幼儿园的形象，因为积木本身就是外来的东西，当然洋味就更浓一些。而老人俱乐部则更多的是中国的风味。无论中外古今什么形式，只要都在中国当前的经济、结构、材料、技术和工艺水平的基础上进行，那就是十分现实的。

在当今多元、共生的时代，不应让建筑形成固有的格调，应当追求在不同地域不同环境里创造出具有时代特征、个性鲜明的建筑形象来，不管它是中国的、外国的、传统的、现代的或者后现代的，甚至这是用更多更“杂”的语言表达出来的作品。

有机会将本文献给国际住房年，我感到非常高兴，谢谢大家。

1986-10 南京

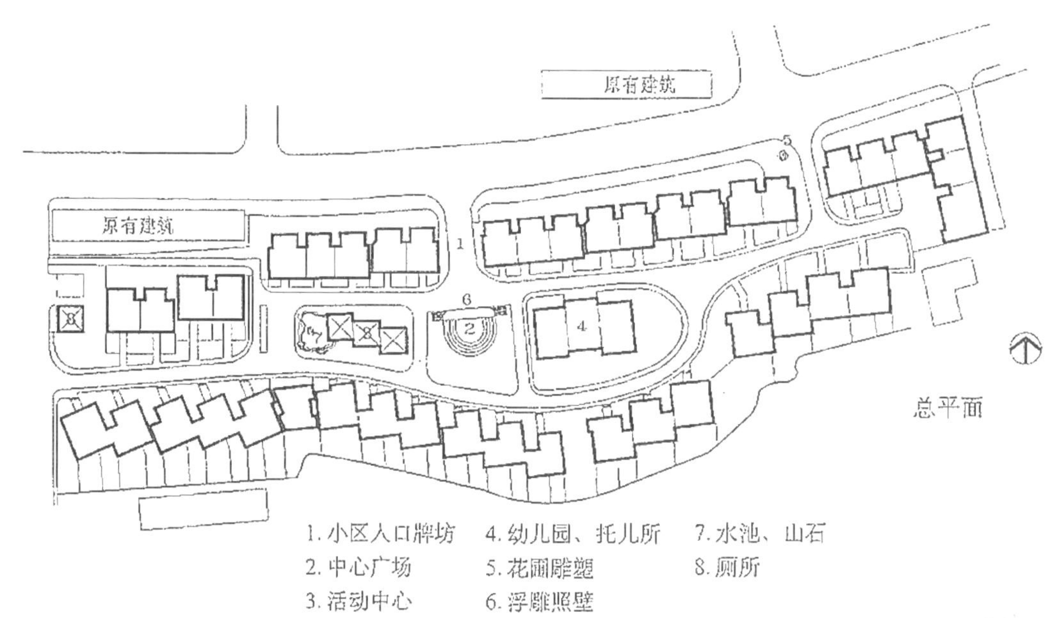
原有建筑
原有建筑
总平面
1. 小区入口牌坊
2. 中心广场
3. 活动中心
4. 幼儿园、托儿所
5. 花圃雕塑
6. 浮雕照壁
7. 水池、山石
8. 厕所

图1

图2

图 3

图 4

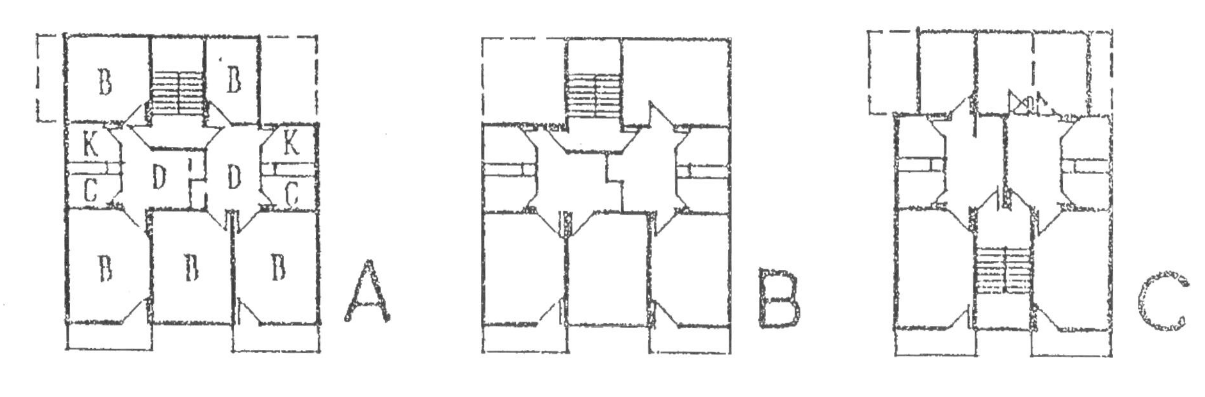

图5　住宅单元平面

图6

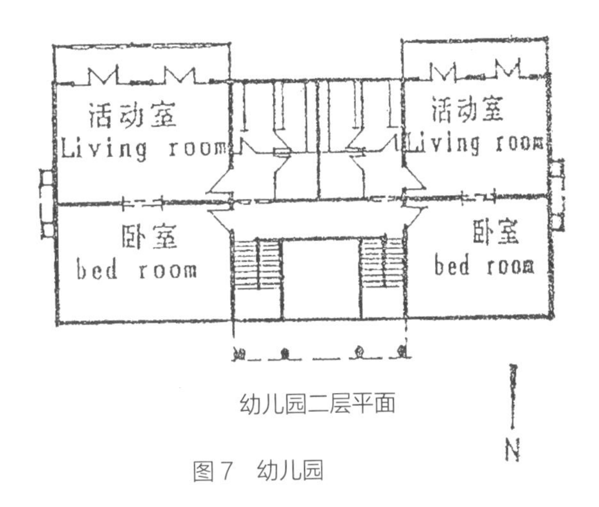

幼儿园二层平面

图7　幼儿园

图8

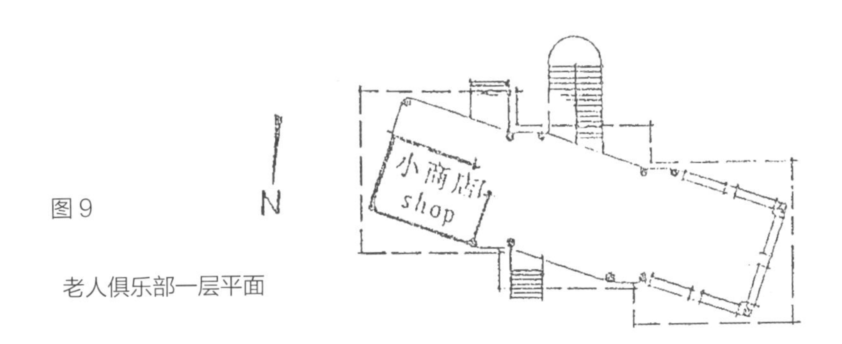

图9

老人俱乐部一层平面

民国建筑保护和修缮探讨

南京扬子饭店旧址修缮保护工程论证会发言

作　　者　　丁公佩
作者单位　　江苏省建筑设计研究院

注：本文为原发言稿影印件，论证会召开于2013年。

民国建筑保护和修缮探讨

——南京扬子饭店旧址修缮保护工程论证会发言

扬子饭店已有百年历史，原始用途是什么，设计概况中未明确，以个人看法该建筑西侧为社交场所，东侧为居住用房，很可能是当年下关某洋行社交办公兼居住之处，应属公馆建筑，并非一开始就是饭店。民国后指定为高级涉外宾馆，是由于当时南京洋房还很少，后来有中央饭店、福昌饭店后，他的重要性肯定下降。解放之后，扬子饭店之所以没有继续经营下去，则是因为比扬子饭店更好的公馆建筑已经很多，如北极阁宋子文公馆（属省委招待所）、中山陵8号孙科公馆（属南京军区招待所）、西康路33号汪精卫居所（属省委招待所），从硬件来说扬子饭店都比不上这些公馆。再与现在的五星级宾馆相比较，扬子饭店更无法相比。因此本次修缮保护工程的定位必须恰当、合理，不能寄予过大期望。能否达到上海马勒别墅的水平也还需努力。我实地踏勘扬子饭店现场，发现该建筑外观尚可，内部已较破旧。该楼或因设计水平不高，只注重立面造型设计，对内部平面交通和垂直交通则重视不够。楼层标高十分混乱，楼梯设计既窄又陡，螺旋楼梯更是危险，阳台已经有些倾覆。西侧社交用房和东侧居住用房由于高差太大无法连通，只在北边辅助用房部位可以连通，但也是高高低低，很不顺畅，多处空间没有充分利用。或因百年来多次修缮失误从而带来今日的不合理。总之，该建筑内部必须在保护性修缮中彻底进行调整、改造、加固、补充，以满足现代生活的需求。

建筑文物与古董字画、瓷器、金银铜器、石雕、砖雕、玉雕、牙雕等不同，后者主要是观赏和保存，前者除了观赏保护之外还要使用，使用者是人，人更要求得到保护和获得安全，因此要求有双重保扩的理念。同时使用者还希望在古建筑中享受舒适、方便、快乐的生活，得到现代化的良好服务。建筑文物的保护大致有三种模式：第一种是保存模式，里外修缮，修旧如旧。原有材料原封不动，柱裂、梁断者可以捆绑、支撑加固，不能偷梁换柱，修缮后以观赏为主，使用为辅或基本不使用，可供参观但需敬而远之。他们多为庙宇、祠堂民居中的精品。大部分为一、二层木结构建筑，年代久远或因门窗雕刻精湛，照壁砖雕精细、艺术价值高而闻名，但建筑本身已经是危房，不得不成为供品。第二种是改善模式，同样是里外修缮，不同者在于外旧内新，增加现代化的卫生、电器设施，以改善原有居住者的生活条件和环境。这些建筑多为民居老宅，如历史名人故居、著名街区或村落。这些建筑虽然也为一、二层木结构，但在木结构间都砌有空心墙等不燃烧体，能达到四级耐火等级的防火标准，虽为老屋但无明显的破坏迹象，立帖完整不倾斜，木柱粗壮，质量较好，可以在改善条件后继续使用、居住。为使这些文物建筑仍有生活气息，要留得住人，改善条件是一项非常重要的政策和措施。第三种则是保护模式，外立面修缮保持原来历史风貌、力求原汁原味：内部则按照防火要求提高耐火等级，对需要加强、加固的部位的杆件进行彻底地改造，对影响人身安全的地方要坚决地加以安全保障，同时提高现代化设备标准，满足现代化的生活需求。这是保护历史遗产和文物的最积极理念。在保护文物同时必须保护人身安全，反之为了人身安全必须提高文物的可靠性和安全度。在建筑文物安全不能保障的情况下不应该使用，那么修缮就只是为了观赏和保存。扬子饭店就是那么一个文物建筑，他的耐火等级为0，虽然他是砖木混合结构，比木结构好多了，但因为他的楼板为木接板，又由于层数四层，大于二层，连四级耐火等级都达不到。所以当务之急是改造木楼板，将其改造为钢筋混凝土楼板（包括所有楼梯），改造后屋面仍可以为木屋架，耐火等级可达到三级，就足够了。当然在改造楼板的同时，应当同时调整原来不合理的楼面标高和楼梯间平顶高度。把开敞楼梯改为开敞楼梯间：取消旋转楼梯，改为双跑或三跑楼梯。把楼梯踏步调整到0.28 m×0.16 m。设计中关于防火窗的问题，建议不要采用防火窗，而是把辅楼东墙上的一、二层四个窗改为盲窗，即外立面窗依旧，里面用半砖墙封堵，这样做简单，防火效果更好。辅楼房间南北有三个窗足够满足采光通风要求。关于饭店外立面一层空廊外墙装有拱窗的造型，历史照片似可以作证，但可信度存疑。照片拍摄年代是民国几年？还是解放后？按照同类建筑（如双门楼宾馆白楼）类似的设计手法，一般一、二层都为空廊（上海也有许多这种房子，多数为了扩大使用而将廊子封闭），希望多加考证，还其本来面貌，虽然封闭后可增加使用面积，但还不是最重要的。烟感报警和自动喷淋的设置是必须的，对初期火灾有作用，但不能因此而提高建筑物的耐火等级，如果楼板改为不燃烧体后，耐火等级可由0级升为三级，防火分区面积1 200 m，可增加一倍至2 400 m^2，正好满足该楼的防火分区的面积限定要求。

一栋建筑与人一样都有生老病死的规律，文物建筑也不例外，人要经常体检、看病、吃药、住院，甚至动手术截肢或安装假肢，切除损坏的脏器或移植别人的心脏、肾脏、肝脏等等器官。尽管如此，你还是你，绝对不会把你变成了他人或机器人。所有这些只有一个目的就是为了延长生命，改善和提高生活质量，使身体更健康。文物建筑的保护和修缮也是一个道理，为了提高其安全性和防火等级，更换某些承重构件，用现代材料替代已经腐锈的材料，都是一种非常认真的积极态度。只要不在外型上“整容”，画蛇添足，保持外型不变，没有人会认为他已经不是他了。因此对古建筑（或文物建筑）的保护和修缮的理念应有所改变、革新和突破，不能墨守成规采取保守的态度。扬子饭店已是百岁老人，只有脱胎换骨，输入新鲜血液，才能返老还童，再葆青春。

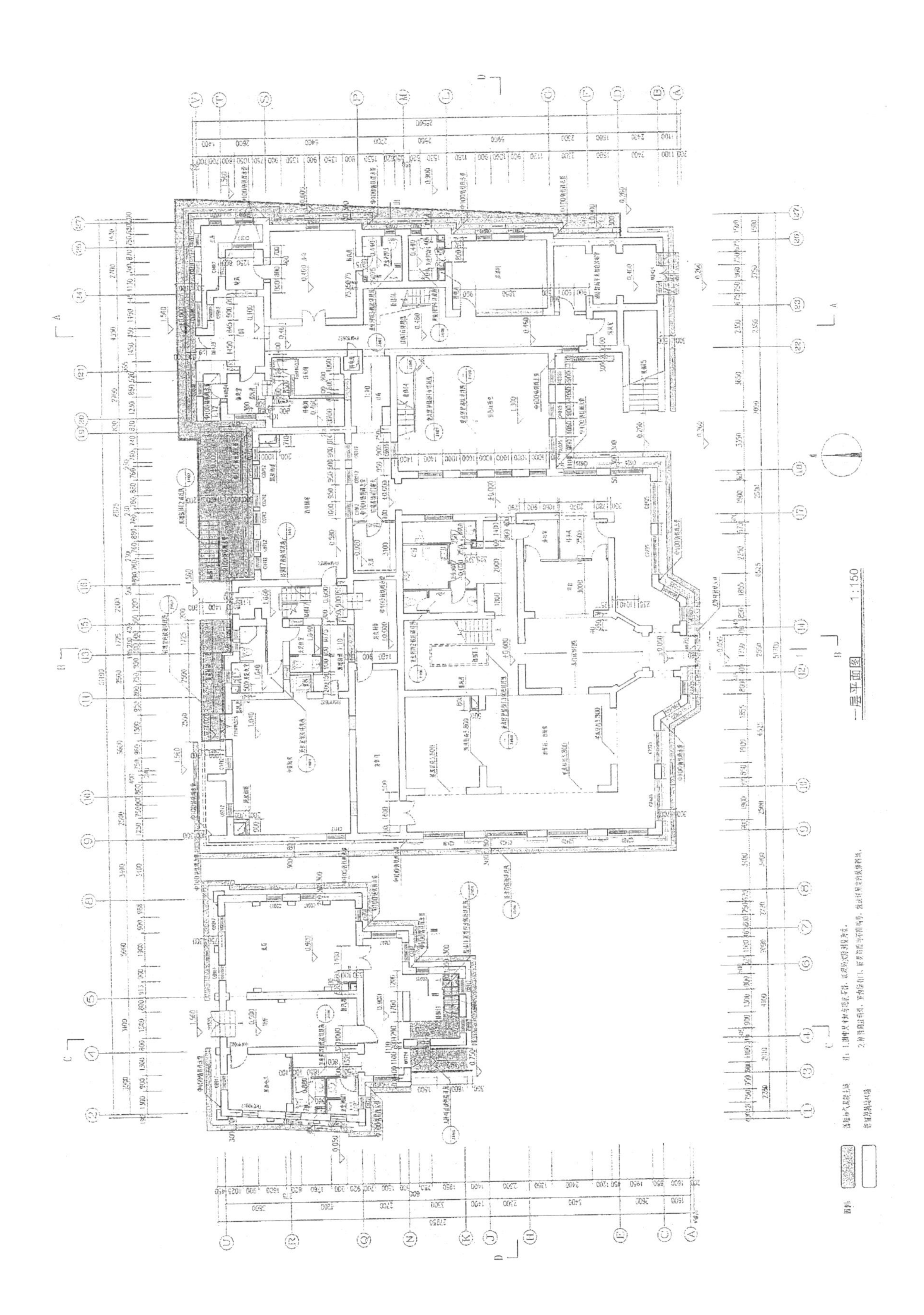
一层平面图
1:150

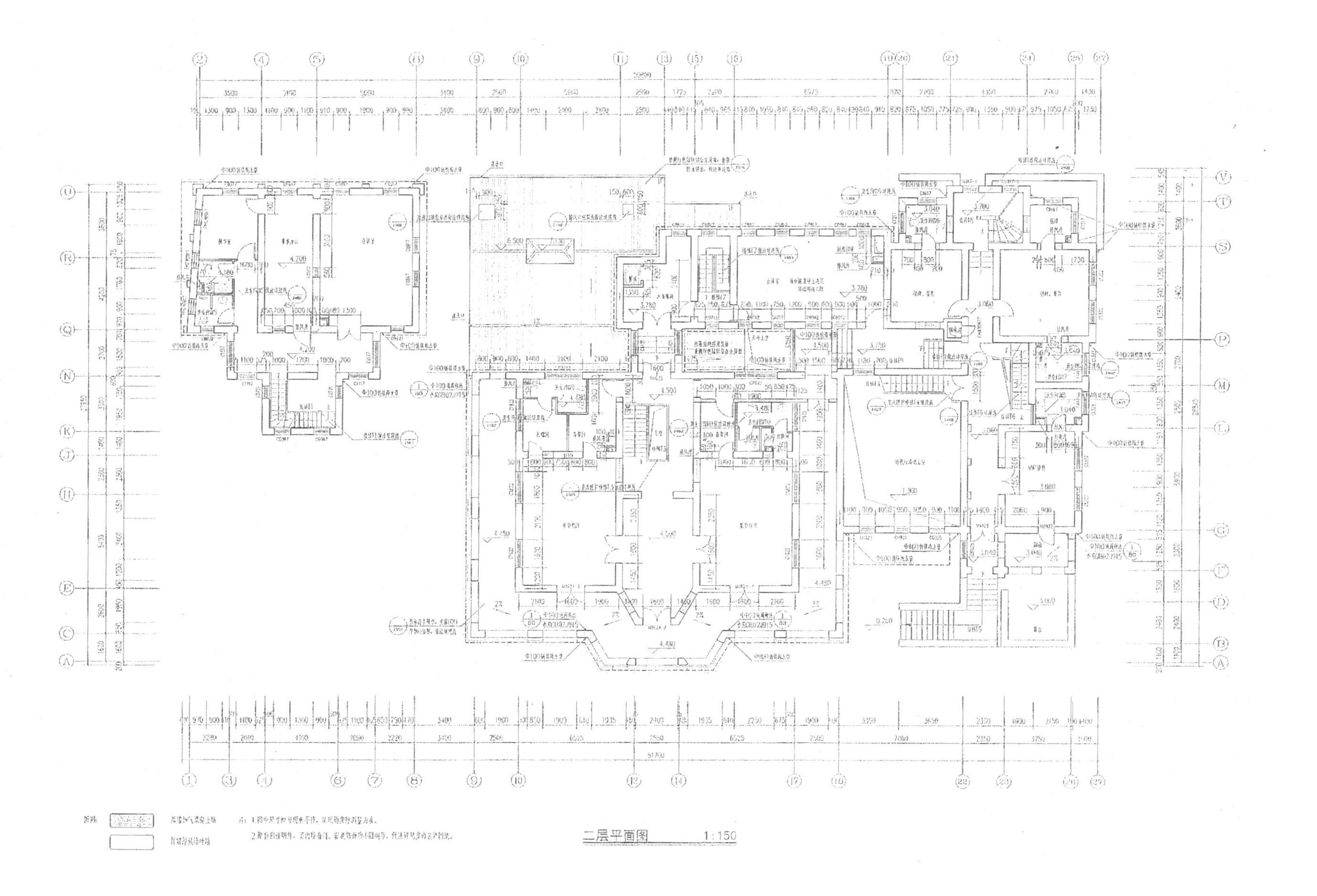
二层平面图 1:150

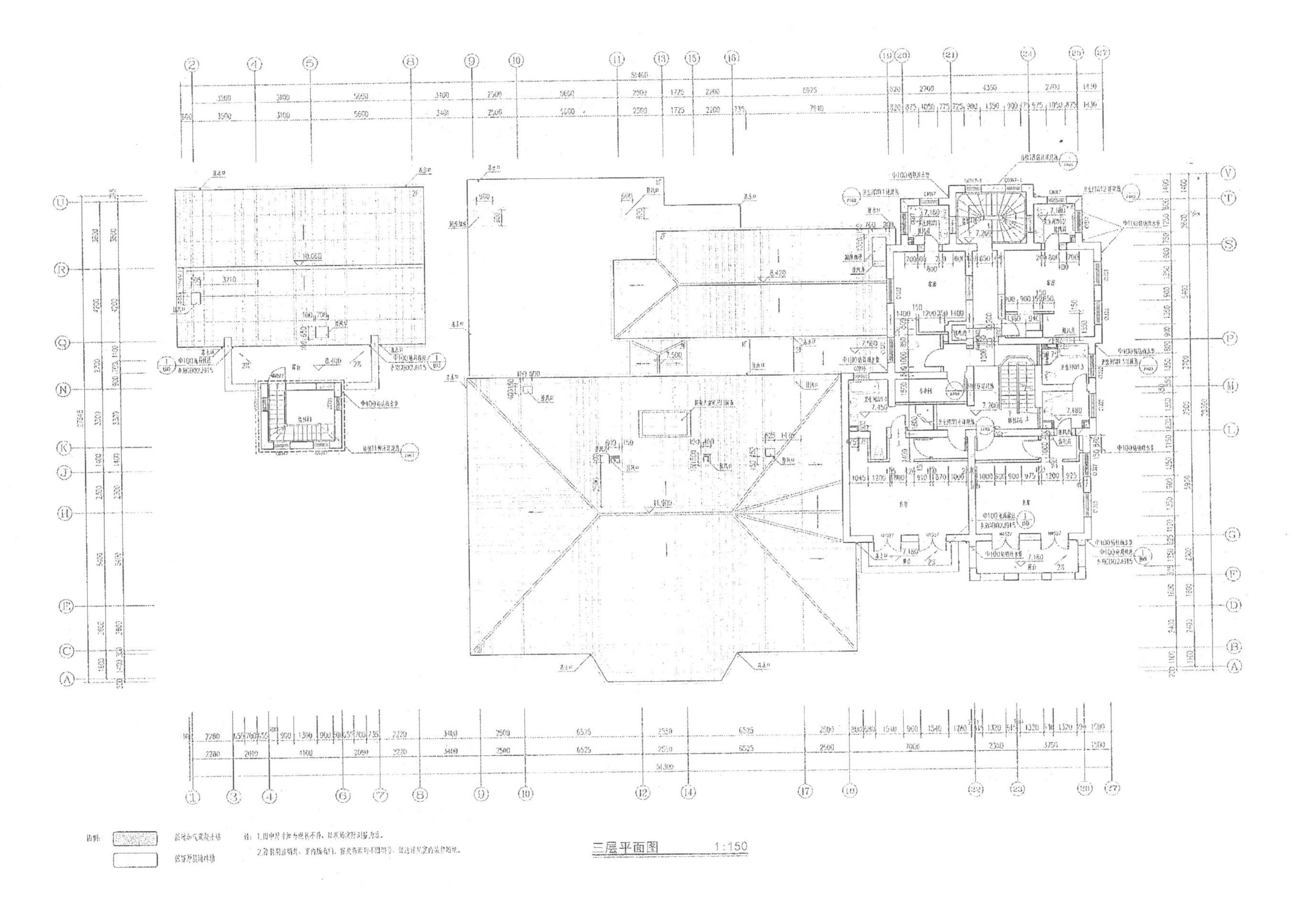
三层平面图
1:150

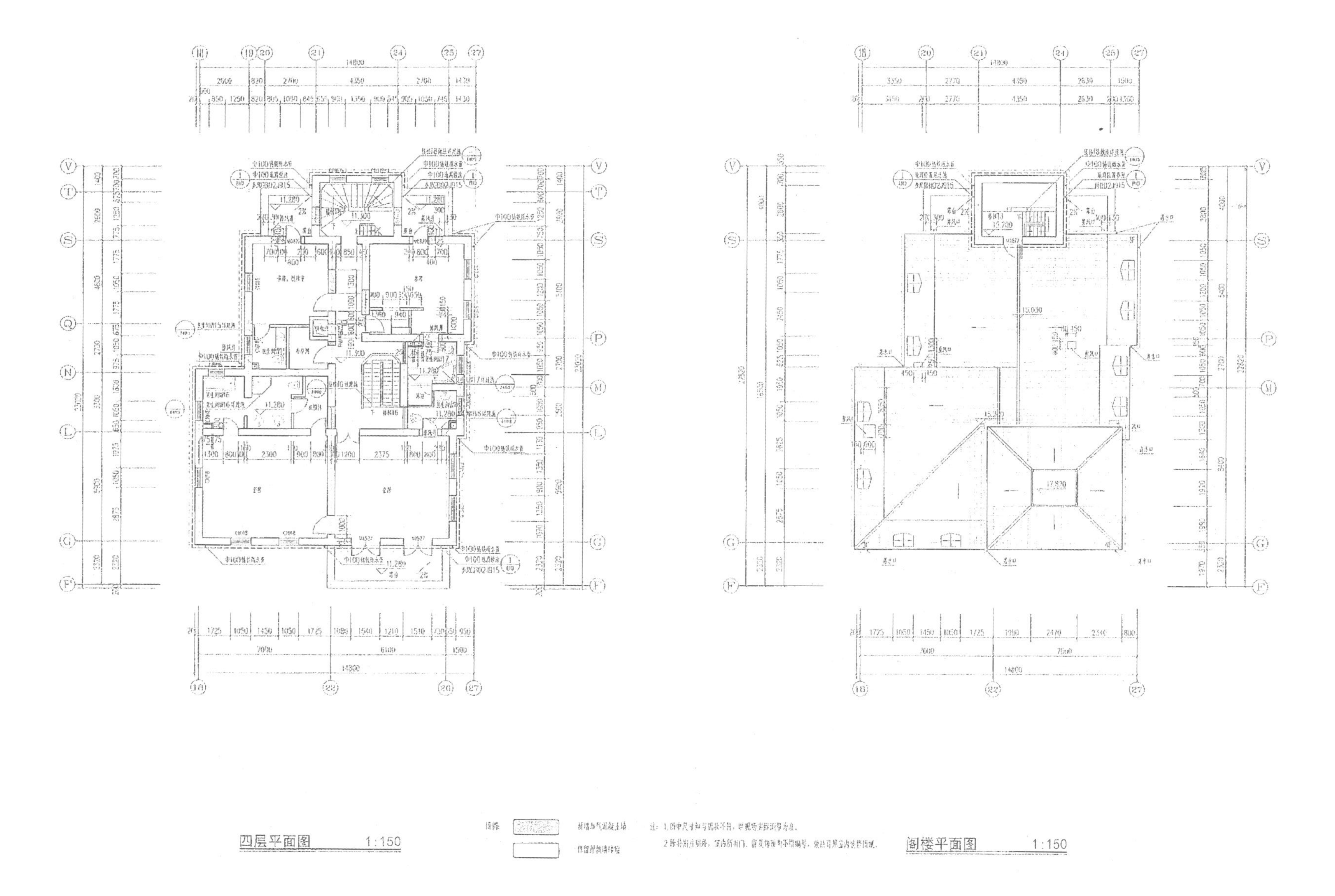
四层平面图 1:150
阁楼平面图 1:150

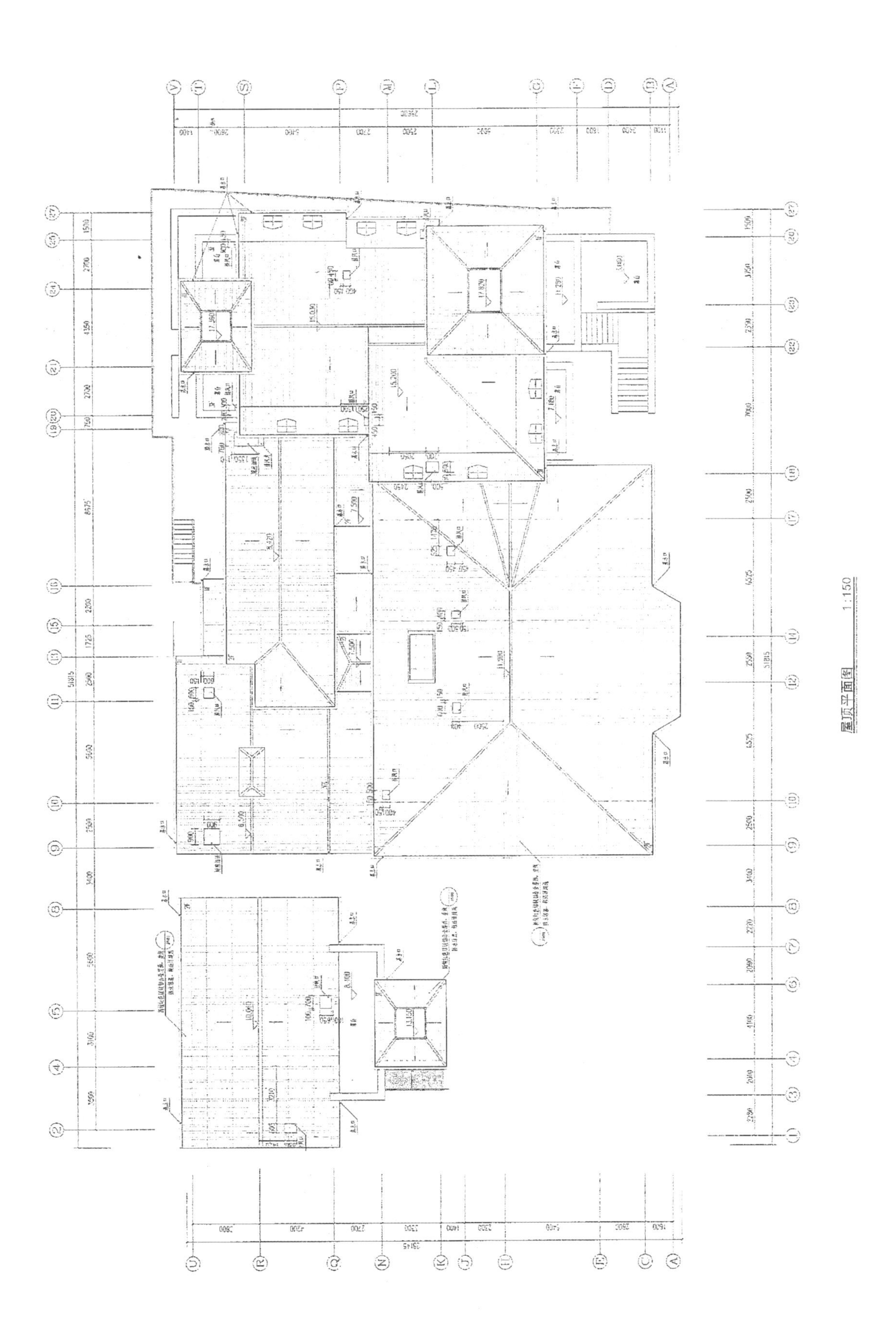
屋顶平面图 1:150

2018—2021年未发表论文

医院病房护理单元及老人公寓火灾时等待救助及安全疏散研究和探讨

丁公佩　王小敏

摘要 // 本文提出将每个病房和老人公寓做成等待救助的避难间；使每一个避难间都有两个不同方向的安全出口；直接通向内、外两条安全疏散走道的“新理念”，确保病人和老人在火灾发生时能得到更安全、更迅速、更有效的救助并逃生。

作者单位：
江苏省建筑设计研究院有限公司
江苏 · 南京
日期：2018-05

人类与火

在地球还没有空气和水的时候，是没有火的。当地球上有了足够的空气和水时，万物才能生长，火才会燃烧。因此，火给森林、其他植物和动物带来了年复一年的灾难。直到人类出现，神农氏发明了农耕技术和钻木取火，火才被人类趋利避害并充分利用。把野火变成为人类服务的家火。从远古时代开始的原始低端的烹饪、取暖、点灯直到现代高端的发电、冶炼、交通、航空等众多火的衍生物，都是火对人类的贡献。但是，火还是火暴脾气，一旦疏忽大意就会酿成大祸。所以直到现在，火灾仍然是人类最大的威胁之一。人们一直怀着敬畏的心态，小心翼翼地对待着它的每一处，每一个环节。

火是一把双刃剑，它给人类带来灾难，也给人类带来好处。从此，人火相伴，如影随行。有人的地方就有火或火的变种存在，就有可能引发火灾。人们需要火又恐惧火，还要想方设法去控制它。从“小心火烛”到各种规章、制度、标准、规程、规范的制定。就是要从硬件上（材料上）做到不燃烧或有足够的耐火极限时间；在软件上限制人们的危险和错误行为，全面保障和防止火灾发生。

火灾及国内，国外重大火灾案例

21 世纪以来，随着基建规模的不断增长，住宅建筑越来越多，商业建筑越来越大，高层建筑越来越高。以往以多、低层建筑为主的医疗建筑和老人公寓也多采用高层建筑，且越来越高。开发区的出现，各种类型的企业、工厂、仓库等建筑的混杂布置，都是突发火灾的因素，给消防带来巨大压力。

尽管木结构等老旧房屋已越来越少，耐火等级高的砖混结构特别是框架结构建筑占到了大多数，但因建筑面积总量的成倍增长，火灾并没有明显减少，有的甚至还很惨烈。此外，家用电器、采暖用品、厨具设备、医疗器械的普及和不规范的使用，以及不成熟新材料的采用，都是引发火灾的罪魁祸首。

现在的火灾还呈现出与过去完全不同的态势。传统火灾都是从室内延烧到室外，然后再向左右两侧和向上蔓延。现在常常从室外烧向室内，甚至可把整栋建筑团团围住，可怕至极。

图1 上海胶州路教师公寓火灾现场

通常，火灾时火势都是由下向上蔓延的。而2009年2月9日深夜，当时在建的央视文化中心大楼工地，因违规燃放烟花，高温火星落入屋面擦窗机检修孔内，点燃屋面易燃材料，致大火自上而下沿外墙逆向延烧。后又发生爆炸，刚装修好的大楼外立面付之一炬。造成1人死亡，多人受伤，经济损失1.6亿。

2010年11月15日上海胶州路教师公寓火灾。起火点在10～12层，整栋楼被大火包围，导致58人遇难，70余人受伤。起火原因是无证电焊工违章操作，引发违规使用的聚氨酯泡沫外墙保温隔热材料和脚手板起火。该楼底层为商场，2～4层为办公用房，5～28层为公寓，属于综合楼。公寓共500户有1000～1500人，住着不少退休老教师。死伤人数约占公寓总人数的1/10，令人吃惊。这是一场典型的由外向里蔓延的火灾。也是继央视新址文化中心外墙保温材料火灾后的又一案例。当年，人们对外墙保温材料的认识不足。而且对正在使用的公寓进行外墙改造时，施工更应慎之又慎，必须采用A级不燃保温材料。

图2 南京青少年科技活动中心火灾现场

2005年1月20日中午，南京青少年科技活动中心科技馆的屋面金属夹心板泡沫塑料被高温电焊渣点燃，在夹心板内迅速暗烧而未被发现。直到烧穿薄钢板，黑烟滚滚、明火窜出，火势已无法控制。使屋面夹芯板的强度和刚度尽失，造成金属板屋顶大面积坍塌。这又是一类由暗烧到明烧的火灾现象。

据报道，经过3个小时全力扑救，大火终被扑灭。不过，与其说大火是被扑灭的，不如说是因为金属屋面板内的泡沫塑料被全部烧尽而熄灭了。所幸工程还未竣工，内装尚未开始，展品没有进场，又正值工人午餐时间，所以本次火灾无人员伤亡，但原定年底竣工、使用、开展的美好计划就此泡汤。

2017年6月14日凌晨，英国伦敦西部格兰菲尔公寓四层一房间内电冰箱起火，引燃外墙刚刚翻修时采用的铝板与聚乙烯塑料组成的装饰板并起火。据说仅仅15分钟就把24层高的大楼全部烧着。这是一场由里烧到外，再由外烧到里的非常典型又惨烈的火灾实例。至20日已造成79人死亡，64人受伤。

图3 英国伦敦格兰菲尔公寓大火现场

据媒体报道，外墙聚乙烯塑料板是价格较低的不防火材料，虽在英国符合建筑标准，但在德国被列为易燃材料，而美国在2012年就规定高层建筑禁用这种材料。我国在上海教师公寓火灾后也禁用了该材料，规定应采用A级不燃材料。又据"百度"提供的该公寓平面图来看，始建于1974年的24层公寓，

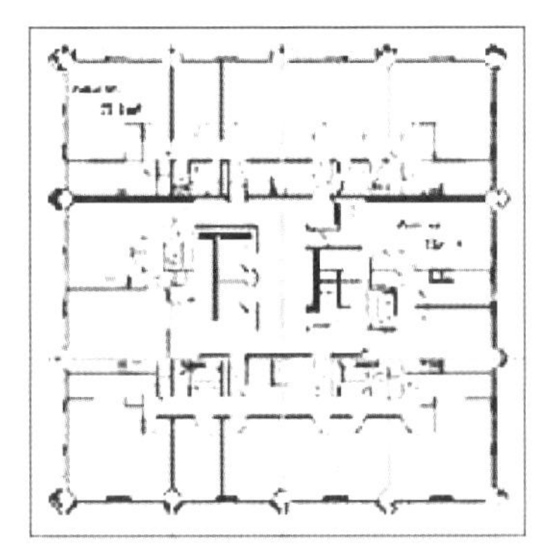

图4　英国伦敦格兰菲尔公寓平面图

设有两台客梯、一座封闭楼梯间。都没有前室，既没有消防电梯，也不是防烟楼梯间，其防火和疏散能力都相当薄弱。

以上四例严重火灾，都是大面积使用易燃隔热保温材料的结果。其特点是燃烧速度快，过火面积大；烟气浓度重，杀伤能力强，易窒息致死、致伤；难以扑救，无法进入现场救人；其死伤率高于传统火灾。幸而其中两起火灾尚在施工过程中。如果发生在使用以后或屋面检修时，后果就会和上海教师公寓火灾一样，不堪设想了。所以，外墙和大跨度空间网架/网壳/桁架钢结构屋面，如采用轻型金属屋面板时，应使用不燃保温隔热材料。

图5　吉林省辽源市中心医院火灾现场

国内外医院和老人公寓的火灾事故实例

2005年12月15日，吉林省辽源市中心医院配电间因电工误操作引发火灾。开始工人试图自救，无效后才报警，但火势迅速扩大，已失去扑救的最佳时机。当消防队员到达现场时，住院楼已被大火包围。有人用床单结绳从窗口逃生；也有人直接从窗口跳下受伤造成次生灾害。火灾过火面积达5 714 m^2，造成39人死亡，182人受伤，其中住院病人95人、医护人员11人、陪护家属74人、消防员2人。据称为1949年以来全国医疗卫生系统最大的一次火灾，教训深刻。灾后调查，发现死亡者多为重危病人，或吸入过量高温烟气致死致伤，或因非正常逃生致残。病房楼仅四层高，如果楼内设有避难间，或者设有内外两条安全疏散走道，既便于逃生，又利于扑救，那么伤亡人数将会大大下降。虽然已是后话，仍可为以后的设计提供借鉴。

图6　上海市宝钢医院手术室火灾现场（过火面积不大）

2011年8月24日22时，上海市宝钢医院手术室正进行着一位全麻病人的截肢手术。此时，隔壁手术室因壁挂式空气净化器故障起火。6名医护人员撤离手术室时，未将病人一起带出，致使该全麻病人窒息死亡。本案曾引起诉讼，虽然在紧急情况下，医护人员他们有权利选择先保全自己，不负法律责任。但如果他们能齐心协力帮助病人脱险，该有多么伟大。

《建筑设计防火规范》GB 50016—2014中5.5.24规定，洁净手术部应设置避难间，也就是说火灾时手术病人可先到避难间暂避。可问题是：由谁来负责护送手术病人转移？是医护人员，还是家属？家属又如何能够及时到位？以及一个避难间是否足够？于是，我们就有了把每个手术室都做成独立的避难间的设想和建议。

手术室墙体由多孔砖等砌筑，内装修多为金属材料，设有两条安全疏散通道。只要将两个房门做成甲级防火门，配置消防专线电话和消防应急广播，这就是避难间了。但电动移门的不密闭性需采用正压送风系统以防烟气侵入。如能实现，则能缓解病人、家属、医护，乃至医院的负担。此处，本文不做深入探讨。

2015 年 5 月 25 日 20 时，河南省鲁山县城西三里河村的一个老年康复中心发生特大火灾。事故造成 6 人受伤，39 人死亡，过火面积 745 m^2，经济损失约 2 000 万元。这个叫康乐园的老年中心占地面积 30 亩，号称是经相关部门批准成立的“正规”老人公寓。公寓分四个区，两个自理区、一个半自理区、一个不能自理区，共可容纳 150 名老人。不巧的是，火灾正发生在不能自理区，死伤惨重。火灾的直接原因是电线短路。实际上，该组建筑没有经过审批，属于用钢构架、易燃彩钢板和屋面板搭建出来的临时性建筑，是违规建筑，不能作为老人公寓使用。这才是火灾的真正原因，这又是一起因泡沫塑料引发的惨剧。

图 7　北京大兴区西红门群租房火灾灾后现场

2018 年 1 月 26 日清晨 7 时 30 分，韩国庆南蜜阳市世宗医院发生特大火灾。世宗医院是一所多层疗养医院，有长期疗养的住院病人，也接受普通患者就诊。当时医院内约有 100 名老年病人。火灾从一楼急救室开始燃起，至 2 月 6 日，遇难 45 人、受伤 147 人，其中重伤者 8 人。这是韩国近年来最惨重的一次火灾。

（以上火灾案例中的时间、地点、图片、失火建筑、起火原因、过火面积、伤亡人数、损失数据等资料均来自“百度”，其资料和数据翔实、可信度甚高）

火灾幸存者的故事

这里有两个在火灾中幸免于难的故事，可以说发人深省。据报道，上海教师公寓火灾时，有一对老夫妻，老先生患有帕金森病，行动困难。开始他想听天由命算了。但在老太太的坚持和帮助下，两个人硬是从楼梯间一步步走到一层，从安全出口逃生。这说明从楼梯间疏散，不管走得多慢还是有效的。

2017 年 11 月 18 日，北京大兴区西红门群租房火灾，造成 19 人死亡、8 人受伤。但令人欣慰的是，有两位房客准备打开房门逃生时，发现走道已充满浓黑烟气，呼吸困难无法前行。他们迅速返回房间，关紧房门等待机会。大火扑灭后，两人获救，虽也有伤但无生命危险。他们冷静理智的决断强于盲目逃生。同时，也佐证了即使是普通房间、普通房门，只要没有明火，且如果火势来得快熄得也快，等待救助是可行的。

等待救助（避难间）和安全疏散“新理念”

病人和老人本就是弱势群体，当他们住进医院和老人公寓后，更成为群居的弱势群体。由于他们的自理能力很差，或是行动不便或是反应迟钝，除依赖陪同人员或护理人员帮助外，还必须在硬件方面给他们创造更安全、更方便的条件。这就给医院护理单元和老人公寓这两类建筑的消防设计带来更高的要求。等待救助要做到安全可靠，同时安全疏散要保证迅速有效，且不影响日常工作和生活。于是，在现行《建筑设计防火规范》GB 50016—2014 的指导和启发下，新的设计理念产生了。

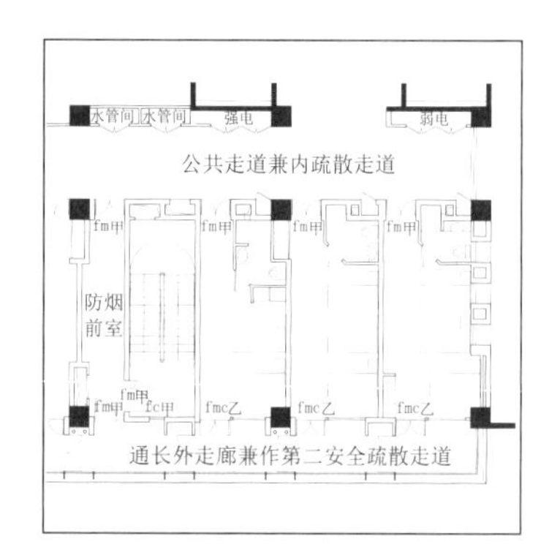

图8　病房楼试作方案标准层局部平面一

1. 把只有一个避难间变成每个病房或公寓都是避难间，这是把病房或公寓与避难间相结合的“新理念”。省掉了避难间的面积；避免了在避难过程中老人和病人的行动不便；消除了因抢占避难间空间而产生矛盾。

2. 把只有一条内安全疏散走道的传统设计，发展成内、外两条，双安全疏散走道系统的“新理念”。

“新理念”的宗旨是让病人和老人就住在避难间里；避难间有两个安全出口；又有内、外两条安全疏散走道。这样的设计很安全，且增加的投入有限。投入和产出的性价比较高。所以“新理念”的提出是有理、有利、有用、有效的，是建筑设计的一次提升，在建筑领域尚属首次。

图 8、图 11 为医院病房楼某层平面和护理单元标准层平面的试作方案。图 9 为老人公寓标准层平面的试作方案。图 12～图 14 则为方案的局部平面和栏板大样，配有文字说明或必要尺寸，综述分析如下：

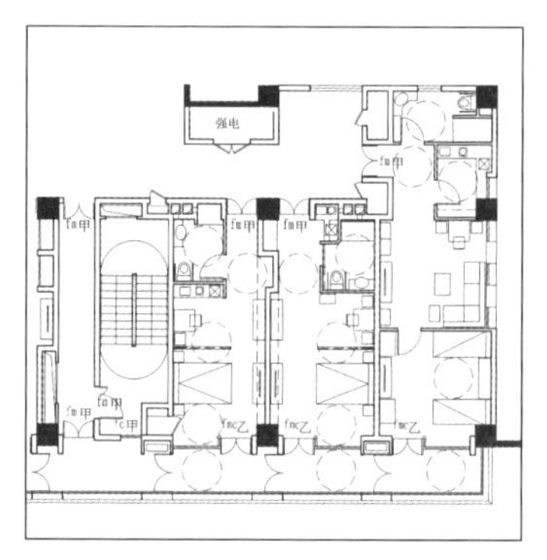

图9　老人公寓试作方案标准层局部平面

1. “新理念”的第一个重要措施就是把每一个病房都做成独立的防火单元避难间。病房和公寓的隔墙和走道墙，考虑隔音、碰撞及走道扶手和各种管线的敷设安装，墙体通常都采用 0.2 m 厚的黏土或水泥多孔砖或加气砼砌块等材料，能满足 2.0 h 以上耐火极限的要求。因此，每个病房只要把通向内走道的普通房门做成钢质甲级防火门；把通向外走道的普通门窗，做成钢质乙级防火门窗；并按防火规范的要求设置消防专线电话和消防应急广播，就完成了每个病房和公寓都是一个带卫生间的避难间的目标了。避难间与病房、公寓合而为一，省了避难间的面积，却多了十几个避难间（图 9～图 11）。

所以“新理念”可以让病人和家属、老人和陪护都能在宽松、熟悉的环境中等待救助。免除了从病房或公寓艰难地向避难间转移的过程；也避免了十几个人拥挤在 25 m^2 小空间里的尴尬场面。

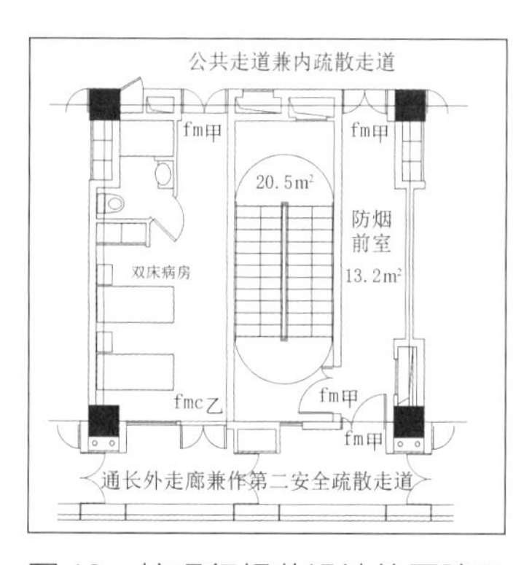

图10　按现行规范设计的医院和老人公寓楼梯间

回过头来分析一下 GB 50016—2014 中 5.5.24 条款有关避难间的规定。① 病区和公寓都有两个楼梯间，理应设两个避难间，现只有一个，虽省了面积，但布局不均。② 避难间兼作其他用途时，不得减少可供避难的净面积，能否做到有待观察，可能是一条有漏洞的规定。③ 按 5.5.24 的条文说明，火灾时只能满足着火点及左右三间三人病房的 9 个病人到避难间等待救助。其中有可能出现不听从护士指挥；离避难间近的病人“捷足先登”，抢道抢位者还会乱中添乱，甚至造成疏散通道堵塞等事件的发生。因此，这一条文有待提升和改进。

2.“新理念”的第二个重要措施就是创建内、外两条双安全疏散走道系统。中国地大物博，人口众多，要节约用地。因此医院病房楼和公寓楼也以高、多层建筑为主。然而高层建筑在安全疏散、消防扑救等方面要复杂困难得很多。主要是病人和老人反应迟钝，行动缓慢，或无法自行疏散，不能匍匐行进。一旦失火，内疏散走道的烟气扩散速度快于病人、老人的行动速度，无法保障安全疏散。因此增设烟气快速排放的第二条开敞式外安全疏散走道十分必要，就和一栋建筑需要两个楼梯间一样。面对病区和病人、公寓和老人这类特殊建筑和特殊群体，不论高层或多层建筑都应设置内、外两条安全疏散走道予以保障（图 11）。

老人公寓分为能自理、半自理、不能自理三类情况。可在多、高层公寓中分层设置。后两类其实就是长期住院的老龄病人。所以试作方案中把公寓和病房归为一类。其安全疏散按照 GB 50016—2014 的 5.5.17、5.5.18 条款对中、高层医疗建筑的要求设计。符合修正后 GB 50016—2014 表 5.1.1 民用建筑的分类的实际情况和规定。

3. 外安全疏散走道平时可以作为医院病房和老人公寓的阳台使用，所以并不浪费，而是一举两得、事半功倍的好事。老人公寓设阳台无可厚非；医院病房以前都设有通长阳台，只是近年来不做阳台了。究其原因，估计是医院担心病员出现极端行为，产生医患矛盾。但任何事都不能因噎废食。现在病房的窗子只能开一条很窄的缝，室内空气混浊、流通不畅，又走向了另一个极端。对病房来说，有阳台可让病人呼吸到新鲜空气，可以晒太阳，还方便晾晒衣物。至于安全问题可在栏杆的设计中完善。

4. 病房和老人公寓（避难间）都有两个不同方向的疏散房门通向内、外两条安全疏散走道，将普通门窗分别改成甲级防火门和乙级防火门窗（执行 GB 50016—2014 中 5.5.24 的规定）。其中，开向外疏散走道的外门窗，因两侧窗间墙和防火挡墙的防火构造，已超过防火规范的规定和要求。是否一定要采用乙级防火门窗尚可商榷。事实上，提高抗火灾水平和垂直延烧的构造能力，比乙级防火门窗更为安全有效，且经济。

5. 阳台兼外安全疏散走道的技术、经济分析：外走道采用悬挑结构形式，面积 140～180 m^2，为楼层面积的 1/10。走道为开敞空间，除栏杆外不应有围护墙体或窗，以有利于排烟和扑救。造价包括栏板、铺地、挡火隔墙、阳台隔断门扇、弱电系统、照明灯费用。每平方米造价应在楼层主体造价的一半以

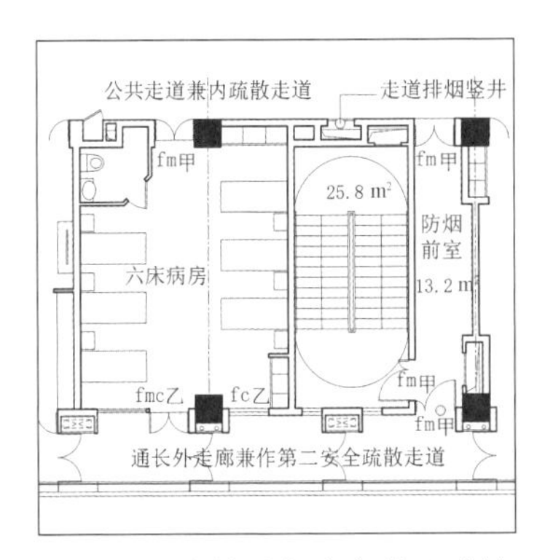

图 11　病房楼试作方案的医院楼梯间二

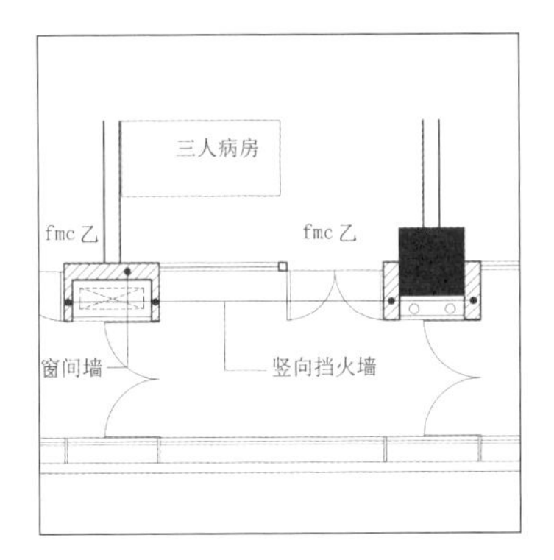

图 12　水平防火构造

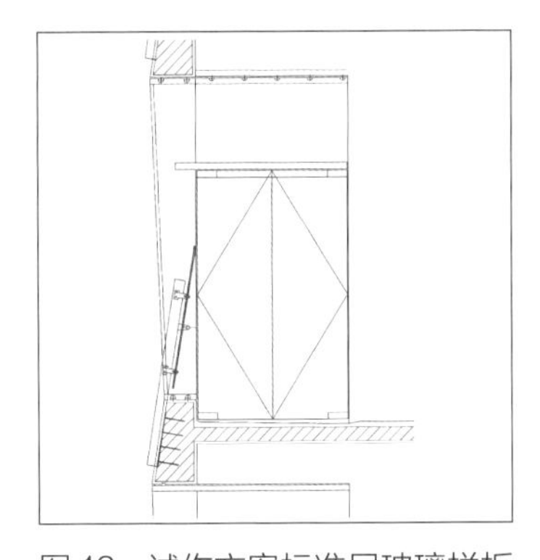
图 13　试作方案标准层玻璃栏板剖面

图 14　试作方案标准层玻璃栏板效果

图15　某医院新建病房楼外景

内，性价比够高。

6. 当兵的时候，连长告诫大家："保存自己，消灭敌人"，这是至理名言。对消防队员来说，他们需要"保存自己，救人灭火"。保存自己永远是第一位的。美国纽约"9•11"恐怖袭击时，许多消防员进入双子塔楼内扑救，因为大楼坍塌，大量消防员牺牲，教训沉重。而建筑师的一个重要任务就是为消防队员救助人员、扑灭火灾创造条件，设计安全、方便、快捷、高效的通道。显然，通过外走道疏散逃生，利用消防云梯从外部进行救助、灭火是最直接、最迅速有效的方式。试作方案中，正对楼梯间区段 2.8 m 长的外走道，设置高 1.2 m 栏板，作为消防救援入口。

防烟疏散楼梯间设计

以前，病房楼梯间均布置在内走道的北侧，不占用朝南的病房位置。"新理念"的试作方案（图 9、图 11），将两个疏散楼梯间都布置在病房区域，这是与以往设计理念的最大区别。这看似一个缺点，但在不增加疏散楼梯间的前提下，满足内外两条走道的安全疏散要求，则又是必需的。可以做到内、外两条走道共有四个安全出口，使安全疏散距离最短，且所有房间都符合防火规范要求。楼梯间的布局和位置是"新理念"的核心。病区和公寓的试作方案也就顺理成章了。以往由于受到疏散距离限制及楼梯间位置影响，病区无法做得很长，一般为九开间，试作方案则为十开间。平面不是作对布置，而是面向楼梯依次设计。因此病房数床位数均未减少，护士步行距离增加不多，缺点得以补偿。

病区护理单元试作方案的楼梯间可有两个选择（图 11），三种组合。可选择小楼梯间、两个双床间，或大楼梯间、两个大病房，或各选其一。护理单元共有床位 44～46 个，病员 44～46 人。按病人:医护 1:1.2，病人:陪护 1:2.5 计算，总人数为 207～216 人。有两个疏散楼梯，其总宽度为 2.60～3.30 m，>2.16 m，全都符合防火规范要求。平台深度符合担架行走。老人公寓设有两个 1.30 m 宽的楼梯间和担架电梯，满足疏散和紧急需求。吸取辽源中心医院和韩国疗养医院的教训，建议多层医疗建筑和老人公寓同样应采用防烟楼梯间。

图16　某医院避难间已被当作医生办公室

控制火势蔓延或被蔓延的建筑防火构造

任何一个空间或房间都有失火或被延烧的可能。控制火势在最小的范围内，防止火灾向上下左右的相邻空间蔓延和被蔓延是建筑防火构造的重要任务。因此，须按照GB 50016—2014的6.2.5、6.4.1规定，做好与相邻空间的防火分隔墙、防火门窗、防火窗间墙和隔板，以及防火挑檐、防火楼板等构造措施。

“新理念”试作方案中护理单元和老人公寓的病房与病房，公寓与公寓间的防火构造就是依据上述规定和要求设计的，且有过之而无不及。在我们看来，垂直于外墙面通高防火隔板比窗间墙要好，如果隔板与窗间墙组合构造其效果则更佳；同样，1.2 m高的窗下墙不如1.0 m宽的防火挑檐，而2.0 m宽的悬挑外廊对阻止火势上下延烧更为有利。这种井格式的防火隔板和挑廊的防火构造，能有效将火灾控制在一个病房或一套公寓内，而不致扩散或不被蔓延（也是南侧外墙外保温隔热材料的井格式防火分隔带）。

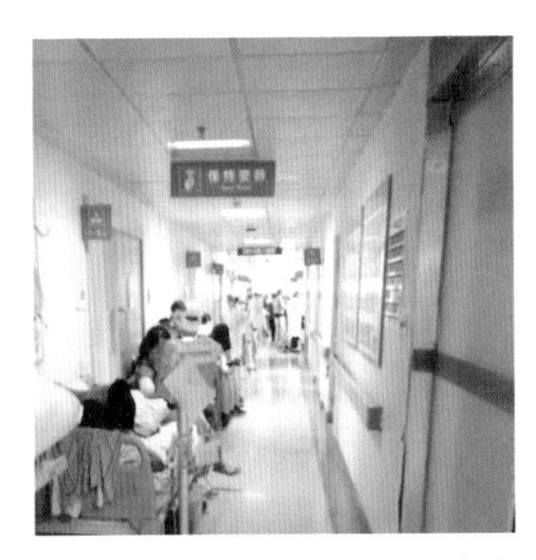

图17　某些医院走道临时加床实景，影响安全疏散宽度

外疏散走道（兼阳台）栏杆及分隔门设计

外疏散走道兼阳台栏杆设计，必须考虑安全及防止病人和老人因病或因长期受病痛折磨，对生活失去信心而产生的极端行为，从而出现对医患矛盾的担忧。这就要求栏杆有足够高度，无法攀爬又不挡视野。

栏杆的做法采用安全玻璃栏板形式。玻璃栏板呈80°向内倾斜状，从外走道楼面至栏板顶面的垂直高度为1.55 m，相当于一堵透明矮墙，有足够的高度防止人为翻越的极端行为。另外，在0.85 m高处设置了专用扶手以满足病人和老人在日常生活中和紧急疏散时的需求。专用扶手为直径35 mm的不锈钢管，握得住又扶得牢。

玻璃栏板的形式和构造，应尽可能地简单并避免成为攀爬时的抓手。所以除0.85 m高的扶手和1.55 m高的栏板顶部外，不设其他任何抓手。唯一可能是借助病房内0.40 m高的椅子作为可踏面，手攀栏板顶部边缘试图翻越。但由于高差仍有1.15 m，还是翻不出去的。如果继续踩上扶手，由于扶手与栏板顶面不在同一个垂直面上，扶手内置75 mm，高差仍有0.7 m。这种设计即使双手抓住栏板顶部，一旦双脚离开着力点，身体重心必然向下、向后，仅依靠双臂难以发力，无法爬出。对病人和老人来说更是难上加难。

为了防止病人和老人在阳台跌倒或碰伤，栏板的金属杆件全部设置在玻璃栏板的外侧。砼挡台的阴阳角和防火挡墙垂直阳角都做成R=25 mm的小圆角。地面采用PVC地板革整体铺装。玻璃栏板的杆件可在外走道的楼面上进行施工安装和日常维修。

通长的外疏散走道在平时作为阳台使用时的分隔门，采用12 mm厚钢化玻璃全自动开闭门。门扇上不安装把手，平时无法随意开启。开闭全部由消防控制中心自动控制。为确保分隔门的启闭自如，在紧急情况下能立即打开，通行无阻。必须经常进行测试，检查自动控制是否有效，门扇有无障碍。建议每两周测试检查一次，做到时刻警惕，万无一失。另外，护士或管理人员有责任向病人和老人们告知："火灾时阳台分隔门会自动打开，经外走道疏散更加安全。"

病房和公寓的室内装修和家具设计

图18　医院试作方案西立面透视图

病房和公寓的室内设计包括内墙粉刷、地面铺装、防火门，及床架、床头柜、坐椅、餐桌、挂衣柜、储物柜、五斗柜、厨房橱柜和病房床头综合管线盖板都宜采用不燃或难燃材料或金属材料制品和钢化玻璃配件家具。

公寓开敞式厨房灶具只能使用电磁灶、微波炉等家用电气。不能用明火，更不能安装管道煤气。

随着我国国民经济的全面发展、基础设施的迅速完善、生活水平的逐步提高，国家应该提高医疗建筑和老人公寓的消防安全标准（中国标准），并应在消防安全方面更多投入更有作为。

我们一直秉持老人公寓的防火设计应与医院病房同属一类的理念，曾因无规范支撑感到十分困惑。当得到"独立建造的老年人照料设施"已做修正，与医疗建筑归为同类的信息后，终于可以理直气壮了。

我们希望把已建成使用的医疗建筑和老人公寓，如墙体已满足 2.0 h 以上的耐火极限，作为第一步先把每个病房和公寓的房门改为甲级防火门；把外窗改为乙级防火窗；设置消防专线电话和应急广播，先完善作为避难间的必备条件。这种改造是简单的，投资是有限的，提高病房和公寓的防火安全则是十分有效的。

医院护理单元和老人公寓试作方案中与避难间和安全疏散无关的平面设计，可供参考，但不作赘述。真诚企盼同学、同事、同行和朋友们对本文提出宝贵意见。错误之处望及时指正。

附录：与病房护理单元和老人公寓相关的规范

《建筑设计防火规范》(GB 50016—2014）中的表 5.1.1"民用建筑分类"将"医疗建筑、重要公共建筑、独立建造的老年人照料设施"列为同类。而 5.5 "安全疏散和避难"条款中增加了避难间要求："高层病房楼应在二层及以上的病房楼和洁净手术部设置避难间"。

《综合医院建筑设计规范》(GB 51039—2014)5.1、5.24中明确了三条规定、放弃了两条要求：

5.1.4 规定，“二层医疗用房宜设电梯；三层及三层以上的医疗用房应设电梯，且不得少于2台”。

5.1.5 规定，“主楼梯宽度不得小于1.65 m，踏步宽度不应小于0.28 m，高度不应大于0.16 m”。

明确了医疗用房的垂直交通主要依靠电梯，楼梯用于安全疏散；主楼梯用于门诊楼或无电梯病房楼。对楼梯间的安全疏散宽度执行《建筑设计防火规范》中的高层医疗建筑楼梯间疏散要求。

5.24.2 规定，“防火分区内的病房、产房、手术部、精密贵重医疗设备用房等，均应采用耐火极限不低于2.0 h的不燃烧体与其他部分隔开”。本条款为每个病房和老人公寓都做成避难间，创造了条件。

同时，① 不再要求病人使用的交通或疏散楼梯间必须有自然采光的条款，给设计以更多的自由。

② 不再要求电梯厅设置乙级防火门。首先是没有意义；其次可方便病床推车进出。

建筑设计依据和参考资料：
《建筑设计防火规范》
B50016—2014
《综合医院建筑设计规范》
GB 51039—2014
《老年人居住建筑设计标准》
GB/T 50340—2003
《民用建筑设计通则》
GB 50340—2003
《无障碍设计规范》
GB 50763—2012
《建筑师技术手册》
中国建筑工业出版社，2017

图19 医院试作方案南立面透视图

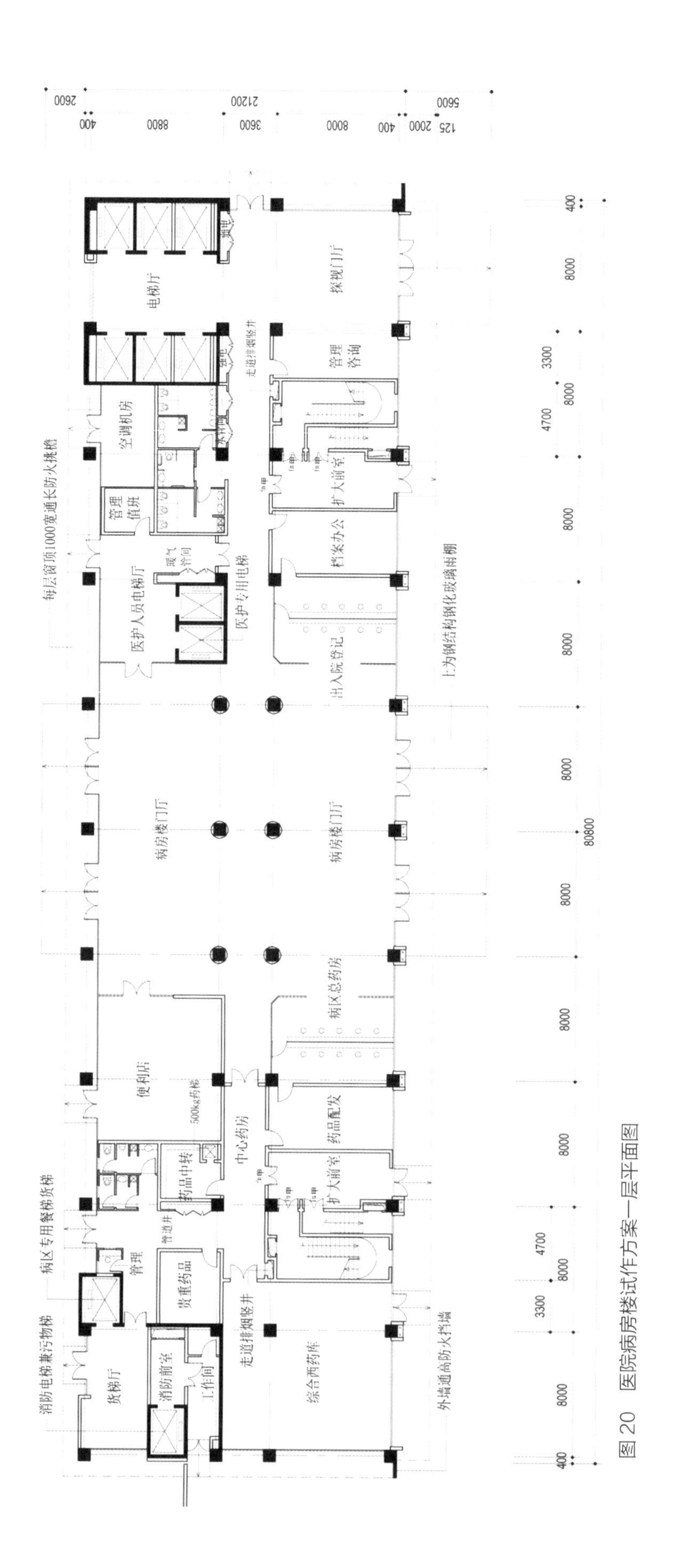

图 20　医院病房楼试作方案一层平面图

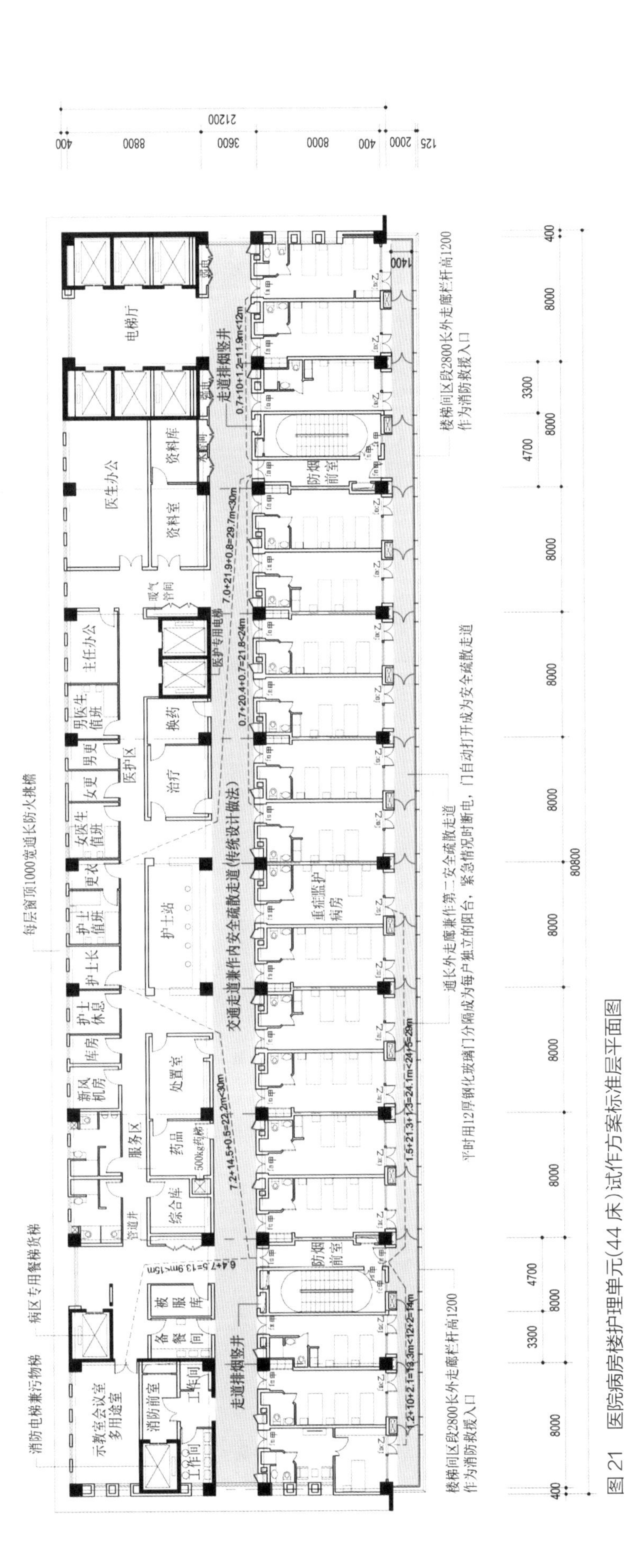

图21 医院病房楼护理单元(44床)试作方案标准层平面图

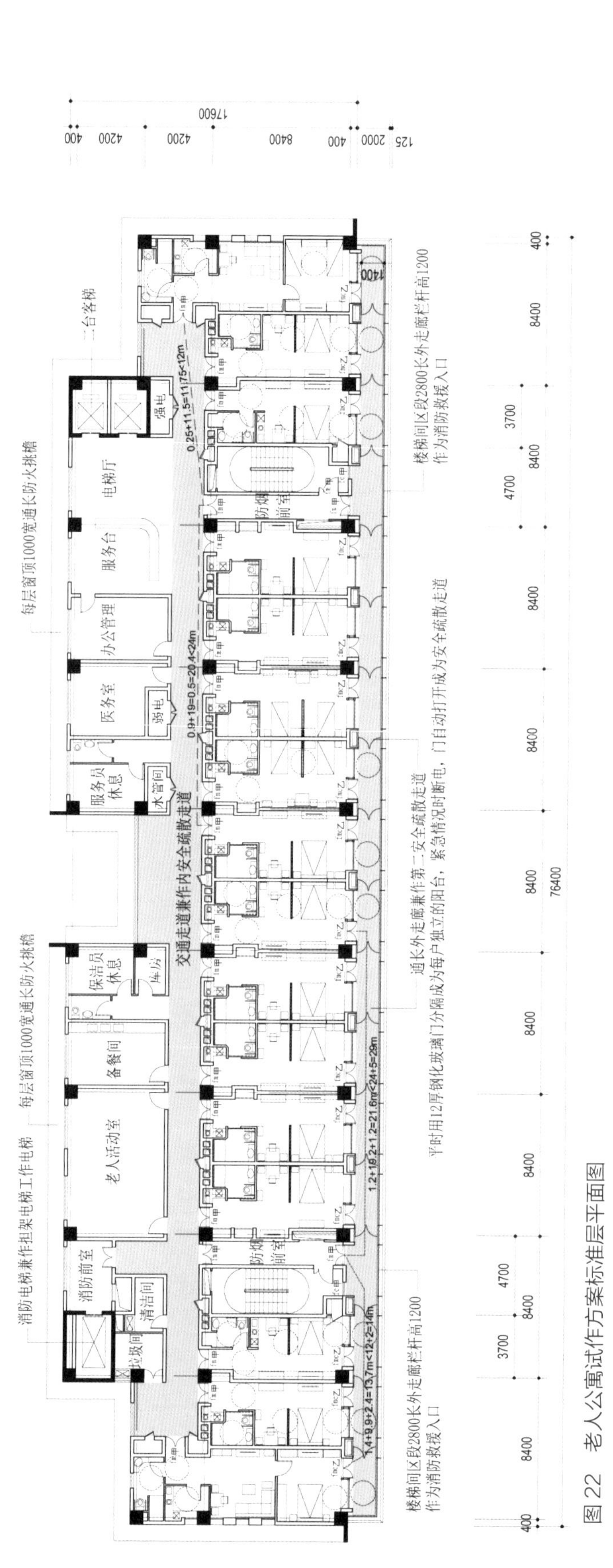

图 22　老人公寓试作方案标准层平面图

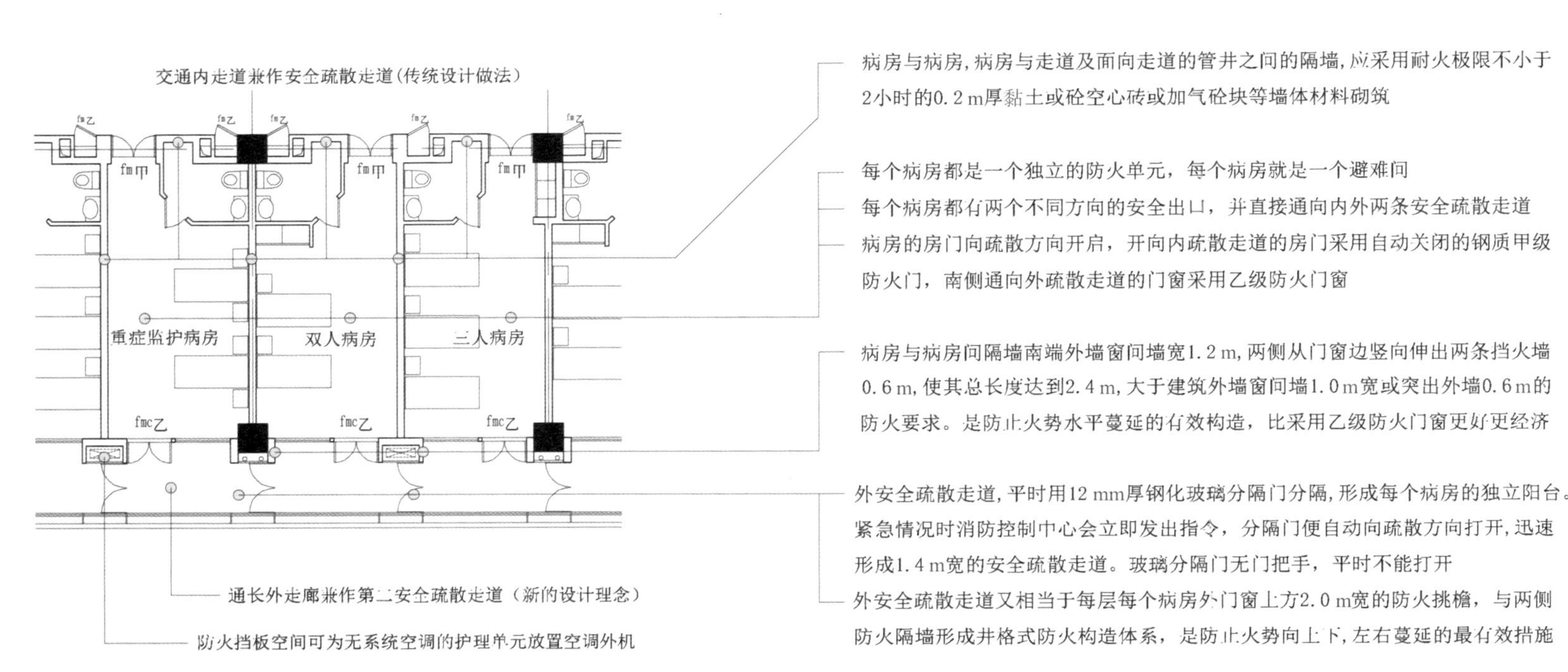

交通内走道兼作安全疏散走道（传统设计做法）
fm乙
fm甲
fmc乙
重症监护病房
双人病房
三人病房
通长外走廊兼作第二安全疏散走道（新的设计理念）
防火挡板空间可为无系统空调的护理单元放置空调外机
病房与病房，病房与走道及面向走道的管井之间的隔墙，应采用耐火极限不小于2小时的0.2 m厚黏土或砼空心砖或加气砼块等墙体材料砌筑
每个病房都是一个独立的防火单元，每个病房就是一个避难间
每个病房都有两个不同方向的安全出口，并直接通向内外两条安全疏散走道
病房的房门向疏散方向开启，开向内疏散走道的房门采用自动关闭的钢质甲级防火门，南侧通向外疏散走道的门窗采用乙级防火门窗
病房与病房间隔墙南端外墙窗间墙宽1.2 m，两侧从门窗边竖向伸出两条挡火墙0.6 m，使其总长度达到2.4 m，大于建筑外墙窗间墙1.0 m宽或突出外墙0.6 m的防火要求。是防止火势水平蔓延的有效构造，比采用乙级防火门窗更好更经济
外安全疏散走道，平时用12 mm厚钢化玻璃分隔门分隔，形成每个病房的独立阳台。紧急情况时消防控制中心会立即发出指令，分隔门便自动向疏散方向打开，迅速形成1.4 m宽的安全疏散走道。玻璃分隔门无门把手，平时不能打开
外安全疏散走道又相当于每层每个病房外门窗上方2.0 m宽的防火挑檐，与两侧防火隔墙形成井格式防火构造体系，是防止火势向上下，左右蔓延的最有效措施

图 23　病房安全疏散系统，独立防火单元（避难间）防火构造措施平面图

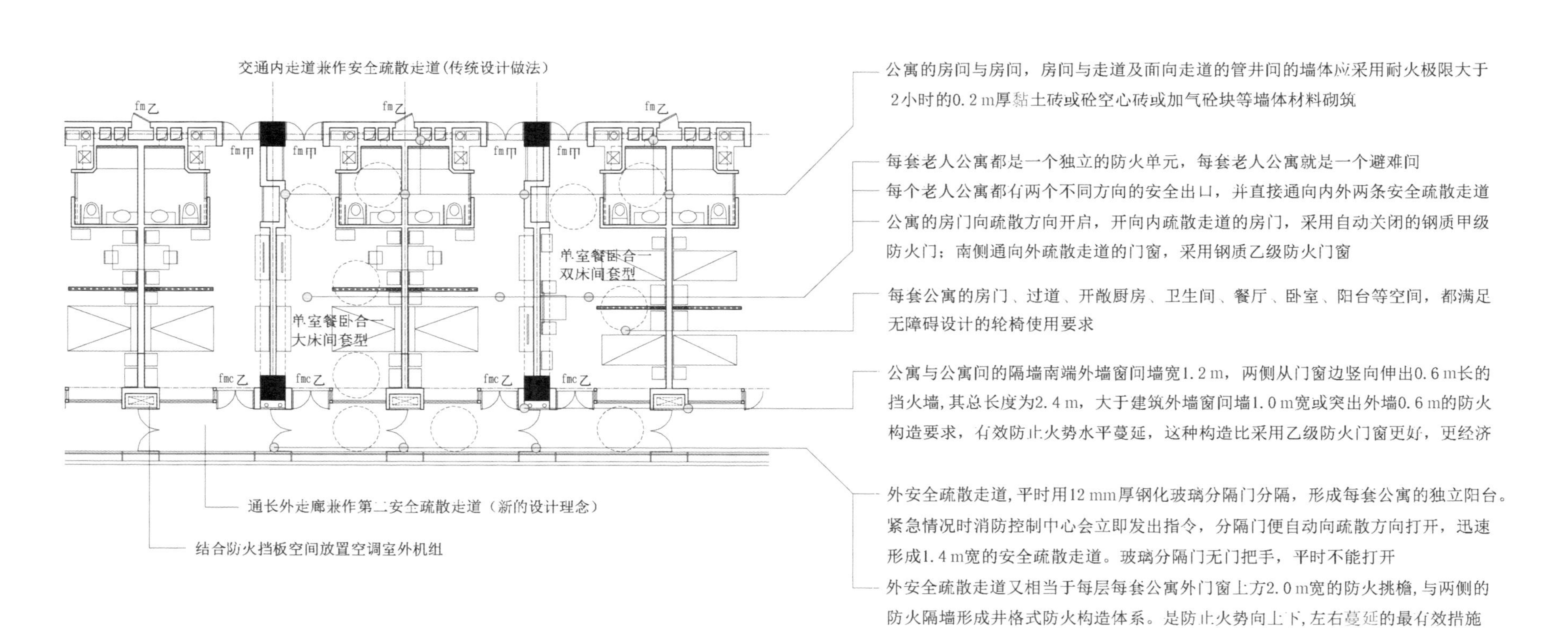

交通内走道兼作安全疏散走道(传统设计做法)
fm乙
fm甲
fmc乙
单室餐卧合一
双床间套型
单室餐卧合一
大床间套型
通长外走廊兼作第二安全疏散走道(新的设计理念)
结合防火挡板空间放置空调室外机组
公寓的房间与房间，房间与走道及面向走道的管井间的墙体应采用耐火极限大于2小时的0.2 m厚黏土砖或砼空心砖或加气砼块等墙体材料砌筑
每套老人公寓都是一个独立的防火单元，每套老人公寓就是一个避难间
每个老人公寓都有两个不同方向的安全出口，并直接通向内外两条安全疏散走道
公寓的房门向疏散方向开启，开向内疏散走道的房门，采用自动关闭的钢质甲级防火门；南侧通向外疏散走道的门窗，采用钢质乙级防火门窗
每套公寓的房门、过道、开敞厨房、卫生间、餐厅、卧室、阳台等空间，都满足无障碍设计的轮椅使用要求
公寓与公寓间的隔墙南端外墙窗间墙宽1.2 m，两侧从门窗边竖向伸出0.6 m长的挡火墙，其总长度为2.4 m，大于建筑外墙窗间墙1.0 m宽或突出外墙0.6 m的防火构造要求，有效防止火势水平蔓延，这种构造比采用乙级防火门窗更好，更经济
外安全疏散走道，平时用12 mm厚钢化玻璃分隔门分隔，形成每套公寓的独立阳台。紧急情况时消防控制中心会立即发出指令，分隔门便自动向疏散方向打开，迅速形成1.4 m宽的安全疏散走道。玻璃分隔门无门把手，平时不能打开
外安全疏散走道又相当于每层每套公寓外门窗上方2.0 m宽的防火挑檐，与两侧的防火隔墙形成井格式防火构造体系。是防止火势向上下，左右蔓延的最有效措施

图24　老人公寓安全疏散系统，独立防火单元(避难间)防火构造措施平面图

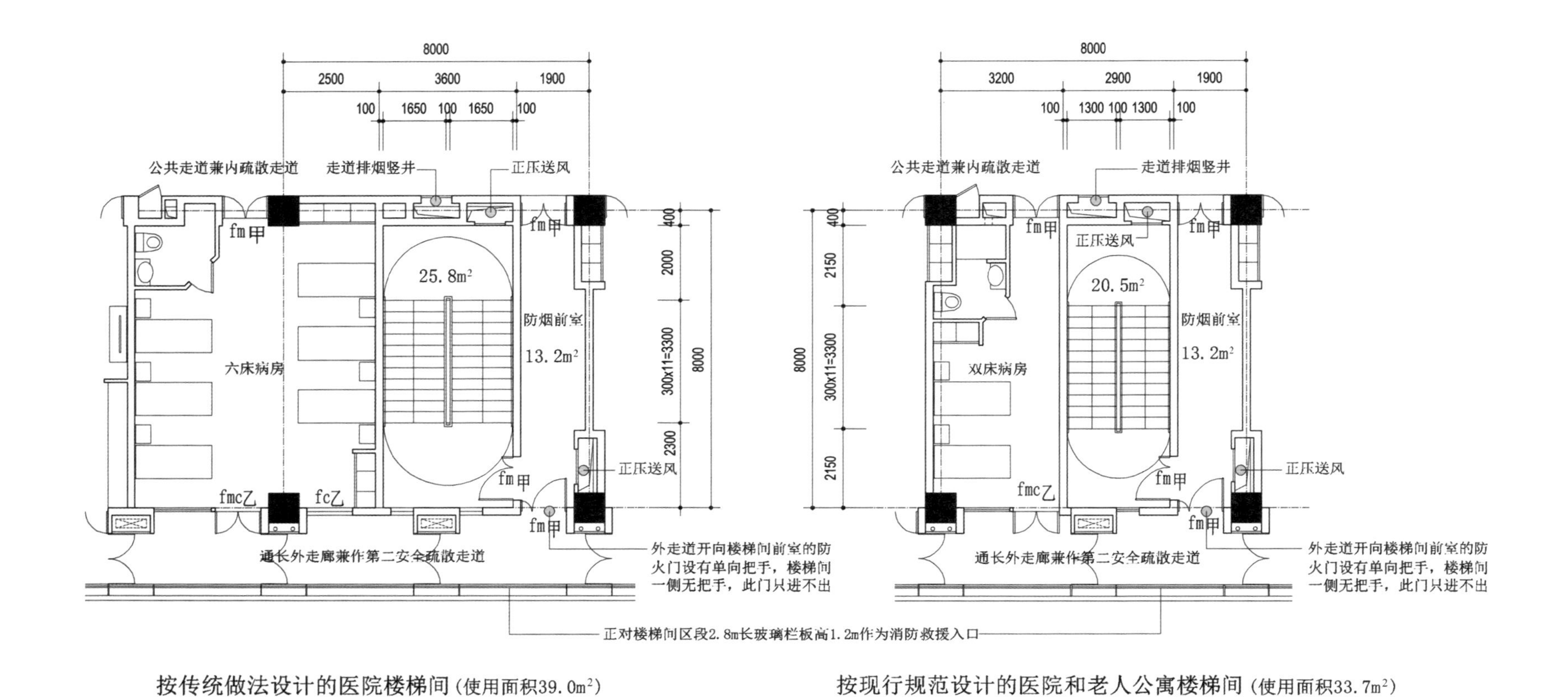

按传统做法设计的医院楼梯间（使用面积39.0m²）

（医院楼梯间剩余空间与相邻三床病房组合成六床病房示意）

按现行规范设计的医院和老人公寓楼梯间（使用面积33.7m²）

（医院楼梯间剩余空间可独立形成双床病房）

图25　医院护理单元和老人公寓楼梯间设计平面图

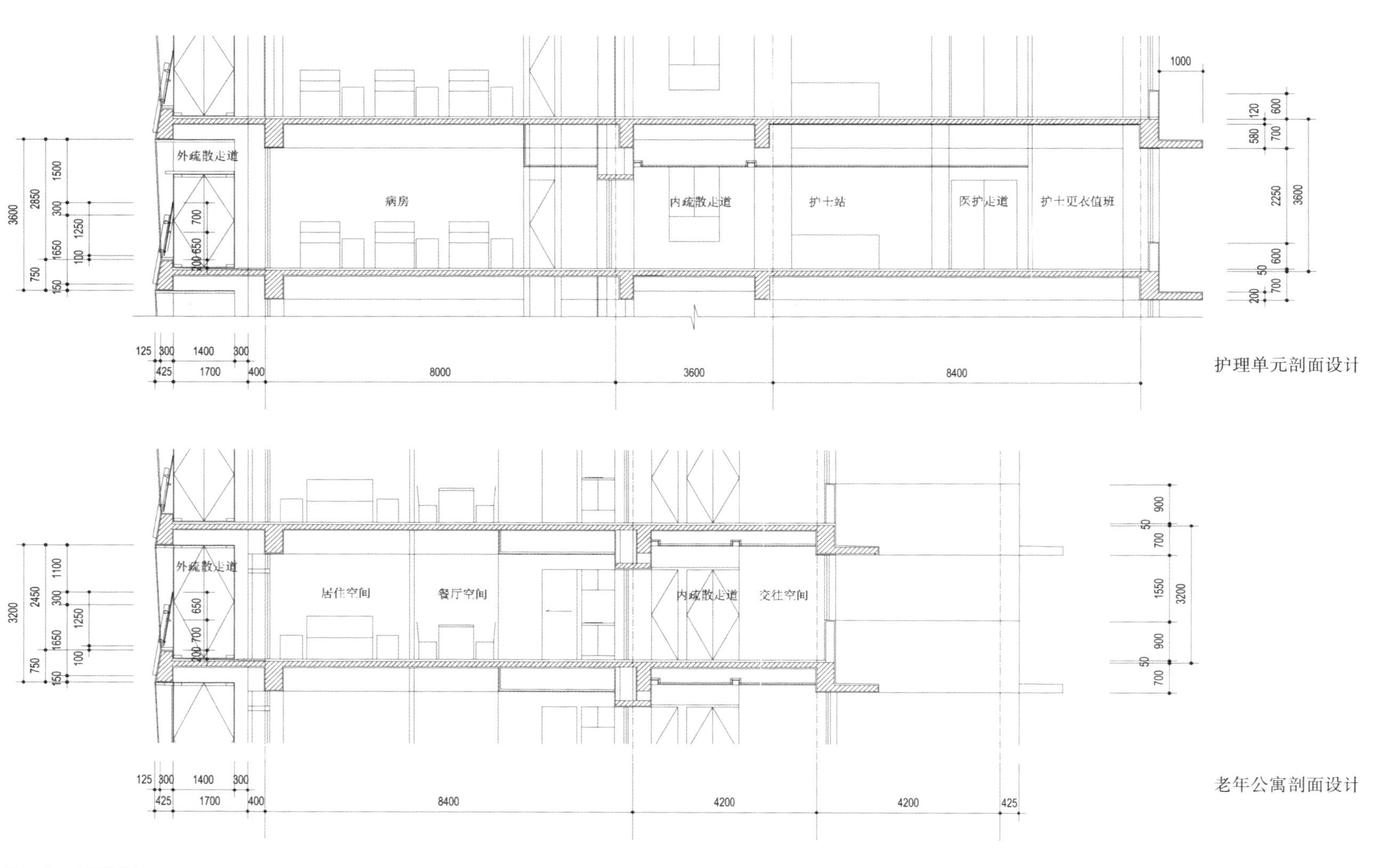
外疏散走道
病房
内疏散走道
护士站
医护走道
护士更衣值班
护理单元剖面设计
外疏散走道
居住空间
餐厅空间
内疏散走道
交往空间
老年公寓剖面设计

图 26　剖面设计

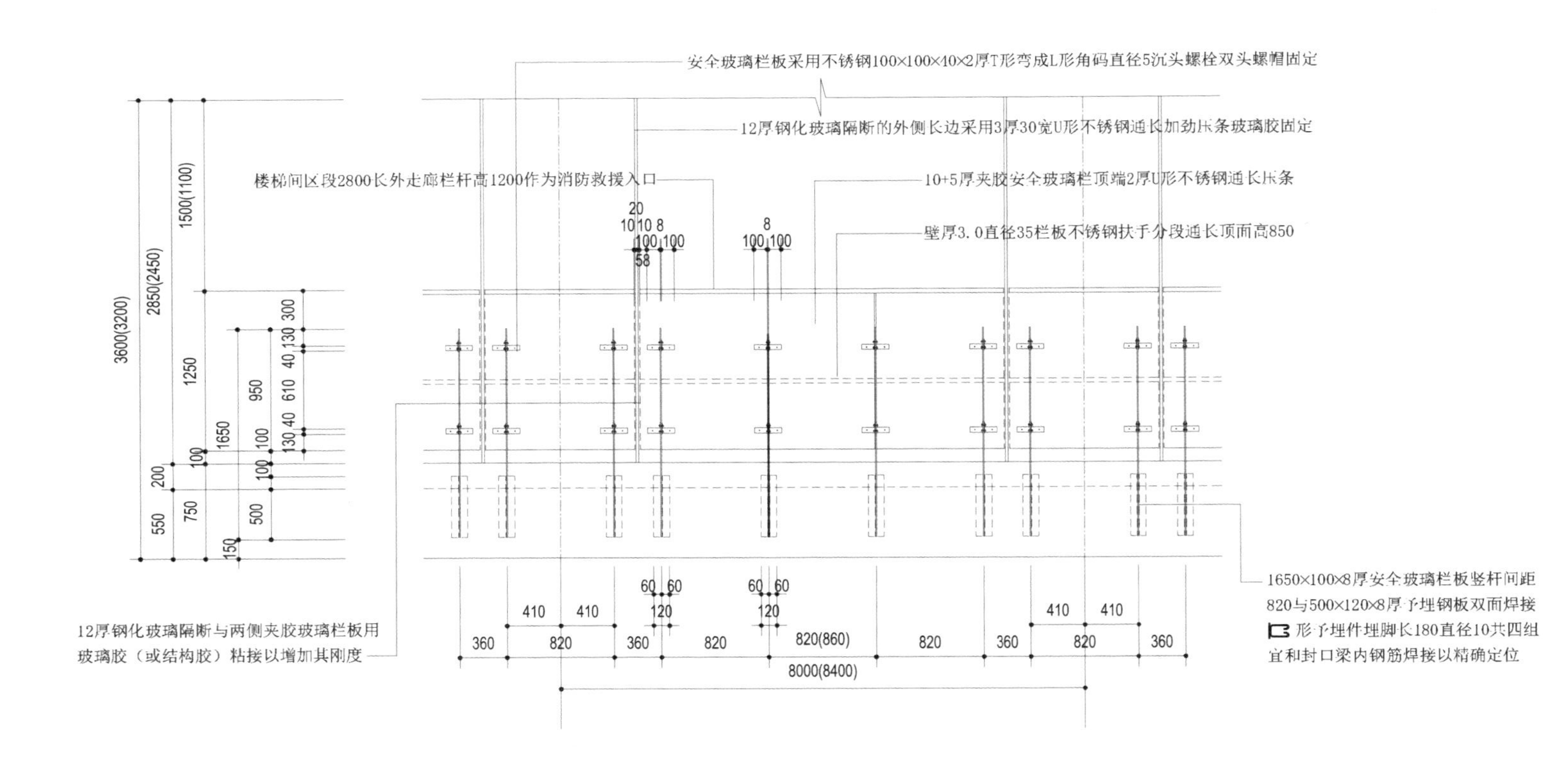

图 27　外安全疏散走道(兼阳台)栏板大样立面设计
(括号内数字为老人公寓尺寸,正对楼梯间区段 2.8m 长玻璃栏板高 1.2m 作为消防救援入口)

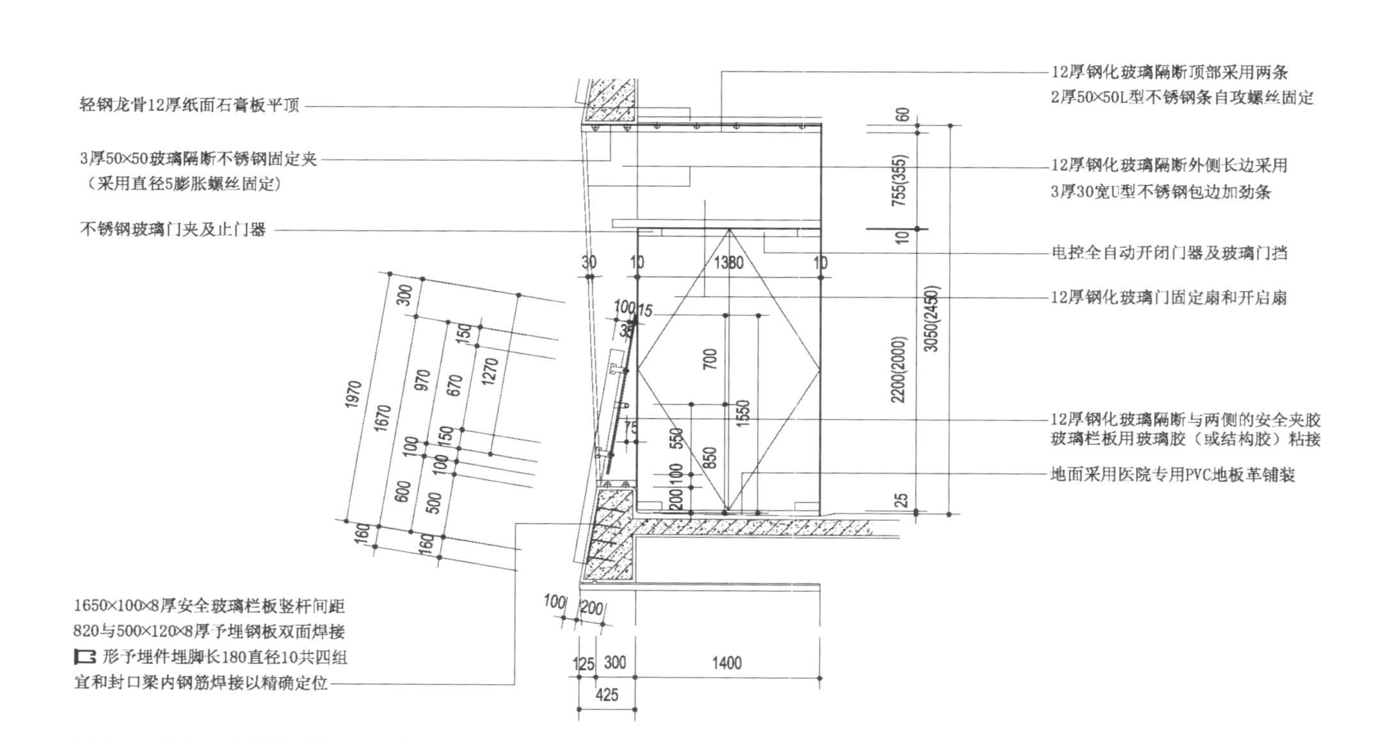

图28　外安全疏散走道(兼阳台)栏板剖面大样设计
(括号内数字为老人公寓尺寸,正对楼梯间区段2.8m长玻璃栏板高1.2m作为消防救援入口)

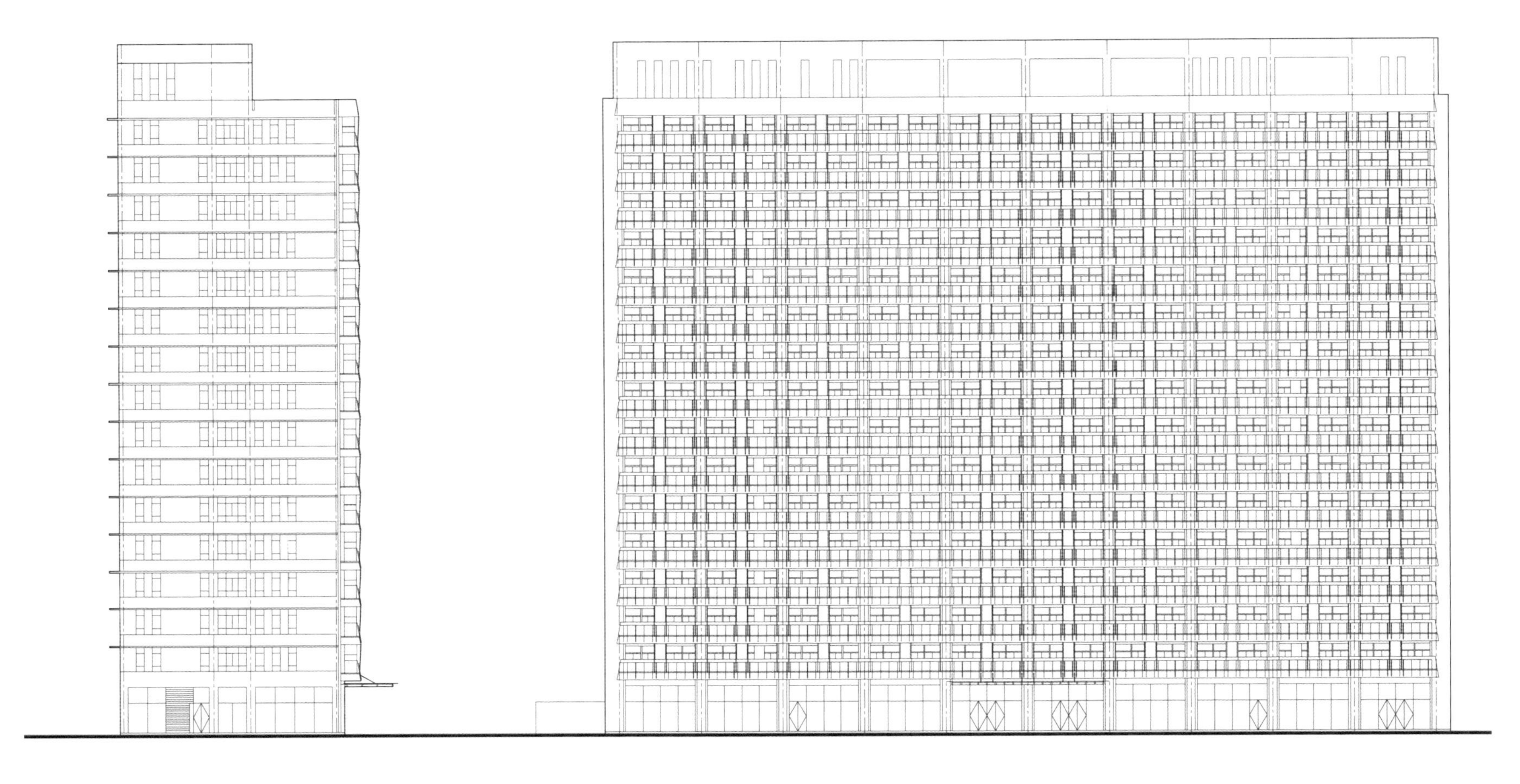

图 29　医院病房楼西立面图

图 30　医院病房楼南立面图

杭州保姆纵火案悲剧的教训和启示

让每层两户单元式或多高层住宅每户有两个安全出口设计和其他问题探讨

丁公佩　王小敏

摘要 // 很早以前在施工图审查中心审图时，就发现有些每层两户的高层或多层住宅是可以有两个安全出口的，但因一个安全出口并不违反防火规范，也就通过了。

杭州保姆纵火案发生后，才又重新想起这个问题。我始终认为二户合用一组楼梯间，是可以做得出两个安全出口的。只是因为规范无要求、设计求简单、业主求省钱，就这样延续下来了。而所谓大平层豪宅的两个出口，多数是为了主仆分离、人物分流以显其豪华，并非为安全疏散考虑。

通过不同高度的每层二户单元多、高层住宅的试作方案，以证明其可行性和安全性。方案并非十全十美，只是抛砖引玉，希望引起广大建筑师、相关部门、各级领导的共同关注，使住宅设计与时俱进，做得更好。

作者单位：
江苏省建筑设计研究院有限公司
江苏 · 南京
日期：2019-02

2017 年 6 月 22 日凌晨 5 点左右，杭州蓝色钱江小区 2 幢 1 单元 1802 室发生纵火案。造成一位母亲和三个未成年孩子死亡。孩子们的父亲因出差未在家中，才幸免于难。

杭州保姆纵火案几成灭门，惨绝人寰，举国震惊。刑事审判已告终结，罪犯也已正法。民事诉讼尚有时日，人们正在等待中。唯有对高层住宅的安全疏散问题常常令人无法平静。此前在施工图审查中心审图时就发现每层二户高层住宅是完全可以有两个安全出口的。因一个出口并不违规也就都通过了。纵火案后，深受触动，想写一篇文章，试做一些方案，以引起同行们对多高层住宅安全疏散的关注。

一、纵火案现场单元式住宅剖析

图 1 是从“百度”上搜索来的纵火案发生地单元式高层住宅 1802 室平面图。户型为最常见的每层二户单元式住宅，分左右二户对称布置。中间设置一组剪刀式防烟疏散楼梯间和一台保姆专用工作电梯（兼作消防电梯）；楼梯间的两侧各按排了两台客梯，共有五台电梯。加上这么大的套内面积，估计每户的建筑面积至少在 200 m^2 以上（未能查到确切面积），因此该套住宅属于豪宅。

1. 从平面图来看，户内最远点至户门的疏散距离都小于 20.00 m，能满足《建筑设计防火规范》中表 5.5.29 要求，所以设一个户门是可以的。当然因套内面积较大设两个户门更好，多一个逃生出口更安全。

2. 该套型是有两个出入口的，如设在公共通道上，则能成为安全出口。设在保姆间则只是一个普通出入口。建筑师的设计目的是为了主仆分离、人物分流以此体现该住宅的豪华水平。早在 20 世纪三四十年代的上海就已有这种理念和实例。

3. 该套型最大的问题是，剪刀式防烟楼梯间的防烟前室被客梯井道分隔成三个前室。其中一个楼梯间每户各有一个前室；另一个前室与消防电梯合用，该前室与其他前室互不连通，使两个楼梯不能互换。这是规范不容许的。可怕的是，火灾时疏散到中途无法通过前室转换到另一个楼梯间。比如，18 层的住户疏散通过楼梯到 10 层，如果楼梯内已有烟气迅速向上扩散急需更换楼梯时，唯一的途径是重新上楼，回到 18 层自己家经保姆间出口到另一个楼梯间。很可能还没有爬到 18 层，就已经被烟气熏倒在楼梯或平台上了。

按照现在的平面设计每户似有两个楼梯间可供选择，但一旦进入其中一个楼梯间，就只能一路走到底了。疏散途中是无法转换到另一个楼梯的。这是剪刀楼梯间的特殊之处。采用一组剪刀楼梯间合用一个防烟前室或再与消防电梯合在一起，形成三合一防烟前室，那是规范允许的紧凑设计。只要前室的面积满足防火规范要求就可以了。

图1　杭州保姆纵火案住宅套型平面图
（源自百度）

所以，本公寓的两个防烟楼梯间的前室之间必须要有1.1 m净宽的通道连通才行。

尽管，此次纵火案没有暴露出剪刀式防烟楼梯间及其前室的隐患，仍然无法认定本案的剪刀式防烟楼梯间的设计是正确的，其实它是不符合《建筑设计防火规范》要求的。

图2　杭州保姆纵火案纵火位置平面图
（源自百度）

（1）如果纵火案住宅在女童房间南侧水平增加一条1.1 m宽的通道直通防烟前室（房间面积减小后，不影响使用）。可使住宅套内形成一条“C”形双向疏散通道，即使客厅通道被堵，后面通道仍可逃生，卧房区不至于成为一个死胡同，避免灭顶之灾。

（2）在住宅套内开敞的、可穿越的客厅、家庭起居、餐厅、厨房、走道、生活或服务阳台等公共空间都可以作为安全疏散通道，唯有卧室，包括主卧、次卧、客卧、保姆间、书房及储藏等私密空间，因设有房门，门又可以上锁等原因，即使有多个房门，也不能保证都能打开，故在火灾时不应随意穿越卧室等房间作为过道通行。因此，本套型把保姆间作为安全疏散通道是完全错误的。

以上分析和论述只是个人看法和意见，无关建筑设计理念和手法，仅限于高层住宅在消防设计中的安全疏散问题。有关高层住宅的建筑设计有其自然规律，也有许多共识和相同之处，也可以自由发挥。然而，对于后者则有大量的条条框框，必须严格执行《建筑设计防火规范》中的相关规定，没有任何可以商量的余地。这是为了保障人们的生命和财产的安全。

杭州保姆纵火案留下的惨痛教训和深刻启迪是：建筑师们如何根据规范（规范实际上是最起码的要求）和对安全疏散的理解把高层住宅设计得更安全、更合理、更圆满。

为此，我们试做了多种54 m以下或以上的每层二户单元式高层住宅建筑方案，试图提高住宅的安全度，做到每套有两个不同方向的安全疏散出口，增加逃生机会。

各种类型试作方案的住宅套型按其面积标准分为大、中、小（即A、B、C）三种。而对无太多社会需求的豪华套型，因面积大容易设计而不在此列（图3～图29）。

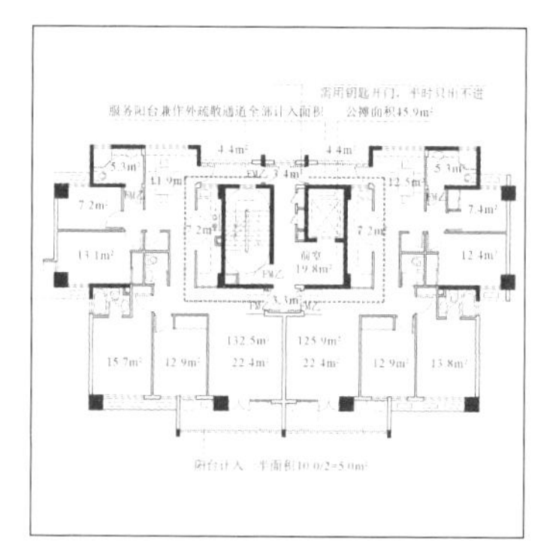

图3　一梯二户高层住宅A套型单元平面图

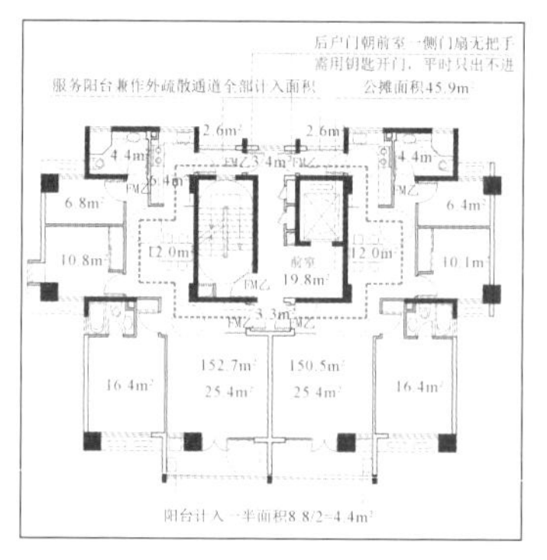

图4　一梯二户高层住宅B套型单元平面图

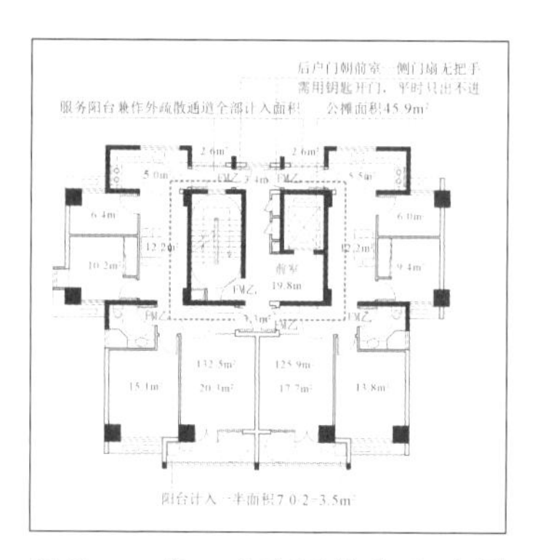

图5　一梯二户高层住宅C套型单元平面图

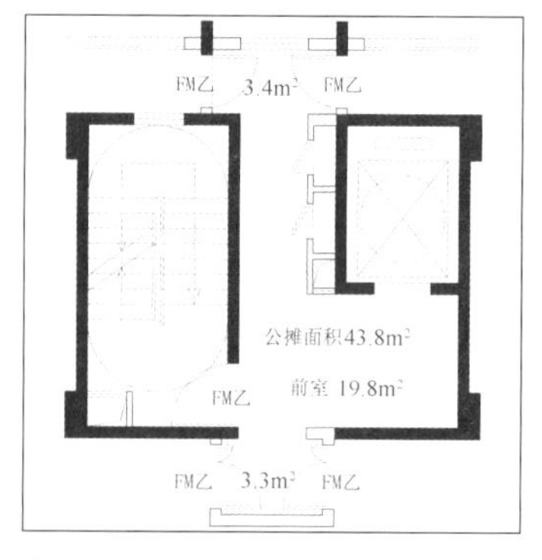

图6　54 m以下一梯二户高层住宅交通核心平面图

二、54 m以下高层一梯两户单元式住宅

每层两户单元式住宅是公寓类建筑（有别于独院式、联排式别墅）中条件最佳、环境最优、日照通风最好的一种选择。如果套内有两个出入口，把疏散能力提高一倍，做到安全疏散快，那更是锦上添花了。

1. 高层单元式住宅的交通核心筒设计

54 m以下的高层住宅楼由于只需要一座防烟楼梯间和一部客梯兼消防电梯，同时设置一个合用防烟前室就可以了。共用面积不大，设计相对简单。但合用前室应满足每个单元都有前后两个安全疏散出口的要求。

2. 前后出口之间应有通畅的疏散通道

除设有房门的卧室、书房、厕所间、储藏间等可以上锁的房间以外，开敞的可穿越的客厅、餐厅、厨房、走道、家庭起居、生活或服务阳台等空间都可作为疏散通道。但不应乱放家具杂物，以免造成通道障碍。

从理论上来说，住宅内的地板下、平顶上、墙面里、厨房间、厕所间等地方，到处都布满着各种管线、各类插座、照明灯具、电视、音箱、其他家用电器、煤气管道等，都存在着隐患。实际上住宅套内的每个角落，都有因年久失修、管线老化，使用不当、麻痹大意，儿童调皮、老人失忆以及内部装修、外墙施工等诸多无法预料的因素，都是引发火灾的原因。更不要说人为的纵火事件了。

火灾无疑是人身安全和家庭财产的最大威胁。在火灾初起之时就应第一时间报警，先疏散老弱病残妇幼撤离；救火应能救则救，无效要尽快逃生，保存生命永远是第一位的。

试作方案中住宅套内从打开通向电梯厅合用前室的主户门开始，经过客厅、走道、餐厅（或餐厅、厨房），通过服务阳台经后户门再次至合用前室，形成了一条“C”字形的疏散通道，中间没有重叠和交叉点，不管失火点在何处，都有一个或两个不同方向的安全出口。多一个出口就多一个逃生机会。

3. 住宅餐厅设计理念的转变和更新

长久以来，住宅内餐厅的设计一般都与客厅毗邻，厨房则与餐厅相连。体现了外动内静的分区理念和采光通风较好的优点。同时在餐厅北侧做有服务阳台，如果服务阳台能与楼梯、电梯的合用前室连通，套内就有两个安全出口了。不过这是一条动区内的短路通道，没有连通静区内各个卧室、厕所间等房间，这类似杭州保姆纵火案的平面布局，存在严重隐患。

随着生活水平的提高、生活方式的与时俱进，人们的处事和生活习惯正在改变。住宅内餐厅和厨房的位置也需要重新认识。现在请客吃饭、聚会，逢年过节都去饭店，已经很少把客人请到家里来。家庭餐厅的功能已悄悄改变，成为家庭一日三餐小聚、交流的温馨场所，而非排场之处。特别是晚餐之后，一家人仍围坐一起谈谈见闻轶事，充满暖暖情趣。

于是，把餐厅布置在生活静区的中心位置，已成为一种新理念。在住宅套内从前主户门经所有房间或空间直至后户门，形成一条双向安全疏散通道，有了两个出口，疏散能力成倍提高。同时也做到了（除电梯以外）主仆分离、人物分流的理想要求。

4. 套内经济、紧凑的平面设计

54 m以下高层一梯二户单元式住宅是大部分人群喜爱的类型，也是建设量最大的住宅类型。具有生活空间独立、安静，平面设计紧凑、经济，采光通风自然、良好等优点。如果进一步增加出入口，提高安全疏散能力，那就更具吸引力，更受欢迎了。这可以说是每层二户单元式住宅的专利，每层三户的就无法实现。

杭州蓝色钱江小区（纵火案现场）豪宅面积大，更容易做好疏散通道，实在遗憾。我们的愿望和理念是：无论单元面积大小，都要做到每户都有两个安全出口。

在众多的防火规范条文中，安全疏散、积极逃生是保存自己最关键、有效的一条。当然，代价肯定是有的，但很有限，主要是增加了前室后部一个转换性的前室面积约 3.3 m^2。每户多了 1.7 m^2 的公摊建筑面积。

经济性无疑是高层住宅垂直交通核心筒设计的关键。不像 16 m以下一梯二户单元式住宅，只需一个楼梯间（5.4 m×2.8 m=15.4 m^2）就可以了；也不像 27 m以下一梯二户单元式住宅，除需要一个楼梯间外，还要一台担架电梯（5.4 m+1.2 m+3.1 m）×2.8=27.2 m^2，才算符合要求。上述这两类垂直交通的共用强弱电箱、电管、水管、水表箱都允许贴墙或嵌墙布置，不占面积也相对经济。

高度小于 54 m的高层一梯二户单元式住宅，楼梯必须是防烟楼梯间；电梯应为担架电梯外还须兼作消防电梯；同时又需要一个楼梯和电梯合用的防烟前室；要求有正压送风竖井、独立的强弱电间、水表管间等位置；为方便安装、检修、检查也需占一定空间，且宜布置在核心筒的公共空间内以便管理。因此核心筒的共用面积 45.9 m^2（3.3 m^2+39.2 m^2+3.4 m^2=45.9 m^2）已经很经济了，平均每户约 23.0 m^2。试作方案做到了每户所有房间和空间都有两个不同方向的安全出口。能做到且做得好的，目前仅属少数。

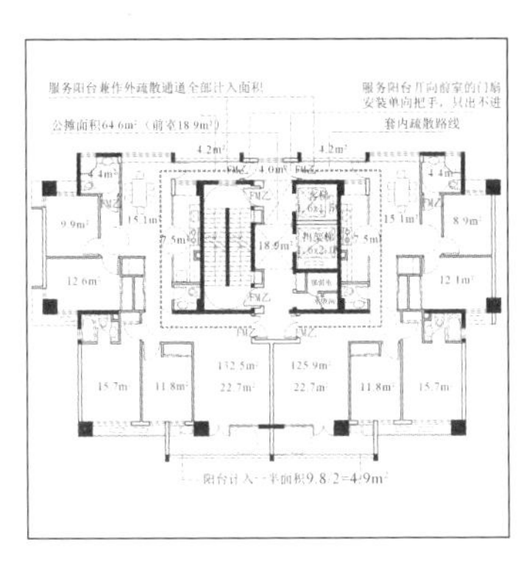

图7　二梯二户高层住宅A套型单元平面图（核芯筒剪刀楼梯竖向布置）

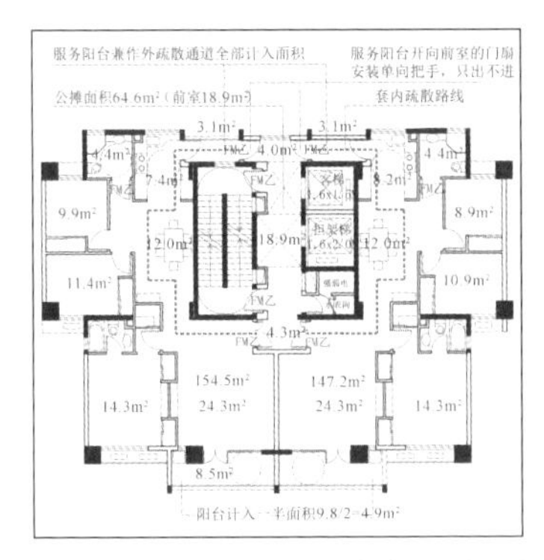

图8　二梯二户高层住宅B套型单元平面图（核芯筒剪刀楼梯竖向布置）

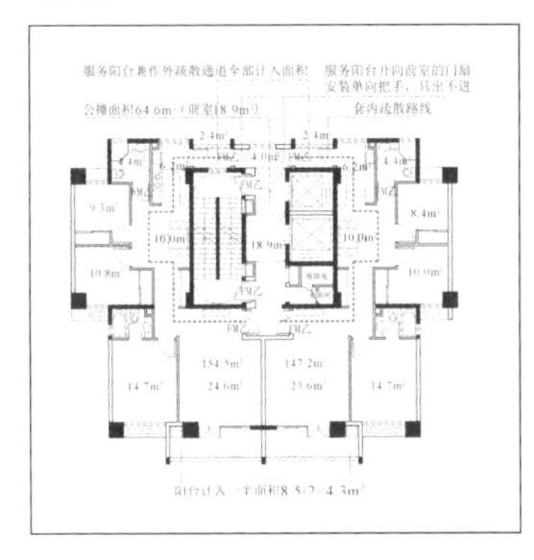

图9　二梯二户高层住宅C套型单元平面图（核芯筒剪刀楼梯竖向布置）

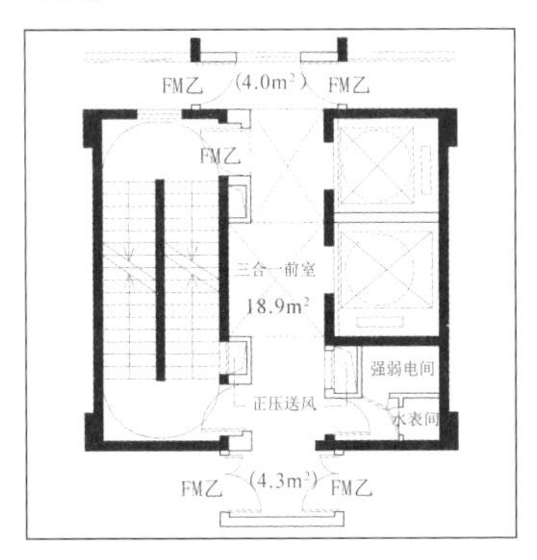

图10　54 m以上二梯二户高层住宅交通核心平面图（剪刀楼梯竖向布置）

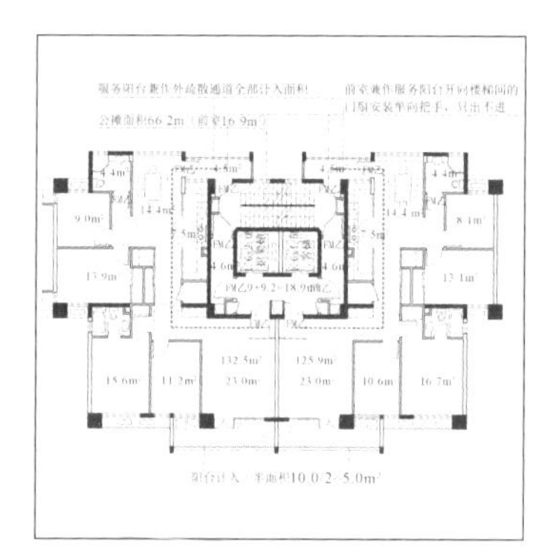

图 11　二梯二户高层住宅 A 套型单元平面图（核芯筒剪刀楼梯横向布置）

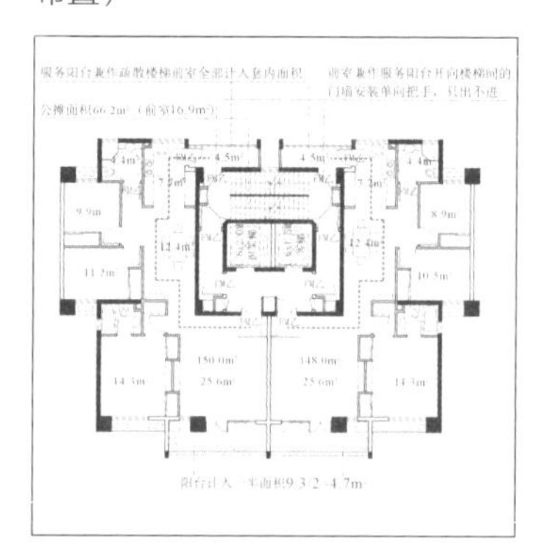

图 12　二梯二户高层住宅 B 套型单元平面图（核芯筒剪刀楼梯横向布置）

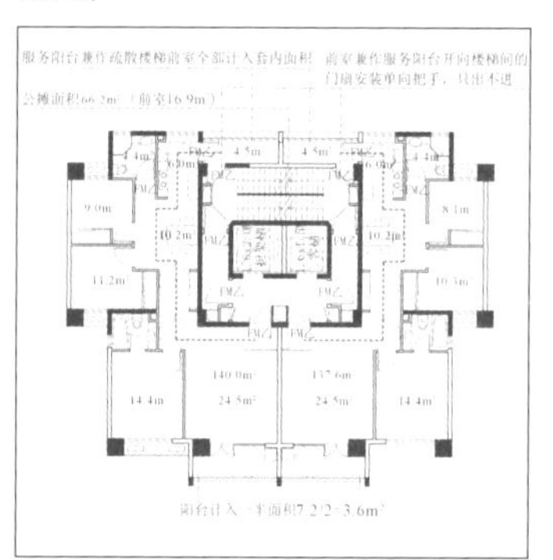

图 13　二梯二户高层住宅 C 套型单元平面图（核芯筒剪刀楼梯横向布置）

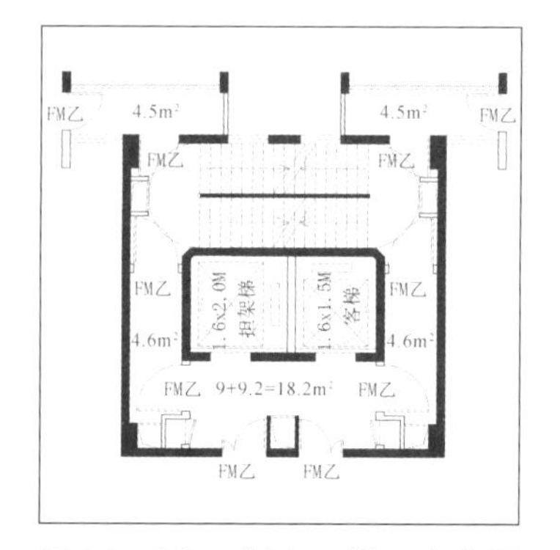

图 14　54 m 以上二梯二户高层住宅交通核心平面图（剪刀楼梯横向布置）

5. 试作方案住宅套型大中小结合

高度 54 m 以下高层一梯二户单元式住宅依据每套面积的大小，分为 A、B、C 3 种套型。由于核心筒面积都是相同的，所以实际上只是套内面积的差别。很显然套内面积越大，性价比就越高。应全面考量城市区域规划、市场供给需求、业主购买能力、家庭人口结构等因素进行分析、比较。看起来，只有大、中、小套型搭配，才是满足不同客户需求的最好设计。

试作方案中 A、B、C 3 种户型的横向三柱二跨柱网尺寸和进深都是一样的；只是纵向柱网尺寸因套内面积的不同而有所区别。就是说 A/B/C 3 种单元可以单独组合，也可以相互组合。可满足不同客户需求，对调节场地大小，有着很好机动性和灵活性。

6. 试作方案的单元式住宅套型设计

本试作方案住宅按 A、B、C 3 种套型设计。其中：

A 户型面积最大 162.9 m²/160.7 m² 为四房二厅三卫一厨房户型。客厅和三个房间朝南，两个厕所可自然采光通风。

B 户型面积中等 128.7 m²/126.5 m² 为三房二厅二卫一厨房户型。客厅和两个房间朝南，两个厕所可自然采光通风。

C 户型面积较小 119.1 m²/116.9 m² 为三房二厅二卫一厨房户型。客厅和两个房间朝南，厕所可自然采光通风。

每种户型都存在尽端户型与中间户型的微小差别（约 2.2 m²），如采用伸缩缝拼接则都是尽端户型。另外，同一单元内还可以有 A+B 或 A+C 或 B+C 套型的组合提供选择。

7. 54 m 以下高层一梯二户单元式住宅一个单元不能独立建造

54 m 以下高层一梯二户单元式住宅，因每个单元只有一个疏散楼梯间，因此必须要有两个等高单元联排组合。每个楼梯间必须通至屋面，并通过屋面连通，互为安全疏散通道。所以不能独立建造一个单元。

《建筑设计防火规范》GB 50016—2018 的 5.5.26 中有明确规定：“建筑高度大于 27 m，但不大于 54 m 的住宅建筑，每个单元设置一座疏散楼梯时，疏散楼梯应通至屋面，且单元之间的疏散楼梯应能通过屋面连通，户门应采用乙级防火门。当不能通至屋面或不能通过屋面连通时，应设置 2 个安全出口”。这是一条非常重要的强制性条文，不能通融，也没有商量的余地。

令人费解的是 GB 50016—2014（2018 版）的 5.5.26 的条文说明中有“对于只有 1 个单元的住宅建筑，可将疏散楼梯仅通至屋顶”的条文说明，其内容容易被误读。有建筑师、开发商（及审图专家）认为这就是允许一个单元小高层住宅可以独立建造，而无须多单元连接，也无须疏散楼梯通过屋面连通。既然如此，那么5.5.26的强制性条文还有什么意义？这是5.5.26条条文说明的严重错误，更是条文说明违反强制性条文的典型事例。

GB 50016—2018的5.5.26强条的逻辑是很清晰的。每个住宅单元的疏散楼梯间应通至屋面，是必要条件；单元间疏散楼梯应能通过屋面连通，这是充分条件。就因为有必要的又充分的两个条件，强制性条文才能成立，结果合理、安全、可靠。相反，条文说明只有必要条件，无充分条件，是不成立的，应立即纠错。这是我们写这篇论文时的重大发现和最大收获之一。

本来，强制性条文不需要多余的说明，更不应该随意发挥。说多了反而容易出现漏洞和差错。在光鲜的强制性条文背后，利用条文说明“暗渡陈仓”，对此我们应提高警惕。

我们无意评价规范的严谨与否，只是这次正好发现了，疑惑了，这才提出希望引起关注和讨论。让规范更规范、更精确、更合理，没有漏洞，不留遗憾，不能让强制性条文成为摆设。

8. 54 m以下高层单元式住宅结构选型

高层单元式住宅结构体系有两种选型：其一为框架剪力墙结构体系；其二为剪力墙结构体系，各有千秋。有人喜欢剪力墙结构体系，优点是没有柱角突兀；对平面凹凸的外墙设计方便。缺点是空间固定难以调整；剪力墙0.2 m厚，分户墙和分隔墙一样厚。为了墙面平整无法采用0.1 m厚填充墙，无形中牺牲了使用面积，有可能增加结构重量。

我们更欣赏框架剪力墙结构体系，它有许多优点：

（1）把核心筒内固定的楼梯间，电梯和前室以及厕所间全部都采用剪力墙。

（2）将大部分空间采用框架结构，形成无障碍大空间。给住宅套内设计的布局和分隔带来最充分的自由度和想象力。

（3）除外墙，分户墙和前室的隔墙为0.2 m厚的砖墙外，套内所有纵横向隔墙都可采用0.1 m厚的半砖墙或石膏条板隔墙。既减轻了结构重量还增加了不少使用面积。可谓两全其美。

（4）结构柱不怕大，小了会成为多余的凸出物。大一点反而可用来调节房间大小和用来作壁柜或成为嵌入式家具的合适位置。

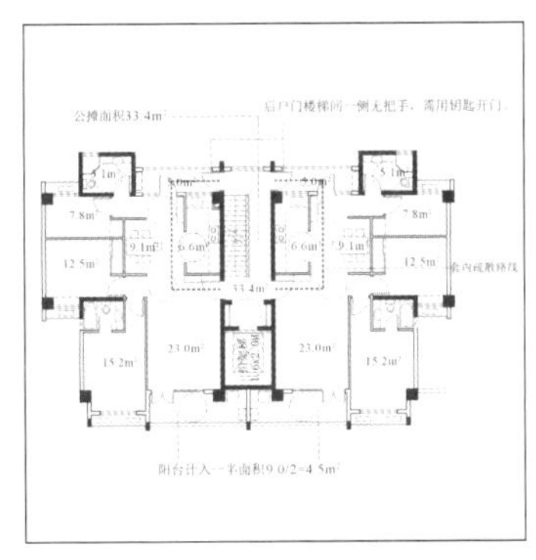

图15　27 m以下直跑楼梯每层二户多层住宅平面图（直跑楼梯设电梯）

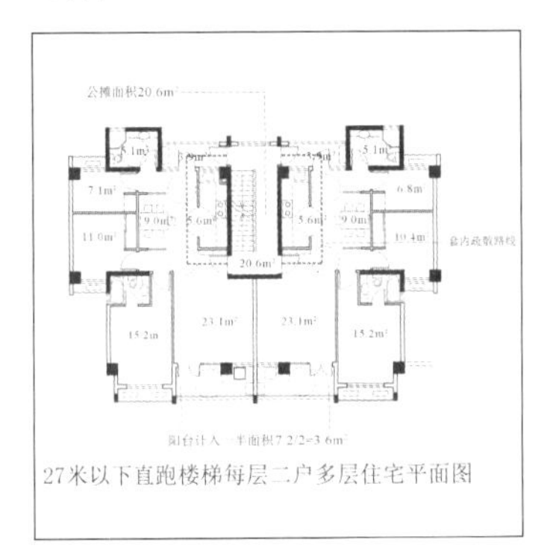

图16　27 m以下直跑楼梯每层二户多层住宅平面图（直跑楼梯无电梯）

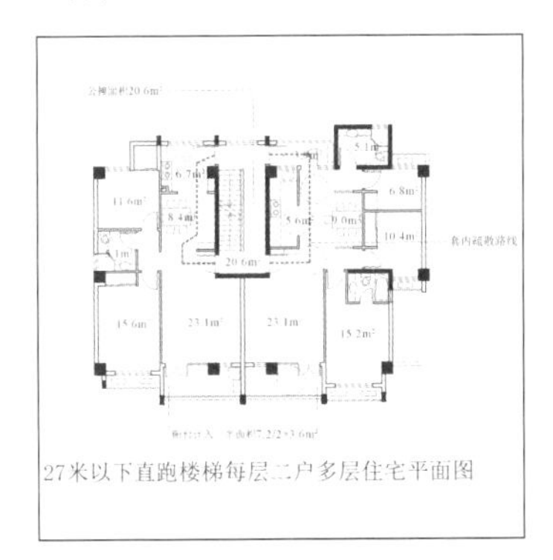

图17　27 m以下直跑楼梯每层二户多层住宅平面图（直跑楼梯无电梯）

三、54 m以上高层剪刀楼梯竖向布置每层两户单元式住宅

54 m以上高层住宅才是真正的高层住宅（通常把54 m以下的住宅俗称为小高层）。随着住宅的高度越来越高，层数、

户数、人数增多，人口组成复杂，垂直交通繁忙，安全疏散也越来越困难。因此必须增加电梯和楼梯的数量，扩大前室的面积，以满足日常交通和火灾时安全疏散的需要。

其实高层住宅套内的平面布局与小高层基本一样。不同之处在于要求垂直交通和安全疏散通道的数量更多，要求更高。

1. 核心筒设计应满足相应规范要求

高层住宅核心筒内的垂直交通电梯必须要有两台以上客梯并兼作消防电梯，其中有一台应为担架电梯和无障碍电梯；必须有两个疏散防烟楼梯间。为节省建筑面积，防火规范允许在满足相关规定的条件下采用一组防烟剪刀楼梯间。并允许一组防烟剪刀楼梯间和两台消防电梯合用一个面积大于 12 m^2 的防烟前室(即所谓三合一前室)。这是高层住宅与小高层住宅核心筒设计的最大区别。本试作方案就是按上述要求设计的。

2. 核心筒内前室设有前后两个入口

基于高层住宅的垂直交通和疏散楼梯间的成倍增加，核心筒的面积也随之扩大。由 45.9 m^2 扩大到 64.6 m^2。仅是小高层的 1.4 倍。从这一数据来看，高层住宅的核心筒设计还是做得相当紧凑的。只是为了追求两个安全出口的目的，增加了 4.0 m^2(每户 2.0 m^2)的前室后部过渡面积。有得有失乃客观规律，须比较孰轻孰重。虽防火规范无此要求，但那只是最低标准。我们渴望提高安全疏散能力，成为每一个住户乐于接受的方案。

所以，只有采用防烟楼梯间，设有防烟前室或合用前室的小高层和高层住宅，才有可能做到前室的前后，有两个入口；套内有两个安全出口的理念。除此，别无它法。

3. 高层住宅的设计理念和平面布局

高层住宅套内的设计理念和平面布局，基本上和小高层住宅套型相似。只是由于核心筒的扩大，平面柱网尺寸也有所调整，建筑进深随之加大。套型建筑面积也有所增加，分为 A、B、C 即大、中、小三个标准套型。其面积分别为约 170 m^2、152 m^2、139 m^2，另又有 A1/A2、B1/B2、C1/C2 的差别，但面积差别则只有约 2 m^2。总的来说，高层套型的面积要比小高层的大些。主要是高层核心筒的公用面积较大，如果套内面积不大一点，得房率太低，性价比较差，当然也不可能是一个好的设计。三种套型的平面设计如下：

A 型为四房二厅三卫一厨房(大套型)

B 型为三房二厅二卫一厨房(中套型)

C 型为三房二厅二卫一厨房(小套型)

从试作方案中核心筒共用面积 32.3 m^2 与 A1 型～C2 型的建筑面积 170.7～137.4 m^2 的得房率来计算，约为 81.9%～76.5%，应该说已经很优秀了。

4. 54 m 以上高层单元式住宅结构选型

对于 100 m 以下的高层单元式住宅仍可以与小高层住宅一样采用钢筋混凝土框架剪力墙结构体系。甚至 0.8 m×0.8 m 的框架柱的断面都可以一样。只需柱内钢筋和混凝土标号按设计计算作相应的调整就可以满足要求了。必要时还可以把核心筒外围的墙体适当加厚至 25 cm 以增加建筑的刚度，提高抗震能力。当然，一切都应以结构设计为准。

5. 高层每层两户单元式住宅其他特点

(1) 高层单元式住宅有一组剪刀楼梯，即有两个楼梯间。因此它可以独立建造，不需要两个单元组合。这是高层与小高层的根本区别。一个单元独立建造在规划中可利用小块场地见缝插针布置。因建筑面宽仅 26.6～16.6 m，可以赢得较小的日照间距。

(2) 不过这并不意味着楼梯间就可以不出屋面了。相反它仍然要随着电梯机房一起伸出屋面，可以解决电梯机房的交通和屋面维修问题。火灾时屋面可以暂避，但不应久留。

(3) 现在开发商有一种营销策略，就是把屋面作为赠品送予顶层套型买主。作为搭建阳光房或屋顶花园之用，以提高顶层房价。这是不允许的，屋面是全楼住户的共用空间属于公众利益，开发商无权买卖或赠予。同时乱建乱搭都将影响小区形象和城市面貌。

(4) 54 m以上住宅每户应设准“避难间”。《建筑设计防火规范》GB 50016—2014的5.5.32规定：54 m以上高层住宅每户应有一间准“避难间”。宜设置在住宅的出入口即消防扑救面一侧，窗子开启扇不小于0.8 m。位置要求呼救看得见，救助够得到。准避难间对不能自理的人有一定用处，但火灾后果难料，能走的一定要尽快逃生。

其实，位置适当外墙有窗、面积稍大的厕所间也可作为“避难间”。厕所间可燃物少，有水，可解渴、如厕、为门扇降温，用湿巾封堵门缝防烟气侵入比一般房间更好。试作方案就是利用无障碍厕所间做“避难间”的。

还有，楼梯间防烟前室面积都大于规范要求可充分利用。躲几个走不动的人很安全，也不违规，碰巧还能得到消防队员的救助。

然而，对于54 m以上的高层住宅来说，由于多数城市的消防登高车只有50 m的高度能力，实在是鞭长莫及。此时，准“避难间”的救助作用和能力也就不明显了。

总的来说，逃生比躲避更主动、更积极、更有用。因此，给住宅增加安全疏散出口，由一个增加到两个，比其他任何措施更实在和重要。能第一时间帮不能自理的人疏散。同时，考虑到54 m以下的高层住宅在消防登高扑救相对踏实，有效。因此还是做了“避难间”。

四、54 m以上高层剪刀楼梯横向布置每层二户单元式住宅

54 m以上高层单元式住宅，除交通核心筒的平面布置有很大区别，核心筒尺寸有所不同以外，A、B、C 3种套内平面基本相同。两相比较，各有特点和优缺点。

1. 住宅的交通核心筒采用横向布置

本高层单元式住宅的交通核心筒内的剪刀楼梯、电梯、前室等均采用横向对称布置方案。平面紧凑明确，主户门直接开向电梯厅(防烟前室)，且分别正对客梯和担架电梯(都兼消防电梯)。主户门间用正压风井分隔无干扰。本案证明同一题目可有多个方案。

电梯厅前室两侧紧接着是左右两个剪刀楼梯间的防烟前室(4.58 m^2)。是一个防烟前室内的防烟前室，它使防烟剪刀楼梯间有了双保险。原来准备做成三合一前室，后来发现面积已大于4.5 m^2，做成二个前室也就顺理成章了。把三合一前室的安全度提高了一个级别。当然是一件好事。

2. 把服务阳台作为楼梯间前室之一

把套内的服务阳台作为防烟剪刀楼梯间在套内后出入口的防烟前室。是本试作方案一举多得的一个措施。该服务阳台(前室)的面积4.5 m^2，在满足GB 500—2018中6.4.1的全部规定外，因每户疏散人数有限，在不影响疏散通道的前提下，尽端空间可充分利用。设置金属搁板，存放不燃物品和坛坛罐罐。没有浪费，相反有利于等待救助和消防扑救(包括服务阳台兼疏散通道的作用)。

楼梯间开向前室的门(或前室开向服务阳台的门)，楼梯间(或前室)一侧的门扇不设门把手，需用钥匙开启，只出不进。

粗看，每户从后出口逃生进入楼梯间的人似乎只能一个楼梯走到底了，若有情况无法转换到另一个楼梯间疏散。其实不然，人们可通过任一层楼梯间前室经电梯厅前室顺利转换的。这也是方案得以成立的要素。

3. 核心筒楼梯间横向布置的好处

本核心筒楼梯间横向布置，使平面十分简洁、清爽，对称近正方形。面积61.6 m^2，

还比楼梯间竖向布置的核心筒面积64.6 m^2少了3 m^2。因为电梯厅也是横向布置，住宅套内主户门便可直接开向电梯厅，虽然套内面积增加有限，但使客厅平面更为规整好用。

4. 电梯厅无天燃采光和通风条件

最大的问题是电梯厅（即消防电梯前室）没有自然采光和通风条件。需要长年照明；没有优美景观。C套型的剪刀楼梯间也没有天然采光通风。这是本方案的缺点和遗憾。

B、C套型餐厅没有直接采光条件。都是通过开敞厨房的外窗间接采光空间。与餐厨合一基本类似。试作方案尽量把厨房的外窗面宽开得大些，可为1.6～1.8 m；把厨房的进深控制在3.0～3.4 m。让这些措施有利于改善餐厅采光和通风。

5. 餐厅具有冬暖夏凉的独特效果

再来看看大进深（14.7 m）住宅套型的餐厅位置，是被其他房间包围起来的空间，具有冬暖夏凉的效果。突然想起早年有专家研究广州大进深民宅"竹筒屋"特点。夏天因大进深太阳晒不到而显得特别阴凉。尤其适合炎热和夏热冬冷地区。虽然现在有空调已不是问题，但对于节能来说则绝对有利。

在试作方案中，不管是高层，还是多层单元式住宅平面都基本类同，都采用大进深和长短不一，面宽不同的平面，仅向两侧伸出2 m宽耳翼，以争取好朝向、好采光。因此从大进深及其平面形态、外墙长度等方面来看，均符合节能型住宅的设计要求。

五、27 m以下多层直跑楼梯竖向布置

每层两户设电梯或无电梯单元式住宅，在试作方案中只考虑高层住宅，并无多层住宅。但画着、写着，又发现多层住宅可以高至27 m，6～9层的安全疏散也非易事，同样应被关注和重视。

1. 27 m以下多层住宅的处境尴尬

《通则》规定楼面高度超过16 m的7～9层住宅应设电梯。当年由国家投资、单位建设的公房，很多6层甚至7层住宅都没有电梯。

随着老龄化社会的到来和生活水平的不断提高，现存老小区里6～7层老旧住宅，都面临无电梯的困境，纷纷要求外加装电梯时，又遇到了种种问题。诸如：

（1）由于楼梯多为双跑短楼梯，电梯不能通至楼面，只能到达楼梯休息平台，到楼面还要上或下半个梯段，未能彻底解决需求。

（2）为了进入楼梯平台要打断多层圈梁，会影响住宅楼的结构整体性和抗震性能。

（3）这些问题长期困扰着老小区（包括城中村）的改造和老住宅生活质量的提升。

2. 居住建筑火灾发生率仍居高不下

住宅建筑每户的人口不多，约2～6人，但人口组成则相对复杂。除中青年外，还有儿童或老人，甚至可能三代同堂或家有孕妇、病人、残疾人等。随着老龄化和多孩政策的到来，单元内的居住人口结构更加复杂。

老年人记忆力差，煮东西会忘记关火就离家外出；孩子调皮好动好奇心强，喜欢玩火。这些都是发生火灾的直接原因。

家用电器违规操作和使用不当，以及线路老化都是引发火灾的重要原因。要引起家家户户的关注，特别是冬冷夏热地区家庭的警惕。

住宅室内地板、家具、沙发、窗帘、衣物、床上用品、书籍报刊等都属于易燃物品，家中一旦失火，会很快延烧很难自救。应在第一时间报警，并立即逃生。

以上这些就是居住建筑的火灾频频发生的主要原因。

3. 让每层两户多层单元式住宅每户亦有两个安全出口

多层住宅无论有无电梯，楼梯间都采用双跑楼梯形式以节省楼梯面积。但只有一个楼面平台，每户只能设一个安全出口。如果改变楼梯形式，做成直跑楼梯，则全部是楼面平台，就能做出每户都有两个安全出口的方案了。

住宅套内虽然人数不多，但面积较大，约在 80～120 m^2。从上文人口结构的分析来看，住宅兼有幼托和老人建筑，甚至兼有医疗和酒店建筑的综合功能。按照《建筑设计防火规范》GB 50016—2014 的 5.5.15 的强制性条文规定，参考和借鉴该条款，对套内面积较大的住宅设置两个直通疏散楼梯间的房门是必要的。

4. 直跑楼梯间的问题和好处

直跑楼梯间的唯一问题是楼梯段需占更多面积，比双跑楼梯间面积要增加约 5.6～6.0 m^2(平均每户 3.0 m^2 左右)。

然而，其好处更多：

由于采用直跑楼梯，每户即可以拥有两个安全疏散出口，一旦户内发生火灾，逃生机会立即增加一倍。

对开始未设计电梯的六层以下住宅，要增设电梯时，简单方便，而且电梯可以直达每层楼面，不破坏圈梁，也不影响楼房质量和抗震能力。

如果觉得增设电梯投资较大，也可以在楼梯右边靠墙一侧。沿扶手安装自动提升代步装置。造价低，比双跑楼梯分两段安装更为简便，使用者则省事得多。

5. 多层住宅的垂直交通应电梯化

考虑到经济的发展、老龄化社会的快速到来，人们对居住舒适度要求逐年提高。随着住宅无障碍化的呼唤，多层住宅全面电梯化问题，已成为住宅无障碍化的障碍。

与其日后不断加装电梯(很多还加装不了)，不如一步到位皆大欢喜。楼层价格也会随之变化，原来不太被看好的五、六楼，可能售价更高。

尽管如此，试作方案仍提供了无电梯的低多层住宅设计平面，以供参考。方案中，设电梯和无电梯的公摊面积仅差 6.4 m^2。与双跑楼梯改为直跑楼梯面积增加 6.0 m^2 差不多，都是需要的。首先电梯为担架电梯，轿箱进深 2 m，电梯厅也需 2 m 以上，仅有楼梯平台宽度是不够的，尚需加宽。方案增加了一个小电梯厅，做到了候梯与楼梯平台分隔；当有担架时则临时合而为一，两全其美。

6. 无电梯的多层住宅套型设计

不设电梯后，单元两侧可向中间部位各压缩 1.0 m。使套型面积减少 12.5 m^2，由 A 套型改成为 B 套型。另外，再把 B 套型尽端套改为二房一厅一厕一厨的 C 套型。面积又少了 17.7 m^2，使该套型建筑面积仅为 96.6 m^2。满足了业主对大、中、小套型的需求。

平面布局与有电梯的多层住宅(或高层住宅)基本类同，不再作重复赘述。

六、把每套住宅都做成无障碍住宅

试作方案住宅套型一改以往只考虑少量(有的仅规定全楼总数的 2%)无障碍住宅套型的做法，采用每套百分百的无障碍设计。尊重和满足所有不能自理的人群，其中包括残疾人、老年人、年轻人在内的所有人在其行动不便时(长期或临时)的需求。

1. 试作方案已全面实现无障碍设计

多高层住宅每户设有无障碍电梯和担架电梯；每户一个无障碍厕所间，厨房、阳台及公共空间都有轮椅回转空间；卧室的回转空间机动性较大，可根据需要由房主自行布置，也许更切合实际。

2. 建议多层住宅全面实现电梯化

六层以下的多层住宅电梯还没有普及。已建老住宅的业主们都纷纷自掏腰包增设电梯，国家还给予一定补贴。然而新建的或正在设计的多层住宅却依然故我。虽然符合规范要求，但规范只是最低标准，与当前客户的要求相去甚远。

3. 电梯化是无障碍垂直交通的出路

人有旦夕祸福，也会渐渐老去。所以，把每一套住宅都设置电梯，做成无障碍住宅。也是对老弱病残者和所有不能自理的人的真切关爱和尊重。因此，优先落实在试作方案中。

《无障碍设计规范》GB 50763—2012的3.6条中，对住宅建筑疏散楼梯踏步设计没有具体要求，属于空白。试作方案只能按照《民用建筑设计通则》GB 50352—2005表6.7.10执行。住宅层高2.9 m，每层17级，踏步每一级0.26 m×0.17 m，符合《民用建筑设计通则》要求。

4. 无障碍设计及其各类配套设施

对于其他方面的无障碍设计，例如门和走道的宽度；无障碍厕所间的尺寸；马桶、洗脸盆和淋浴房的配置和位置的确定；以及轮椅的回转空间无障碍等问题必须满足规范的要求，设计和施工必须一次到位，否则不可能改造。这是原则底线。

至于无障碍设计中的配套设施，如走道扶手、门扇拉手、厕所间内的各种设施等零星构配件均有成品供应。每户可在必要时临时安装，不必事前一次到位。相反希望一家人，一辈子都不需要这些东西。

七、试作方案的目的是抛砖引玉

一个设计、一种生活如果一直平稳地行进，人们就会认为它是合理的、安全的，没人会考虑去改进、提高。直到发生事故，才会被怀疑，原来"设计"并没有真正做到位，还有许多改进和提高的空间和可能。

1. 试作方案体现设计观点和理念

四种套型试作方案，首先是作为本文观点和理念的佐证；其次是对这场纵火案的教训和启示的一次实践；更是一次抛砖引玉的冲动。说明试作方案是可能的，也是可行的。更相信同行们的设计会做得更好。

2. 防火规范只是设计标准的底线

建筑师在做设计时，不应以符合规范而满足。实际上规范只是最低标准。在可能的情况下应与时俱进，敢于实践，发现新的理念，提出新的方案，尽可能提高设计水平。把所有的设计做得更合理、更舒适、更安全。这才是建筑设计的真谛，建筑师的责任。

本文对建筑设计方面的各类规范提了一些不同看法和意见，特别对《建筑设计防火规范》的意见比较多和重要，涉及强制性条文的问题。目的完全在于让规范更规范。不应出现条文说明违反强制性条文的情况。

本文中的设计观点、理念以及措辞和试作方案中的问题，肯定会有谬误和差错存在，敬请大家全方位斧正。

最后谨祝读者朋友生活愉快，安居乐业。

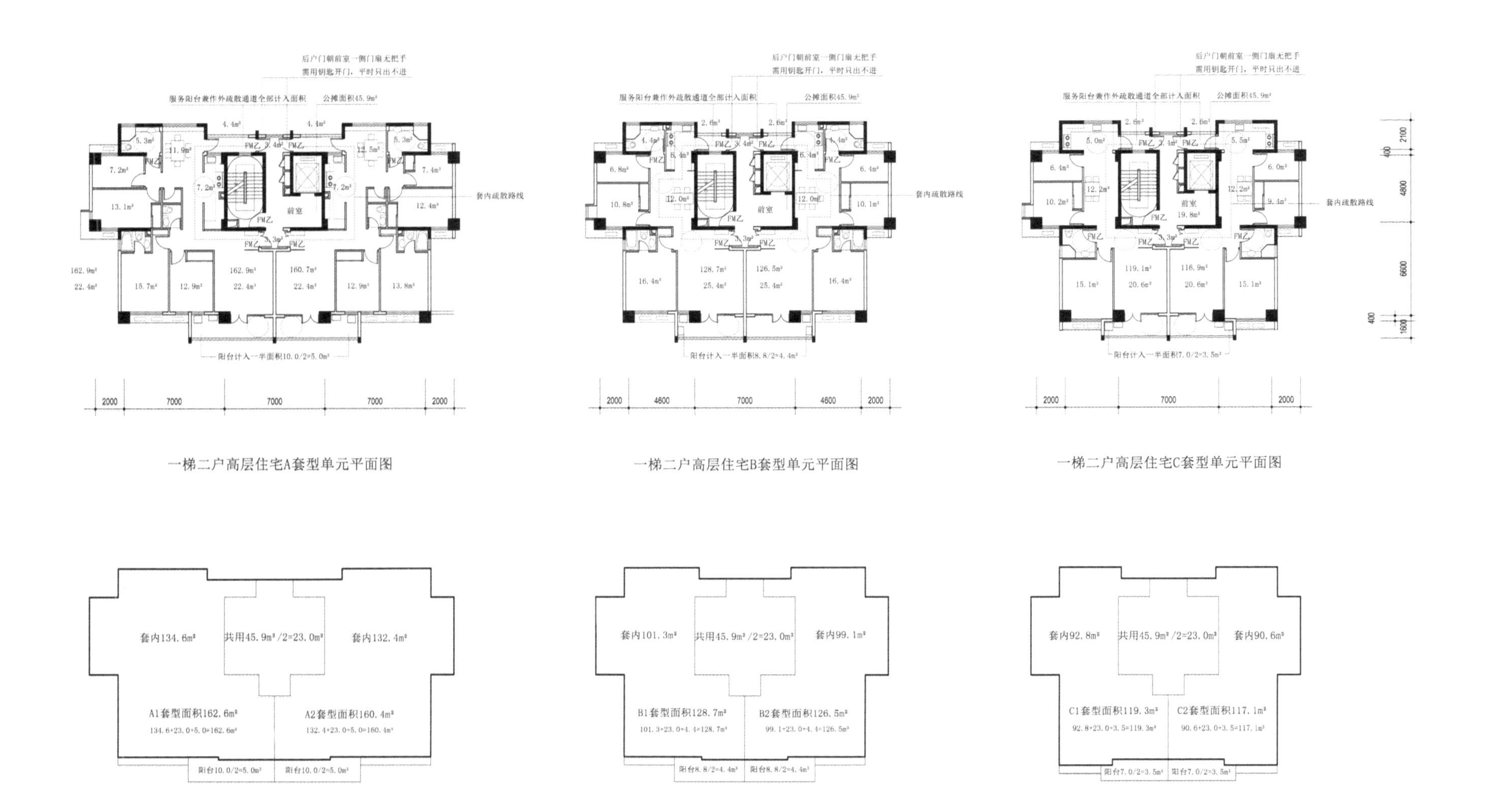

图18　54 m以下一梯二户单元式高层住宅交通核心筒竖向布置A、B、C套型每户两个安全出口一个楼梯间试作方案（核心筒楼梯间竖向布置，一个单元不能单独建造）

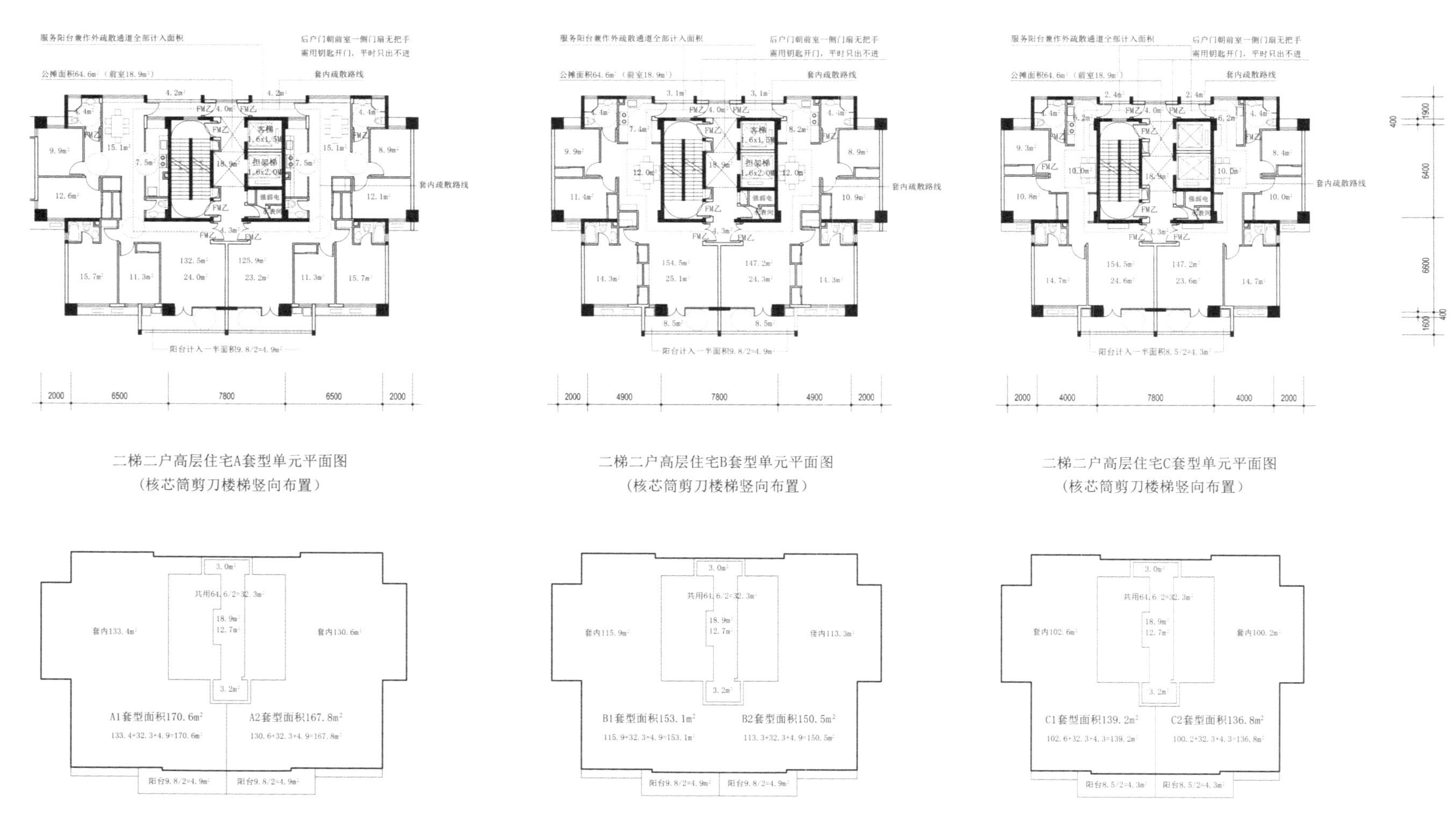

图19　54 m以上二梯二户单元式高层住宅交通核心筒竖向布置A、B、C套型每户两个安全出口一个剪刀楼梯间试作方案(核芯筒剪刀楼梯横向布置)

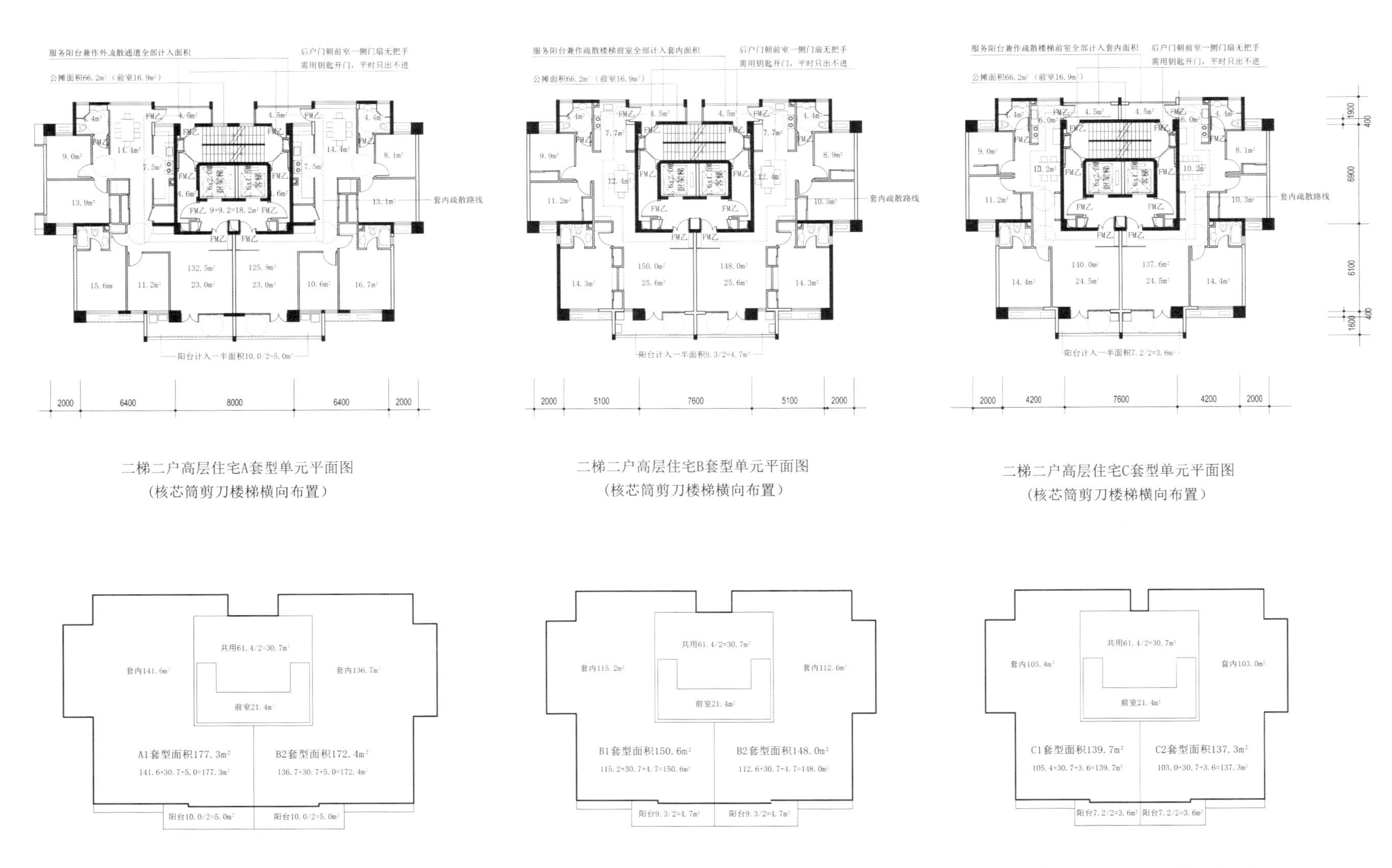

图20　54 m以上二梯二户单元式高层住宅交通核心筒横向布置A、B、C套型每户两个安全出口一个剪刀楼梯间试作方案（核芯筒剪刀楼梯横向布置）

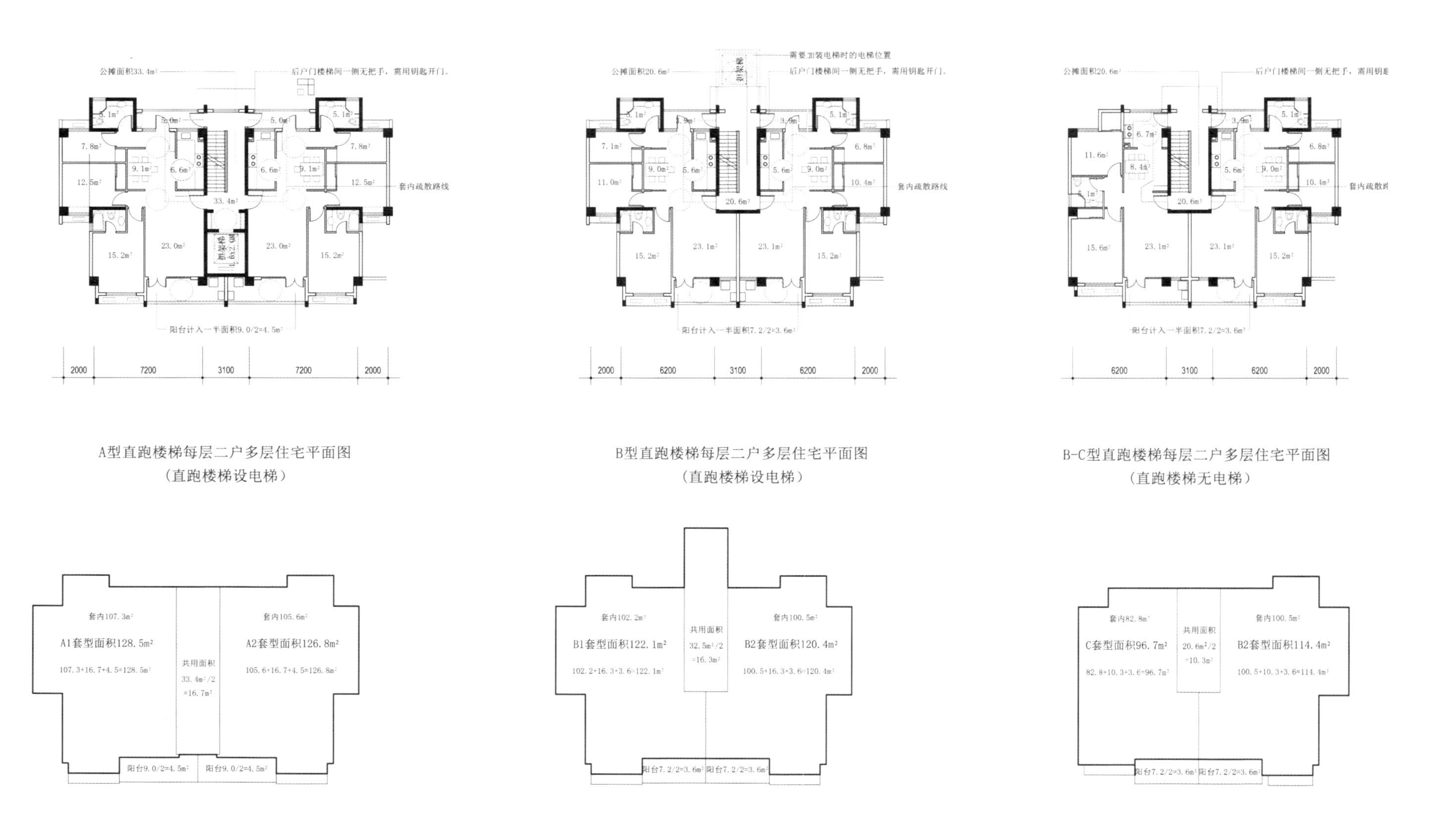

图21　27 m以下直跑楼梯每层二户单元式多层住宅A、B、C套型每户一个直跑楼梯两个安全出口试作方案(直跑楼梯间设电梯或无电梯)

单元式或板式多、高层住宅每层四～八户每户两个安全出口试作方案设计和探讨

丁公佩　王小敏

摘要 // 本文和本试作方案的除没有标注详细尺寸外，平面柱网及所有用房层高都已确定，总平面、出入口、竖直交通、安全疏散、疏散宽度、疏散距离、防火分区、坡道坡度、厕所间等都按各类规范规定的要求落实到位。设计深度已达到了初步设计程度。本文是作者的心得文章，希望引起大家的关注，能够抛砖引玉。

自杭州保姆纵火案发生后，我们一直在思考如何避免再次发生类似事件。今年上半年写了篇《杭州保姆纵火案悲剧的教训和启示》的心得文章。针对案发的住宅类型，提出了“每层两户单元式住宅”，每户均有两个安全疏散出口的理念。做到火灾时套内没有死胡同，并使疏散能力提高一倍。

如果仅限于每层两户单元式多高层住宅，总觉得缺少普遍意义，应有所拓展。我们对每层四～八户北外廊多高层住宅进行了分析，认为有实践新理念的空间(对一梯、剪刀楼梯每层4～8户的点、塔式住宅来说已无计可施，这已经在《医院病房护理单元及老人公寓火灾时等待救助及安全疏散研究和探讨》一文中有所阐述，并用试作方案给予佐证。实践证明医院病房和老人公寓设置前后两条安全疏散通道，不仅是可能的，更是完全可行的)。

如果医院病房和老人公寓是弱势群体的公共建筑，那么公寓则是弱势个体较多的居住建筑。在中国，住宅的生活阳台多设在客厅南面，多数是独立的、单个的。如果做成通长的，每户连在一起的，不就是南外廊了吗？

瞬间，想起34年前1985年赴日本考察居住区和居住小区时，参观北大阪居住小区时见到过的北外廊式住宅。他们的公寓几乎千户一面，都是通长阳台，一户接一户，不做成封闭阳台(不算面积不许封闭)。乍看有点单调，却也十分整齐实用。

在日本除住宅建筑设计成通长阳台外，医院病房楼和公司办公楼等，也都普遍设有通长外廊。为此，我们参阅了相关类型建筑平面图。发现这些通长外廊与楼梯间并不连通。因此，这种外廊不是安全疏散通道，其作用是为消防扑救和等待救助提供平台。同时，外廊在建筑防火构造上起到防火挑檐的作用，可有效地阻断火势由下向上的迅速蔓延。

近日，网上报道了日本住宅火灾时可击碎阳台的简易隔断，通至相邻阳台经邻居家逃生的做法。这与我们设计的病房和老人公寓的阳台分隔门可以打开的原理相同。但缺少直接通向楼梯间的通道。如果通长阳台能和楼梯间相连通，阳台就成为另一条疏散通道了。这样北、南双疏散通道也就形成。

试想如果儿童、老人、残疾人无力击碎隔断；邻居家门又被反锁该有多可怕。所以，自动开启的阳台隔断门比人力击碎更为科学、可靠、有效、安全得多。

要做到每户都有两个方向的安全出口，北、南两条疏散通道就是上述理念的保障。北通道即公共通道；南通道则是由各

作者单位：
作者单位江苏省建筑设计研究院有限公司
江苏 · 南京

日期：2019-10 修改，补充于防疫“宅家”期间

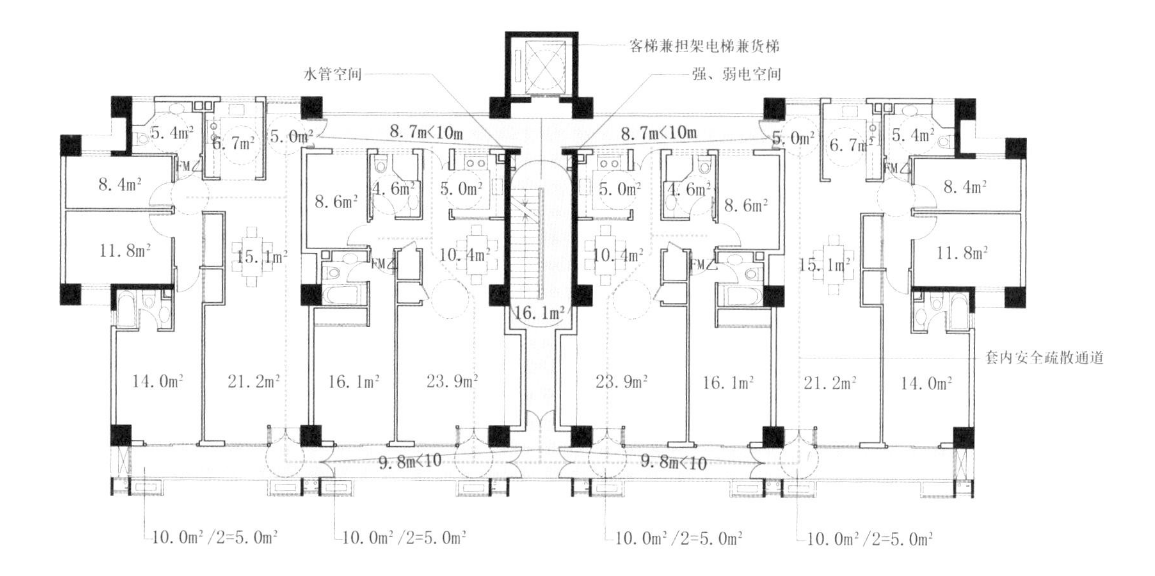

图1　27 m以下多层一梯四户单元式公寓楼试作平面图（每户可有两个安全疏散出口）

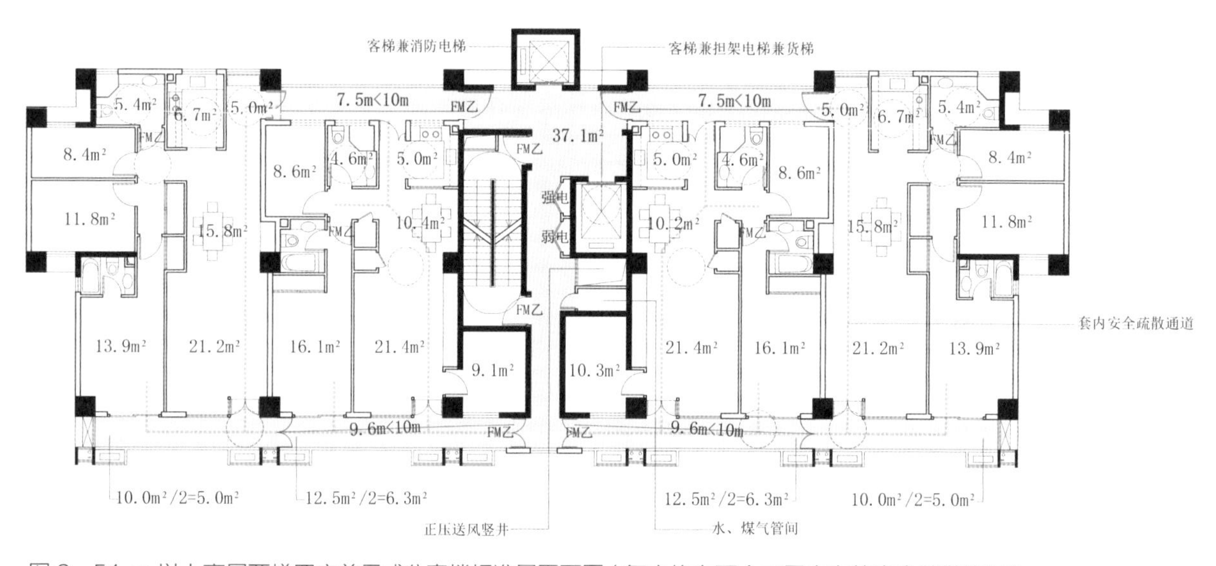

图2　54 m以上高层两梯四户单元式公寓楼标准层平面图（每户均有两个不同方向的安全疏散出口）

图3　27 m以上高层每层两梯六户板式公寓楼标准层平面图（每户均有两个不同方向的安全疏散出口）

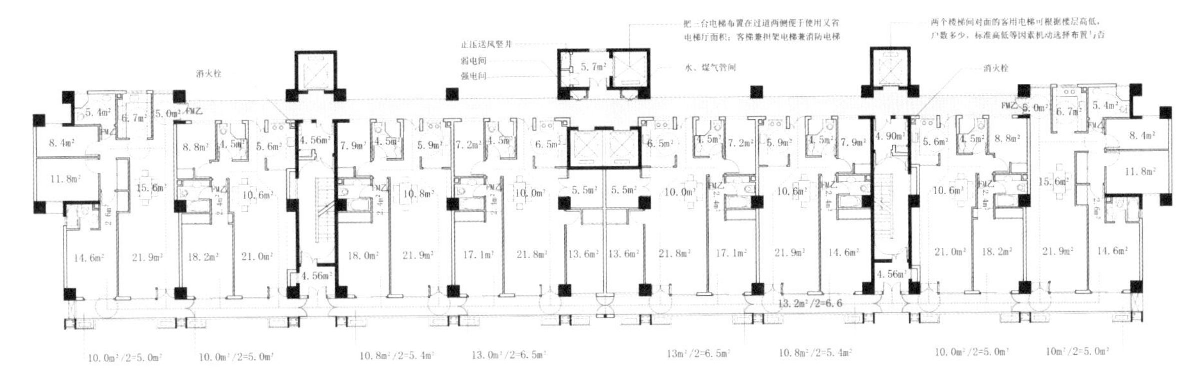

图4　27 m以上高层每层两梯八户板式公寓楼试作平面图(每户均有两个不同方向的安全疏散出口)

家各户的阳台串联起来的紧急疏散通道。平时户与户由分隔门隔开，以免干扰；发生火灾时由小区消防控制中心统一指令，即时打开分隔门成为安全通道，直通两个疏散楼梯间。这就是我们所希望的，以人为本的设计理念。过去没有消防控制中心，无计可施，现在已是家常便饭且安全可靠。

为了保障安全通道与疏散楼梯间的良好关系，楼梯间要符合安全疏散和疏散距离的规定。所以楼梯间宜作竖向布置，采用直跑楼梯或剪刀楼梯形式，保障北、南入口处于同一层楼面标高，并尽可能减少每户的公用面积。

主要竖向交通客梯或兼消防电梯宜布置在中间部位，方便使用，减少东西间干扰。可利用通道作为候梯厅以减少通道面积，且不妨碍和影响住宅采光通风。

本文所做的试作方案和之前论文一样，都基于与当今社会经济发展相适应的高起点、高标准理念。尽可能把住宅设计做得更好，更具人性化。

1. 所有公寓类住宅全部电梯化。

2. 所有公寓类住宅全部无障碍化。

3. 所有公寓类住宅每套都有两个不同方向的疏散出口及两个或四个安全入口。

4. 创立居住区、居住小区的“应急管理中心”及其属下的“消防控制中心”，加强消防安全管理。让居住小区融入5G时代。

在介绍板式住宅公寓楼之前，先将符合上述四个理念要求的各类住宅每户公用面积相关数据，做如下整理、比较和分析：

一梯两户多层单元式住宅 16.7 m^2/户
一梯四户多层单元式住宅 16.8 m^2/户
两梯六户多层条式住宅 23.6 m^2/户
两梯八户多层条式住宅 21.8 m^2/户
一梯两户小高层单元式住宅 23.0 m^2/户
一梯四户小高层单元式住宅 23.1 m^2/户
剪刀楼梯两户高层单元式住宅 A 32.3 m^2/户
剪刀楼梯两户高层单元式住宅 B 30.7 m^2/户
剪刀楼梯四户高层单元式住宅 26.2 m^2/户
两梯六户高层板式住宅 29.4 m^2/户
两梯八户高层板式住宅 24.6～26.7 m^2/户

一、27 m以下多层一梯四户住宅

图1为按照电梯化、无障碍化、每户两个疏散出口、居住小区设有“消防控制中心”的理念设计的一梯四户多层板式住宅楼试作方案。其重要特点是每户有两个疏散出口。一个是通往常用的公共通道；另一个则是在紧急情况下经南面通长阳台作为通道，分别从北、南两侧进入楼梯间的两个出口。很显然公用面积需增加到每户 16.8 m^2，比只有一个安全出口的增加了 4.0 m^2。这就是提高安全疏散标准的成本和代价。

按上述四个理念要求设计的一梯四户和一梯两户多层单元式住宅比较，它们的公用面积仅差 0.1 m^2。在这种情况下，采用一梯四户设计，一台电梯服务四户，居住环境独立性稍差，也可采用居住条件独立性更好的两个一梯两户平面组合的设计。虽然会增加一台电梯，但仍符合标准和造价要求，不失为合理且明智的选择。

当然，这并不意味着一梯四户多层住宅没有存在的价值了，相反由于它是其他同类住宅的组成之一，在居住小区规划中起到填缺补齐的统筹作用。

二、54 m以下高层一梯四户住宅

54 m以下一梯四户小高层住宅，是少数允许一个单元一个楼梯间的高层住宅建筑。《建筑设计防火规范》GB 50016—2014的5.5.25中明确：必要条件是单元的建筑面积必须小于650 m^2；充分条件是户门至楼梯间的距离小于10 m。这两个条件必须同时满足，缺一不可。GB 50016—2014的5.5.26又规定不许独立建造只有一个楼梯间的单元；需有两个等高的一梯四户单元组合成一栋建筑；使其有两个楼梯间和两个方向的疏散条件；单元的楼梯间必须直通屋面并通过屋面连通互为疏散通道。这是对该条规范的正确解读。

GB 50016—2014的5.5.26属强制性条文，只须严格执行，没有必要添加过多的解释和说明（说多了反而会漏洞百出、矛盾多多，一点好处都没有）。

从不同类型和层数住宅的每户公用面积平均数的大小来分析，对每户都有两个疏散出口的一梯四户与一梯两户单元式住宅作了比较，结果发现两者的公用面积几乎相同，仅相差0.1 m^2。在这种情况下，不如做两个一梯两户单元组合更为合适，增加电梯一台。似乎一梯四户小高层住宅的存在意义有限。但由于该类型住宅的体量较小、可塑性大、利于规划布控、经济效益较好。（图20）

三、54 m以上高层剪刀楼梯四户住宅

随着每层四户高层住宅的层数越来越高和户数越来越多，安全疏散和竖直交通必须重新设计。楼梯间不少于两个，电梯仍可为两台，也已达到常用型或舒适型临界标准。

按照《建筑设计防火规范》GB 50016—2014的5.5.25和5.5.28规定，每层两梯四户高层住宅允许采用剪刀楼梯间及三合一前室。这是高层住宅难得的待遇。（图2、图14）

鉴于54 m以上高层，每层两梯四户住宅体量仅五开间，面积小于65 m^{2}同时交通和疏散核心位于中央。使最远一套至安全出口楼梯间防烟前室的疏散距离都小于10 m。这是采用剪刀楼梯间，又采用三合一防烟前室的合法理由。该前室除满足消防要求外，还兼作候梯厅及设备管线间工作通道。所以前室面积达34.5 m^2。然其每户公用面积并不大，仅为26.4 m^2。比剪刀楼梯两户每户两个出口的公寓的公用面积（30.7～32.3 m^2）少了4.2～5.8 m^2。又省了两台电梯，所以相当经济。其安全度和疏散能力相同，故应成为首选。

试作方案剪刀楼梯和消防电梯的三合一扩大前室，面积很大、南北连通、有天然采光、通风条件环境良好，且设有正压送风竖井，火灾时能防止烟气侵入。如此优良的前室，本身就是最好的避难空间，这直接就是一个避难间。

四、27 m以下多层每层两梯六～八户条式住宅

按《建筑设计防火规范》GB 50016—2014的5.5.25规定，除少数小开间、小户型等套内面积<100 m^{2}的多层住宅，有可能打一下“擦边球”外，这类住宅都必须设置两个楼梯间。本条为强制性条文，应严格执行。

在每层两梯六～八户多层条式住宅试作方案中，除必须设置两个楼梯间外，还要求达到我们的设计理念——每户都有两个方向的安全出口。对此设计要求会更高、更难。根据电梯和楼梯间的各自使用频率，试作方案把电梯和楼梯间分开设置。繁忙的客梯兼担架和无障碍电梯（无消防电梯要求），布置在中间部位以方便住户使用。电梯面向，兼作电梯厅的公共通道。（图17）

楼梯间采用3.3 m开间独立柱网直跑楼梯竖向布置形式。分设在条式楼的东西两端，可以从北面的公共通道和南面的通长阳台，进入楼梯间的同一层楼面标高。实现了这类多层条式住宅，每户也都有两个疏散出口、四个安全入口的新理念目标。

由于楼梯间增加一倍，公共通道增加了1～2倍，导致每户的公用面积急剧增加到23.6 m^2及21.8 m^2。比一梯两户或一梯四户单元式，足足多了6.80 m^2。经过试作方案的验证，发现两梯六～八户的多层条式住宅确实没有存在的意义。

五、27 m以上高层两梯六～八户板式住宅

图5、图6为27 m以上高层两梯六～八户板式住宅的试作方案。它是按照《建筑设计防火规范》GB 50016—2014的5.5.25、5.5.28条款要求设计的。不采用剪刀楼梯间，两个楼梯间必须分散设置。同时也达到"每户都有两个方向的疏散出口"的理想要求。当然，为实现这一目标，还有很长的路要走，还需要不断地呼吁和努力。

试作方案仍把电梯和楼梯间分开设置，把三台电梯集中布置在中间部位方便使用。其中两台客梯面向公共通道，局部区段兼作候梯厅。所有电梯都满足无障碍要求。另有一台尺寸较大的客梯可兼作担架梯，消防梯和货梯。设独立的防烟前室和正压送风系统。

楼梯间仍采用3.3 m开间独立柱网的直跑楼梯间并作竖向布置。分散设置在板式住宅楼的东西两端。根据《建筑设计防火规范》GB 50016—2014的5.5.27调规定，采用防烟楼梯间。可从北面公共通道和南面通长阳台进入楼梯间同一楼面标高的防烟前室。达到每户均有两个方向疏散出口和四个安全入口的目标。

防烟楼梯间北南两个入口都设有>4.5 m^2的防烟前室。前室紧靠外墙有直接采光通风条件。防烟楼梯间及其前室，设有正压送风系统，火灾时能防止烟气侵入。

下面为54 m（或27 m）以上各类高层住宅的每户公用面积比较数据：

剪刀楼梯两户单元式住宅A：32.3 m^2/户

剪刀楼梯两户单元式住宅B：30.7 m^2/户

直跑楼梯四户单元式住宅23.0 m^2/户

剪刀楼梯四户单元式住宅26.4 m^2/户

两梯六户板式住宅29.4 m^2/户

两梯八户板式住宅24.3～26.4 m^2/户

（以上数据来自各自的技术经济分析）

从数据可以看出，54 m以上两梯四户高层和27 m以上两梯六～八户高层北外廊板式住宅，比剪刀楼梯两户单元式高层住宅每套减少2～8 m^2公用面积。另外，与两个单元组合套型比较又可减少两台电梯。如果再与三～四个单元组合套型比较，更可减少3～5台电梯。所以板楼的规模越大、层数越高、户数越多，电梯利用率也就越高。而电梯的数量相应减少，装备费用也可有效降低，使得北外廊板式住宅楼的经济性明显提高，产生了建筑设计、建筑装备、建筑经济等一系列的良性循环。

六、54 m以下和54 m以上高层住宅每层四户套型可有更复杂的组合

现在所有的试作方案都是单栋的板楼。我们还利用已有的住宅平面，做一些更为庞大、复杂的体量组合，以满足特殊场地的规划需求。因要求每户都有两个出口，又想兼容相邻住宅的楼梯，因平面过于复杂且不经济决定放弃。唯有54 m以下一梯四户及54 m以上剪刀楼梯四户高层住宅，才有望组合成"C"型和"E"型等复杂平面以适应特殊地块需求。上述两种户型的优点：① 单元体量较小设计紧凑容易组合；② 安全疏散在单元内或单元组合后即可解决；③ 每户公用面积较小，其综合经济效益良好。

七、南向通长阳台分户隔断门设计

南立面统长阳台隔断门，平时相当于户间的隔墙，门扇上无把手平时不打开，在火灾发生时，可立即自动打开。令阳台成为一条疏散通道直通中间（或东西）楼梯间。

阳台分户隔断门采用自动开闭的 1.2 m 宽双扇平开门。依据住宅标准可有多种选择。

1. 采用 12 mm 厚磨砂或贴膜玻璃门扇，属于现代型。简洁、明快、无视线干扰，开启方式可参照自动排烟窗做法。

2. 选用 25 mm 方管不锈钢门扇框架，双面贴不锈钢高光或亚光薄板封平门扇。属于常用型，简单、平整、经济，没有视线干扰，同样用得较多。对一般住宅建筑来说很实用，是一个很好的选择。开启方式同玻璃门。

阳台的隔断门无防水、隔气等密闭性要求。构造应比排烟天窗简单很多。

阳台的隔断门应向疏散方向自动开启。火灾时，小区消防控制中心会第一时间发出指令让全楼阳台隔断门全部打开，使阳台立即成为一条通道。为保持畅通，阳台不能放置宽大家具，以防影响疏散。这需要经常宣传，形成共识。

每半月由消控中心负责检查设备是否灵敏、隔断门开闭是否灵活、有无障碍物阻挡等等隐患。只有家家做到位，才能户户保平安。

八、创建居住小区应急管理中心

居住小区应急管理中心是一个新事物。以前小区物业管理仅限于安全监控，不涉及消防安全控制。随着社会的发展，科技的进步；安保的提升，以及对消防的重视，居住小区应急管理中心这一新理念应运而生。这是当今住宅建筑必不可少的组成部分，也是住宅设计以人为本、不墨守成规，不以符合设计规范为满足的一次技术进步，是设计跟上时代步伐的体现。这需要政策支持，也需要建筑师们的不懈努力。

新理念的提出到被逐步接受，再到普遍实现，并不简单。会有一个从认识到理解，熟悉到认可的过程。可能还有反对声音，但这是大势所趋，相信会被未来所接受。

九、外廊式住宅楼梯间选择和设计

根据住宅建筑的高度和层数的多少选择住宅的楼梯间，按照《建筑设计防火规范》GB 50016—2018 中 6.4 的相关要求，可选择采用楼梯间，封闭楼梯间和防烟楼梯间。

本文所做各类住宅试作方案的楼梯间在设计时有以下几点特别考虑：

1. 楼梯间、封闭楼梯间和防烟楼梯间的的前室应有天然采光和通风条件。首层应有两个不同方向的疏散外门。

2. 高层住宅剪刀式防烟楼梯间的三合一前室和防烟楼梯间的前室均应有天然采光和通风条件，同时设置正压送风防烟竖井。

3. 高层住宅的剪刀式防烟楼梯间或防烟楼梯间必须设置正压送风防烟竖井。

4. 通长阳台一侧通向楼梯间或前室的门都为单向把手，楼梯间或前室一侧无把手。该门只进不出，仅供疏散。窗子内开、外装栅栏（个别窗子采用乙级防火窗）做到防火又防盗，以确保住户的安全。

十、外廊式高层住宅防火构造设计

住宅建筑没有防火分区的概念，规范把住宅建筑中的每一户居住单位，视作独立的防火单元。这是住宅建筑与公共建筑在防火设计方面的最大区别，也是最大的特色。

借鉴“防火规范”GB 50016—2018 中 6.2.2 条要求；同时，遵照 GB 50016—2018 中 6.2.5 规定。住宅建筑户与户和户与楼梯间之间的分隔墙采用 0.2 m 厚、耐火极限不低于 2.0 h 的防火隔墙。其中南北尽端外墙则采用 0.2 m 厚的门、窗间墙，墙面宽度>

1.0 m 要求（这两条防火规范，都是强制性条文，必须严格执行，不应有争议或过度解读）。

外廊式高层住宅，因为比一梯（或两梯）两户的单元式住宅每户在北外廊多了一个出入口。又由于厨房、厕所、次卧室的高窗宽度较长，就更显墙面珍贵。设计时套内窗子宜紧凑布置，留出足够的外门、窗间墙尺寸。

此外，通长的北外廊和南阳台就是防止火势由下向上延烧的防火挑檐，是最有效的防火构造之一，是集紧急疏散、控制延烧、消防扑救、等待救助于一体的安全平台，一举多得，应广为提倡。

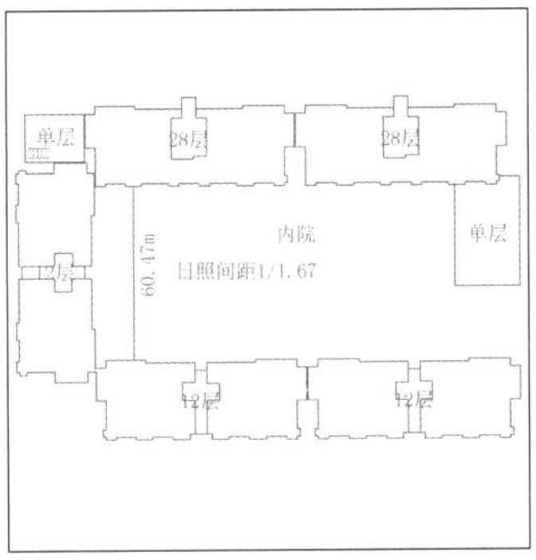

图 5　每层四户北外廊高层住宅 C 形组合试作方案

十一、外廊式高层住宅准避难间设计

鉴于板式外廊式高层住宅平面的特点，除了尽端两个套型有靠外墙的窗子外，中间套型严格来说没有直接外窗。北面是一条开敞的通道，南面则是通长的阳台，都可以直通楼梯间，既能逃生也能等待救助。但有违规范要求，为此深感困惑，最后决定将每套的主卧室作为准避难间：有厕所、有上水、可自救；有通阳台的门，可呼叫、可救助、可经阳台直接疏散。在这种情况之下，是否还应设准避难间，有待商榷。

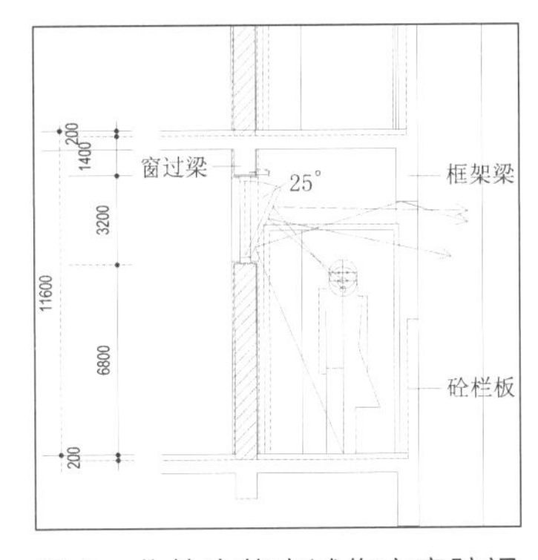

图 6　北外廊住宅试作方案防视线和噪声设计示意

十二、沿外走道的厨房间、厕所间和次卧室防视线和噪声干扰设计

板式外廊式住宅沿外走道布置的厨房、厕所间和次卧室等都存在着视线和噪声干扰问题，一直是同类住宅建筑所面临的难题。国内基本上与其他窗子一模一样不做其他处理，后期业主自行采用窗帘、卷帘、百叶等手段解决视线干扰问题；至于隔音则无计可施，只有采用固定窗或关紧窗扇两种办法，但又有碍通风。

34 年前，在日本考察居住小区时，看到的外廊式住宅与我们现在的类似。他们沿走道的小房间一般多设置为儿童卧室（子供间）、工作间、储藏间等。窗子较大，分上下两部分，下部为磨砂玻璃固定窗，上部腰头窗部位有局部开启扇，兼顾了视线和噪声干扰问题。（图 6）

本次试作方案希望有所改进。将沿公共走道一侧的窗子做成高窗，窗下则为 1.7 m 高墙体（高于 1.8 m 以下男性身高的视线高度）。高窗居于墙中，采用下悬上推窗，窗扇控制开启角度为 25°，并增加不锈钢角钢栅栏使高窗开启后的最大缝隙小于 0.11 m，以有利通风、防止噪音、避免隐患。

高窗虽高，窗洞 0.8 m×1.4 m/1.5 m/2.0 m（高 × 宽），面

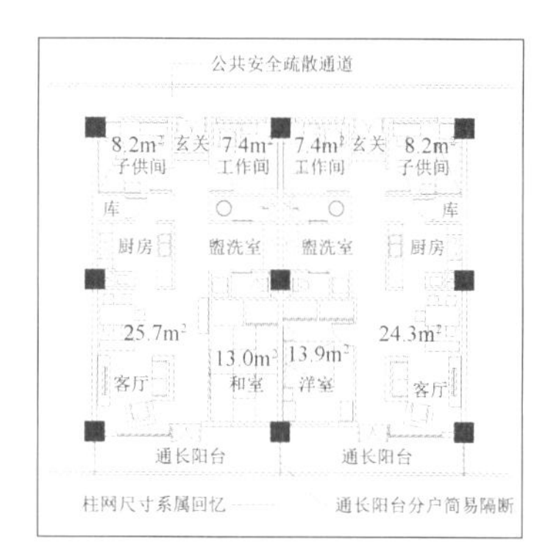

图7　1985年日本北外廊高层公寓套型平面示意图

积分别为 1.12 m^2、1.20 m^2、1.60 m^2。基本满足各房间窗地面积比值 1.7 的要求。当下悬上推窗打开后，它能反射部分声音，有利于室内的噪声控制。对每层四户来说，其实影响不大。当然从室内空间来看，会有不习惯的感受。故试作方案并不理想，只是另一种尝试和选择。还希望更多的建筑师们可在创作实践中有新的发现、新的创造，把这一课题做得更精彩。

十三、于关住宅阳台面积规定等问题

房产改革前，很多住宅属于由国家投资建设的各类机关、企事业单位的职工宿舍(廉租公房)，每种套型都有面积指标，连阳台大小都有规定。当时悬挑阳台是不计面积的，凹阳台按一半面积归入套型的总建筑面积之内。

随着商品房的问世，商品房的室内布局与公房相比，有了很大改进。如动静分区，有独立的客厅、餐厅，以及双卫生间等。还常常用打折、送阳台面积等等方式促销。一时间阳台面积计算花样百出：有不算面积的；有只算一半面积的……

阳台是住宅建筑中不可或缺的组成部分之一，它为人们提供了诸如阳光、观景、健身、晾晒、消防等多方面的需求。本来就应该是一个开敞空间，以便更好地满足上述要求。

阳台还是住宅建造中，造价小、投资少的附属部件。只需钢筋砼悬挑梁、封口梁、楼板和栏板即可，没有外窗。形成进深浅、长度长的通长阳台。可获得最大的迎阳面和晾晒面，不影响客厅与卧室的日照和采光；当利用通长阳台作为疏散通道后，更有利于安全疏散、防火构造、消防扑救。因此这是一举多得的好事。也是在板式住宅设计中的一次尝试。做成通长阳台面积会增加多少？答案是：增加有限，基本可控。

首先确定阳台宽度为 1.3 m，净宽 1.2 m。管线竖井和空调外机平台不计面积。按方案中大多数开间 7.5 m 为例，其面积多为 10 m^2。方案按 5.0 m^2 计入建筑面积。由于通长阳台兼作疏散通道后，须通至楼梯间。导致一侧或两侧住宅的阳台延长。阳台面积增加了 0.8～3.0 m^2，超面积的阳台比率为 1：0.44。尽管不完全符合南京市规划局文件宁规规范字〔2017〕3 号第十九条的规定，但它已不只是一个独立的阳台了，还是一条救命的逃生通道。因此，尽管面积增加成本大了，也是值得的。这需要得到包括房产规划部门、开发商和业主的充分理解和支持。

有人认为：既然规范允许每套住宅有一个安全出口、一条疏散通道就足够了。还想着要增加出口和通道，这不是自找麻烦，多此一举吗？是的，是有点多管闲事了。但规范始终只是最低标准。且该条规范只有疏散距离这一条必要条件，缺少每套面积大小的限定和必须有两个安全出口的充分条件。随着时代的进步、社会的发展，建筑越来越高人们也越来越渴望舒适和安全。所以，不断提高建筑设计标准既是社会的需求，也是建筑师的责任。规范和标准是可以调整、改进并提高的。

从防火角度来看，公共建筑的规范要求要严于居住建筑，条条框框也多，其实不然。请看：从人员组成来看，商业和办公建筑中多为相对健康的中青年。住宅楼内老中幼、病残孕都有，居住者相当复杂，不能等闲视之。从安全出口来说，公共建筑内房间的疏散门，不同类型的建筑只要房间面积分别大于50、75、120 m^2 时，疏散门不应少于2个（人数不限）。而住宅的套内面积除小廉租房、单身公寓外，一般都大于上述规定。因人员组成复杂和疏散的艰难，每套设两个出口、两条安全通道，并不为过。

居住建筑是建筑火灾中的重灾区。历年来事故不断，损失惨重。很多人为此付出沉痛代价，应引起每个人的警惕，而建筑师更应尽到自己的责任和义务。

图8　日本北外廊板式公寓住宅
（源自百度）

图9　日本通长阳台简易隔断击碎瞬间
（源自百度）

十四、最后的话

为了进一步拓展住宅建筑每户都有两个疏散出口的设计理念，笔者受日本采用击碎通长南阳台的简易隔断，经邻家阳台、房间逃生的启发，利用通长阳台连接楼梯间作为安全疏散通道，探讨了各类住宅每套有两个出口的可行性。（图8、图9）

近日，我们又看到韩国住宅在火灾时，其外窗不锈钢栅栏可迅速成为逃生外楼梯的视频。这种做法有待商榷，它无法阻止火势延烧，措施并不到位。可喜的是，由此可见各国都在为创造火灾逃生途径而努力着。我们也有幸参与其中。相比较而言，我们的平面方案虽然动作较大，但目前看来效果最好，是最安全、最可靠的一种选择。（图10、图11）

本文通过对不同类型、不同高度、不同规模的多、高层住宅建筑进行比较、分析，提出了我们的意见和建议，也对存在的矛盾、错误和不足之处进行了探讨。希望有识之士热情参与，积极讨论，提出新理念、新设想，令面广量大的住宅建筑设计水平达到新的高度，有所发展，有所创新。

图10　韩国公寓住宅利用不锈钢栅栏火灾时可迅速变成疏散楼梯的视频截图

图11　韩国公寓住宅利用不锈钢栅栏火灾时可迅速变成疏被搂梯的视频截图
（这种做法不安全，火会窜出窗户向上蔓延）

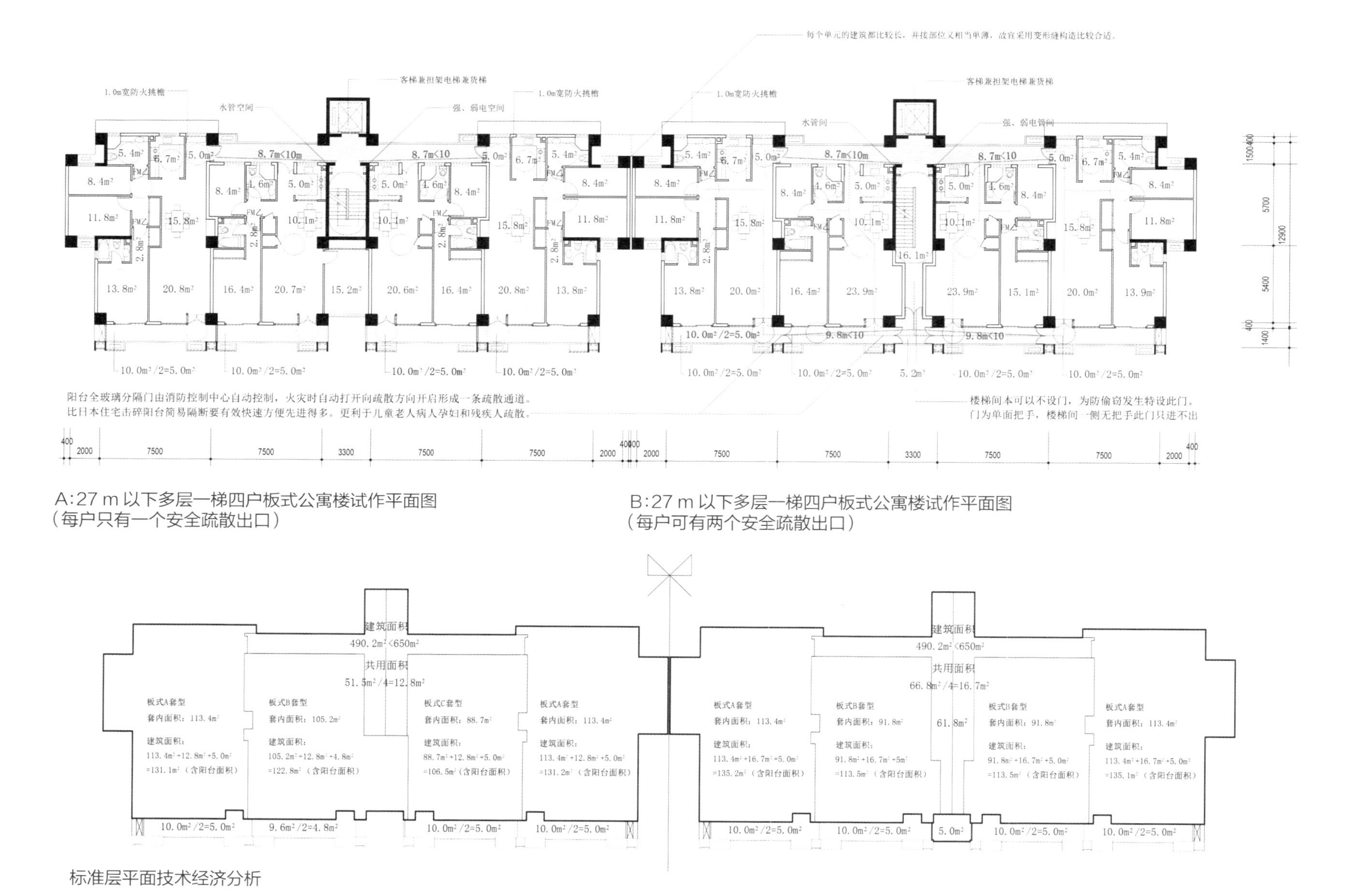

A:27 m以下多层一梯四户板式公寓楼试作平面图
（每户只有一个安全疏散出口）

B:27 m以下多层一梯四户板式公寓楼试作平面图
（每户可有两个安全疏散出口）

标准层平面技术经济分析

图12　27 m以下多层每层一梯四户板式公寓楼试作方案

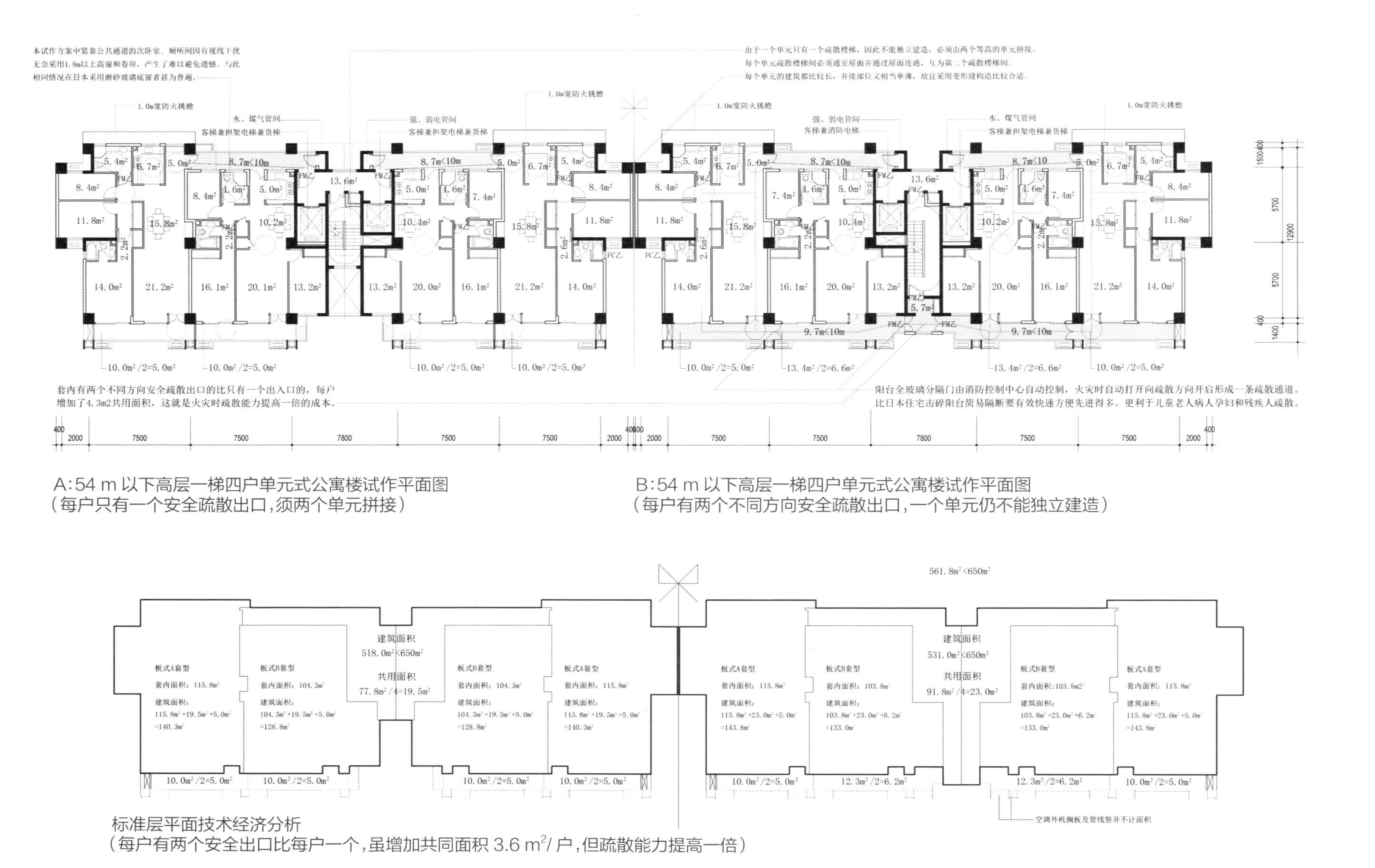

A:54 m 以下高层一梯四户单元式公寓楼试作平面图
（每户只有一个安全疏散出口，须两个单元拼接）

B:54 m 以下高层一梯四户单元式公寓楼试作平面图
（每户有两个不同方向安全疏散出口，一个单元仍不能独立建造）

标准层平面技术经济分析
（每户有两个安全出口比每户一个，虽增加共同面积 3.6 m²/ 户，但疏散能力提高一倍）

图 13　54 m 以下高层每层四户板式公寓楼试作方案

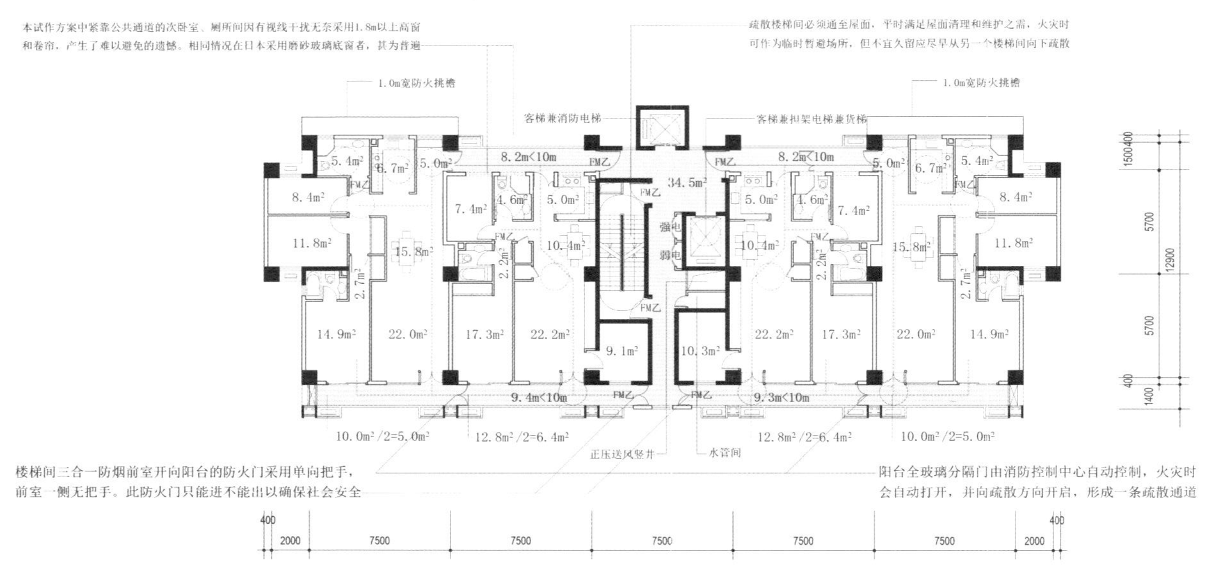

54 m以上高层每层两梯四户板式公寓楼试作平面图（一个单元可独立建造）
（每户均有两个不同方向的安全疏散出口）

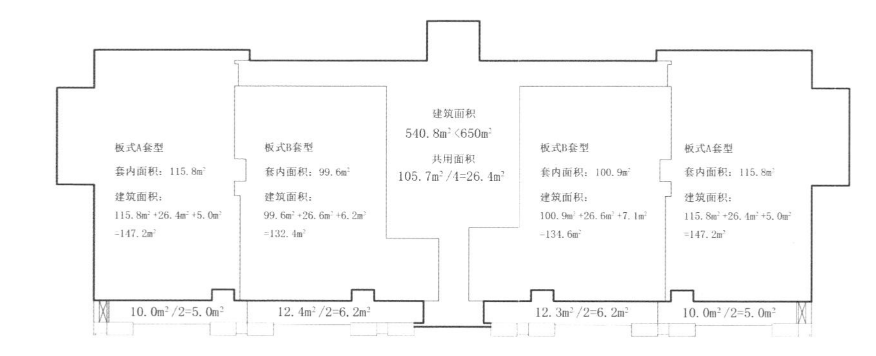

标准层平面技术经济分析

图14　54 m以上高层每层四户板式公寓楼试作方案

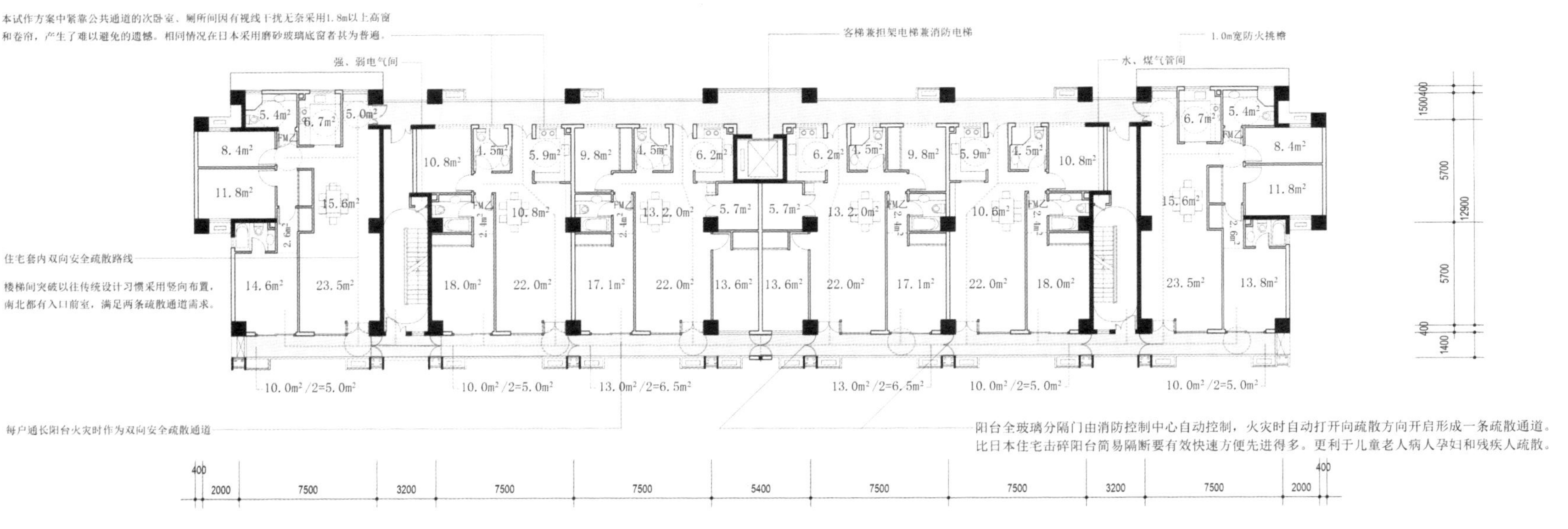

27 m 以下多层每层两梯六户板式公寓楼试作平面图
（每户均有两个不同方向的安全疏散出口）

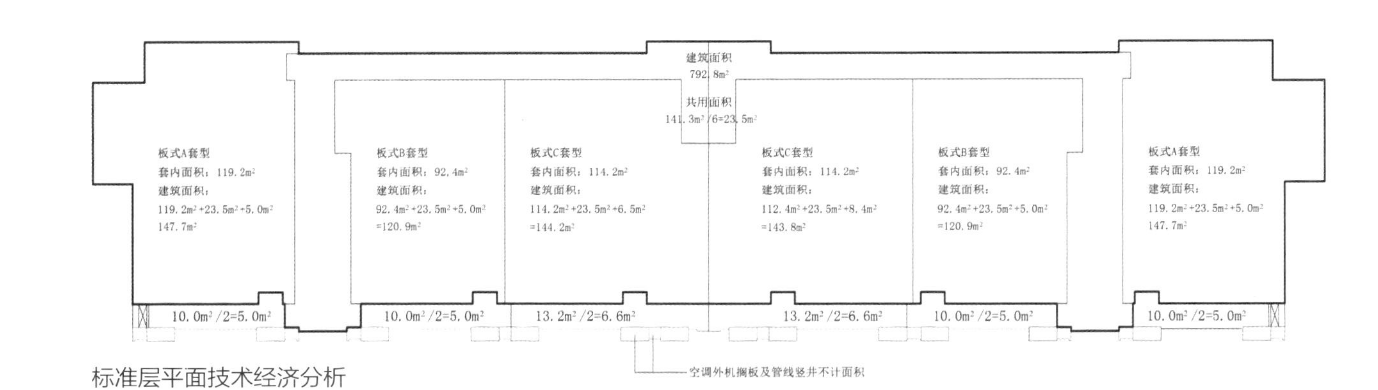

标准层平面技术经济分析

图 15　27 m 以下多层每层两梯六户板式公寓楼试作方案

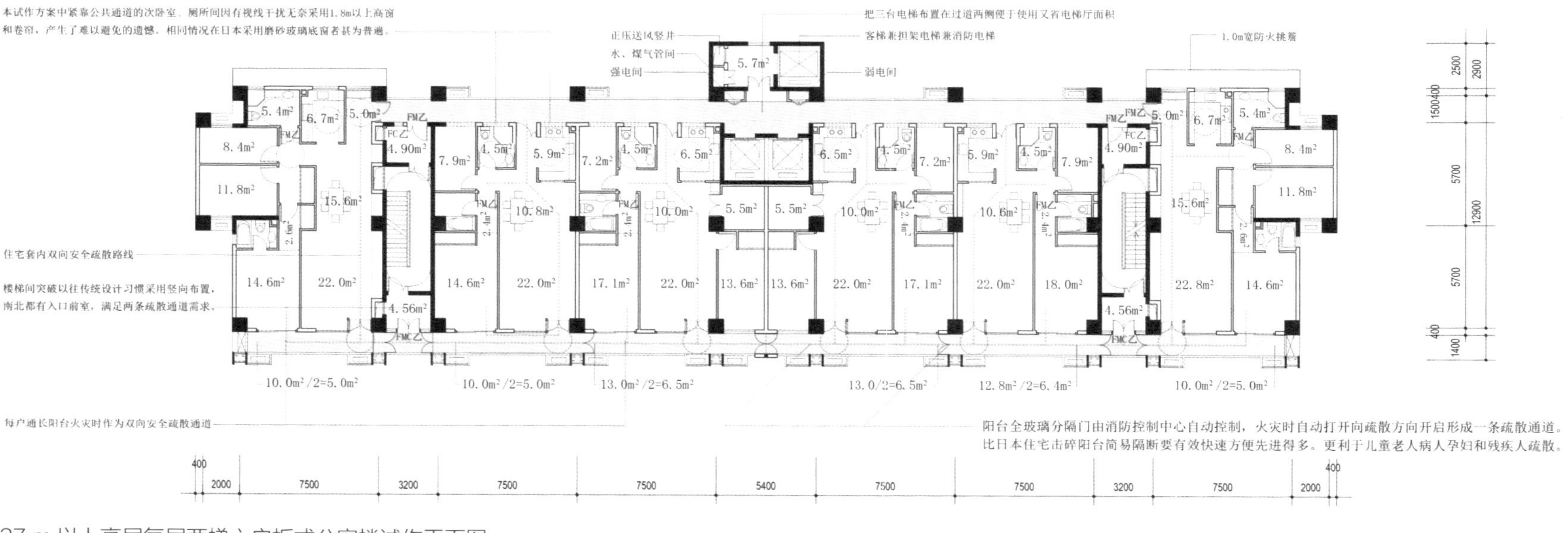

27 m 以上高层每层两梯六户板式公寓楼试作平面图
（每户均有两个不同方向的安全疏散出口）

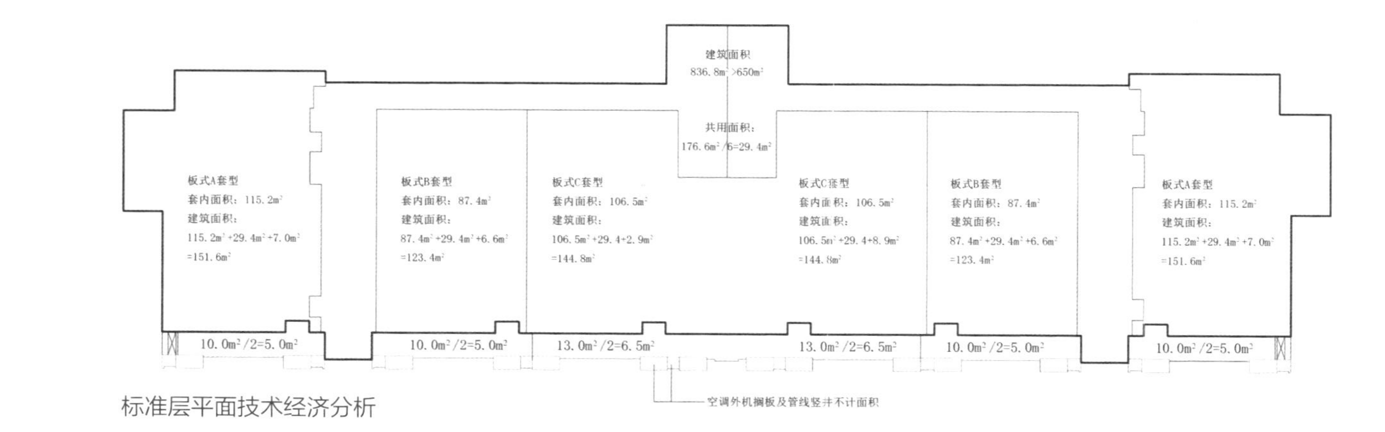

标准层平面技术经济分析

图 16　27 m 以上高层每层两梯六户板式公寓楼试作方案

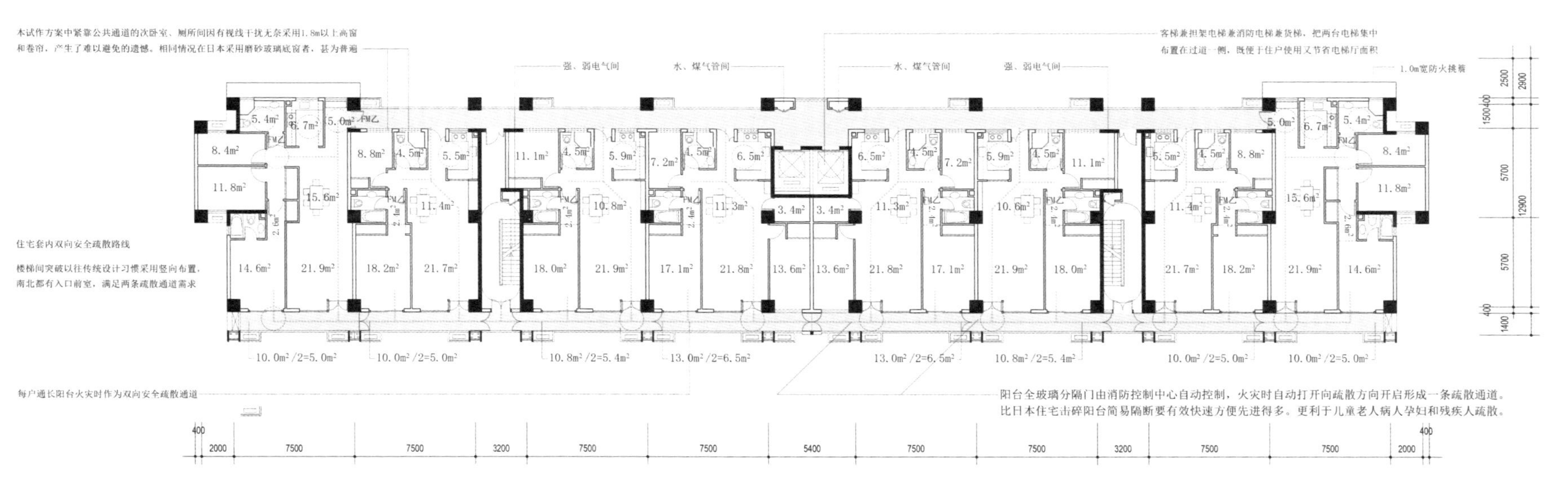

27 m以下多层每层两梯八户板式公寓楼试作平面图
（每户均有两个不同方向的安全疏散出口）

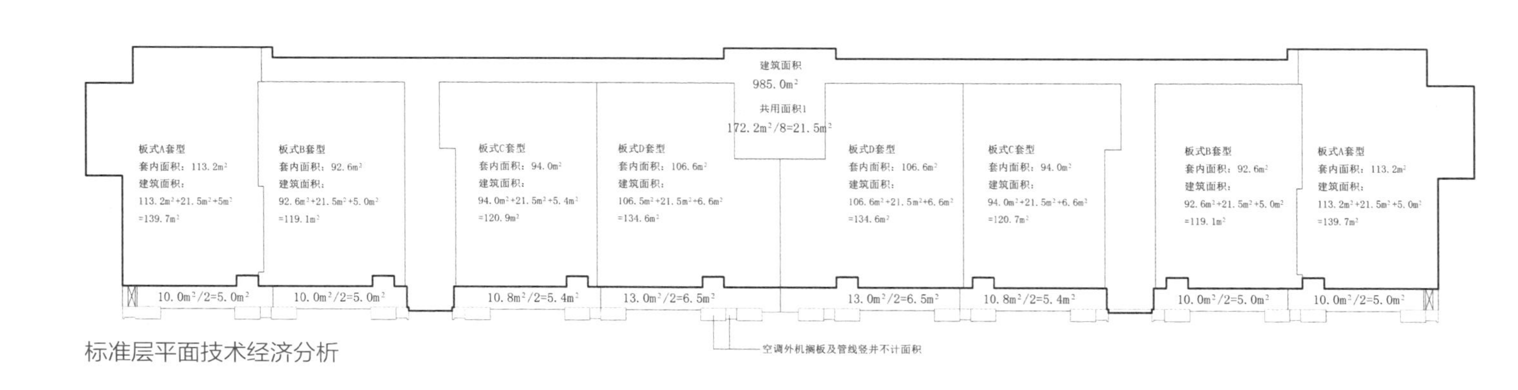

标准层平面技术经济分析

图17　27 m以下多层每层两梯八户板式公寓楼试作方案

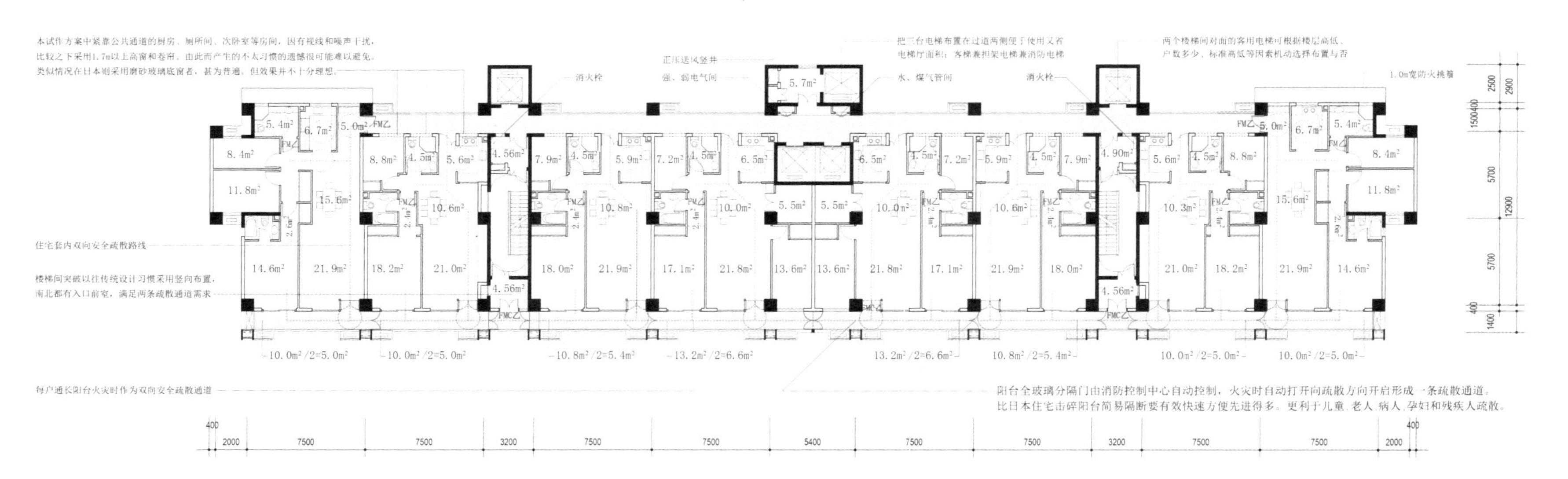

27 m 以上高层每层两梯八户板式公寓楼试作平面图
（每户均有两个不同方向的安全疏散出口）

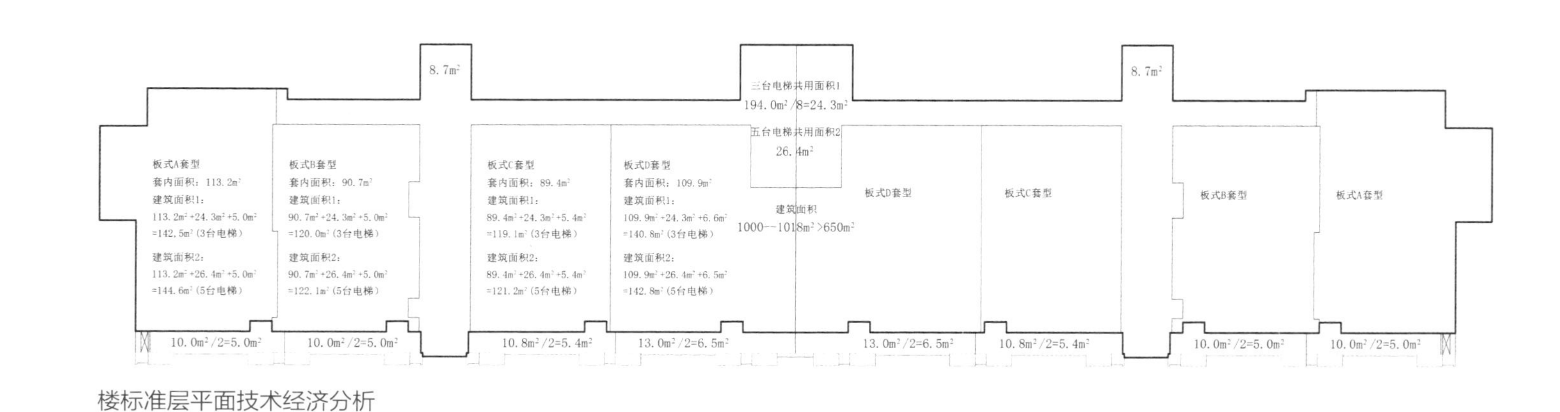

楼标准层平面技术经济分析

图18　27 m 以上高层每层两梯八户板式公寓试作方案

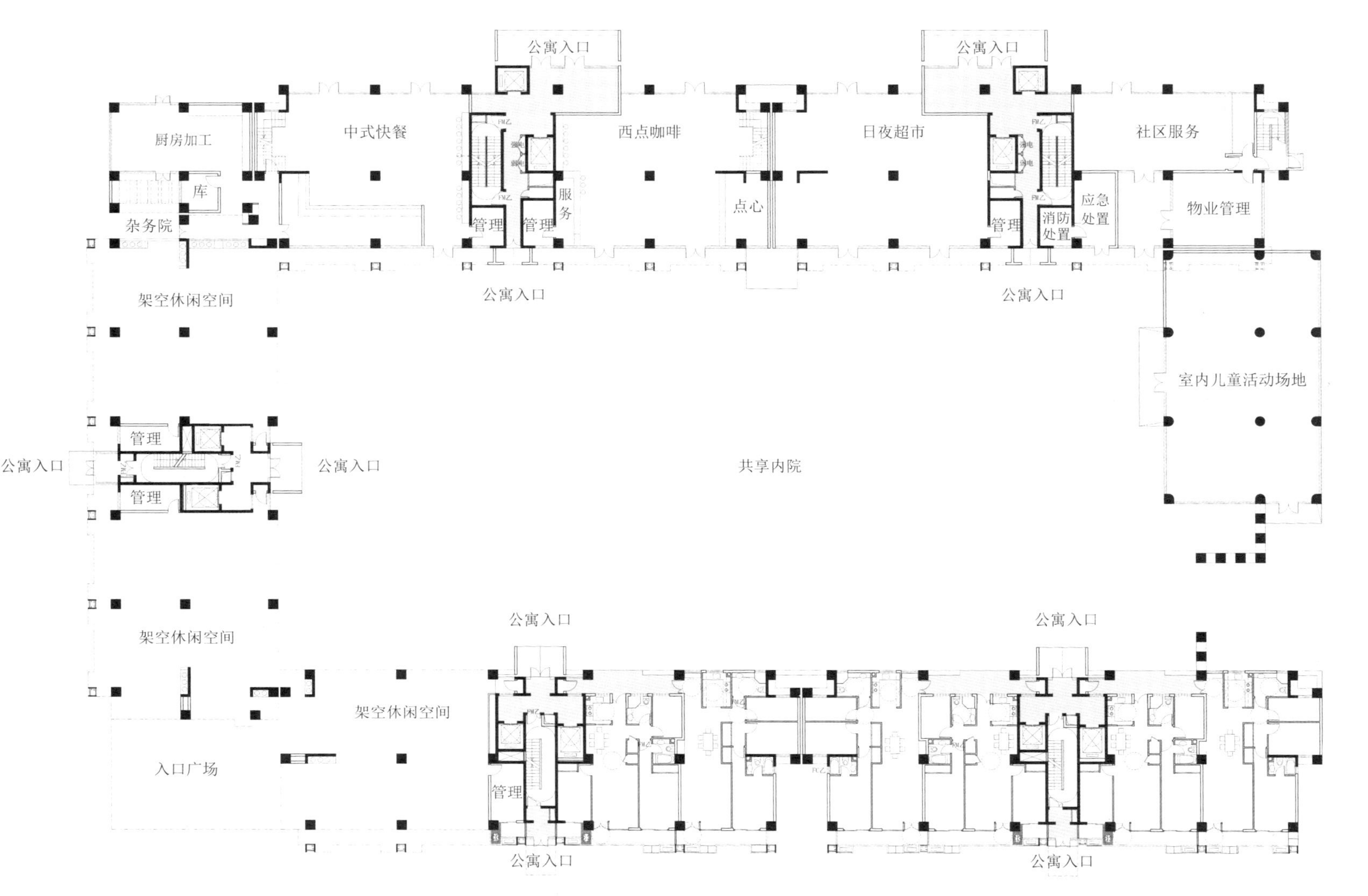

图19　54 m以下或以上高层每层四户板式公寓楼C形组合一层平面

一层的室内外高差0.2 m，层高5.8 m，相当于两层住宅层高，住宅层高全部2.9 m。其中，南栋住宅12层，西端一、二层局部架空；西栋住宅12层，一、二层全部架空；北栋住宅28层，一层（相当两层住宅高）作为社区服务、物业管理、应急处置、中西餐饮、日夜超市等居民生活安全必须用房，局部可设置夹层。3~28层全为住宅。形成南低北高的格局。另外，东端和西北角增设了单层的儿童活动场地和餐饮厨房；使空间得到更好的围合和通透，又不影响住宅日照。这种组合有利于获得日照利好，以及好朝向套型的最大化。

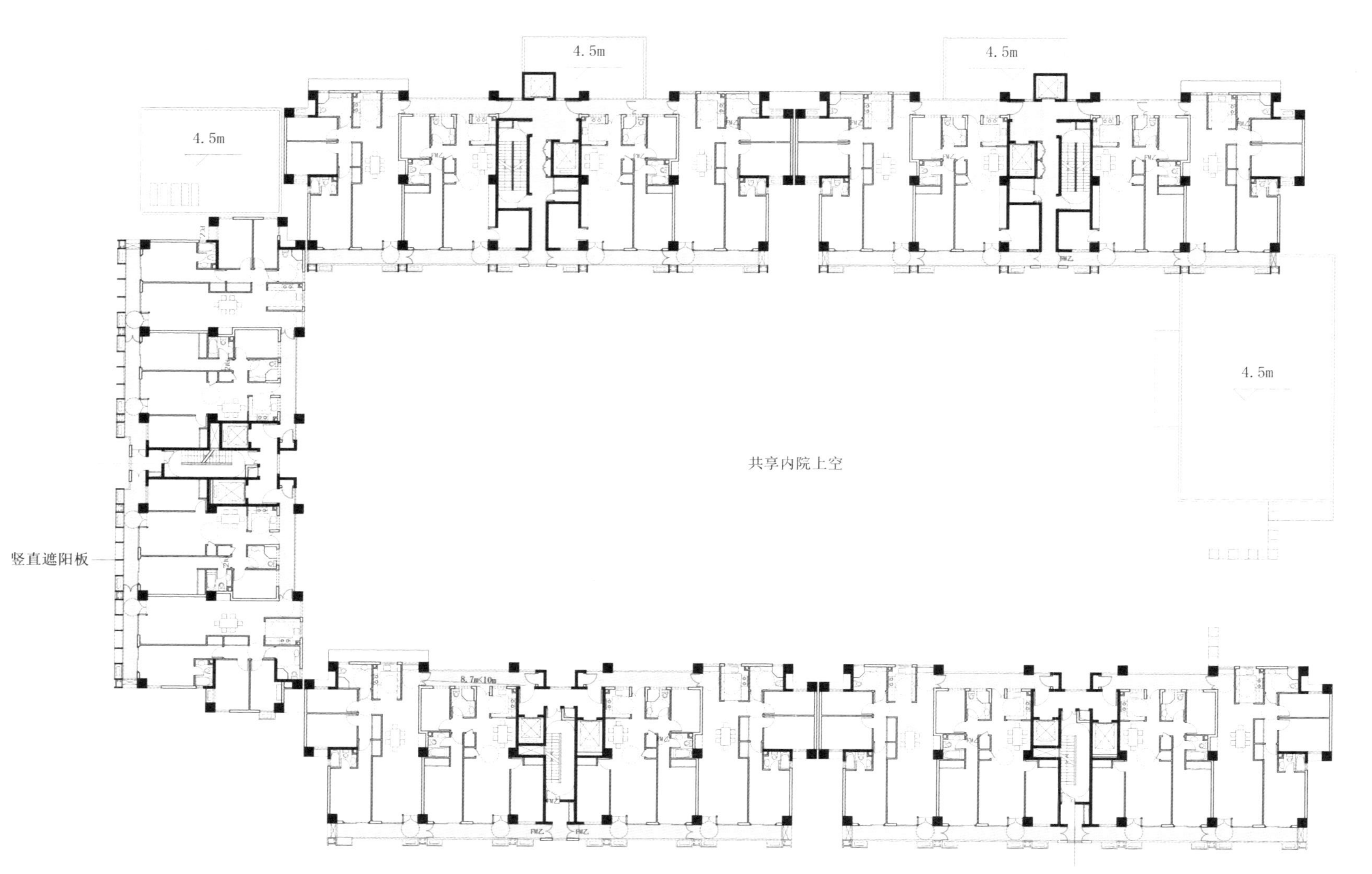

图 20　54 m 以下或以上高层每层四户板式公寓楼 C 形组合标准层平面

南、西、北三栋公寓住宅中，南、西两栋均为 12 层小高层住宅，每个单元可设一个楼梯间，但三个单元的楼梯间必须通至屋面并经屋面连通，互为疏散通道；北栋为 28 层高层住宅，规范允许采用剪刀楼梯间和三合一前室，一个单元即可独立建造。从而形成南、西两栋较低，北栋特高的布局。且北栋的两个单元既可同高，亦可一高一低，让建筑造型富有变化。比较住宅套型朝向（共 308~348 套），朝西套型、朝南套型为 40 套，相当于 1/8.7~1/7.7。这样一个比例应可以接受，且朝西套型已有通长阳台，并设有竖直遮阳措施。

重新认识公寓类住宅建筑安全疏散及其他设计规范的隐患

丁公佩　王小敏

摘要 // 我们发现《建筑设计防火规范》"住宅建筑"部分有关公寓类建筑疏散出口,没有套内面积大小的规定,只有套内最远点至疏散出口的距离要求,多层小于 22 m,高层小于 20 m 的单一控制标准。导致公寓套内面积成失控状态。本文提出住宅建筑应参考公共建筑的面积和距离双控制的规范标准。让住宅建筑的防火设计标准既有必要条件,又有充分条件的双控制标准,以确保其安全。

住宅建筑每户仅 2~5 人,男女老少都有,家庭组成复杂。像幼儿园,又似老年公寓,带有公共建筑因素。为此,住宅建筑的防火规范条款中,应参考公共建筑的相关规定。制定住宅套内面积及疏散距离双控制标准。有人认为公寓只能设一个出口。经潜心研究,发现每套设两个疏散出口是完全可能的,己有案例为证。

另外,《住宅设计规范》《无障碍设计规范》早已不符合现实需求,应进行系统性修订。

作者单位:
江苏省建筑设计研究院股份有限公司
江苏 · 南京
日期:2021-01

在《建筑设计防火规范》中一直没有把家庭居所"住宅"和它们的具体类型如"别墅"和"公寓"的概念讲清楚,做出严格的区分。一直以似是而非的概念做着文字游戏。别墅和公寓都是家庭居所,它们之间有众多的不同,其中最大的区别在于安全疏散楼梯或楼梯间的区别。别墅为一家独用,公寓则为公共所有,全楼合用。住宅一名只是他们都是家庭居所的统称而已。

2020 年我们对住宅建筑中的两种公寓类型:一个直跑楼梯间或防烟楼梯间或一组剪刀式防烟楼梯间,每层两户多、高层单元式公寓类住宅;以及一个直跑楼梯间或一组剪刀式防烟楼梯间或东、西各一个直跑防烟楼梯间,每层 4～8 户北外廊板式多、高层公寓类住宅。在对现行规范进行深入的分析和对照后,作了每户两个疏散出口、两条安全通道的试作方案。

首先,从表面看公寓居住的人口简单,以家庭为单位,熟悉安全疏散楼梯间。经过深入调查和分析后,发现实际情况要复杂得很多(详见案例分析),并对一梯两户六层公寓做了调查。

随着国内经济全面且快速的崛起,百姓的生活水平有了较大提高,医疗条件也有所改善,中国人的平均寿命提高到了 75 岁,排名全球第十。老年人口达到了 2.54 亿,且还在增长。这说明老龄社会已经来临。好在大多数老人都能带病自理,但生理反应已经迟缓,且最后总需要照顾。

与此相反,出生率不断下降。尽管国家已先后推出二孩、三孩政策,目前看来响应者有,但积极性不高。数据分析认为目前我国育龄妇女仅生育 1.5 个 / 人,须生育 2.1 个 / 人,才符合合理的人口结构和劳动力需求。

仅以某居住小区为例,小区里早出的是中小学生、上班族,晚归的是加班族,而工作日的白天,在小区里活动的基本都是幼儿和老人。整个小区看似平平静静实则忙忙碌碌。

虽然每套公寓不过住 2～5 人,但男女老少几乎都有,而且分别有老人、儿童、孕妇、病人、残疾人(包括:中风、肢体疾病、阿尔兹海默病患者或肢体残疾、盲人)等行动不便的家庭成员。虽然不是每个家庭都存在这种情况,但从一个单元或一层楼面来看就复杂了。我们调查了一个小区的两个单元,都是六层一梯两户(无电梯)公寓,大概有儿童家庭占 1%,有 60 岁以上的老年人、病人、残疾人占 10%:

图1　某多层小区外景

图2　某多层小区外景

A 单元:建筑面积 118.6 m^2

楼层	人数	成人	少年	儿童	老年	病残
6 层	5/5	2/2	1/1	0/0	0/2	2/0
5 层	4/5	4/3	0/1	0/1	0/0	0/0
4 层	5/2	2/2	1/0	0/0	2/0	0/0
3 层	2/2	2/0	0/0	0/0	0/2	0/0
2 层	3/3	1/3	1/0	0/0	1/0	0/0
1 层	0/4	0/3	0/0	0/0	0/1(病)	—
总计	40 人	24 人	5 人	1 人	8 人	2 人
百分比	100%	60%	12.5%	2.5%	20%	5%

B 单元:建筑面积 100.2 m^2

楼层	人数	成人	少年	儿童	老年	病残
6 层	4/4	3/3	1/0	0/0	0/1	0/0
5 层	3/4	1/2	0/0	0/0	2/2	0/0
4 层	3/3	2/2	1/1	0/0	0/0	0/0
3 层	3/3	0/2	0/1	0/0	2/0	1(失智)/0
2 层	2/3	0/3	0/0	0/0	2/0	0/0
1 层	2/3	1/1	0/0	0/0	0/2	1(残)/0
总计	37 人	20 人	4 人	0	11 人	2 人
百分比	100%	54%	11%	0%	30%	5%

注:1. 7 岁以下计为儿童,7～16 岁计为少年。
2. 16～60 岁计为成年人,60 岁以上计为老年人。
3. 当出现生活不能自理,肢体无法控制、五官功能失效等症状时,归入病残者。

通过上述两个公寓类住宅单元的人员组成结构分析,进一步证实了当前家庭组成的结构性问题。那就是儿童的人数日益减少,甚至有个单元一个孩子都没有;同时,中小学生人数只有老年人的一半或以下。调查的两个单元里老年人已超过总人数的 25%。该小区是在 1999 年开发的,当年的购买者多为 40～60 岁的中年人,转眼间,他们也老了。养老问题已迫在眉睫。

我们不是社会工作者,人口老龄化的社会问题在此不做深入探讨。但是考虑到居家养老的呼声,我们可以展望一下,老龄化背景下公寓类住宅建筑防火设计对安全疏散的重要性与可靠性。这与公寓居住人员的组成结构密切相关。家庭人员结构在逐渐改变,各类规范应与时俱进。

儿童、老年人、病人和残疾人,是自主和自理能力都较差,是需要照顾和帮助的弱势群体。另一方面,儿童和老年人又容易“闯祸”，是事故多发的对象。儿童的好奇心重，喜欢爬窗、钻铁栅、玩火，甚至高空抛物等，常常引发危险事故。老年人的记忆力衰退，有时在煤气灶上烧着汤，就离开厨房购物去了，常常酿成火灾。我们此次调查的一个单元中就有一户因此失火，幸而邻居发现后迅速关闭了单元楼的煤气总阀，才免于火势扩散。

谁来照顾和帮助这些弱势群体呢？首先当是家中的成年人；然后是有能力的邻居。同时，把公寓设计做得更加安全，这是建筑师的责任和义务。

任何设计不应以满足规范要求为满足。当下的《建筑设计防火规范》是否就是十全十美？建筑师应该根据实际和客观需求，跟随时代特点不断与时俱进。

现代的公寓类住宅建筑，既类似幼儿园，又像是老人公寓，也有医院病房功能。实际上，公寓建筑具有某些公共建筑功能的基因。这一点在现行《建筑设计防火规范》里被忽视了的。所以，在住宅建筑防火设计和安全疏散标准方面，应向托儿所、幼儿园、老年人建筑及医疗建筑倾斜，可以从相近类型的公共建筑标准中，寻求最为合理、安全的设计。

其中，重要的是公寓类住宅套内面积大小与疏散出口个数的关系。按照现行《建筑设计防火规范》GB 50016—2014 的 5.5.29 中规定“户内任一点至直通疏散走道的户门的直线距离不应大于表 5.5.29 规定的袋形走道两侧或尽端的疏散门至最近安全出口的最大直线距离”（单、多层 22 m，高层 20 m）。5.5.29 中的规定存在太多的不确定性，有缺陷。以高层公寓的套内面积为例，其安全出口的位置决定着面积的大小，最大面积可达 223～421 m²。这么大的套内面积，居然只要一个安全疏散出口。如为 27 m 以下多层，套内面积可能比上述数据更大。可达 261～492 m²。即便如此，规范仍允许一个安全疏散出口，这绝对不可思议（图 3～图 6）。

通常，公寓类住宅的建筑面积在 90～180 m²。以前，我们出于对规范的信任，从来没有对上述规定进行过具体分析。为了写好本文，笔者试画了草图，才发现这一漏洞和隐患。现在公寓流行大平层，套内面积可达 250～400 m²，就是钻了这个空子。更为可怕的是，如果房屋租赁公司租下大平层公寓后，改造成 8～10 套小型公寓，再出租。为掩人耳目不敢或无法增加出口，更会错上加错。所以，公寓的疏散出口个数，要与公共建筑一样，由套内面积与疏散距离同时控制。认为公寓不需要有两个疏散出口或做不出两个疏散出口的论调，无任何依据。我们的新理念和新案例可供广大建筑师和读者参考（图 7～图 9）。

公共建筑的房间疏散出口由面积和距离同时决定，

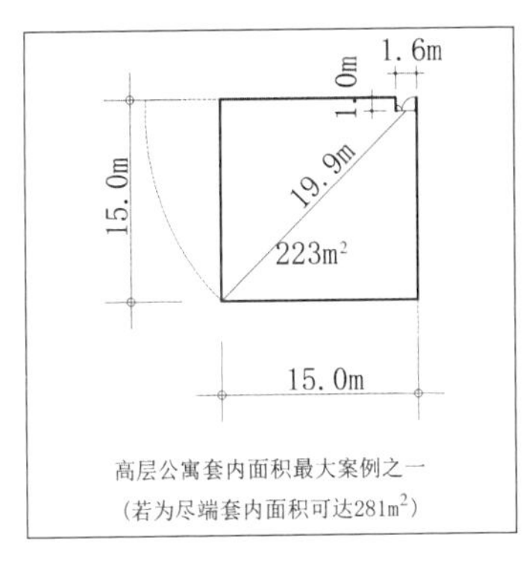

图 3　高层公寓一个安全疏散出口示意图一

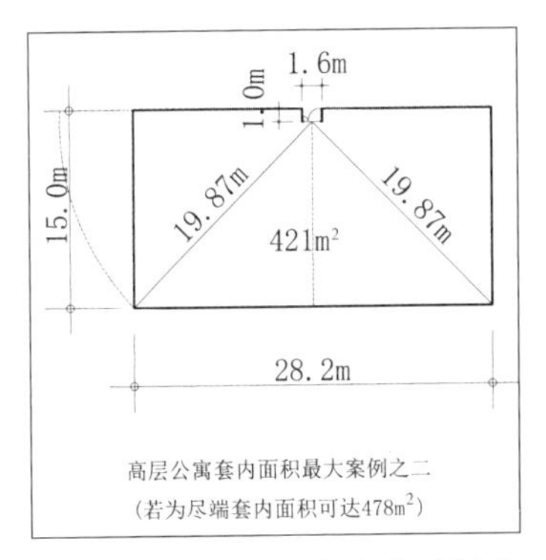

图 4　高层公寓一个安个疏散出口示意图二

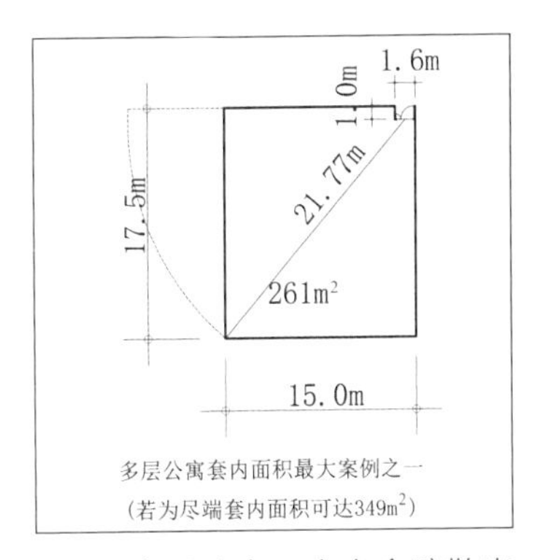

图 5　多层公寓一个安全疏散出口示意图一

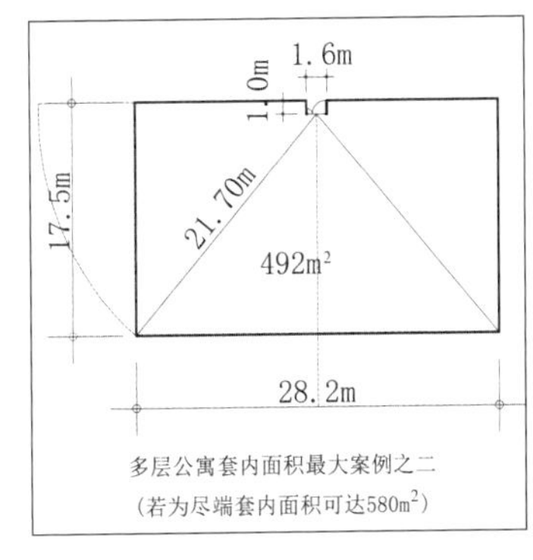

图 6　多层公寓一个安全疏散出口示意图二

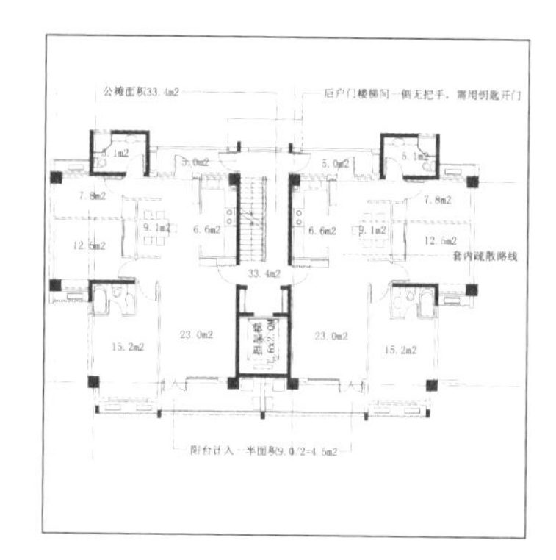
图7　27 m以下多层直跑楼梯每层二户公寓平面图

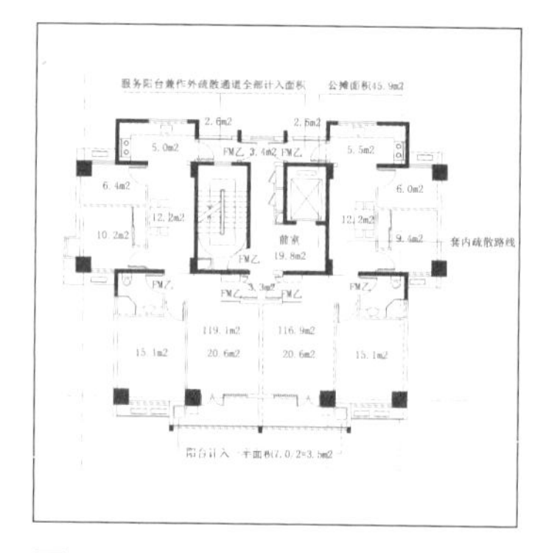
图8　54 m以下高层一个楼梯间每层二户公寓平面图(本单元必须两个单元组合,通过屋面连通互为安全疏散出口才能成立)

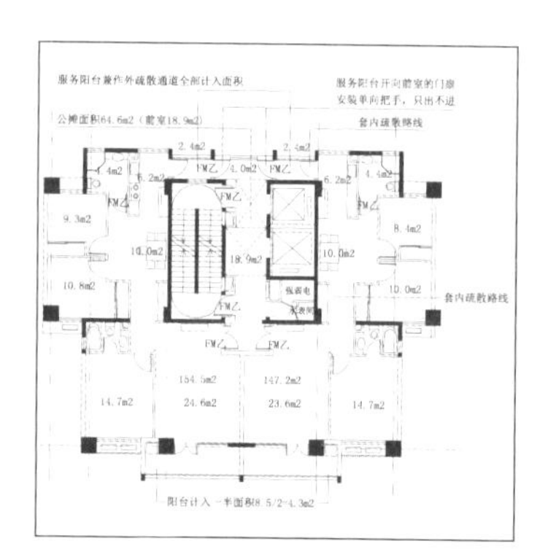
图9　54 m以上高层剪刀楼梯间每层二户公寓平面图

＞120 m^2 的办公室需要两个疏散出口。哪怕办公室内只有一个人办公也必须执行(疏散距离足够,已不是决定因素)。而幼托建筑、老年人建筑和医疗建筑的房间要求更高,分别为＞50 m^2 和 75 m^2 就必须设两个出口。

其实,从火灾危险性的角度来看,办公建筑的火灾危险性程度,远要比住宅建筑安全得多。首先,从人员组成的复杂程度来说,除有男有女以外都是中青年人,意识清楚、头脑冷静、逃生能力较强。其次,办公室内除照明、空调、电脑、手机、打火机外,起火源较少。第三,出现紧急情况时,人员对疏散通道、安全出口等都比较熟悉,能迅速从楼梯间及时逃生。相反,住高层公寓的老年人由于常年乘电梯,甚至会因为紧张忘了楼梯间在哪里。当然这只是小概率事件,但往往会酿成大祸。所以,每套公寓应设两个出口、两条通道,增加逃生机会十分重要,以保障弱势群体安全(图 7～图 11)。

这就是公寓类住宅建筑与公共建筑在现行规范里有关疏散出口个数的最大差异。公寓类住宅建筑仅以疏散距离控制出口个数,无法控制公寓套内面积,导致数据出入太大无法保障疏散安全。公共建筑以房间面积和疏散距离双控制决定出口个数,是明智的选择,肯定安全可靠。

当重新认识公寓类住宅建筑具有公共建筑属性后;当发现了高层公寓类住宅套内面积可达 421 m^2,仍可以只设一个安全出口有多危险时,我们不得不提高警觉。要知道,公寓建筑历来是火灾的重灾区。住宅内既有明火又有暗火;平顶上、地板下、墙体里都有电气管线;家用电器、厨房电器、床用电器;电脑和手机等,都存在火灾隐患。室内木制家具、布艺沙发、百页窗帘、被褥床套、书报杂志、塑料用品等等,都容易着火、延烧,会造成火势扩大。因而住宅的疏散逃生比办公室更为重要。所以,修改住宅建筑的防火设计标准,增加套内出口个数,同时增加安全通道,已迫在眉睫,到了非改不可的程度。

特此提出如下建议:

1. 住宅建筑的套内面积应向公共建筑中的老年人建筑标准倾斜。当套内面积大于 75 m^2 时,应设置两个不同方向的疏散出口,且相距应大于 5 m。即执行《建筑设计防火规范》GB 50016—2014 的 5.5.15 和 5.5.2 规定。

2. 应调整或修改现行《建筑设计防火规范》GB 50016—2014 中 5.5.29 的相关规定,做到套内面积和疏散距离的双控制,全面解决现行规范的缺失。

3. 当年在制定规范时受当时经济发展程度;制定者认知水平和设计能力的制约等影响,考虑不尽完善。因此,必须及时调整,做出正确选择,或按《建筑设计防火规范》GB 50016—2014(2018 年版)执行。

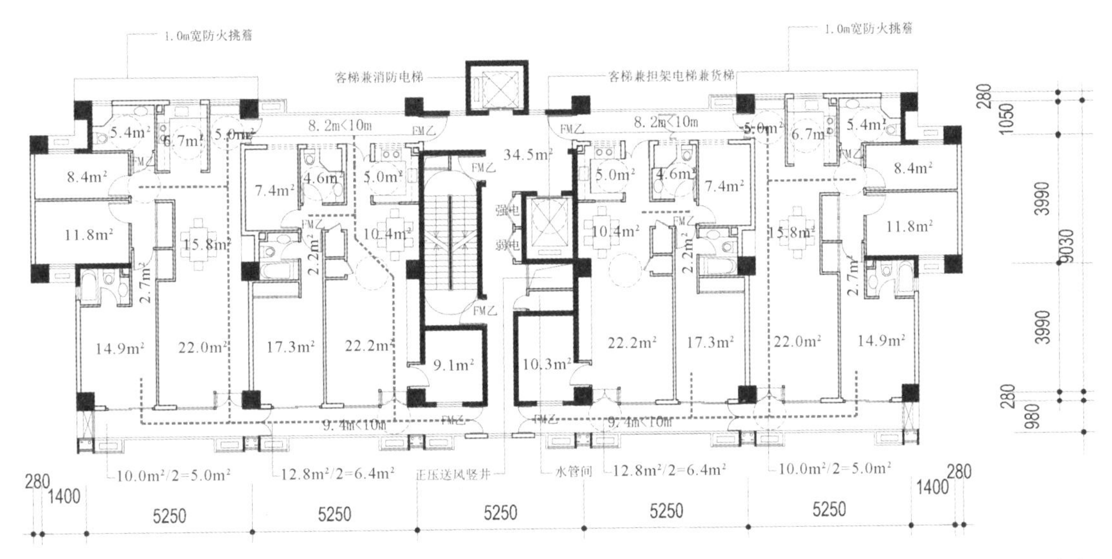

图10　54 m以上高层剪刀式防烟楼梯间每层四户板式公寓楼试作方案平面图（每户均有两个不同方向的安全疏散出口）

本文是继“杭州保姆纵火案”后笔者第二篇有关公寓类住宅建筑安全疏散的心得体会。主要针对《建筑设计防火规范》GB 50016—2014 中住宅建筑部分 5.5.29 的错误，同时提出我们的理解和意见。可能是规范制定时，人们认为公寓套内面积不会很大，一个疏散出口足够；也有人可能认为公寓设计不出两个疏散出口，于是就放弃了面积控制，只采用疏散距离单条件控制。出现了没有必要条件，只有充分条件的标准。由此带来的隐患如前所言，细思极恐。我们一直关注住宅建筑防火设计，研究公寓类住宅建筑的安全疏散课题，本次成功实现了一梯或两梯两户型单元式公寓楼及 4～8 户型外廊板式公寓楼，每户有两个疏散出口、两条安全通道的设计试作方案。达到了公寓套内面积与疏散距离双控制的规范要求。为了纠正套内疏散距离单控制的“问题”规范，提出了修改该条规范的理论依据和实践经验。这是我们的期望和目的。

纵观有关住宅建筑的各种规范标准都要比公共建筑宽松，甚至没有任何底线，如上文提到的套内面积大小和出口之间的关系，直接由疏散距离控制的宽泛规定外；尚有《无障碍设计规范》GB 50763—2012 以及国家或地方的《住宅设计规范（标准）》中，虽然都有无障碍设计相关章节，但对于多层公寓必须设置电梯这一个最迫切的起码要求却讳莫如深，只字未提。如果没有电梯其他无障碍设施的设计要求，实际上不过是一种摆设。连公寓建筑楼梯间踏步的宽高尺寸都没有无障碍标准，还能算无障碍公寓吗？按这样的《无障碍设计规范》《住宅设计规范》和地方标准，事实上，多层公寓建筑的无障碍设计在公共建筑的各类规范面前，已经被彻底边缘化，并阻碍了多层公寓类住宅的发展。当初，由于经济条件不足，住宅涉及的面广量多，加上电梯造价较高，只好委屈广大住户了，这可以理解。现在政府正鼓励居民加装电梯，还给予一定的经济补贴，是件大好事。问题在于并非所有公寓都能加装，过于老旧的公寓不能加装电梯，而已经加装的大多数电梯也只能做成半拉子工程，电梯只能在楼梯休息平台处停站，做不到无障碍要求。所以现在已是全面修订《建筑设计防火规范》《无障碍设计规范》以及国家的和地方的《住宅设计规范（标准）》的时候了。使这些规范真正做到名副其实，让住宅建筑的防火设计、无障碍设计都能做到概念正确，有法可依，有据可循。

《建筑设计防火规范》GB 50016—2018 的表 5.5.1 中注：“除本规范另有规定外，宿舍、公寓等非住宅类居住建筑应符合本规范有关公共建筑的规定”。把“公寓”列入

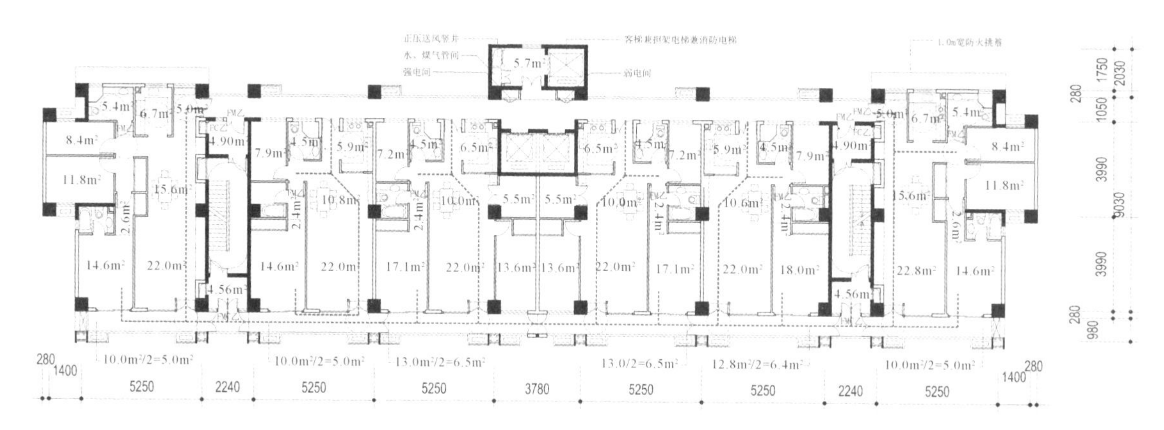

图11　27 m以上高层东西两个防烟楼梯间每层六户住宅公寓板式楼试作平面图（每层均有两个不同方向的安全出口）

非住宅类居住建筑，并将“公寓”视作公共建筑，符合居住建筑分类要求。

“公寓”一名源于20世纪初期的上海，至今已有百多年历史。当时，大亨、高官、买办们一般住“独院别墅”及花园洋房。有钱的外地人住的是2～3层的石库门联排别墅（俗称弄堂房子）。公寓纯属舶来品，深受思想前卫的电影明星、大学教授、文化名人等知识分子的青睐。抗战之前上海当时新建了一大批公寓，如武康大楼、河滨大楼、华懋公寓、百老汇大厦、毕卡地公寓等规模大、设计现代的高层公寓，还成了地标性建筑。

虽然别墅、公寓统称住宅，都是家庭居所。但其居住环境、面积大小、造价高低都有很大差别。其中最大区别在于竖直交通及疏散楼梯的性质。别墅为独家拥有；公寓为公共所有，这也正是公寓一名的由来。可由十几户至上百户居于一栋楼内，使用共同的楼梯间和电梯。是住宅建筑中规模最大的类别。所以公寓应该属于公共建筑。

可否用住宅建筑一词包罗别墅建筑和公寓建筑？可以，它们是两类不同的住宅建筑的统称。同时又有区别，别墅建筑对建设基地拥有特别的权利。在国土部门规定使用年限内基地范围内的土地面积属业主所有。基地的地下或上空不允许有不属于业主的地下室或房屋。总图应符合规划和防火要求。其中独院别墅在土地使用年限和规划范围内业主有改扩建的权利。这是其他别墅和公寓住户所无法企及的。

公寓和别墅是住宅建筑中两种各有个性的类别，不应简单化地混而统之。它们规模、体量不同，形式也有区别。别以为别墅数量少，就不以为然。那是城市用地太紧张；放眼农村90%以上民宅都属于别墅建筑。各省区和各民族，都有着特色和风格各异的新建别墅。多是砖石混合结构建筑，坚固实用抗灾能力强。这就是城乡不同的风景线。我们深切地渴望农村的环境自然化，农民的生活城市化，永葆别墅建筑群“新的乡愁”风采。

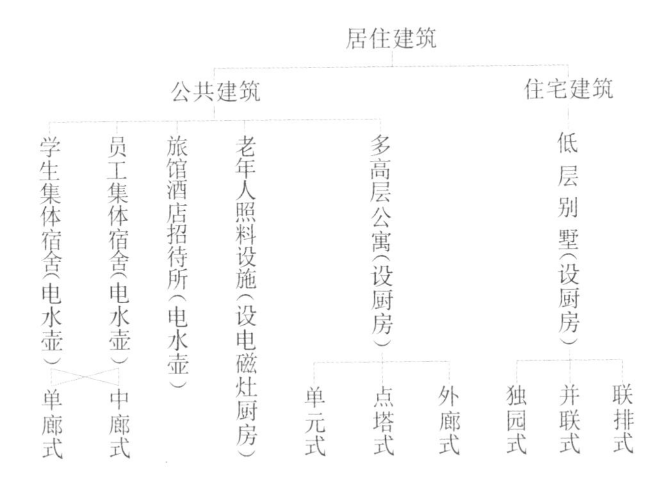

图 12　居住类建筑关系图(老年人照料设施归属医疗建筑后属公共建筑)

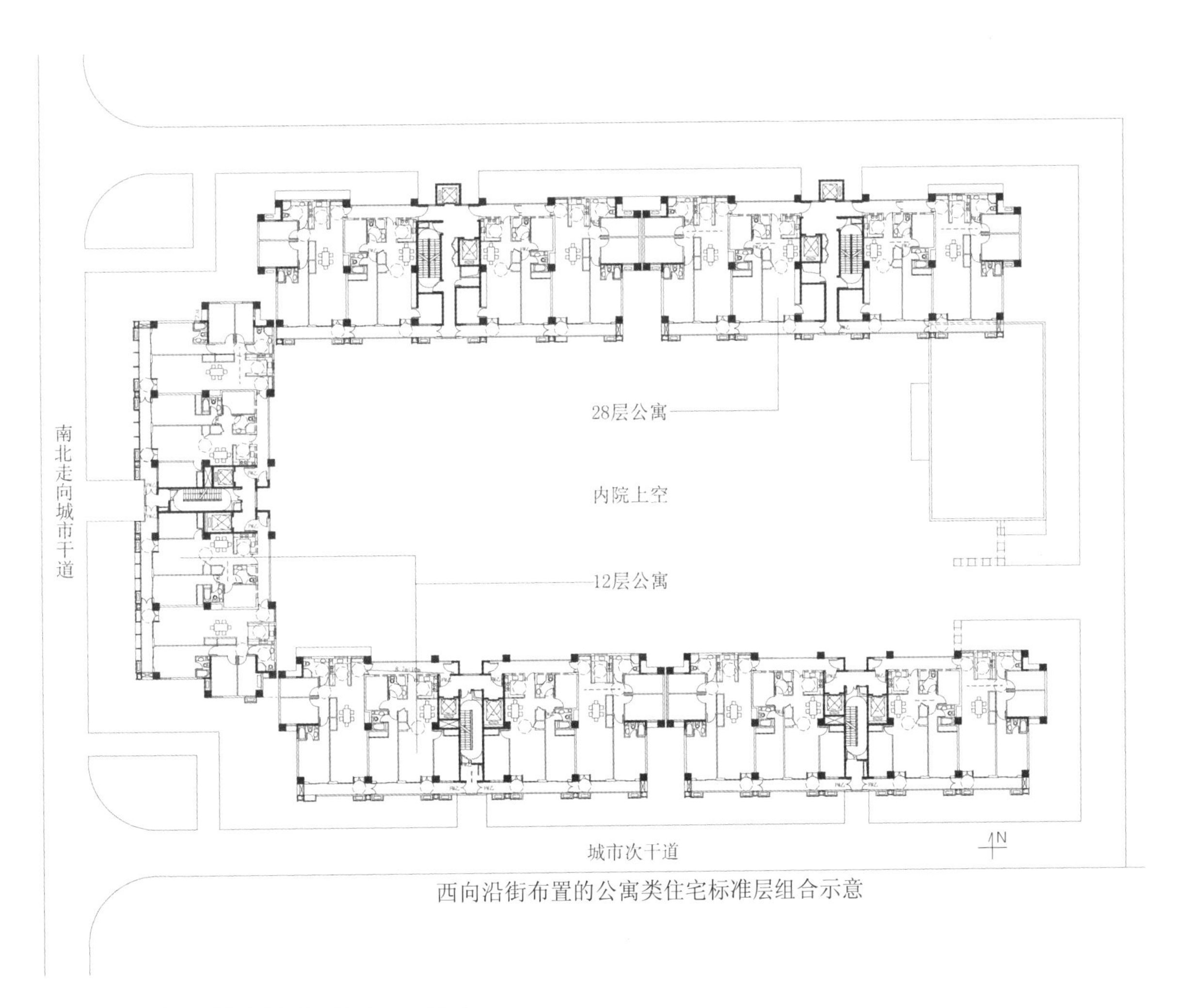

图 13　有西向布置的公寓类住宅标准层组合

为中国农村民居
建筑体系全面转型伟大成就点赞

丁公佩　王小敏

摘要 // 新中国走过了艰苦奋斗的 70 年，其中也走过了改革开放的 40 年，已由一穷二白建设成为世界第二大经济体。生活水平不断提高，城乡面貌发生巨大变化：城市高楼林立，农村新居成片。农村新民居迎来了新面貌。旧时代的木结构变成砖楼房，缩小了城乡差距，提高了抵抗火灾在内的各种灾害能力。

作者单位：
江苏省建筑设计研究院股份有限公司
江苏 · 南京
日期：2021-08-08

新中国走过了艰苦奋斗的 70 年，其中也走过了改革开放的 40 年，已由一个穷国建设成为世界第二大经济体。生活水平不断提高，城乡面貌发生巨大变化：城市高楼林立，农村新居成片。农村新民居迎来了新面貌。旧时代的木结构变成砖楼房，缩小了城乡差距，提高了抵抗火灾在内的各种灾害能力。能够达到这种水平的只有中国。

1. 中国农村民居建筑的过去和现在

中国建筑千百年来一直沿用木结构建筑体系，它的耐用性和安全性都比较差，经受不了自然灾害和战争的破坏，长期没有什么改变和进步，能留传至今者多为质量较好的宫殿、寺庙、宝塔等古公共建筑；至于古村落、古民居、古祠堂、古园林皆散落各地，已为数不多。它们已是历史文化遗产，要好好保护、充分利用。如今大多数木结构普通民房已倒的倒、拆的拆，所剩无几。能留下来的，也因陈旧、缺少现代设施，无法居住。

所幸所喜的是，改革开放以来，短短几十年大量农民进城就业，随着城市化、城镇化的推进，农村得到翻天覆地的变化。广大农村民居的结构体系也从旧时的全木结构体系，全面地改为砖墙木楼板、木屋面混合结构，再到砖墙钢筋砼楼板及屋面板的新一代混合结构体系的转换。民房的耐火等级提高了 1～2 个级别，甚至 3 个级别，也提升了抗其他灾害能力和耐用性。

这是从我国森林资源相对匮乏的国情出发的大政方针。也是一个历史性的转换，又是一次从经济繁荣到思想解放的革命性变化。意义重大，史无前例。

2. 国内外同类型建筑的比较分析

中国这么大，人口这么多，不到半个世纪就完成了低层建筑结构体系的转换。既是逼出来的，更是奋斗出来的伟大成就。中国人用勤奋和智慧改变了生活，繁荣了社会。使城市和农村的面貌焕然一新，呈现出一派欣欣向荣的景象。国人身居其中不以为然，总觉得本当如此，放眼世界才感慨深切。

反观美国等发达国家，其森林资源十分丰富，直到现在绝大多数独院式别墅，都还采用全木材装配式结构系统。该系统虽具有标准化、商品化、装配化、造价低的特点。除抗震性能较好以外，在抵抗其他灾害方面，存在致命弱点。如美国中南部各州每年受龙卷风灾难，掀翻吹倒了多少木屋；又如加州的山火施虐，整整烧了半年，中间又因暴雨形成泥石流，雪上加霜。烧毁了房屋1万多栋，死亡80多人。把好端端的“天堂镇”变成为火海，瞬间烧成灰烬，成了“人间地狱”。

再看看日本，国土面积小、人口多、森林资源不丰富，常封山育林而进口木材。然而民众仍对木屋深有好感，大多数小别墅还由木材建造。本来对抗震有利，但当地震引发海啸时，也只能听天由命了。日本福岛地区海啸所到之处木屋全部漂起，然后散架。破坏惨状不忍目睹。从电视中看到尚有几栋类似框架结构平顶建筑，屹立不倒。可见木屋是何等脆弱，不堪一击。另外日本的木结构低层建筑还存在台风和火灾的威胁。

试想如果不是木屋而是砖墙钢筋砼混合结构小楼，破坏和损失会小得多。风灾时因自重大不易被掀翻，且一般都设有地下室能逃过一劫。对于森林大火虽然也难免被烧，但可能烧而不倒，不至于全部被毁。

令人费解的是，灾后重建的仍为木屋，我问过一位美国朋友，他说砖混结构造价太高。从内外墙体、楼板、屋面的材料费，室内装饰费都较高，其中人工费用更高得多。另外，因作业量大、工期长等原因而被否定。所以，混合结构或框架结构一般多在豪宅中采用。也许，还与美国的房产保险和理赔制度有关。保险时是木屋，理赔当然还是木屋。这大概就是国情、民情所致吧。

美国和日本这样的发达国家尚且如此，更不用说发展中国家的贫民窟了。

3. 我国对混合结构体系情有独钟

早在20世纪初，上海、天津、青岛等地建设了大量的石库门式弄堂房子和独院式洋房别墅。当年就采用了砖砌内外墙木楼面和木屋面的砖木混合结构体系。后来又采用砖墙钢筋楼板木屋面的新一代砖混结构体系。可见，我国对砖混结构既熟悉又喜爱。21世纪初，加拿大曾来中国推销木结构别墅，因国情、民情不接受，抗灾、耐用性都较差，所以没有市场。在《建筑设计防火规范》2006版修订前，曾有传闻防火规范中“木结构民用建筑”将被取消，因为我国已无新建木结构建筑。作为审查加拿大木结构别墅以及木结构古建筑修缮的依据，才得以保留。

现在《建筑设计防火规范》2018版“木结构建筑”已另立章节，其内容也有较大增加和发展，甚至幼托、老年人、医疗、教育建筑和娱乐游艺场所，都可采用木结构。居然把目标人群定位到弱势群体。这类建筑在传统的防火规范中须有三级以上防火等级，建筑构件大部分须为不燃烧体。而木材仅为难燃

图1　美国中南部龙卷风施虐

图2　美国中南部龙卷风施虐后废墟

图3　美国加州森林山火现场

图4　美国加州山火燃烧中的别墅

图5　日木海啸席卷福岛

图6　日本海啸惨状

图7　巴西里约贫民窟

图8　汶川地震所倒建筑多无抗震设计

材料。当然，我不会去木结构的养老院养老，在那里生活太累，没有福音，只有隐忧。

长期来加拿大木材商打着绿色装配建筑的旗号，试图占领中国木结构建筑市场。有关部门应了解国情、民情，走中国自己的路，不走回头路。在中国，不耐用、不防火、造价高、楼面不隔音要铺厚地毯的木结构建筑没人喜欢，没有市场。

我国城市已消灭了贫民窟，多数城市在开发中得已改造。少数城中村的建筑质量也不低，只是缺乏规划管理、密度太高、环境较差，需要好好改造、治理。

4. 应加强对农民自建房的监管

尽管农村民居建设取得很大成功，因面广量大难以控制，对大量农民自建房多监管不力，存在规划、设计、施工等方面隐患。应引起有关部门和领导、专家的重视。

要做好居民点的选址和规划。不应在地震多发区和不稳定的山坡下或土坡或垃圾填埋坡下建房；不应在常淹水的河边和低洼地建房；也不应在交通不便的山顶平台上建房，即使风景优美、环境再好也不行。

很多自建房没有设计，全凭“承包人”用经验、估计、目测等手段统吃建筑、结构、钻探、施工全过程。这很危险。须有各专业设计和图纸。基础设计须有钻探资料、结构设计，应安全可靠，满足抗震设计或构造要求。（在汶川大地震中倒塌的建筑大多都没有做抗震设计）。

建筑应由有施工资质的队伍施工。应严格按图施工，不能偷工减料，须保证建筑施工质量。基础和墙体砂浆及钢筋混凝土的标号应符合设计要求。

农村民居要逐步提高设备标准。最大难题是污水处理目前尚无理想的解决办法。住宅点规划很重要，不宜太过分散，应相对集中，便于污水处理，还需要设备同行协作努力。同时，还要不断提升室内装修的水平。

希望面广量大的农村新住宅造型丰富多彩、错落有致；具有个性和地方特色，成为新农村亮丽的风景线。

城市汽车停车商业综合楼研究及设计探讨

丁公佩　王小敏

摘要 // 本文和本试作方案的研究和设计是我们试图通过商业停车综合楼的建设开发，解决城市用地紧张的问题，提高土地利用率，避免过度开发“地下资源”。既考虑了开发商的利益，又满足了广大老百姓的需求。

本文中研究和设计并不是一般的概念性设计。研究方案除没有标注详细尺寸外，其平面的柱网尺寸和各类功能用房的层高均已经确定。

在总平面、平面、屋面出入口、竖向交通、安全疏散、疏散宽度、疏散距离、防火分区、坡道坡度、厕所间、无障碍车位等方面都已按各类规范规定要求落实到位。设计深度已达到初步设计程度。

一、前言

20世纪90年代中期到21世纪初，笔者曾三次赴美国探亲，历时约七个月。每次都会有意识地参观和收集一些不同城市的公共停车设施。其中包括停车场、停车库和停车楼的平、立、剖面的形式，以及库内停车方式和竖向交通、安全疏散的照片以及临时手绘草图，带回国内作为参考和借鉴。

回国后经整理成文，并配以平、剖面图和照片，曾在省建筑师学会年会和其他学术活动中进行过交流。2003年12月又以《城市中心区停车问题探讨——兼介绍美国一些城市中心区停车楼建设情况》一文，发表在南京城市科学研究会主编的《现代城市研究》(2003.06)上。

美国地广人稀，除商业中心、超市采用地面停车场外，一般多采用独立的多层汽车停车楼。很少(可以说没有)会在二、三层的商业中心和单层的超市地下建设地下停车库。但中国用地紧张，而且有地下建筑不计容积率的政策，就会不顾一切地开发“地下资源”，并且有地下层数越多，面积越大，获利越高越好的趋势。然而，地下室做得越大越深，其支护开挖费用就会越高。同时作为地下汽车库还需要投入排气、排烟、消防等日常费用。如果采用地面停车楼，造价投资可大大下降。

我们的理念是：少建地下汽车库，不在绿化用的院子地下建地下室。把海绵城市、海绵小区的理想化为现实。其实规划部门只要把地上“专用”汽车库也不计入容积率，那么开发商就不会大量开发地下建筑了。有关部门对地面汽车库也计容积率，是害怕开发商挂羊头卖狗肉，最终改为商业用房或写字楼等使用。

如果，规划部门一开始就明确规定地上汽车库，只要采用坡道式停车形式，车库的面积可不计入容积率，就万事大吉了，因为这种汽车库是无法改造成其他用途使用的。也就不用花大价钱建造地下车库了。

过去，除居住小区外，地下汽车库都是商业或办公建筑的辅助配套用房之一。现在，我们试图反过来，在城市中心区建设以多层或高层汽车停车楼为主体，一、二层局部配置适量的各类商业服务用房。从规划方面考虑，主要是满足停车需求，解决了停车问题，城市中心区的实体店不会因空心化而逐渐衰落；再则也方便市民开车进市区，可以维持城市中心区的繁荣。

作者单位：
江苏省建筑设计研究院股份有限公司
江苏·南京
日期:2020-03-10

如果，凡采用坡道式汽车库者，均不计容积率；商业配套用房及其他所有用房则须百分百计入容积率。我们认为这是十分合理和公正的。特别适合我国人多、车多、地少的国情。满足了百姓的需求，降低了地下停车场的成本；也照顾到了开发商的投资效率和利益；更有利于海绵城市的实施和实现。希望规划部门理解新的理念，取消地下室不计容积率的老规矩，给予地上坡道式车库享受同等待遇；或所有建筑面积一律计入容积率，那样更公正、公平、合理。

不少人低看了汽车停车楼，把它视作不登大雅之堂的建筑。其实不然，它不住人，也不办公，是非常特殊的建筑。它的造型可塑性极大，它可保持坡道式车库的特色；也可在1.6 m宽的防火挑檐板外侧做穿孔铝合金板幕墙，或采用矩形铝合金管间隙幕墙，把停车楼的造型做得空灵通透，富有层次；还可以在构图上和色彩上做出特色与变化；，使建筑设计的立面，更具整体性和个性化。其实大楼的外墙面就是一块特大银幕，特别利于夜晚的灯光表演、广告宣传，为中心区增色。因装饰外墙仅是挂在框架外面的一层轻轻的“皮”，所以只要合适，其造型可以千变万化，富有个性，甚至更为夸张，其形象也许是其他公共建筑难以实现的例子（图7）。

在机场航站楼附近建设汽车停车楼早已成为共识，南京禄口机场就是一例。在商业楼、办公楼内多数还是地下停车库，附设有停车楼者为数不多，南京河西金鹰国际已有尝试。我们的理想是希望创造一种以停车楼为主体的商业综合楼形式，填补停车楼设计空白。为便于对新理念的理解和进一步证实方案的可能性及可行性。我们采用简单对称的平面和简洁大气的立面，抛砖引玉。看似不难，但要做得面面俱到，确也不易。

停车库本来就是一座四面透空的建筑。除屋面需做防水以外，屋面、墙面都不必做保温隔热处理。基本不要机械排烟气系统。其部件构造简单、现场安装方便、造价相对低廉。这些优点是地下车库所无法企及的。当然，走出这一步不容易，首先取决于规划部门正确、合理的决策，同时要引起开发商的高度兴趣，只有两者结合才会碰出火花。

20世纪末我国的私家车其实还不算多。许多老小区还都没有停车位和停车库。大多数占道停车，影响城市交通，更影响居住区和居住小区的消防安全扑救。随着社会进步和经济发展，办公建筑和商品住宅已越来越多，随之而来的是车满为患，停车成了大问题。规划部门要求按建筑面积配置足够的停车位。由于地下室不计入容积率，于是绿地、广场、道路下面全都做成地下室和汽车库，一层不够建二层，二层不够建三层，甚至更多。结果造成基地红线的3 m退让线以内，全部都是钢筋砼的地下室，充满整个基地。加上城市道路的地下共用沟，

图1 美国亚利桑那图森多层汽车停车楼外观

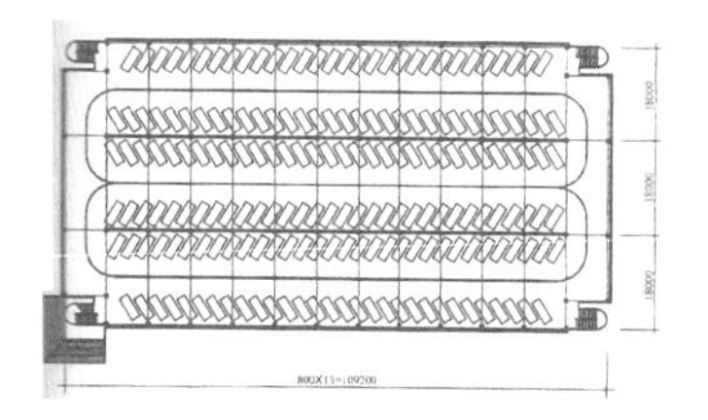
图2 美国亚利桑那州图森多层汽车停车楼平面

图3 美国芝加哥沿街底商十层停车楼

图4 南京禄口机场汽车停车楼外观

图5 南京金鹰国际停车楼外观

所谓海棉城市理念已荡然无存，海绵小区更成了一句空话。

有鉴于此，我们渴望把地下车库尽量搬到地面上来，建成多、高层停车楼以方便使用、节省投资，并利于海绵城市理念的实现。这就是我们写这篇文章的目的之一。

近期，我们从网上看到南京市的整体规划，包括老城、河西、江宁、仙林、江北新区五大区块。南京市对未来城市总体的新格局为“一核两翼三极四城”理念，将使南京的城市布局发生重要变化，会出现多个城市副中心、中心区及众多高速、公交、地铁、轻轨和私家车等交通换乘节点。规划要求在各个节点建设大型停车场和停车库，方便长途车旅客和私家车驾乘人员换乘地铁、轻轨或公交。这一过程中人们需要如厕、进餐、休息，很希望有个比高速公路服务区更大的综合体。于是商业停车综合楼便应运而生了。同时，它还能幅射周边居民区，给超市、商业实体、餐饮业带来更多人气。

上班族会利用停车或转车的间隙，顺便吃个早餐；下班后也可以在取车前逛逛超市；对退休族来说，则更加自在。冬天不觉得冷，夏天不感到热，可在咖啡厅看书、看报、看手机，如果还有棋牌室等适合老年人的娱乐项目，就会更加热闹。因此，这样的多功能综合楼不怕没有人气和生意。这又是我们写这篇文章，同时又详细地做了可能又可行的试作方案的原因之二。

二、选址和规划

商业停车综合楼的选址至关重要，它既不宜选择在市中心区的绝对中心部位，这会喧宾夺主；但也不应被边缘化，会被认为无足轻重。综合楼必须贴近广大市民群众。应该选择在地铁、轻轨等轨道交通的出入口附近，最好相邻。应从方便和服务民众作为第一需要。争取把城市公交、地铁、轻轨换乘，私家车停车有机的联系在一起。再把市民日常生活需求的功能结合起来。最大限度地把老百姓关心的事情办好。如果有条件，能在地下或高架把综合楼与地铁或高架车站连通，让人们不走雨路当然更好。但若要花大的价钱，施工又相当复杂的话，那又没有必要的，能就近就好。毕竟所谓“零距离”也只是一个相对的概念。

城市中心区综合停车楼属于公共建筑，其规划设计场地需要一定的规模效应，最好有一个相对方正的街区地块。希望该地块的短边不应小于 90～110 m，长边必须大于短边或可以无限。用地面积最好大些，至少应有 1.5～2.0 公顷，以便于各类出入口的布置和交通组织，利于良好环境的营造。

基地环境最好四周都是城市道路，其次是三边临市，至少

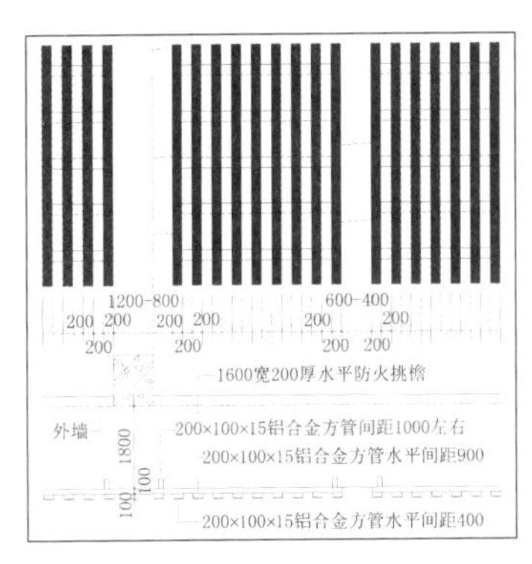

图 6　汽车停车楼外墙幕墙立面构造做法示意图

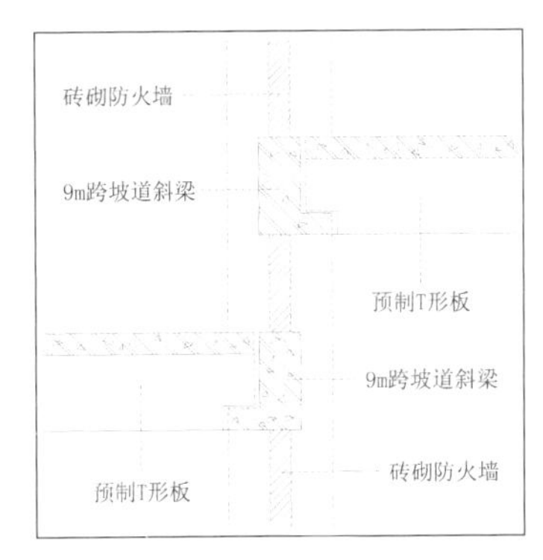

图 7　汽车停车楼 18 m 跨预制 T 形板构造示意图

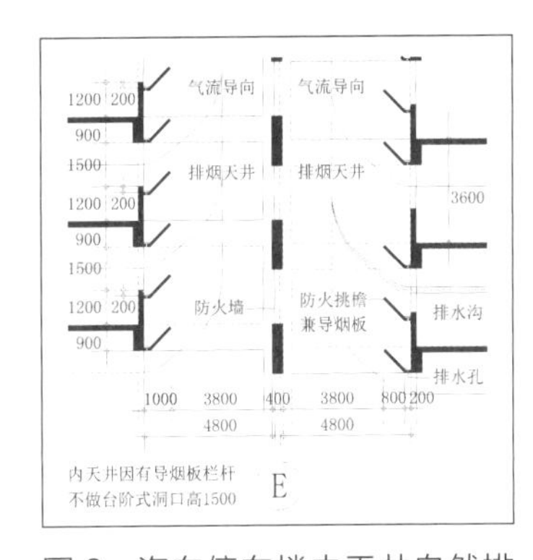

图 8　汽车停车楼内天井自然排导烟构造示意图

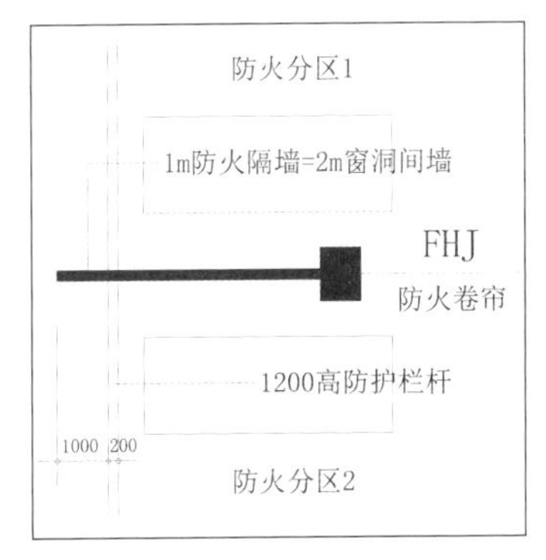

图 9　车库防火分区及防烟楼梯间外墙防火构造

应有两个长边沿街，否则难以安排交通。两个长边沿街时的最理想状态是：一边朝南为主干道，一边朝北为次干道。前者为人流主出入口；后者为人流次出入口和车流出入口。当然多一条或两条城市支路或次干道更好，对多功能小型车停车楼布局有更大的自由度，以利于建筑设计。

商业停车楼本身对朝向没有任何要求，如果四周都是城市道路，就不存在防火间距问题。唯有对北面的居住建筑则应按当地的标准保持足够的日照间距。然而，对于东西两个相邻地块的居住或其他公共建筑来说，因相邻的地块本身也设有环形消防车道。故无论是多层或是高层，都有大于 13 m 的防火间距，都足够。也并不存在左右之间的日照间距问题。因此，皆无需考虑。

场地是千变万化的，为了规划的需要，体现试作案的可行性，我们自选了一个街区，自创了一个地块。用地面积约为 1.46 公顷（157.5 m×93.0 m）。南、北两条长边临街，分别沿着主干道和次干道布置。对商业、人流、车流、物流都十分有利，正是综合楼规划设计场地的理想选择。

三、建筑设计

商业停车综合楼与一般的综合楼不同的是：它是一栋以私家车停车为主，辅以一定商业内容的综合楼。把汽车库布置在商场的楼上而不是地下，这与以往的设计做法的理念是完全不同的。而且车库的层数不受限制，可少可多，可做成多层或做成高层，造价影响不大。不像地下室那样每多做一层地下室，支护费和开挖费用会增加近一倍造价，这是地上汽车停车楼最为显著的优势之一。

1. 平面布局和竖向交通

在这里，虽然商业内容只是一个辅项，但对广大老百姓来说，则是安排得最方便、最合理的好举措。设计把人流量最大、交通线路较短的一层平面和二层平面，分别作为实体店、餐饮业之用。一层与二层之间设有自动扶梯，并形成上下两个面积 486 m^2 的交通中心广场。各类实体店和各种风味小吃店、咖啡厅、饭店等，围绕在广场四周。广场上设有餐桌、座椅供人们休息，也可视为餐厅的延伸，在广场上可以看书、看手机、进餐、喝咖啡。

地下一层安排超市，相对独立。出入口设在两个汽车坡道下方，南北主次干道都可把客户从人行道由自行坡道送入超市。同时楼内四角设有 12 台车库与商业专用客货兼容电梯，可从停车楼内乘客货两用电梯，直达地下一层超市以及地上一层商业和地上二层餐饮。所有客货两用电梯轿厢尺寸都较大，完全可以满足多个手推车进出。特别有利于私家车主购物使用，使得楼内上下交通方便顺畅，安全疏散十分可靠。

2. 柱网、梁板布置和尺寸

由于综合楼以汽车库为主，又采用坡道式停车方式，故建筑的柱网设计至关重要。汽车库为 9 m×18 m 柱网；商业，超市为 9 m×9 m 柱网。成下密上稀的合理布置。柱子断面尺寸 9 m 跨为 0.8 m×0.8 m；18 m 跨为 1.0 m×0.8 m，按受力大小有所区别。框架梁和板的断面尺寸：9 m 跨采用 0.8 m 高 ×0.4 m 宽梁，0.20 m 厚板；18 m 跨车库框架主梁采用 0.9 m 高 ×0.8 m 宽扁梁，梁高为跨度的 1/2；梁与柱子同宽（钢筋放不下梁可加宽）。9 m 跨框架梁采用 0.9 m 高 ×0.4 m 宽梁；楼面则采用 0.9 m 高、0.2 m 宽、0.2 m 厚，板净距 3.0 m 密肋梁板或断面相同的“T”型预制楼板。这种做法在美国车库结构设计中常见，可以降低层高。本方案层高为 3.6 m，地面、梁面粉刷后完成面净高大于 2.6 m。符合和满足小型私家车的通行，不显空间压抑（图 7）。

3. 防火分区和安全疏散及其他

防火分区和安全疏散是综合楼必不可少的安全保障。方案沿大楼四周一共设置了 12 座楼梯间。这些楼梯间都符合高层建筑防火规范，做成防烟楼梯间，设有防烟前室，都能直接对外疏散。其中停车楼设有8台客货电梯兼消防和无障碍电梯；另一组4台客货电梯则专门为－1～2层的商业货物运送之需。这两组楼电梯似乎可以合并，但考虑到停车楼电梯手推车进出频繁；商业用货梯，需要较大的独立电梯厅。同时超市和商业人数难以预计，有时候门可罗雀，有时候又可能人山人海。所以，增加四个楼梯间，既可保障疏散宽度，又能符合疏散距离要求，也有利于防火分区划分。而且也就这么三或四层的建筑面积，造价有限，总的来看，利大于弊，好处多多。

建筑的防火设计，不同功能内容应执行不同防火规范中的不同条款。其中防火分区的面积、安全疏散的宽度及距离，都是完全不一样的。如商业的营业厅、餐厅与汽车楼的防火分区和疏散距离就有很大的差别。前者按《建筑设计防火规范》GB 50016—2014的5.3.1及5.3.4条款执行，防火分区面积不应大于3 000 m²，又按5.5.17条款执行最远疏散距离为37.50 m。后者则按《汽车库设计防火规范》GB 50067—2014条款5.1.1表5.1.1执行，防火分区面积高层可以小于4 000 m²；又应按条款6.0.6执行，最大疏散距离应小于60.00 m。以上四条防火规范，都是强制性条文，必须严格执行，没有任何商量的余地。

由于坡道式停车库防火分区划分的特殊性，必须按坡道横向划分成四个防火分区。因此必须在东西两端山墙外各增加两个防烟楼梯间。满足每个防火分区不少于两个疏散楼梯间的要求；同时也满足疏散距离＜60 m的规定。与此相反，一层、二层的商业、餐饮则与车库层的防火分区划分完全不同，必须按其平面特点划分。即以中心交通核心部位划为一个大防火分区；其他部位再根据楼梯间的位置围绕着交通中心有机布置。一层商业需划分为三个防火分区，人员直接由出入口疏散；其中每间沿街商业作为独立防火单元直接疏散。二层餐饮需分为五个防火分区，其中南北两个小防火分区与交通中心大防火分区合用四个疏散楼梯间；另外的两个防火分区则分别使用两个独立的疏散楼梯间。

超市位于地下一层。按防火规范要求，防火分区面积应小于2 000 m²。所以防火分区的划分又与停车库和商业、餐饮的划分方式不同。本方案根据面积和楼梯间的位置选择竖向分隔，分成六个防火分区。其中间两个防火分区各有两个独立的疏散楼梯间；其余四个防火分区除各有两个独立的疏散楼梯间以外，还有另外两个楼梯间可以相互兼容。另外防火卷帘应符合GB 50016—2014的6.5.3条款要求。满足防火卷帘的宽度分别＜10 m/20 m（图8）。

除设置在一层平面两组交通中心四周的防火卷帘外，其他防火墙上的防火卷帘宽度或＜10 m，或小于防火墙总宽度的1/3；其中最宽的总宽度分段累计为18.90 m（＜20 m），满足规范要求。其他防火墙上的防火门也应采用甲级防火门。全楼12个防烟楼梯间及其前室的门为了更安全宜采用甲级防火门。在试作方案图中未详细标注，在此统一说明（图9）。

消防安全方面还有几个问题需要考虑。首先，全楼设计有烟感报警装置和自动喷淋系统；其次，停车库靠南北外墙的两个防火分区，自然排烟气没有问题。但中间部位的两个防火分区只能依靠44.2 m×4.8 m的内天井和东西外墙洞口排除烟气。这也正是坡道式车库的特点造成的，详见设备设计分析。

4. 坡道式汽车停车库设计

本文开篇已经表明本方案汽车停车库为坡道式停车形式。因此车道和停车位都是坡道，只在坡道东西端车道上下坡拐弯处，有一段9 m宽×57.6 m长的平段车道。作为车道，宽度有富余，于是决定除楼梯间核心筒外，从东西尽端轴线向外悬挑4.5 m后，又可以得到多个5.9 m深的平层停车空间。标准层每层增加12个，顶层则可增加

18个停车位；解决了无障碍车位靠近厕所间和电梯厅的难题，真是恰到好处。另外，还利用空间作为手推车临时堆置点，以便于管理人员及时将手推车经电梯送回超市入口停放处。试想如果没有堆置点，手推车便会随便乱放，将大大影响车道畅通和顺利停车，甚至会造成交通堵塞或事故。都不是小事，做不好预后难料。

坡道式汽车停车库的顶层和屋面可以有多种选择和做法。试作方案就是其中之一。比较坡道式与平层式停车库的优、缺点：坡道式车库从首层开始坡道和停车相结合，一直可以开到顶层，层间不需要专用坡道连接。但首层坡道下部空间难以利用。同时，车库顶层部分空间较高，也存在不能使用的遗憾；而平层式停车库从首层起即可沿车道两侧停车经济合理。但从一层到二层及以上（或从一层及以下）则必须经由专用汽车坡道上下连接；当停车数＞100辆时，规范要求须有第二条汽车疏散专用坡道。坡长与层高成正比。以层高3.6 m为例，坡长在26.4～36 m，坡道净宽7 m。每层连接坡道所需面积约多则504 m^2，少则184.8 m^2。不妨设想一下，如果把平层式停车库多出来的3 000 m^2左右的连接坡道面积，来顶替坡道式停车库首层和顶层空间的浪费，也许就可扯平了。不过我们在试作方案里，已把三层平面中可利用空间做到了最为充分的利用。不过任何形式车库设在首层平面以上或以下者，必须先由专用坡道连接，除此，别无他法。

坡道式停车库由于顶层局部空间较高，于是就想到把顶层局部空间做到屋面上去，除两条上屋面的汽车坡道及斜坡屋面以外，剩余空间就是屋面露天的大平层停车场了。这就是坡道式停车库顶层的另外一种做法。

它的优点是，只用车库两条停车坡道面积，就可获得与标准层相同的停车位。由于屋面不计入建筑面积，真可谓事半功倍。当然也非十全十美，如屋面荷载更重；建筑构造相对复杂防水处理难度增加；雨雪天气驾乘人员须走雨路也较为遗憾。最大的问题在于竖向交通需通至屋面大楼四角的交通核心筒还要升高一层，这是我们不希望的。综合比较了结构设计、建筑设计、立面造型之后，决定放弃车库上屋面的方案。使各个方面体现得更安全、合理、简单和简洁。

5. 公共卫生间布局

一栋建筑只要有人生活或活动，厕所是不能少的。更不要说公共建筑了。试作方案建筑面积达75 377 m^2，已具相当规模。是一栋功能较多，相对复杂的综合楼。一般布置在城市中心区，副中心区和交通换乘枢纽等地和节点。楼内的厕所间已等同于城市公共厕所或高速公路服务区厕所。因此方案把人流最多的一、二层和地下一层，设置了东西两组厕所间，且厕位较多（特别关注女厕位是男厕位的一倍或以上），同时每组都有无障碍厕所。停车楼人流少、逗留时间短，不需很多厕位，但仍要考虑应急需求。方案利用四角核心筒外2.0×3.2的空间，设计四个不分性别和无障碍的“中性”厕所间。无障碍停车位置正好位于厕所间和电梯厅一旁，特别方便。从车库特点出发，厕所间分散布置比集中设计更为方便合理。

6. 综合楼建筑技术经济指标

建筑用地面积：14 648 m^2（约1.46 ha）
建筑占地面积：9 586 m^2（一层面积）
建筑占地密度：65.44%
总建筑面积（含负1层面积）：75 377 m^2
负一层平面（超市）建筑面积：9 746 m^2
一层平面（商业）建筑面积：9 586 m^2
二层平面（餐饮）建筑面积：8 697 m^2
三层平面（综合）面积：7 450 m^2，其中：
车库面积：4 632 m^2
餐饮面积：2 818 m^2
四～七层平面（车库）面积：8 552 m^2×4
八～九层平面（顶层）面积：5 306 m^2×2
十层平面（屋面机房）面积：384.2 m^2
车库建筑面积：44 146 m^2
车库总停车位：1 496个

每个车位面积：29.5 m^2

建筑容积率 A：75 377/14 648 m^2=5.15

全部建筑面积：75 377 m^2

建筑容积率 B：21 485/14 648 m^2=1.47

一、二、三、十层商业面积：21 485 m^2

从上述建筑技术指标数据来看，本试作方案的各项指标不高不低，中规中矩，符合城市规划各项要求。这是指导城市发展、详细规划、市政设计、建筑设计的重要依据。其中容积率更是决定交通、供电、供气、供水、排水、通信等容量大小的依据。与建筑性质、容积率相关且成正比。所以一经确定，不应随意更改。因为市政设计一般都先行于建筑设计，甚至建筑设计还没有开始，市政工程可能就已根据城市发展要求完成。所以提高或不计入容积率的情况一旦发生，后果会难以预料。

然而，为了利益改变用地性质者有之；允许地下室不计入容积率更成为合法的规定。其结果便是交通堵塞、供电不足、排水不畅，甚至发生内涝。这就是规划设计和建筑设计脱节产生的后果，这是我们不想看到的。所以希望实事求是的，不论地上地下、功能性质，所有面积应全部计入容积率。规划设计指标可以适当提高容积率以取得平衡。杜绝有人占容积率空子。本案为明确建筑技术指标，容积率分 A 和 B 两项。A 为 5.15，B 为 1.47。看起来后者非常漂亮，如以此为据做市政容量设计那就上当了；如以前者为据，肯定有人要设计院在车库上面再放两栋办公楼或公寓楼，去规划局一试，否则不肯罢休。有鉴于此，我们倡议今后所有建筑面积均计入容积率。这样做既真实合理，又公平无欺。

四、结构设计

本停车商业综合楼工程主体盘子很大，长 117 m× 宽 72 m，地上 9 层高 34.2 m，地下一层深 6 m。依据停车楼的平面和剖面特点，车库的竖向交通和安全疏散系统都布置在沿外墙四周。设置了 8 个钢筋砼的交通核心筒，增加综合楼刚度。是建筑和结构设计的各自需要高度吻合、紧密协同的结果。由于坡道式停车库防火分区的特殊性，东西外墙外侧还需要各增加两个防烟楼梯间。也做成钢筋砼筒体，再加强大楼的刚性。因此，结构设计采用框架剪力墙体系。全楼柱、梁、板和剪力墙全部现浇，车库“T”形楼板可以预制。当各方都到位时，发现车库结构似乎存在某些缺陷。

由于 3～9 层的停车楼采用坡道式停车库形式，导致除东西两端各有一跨梁板为平层外，中间有 11 跨 99 m 长 ×72 m 宽 × 25.20 m 高的特大空间内，都是斜梁和斜板。只有屋面仍然保持着完整的平梁平板结构形态。其他各层都不在同一水平面上。对结构设计中水平力传递甚为不利。表明试作方案在建筑和结构设计方面还需要进一步加强和改善。

我们再一次审视试作方案中结构方案的利弊，除了停车楼部分比较薄弱以外，其他部位是很合理的。A. 平面方正，柱网整齐，功能布局呈中心对称；B. 1 层、2 层楼面和屋面的梁板都是平层（是决定车库不出屋面不做屋面停车场原因之一）。C. −1～2 层商业用交通核心筒也对增强大楼低部的刚度起到作用。当分析了这些有利条件后，增强了我们对试作方案的信心。

《车库建筑设计规范》JGJ 100—2015 的 4.3.7 和 4.3.9 规定，车库停车形式允许采用斜楼板式（本文称坡道式）。这说明结构设计也是可行的，且没有不应用于高层的限制。为慎重，请教了原江苏省施工图审查中心的老同事、结构总师。因疫情影响，只能利用电话讨教。当我们介绍完疑问和困惑之后，她指出方案的问题在于 Y 轴方向的剪力墙距离 99 m 太大，应小于 50 m。只要南北两跨各加一道 5 m 长剪力墙（A 轴交 5 轴，J 轴交 10 轴位置），就满足要求了。并告知按这个方案设计停车楼高度可做到 60 m。

疑题终于解开。原来只要把商业用交通

核心筒的部分剪力墙延伸到屋顶板的底下，并连成整体就成功了，简单而实惠。且调整后每层只不过少了两个停车位，但结构上的安全性和可靠性则大为提高。还学到了结构设计方面很多知识，真可谓多全其美也。

五、设备设计

包括商业、餐饮、超市和停车楼在内的全部楼层，都设置有烟感报警和自动喷淋系统。提高消防能力在第一时间做到自救。

做好商业、餐饮、超市等处冷热空调系统，保障冬暖夏凉。－1～2层东西两端设有两个空调机房。可供两个系统使用。

坡道式停车库按照《汽车库设计防火规范》GB 50067—2014的8.2.4采用自然排烟方式。对南北沿街的两条车道，外墙和东西山墙，全部为透空洞口。总长度为101.5 m，高1.4 m，总面积154.1 m^2（>每个防火分区面积的2%：45.1 m^2），满足规范要求。中间的两条车道，只有东西山墙各有一个洞口。必须在两条车道中部一侧做5个开间通长内天井。扣除防火挑檐和大梁等面积，车库排烟天井净面积：8.2 m×3.8 m×5=155.80 m^2，排烟洞口净面积8.2 m×1.4 m×(5+2)=80.3 m^2（包括山墙洞口）。排烟总面积符合防火分区面积2%即42.8 m^2要求。两个贴临的天井之间采用防火墙彻底分隔，分属两个独立防火分区。内天井虽浅有烟囱效应排烟迅速，但有倒灌可能。请教通风专业专家，建议做导烟板。方案在洞底、洞顶处设两道1.0 m宽，上翘45°钢筋砼防火兼导烟板，引导烟气防止回流。设计符合GB 50067—2014条款8.2.4以及条款8.2.6的要求，排烟距离<30 m（图8）。

六、后语

本文为迎合南京市大规划而作。大规划中要建设大量的停车场和停车库。我们发现和热衷于汽车楼这一课题，着力于停车商业综合楼的研究，以适应中国城市用地紧张的国情，减少占地面积又避免过度开发“地下资源”的目标。由于我们对汽车停车楼的设计早有关注和资料积累，所以对综合楼的试作方案研究可以比较深入。选择停车商业综合楼的建筑项目，正是为了开发商的利益和老百姓的需求。让两者相互支撑，密切配合，开发才能成功，才有意义而不是空话。因综合楼功能复杂，有研究的必要。

试作方案的研究和设计深度，不是一般的概念性设计。方案除未标注详细尺寸外，柱网尺寸和各类功能用房层高均已经确定。在总平面、平立剖面、出入口、竖向交通、安全疏散、疏散宽度、防火分区、疏散距离、坡道坡度、厕所间、无障碍车位等方面都按各类规范要求设计到位，深度已达到初步设计程度。本文、本案仍为抛砖引玉之作，希望读者提出质疑和交流，更欢迎实践。

最后，我们要感谢原江苏省施工图审查中心审图专家、老同事包红燕结构总工程师，王卫平暖通高级工程师。是他们俩帮助我们解开方案中的困惑和难题，提出了改进的措施，才使方案尽可能完善，减少了遗憾。

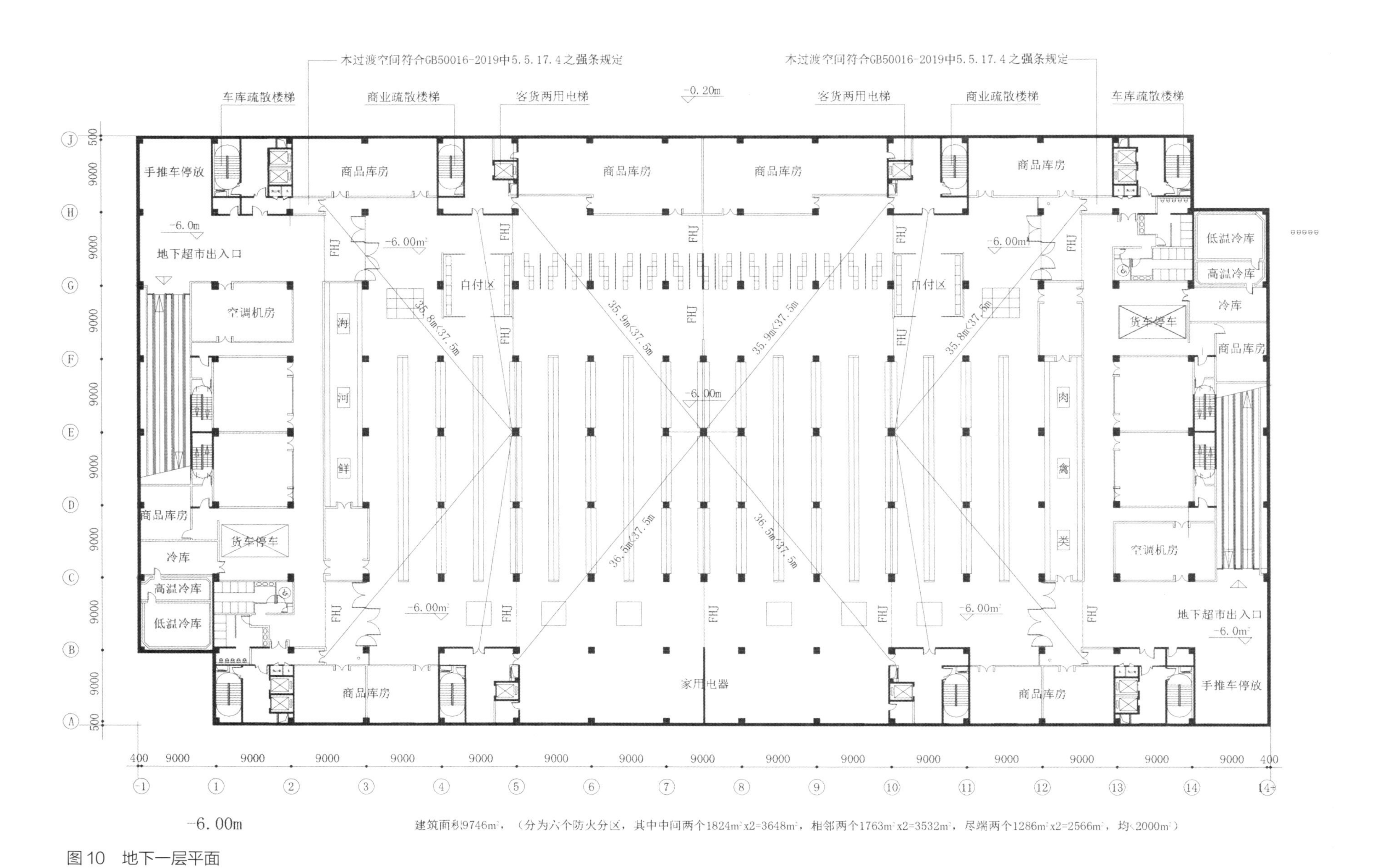
木过渡空间符合GB50016-2019中5.5.17.4之强条规定
车库疏散楼梯
商业疏散楼梯
客货两用电梯
-0.20m
手推车停放
商品库房
-6.0m
地下超市出入口
-6.00m²
FHJ
白付区
海
河
鲜
肉
禽
类
空调机房
货车停车
冷库
高温冷库
低温冷库
35.8m<37.5m
35.9m<37.5m
36.5m<37.5m
-6.00m
家用电器
-6.0m²
-6.00m
建筑面积9746m²，（分为六个防火分区，其中中间两个1824m²x2=3648m²，相邻两个1763m²x2=3532m²，尽端两个1286m²x2=2566m²，均<2000m²）

图10　地下一层平面

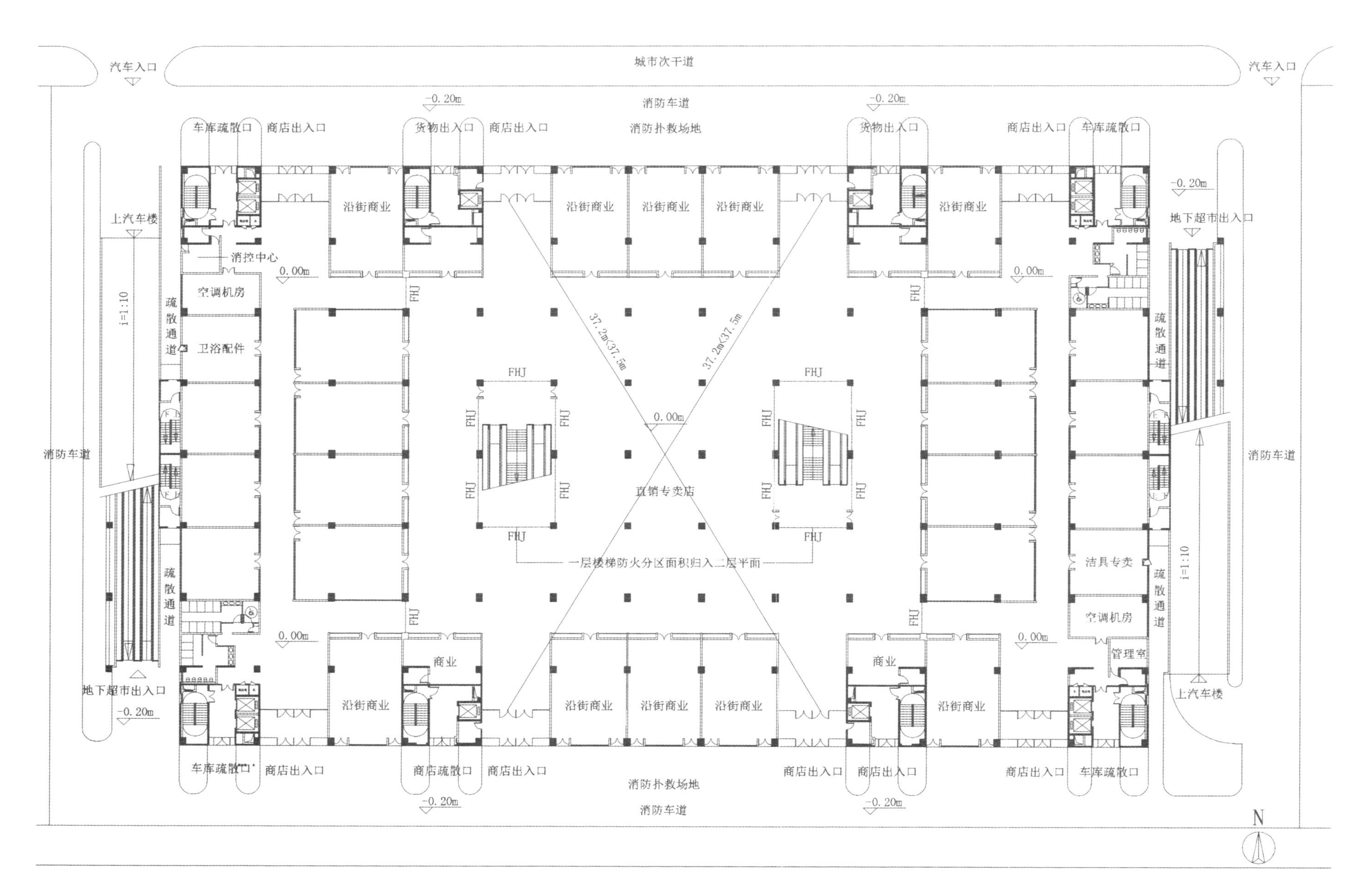

建筑面积9586m^2，（分为三个防火分区，最大防火分区面积<3000m^2。其中沿街商业作为独立防火单元直接疏散）

图 11　一层平面兼总平面

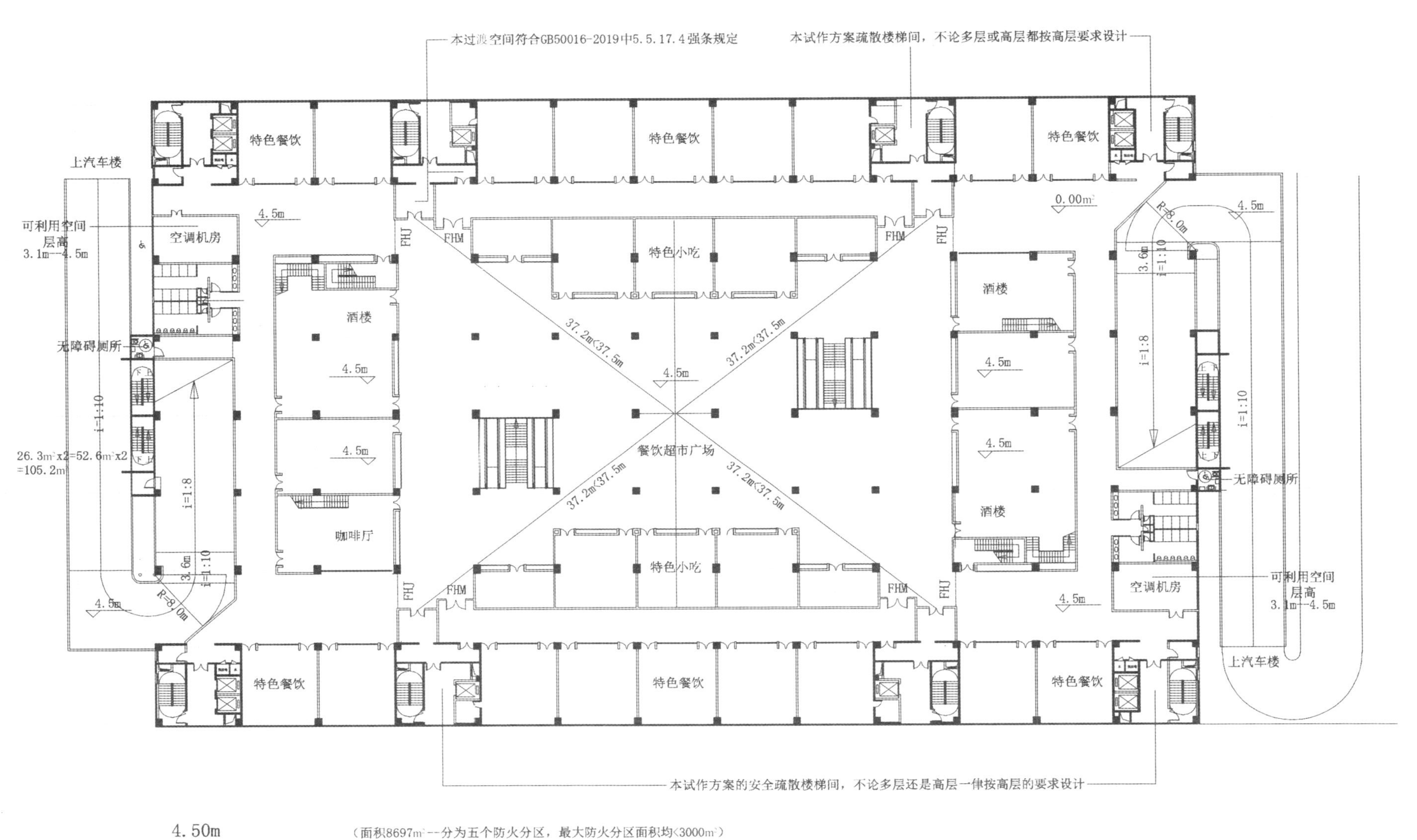
本过渡空间符合GB50016-2019中5.5.17.4强条规定
本试作方案疏散楼梯间，不论多层或高层都按高层要求设计
特色餐饮
上汽车楼
可利用空间
层高
3.1m--4.5m
空调机房
酒楼
咖啡厅
无障碍厕所
26.3m²x2=52.6m²x2
=105.2m
特色小吃
餐饮超市广场
37.2m<37.5m
FHJ
FHM
i=1:10
i=1:8
R=8.0m
3.6m
4.5m
0.00m
本试作方案的安全疏散楼梯间，不论多层还是高层一律按高层的要求设计
4.50m
（面积8697m²--分为五个防火分区，最大防火分区面积均<3000m²）

图12　二层平面

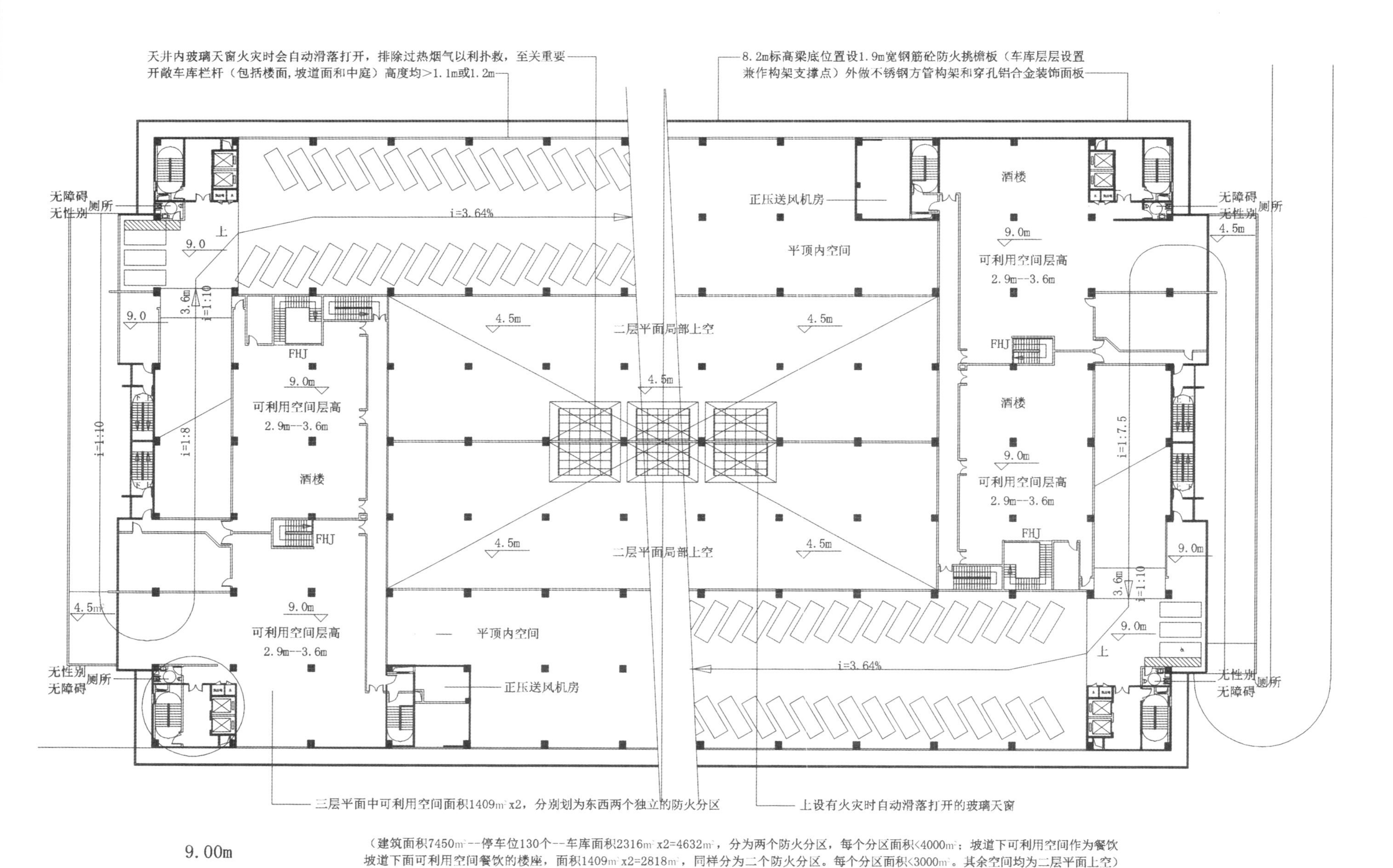

天井内玻璃天窗火灾时会自动滑落打开，排除过热烟气以利扑救，至关重要
开敞车库栏杆（包括楼面，坡道面和中庭）高度均>1.1m或1.2m
8.2m标高梁底位置设1.9m宽钢筋砼防火挑檐板（车库层层设置
兼作构架支撑点）外做不锈钢方管构架和穿孔铝合金装饰面板
无障碍
无性别
厕所
i=3.64%
上
9.0
3.6m
i=1:10
i=1:8
FHJ
9.0m
可利用空间层高
2.9m--3.6m
酒楼
4.5m
二层平面局部上空
平顶内空间
正压送风机房
i=1:7.5
三层平面中可利用空间面积1409m²x2，分别划为东西两个独立的防火分区
上设有火灾时自动滑落打开的玻璃天窗
9.00m
（建筑面积7450m²--停车位130个--车库面积2316m²x2=4632m²，分为两个防火分区，每个分区面积<4000m²；坡道下可利用空间作为餐饮
坡道下面可利用空间餐饮的楼座，面积1409m²x2=2818m²，同样分为二个防火分区。每个分区面积<3000m²。其余空间均为二层平面上空）

图13 三层平面

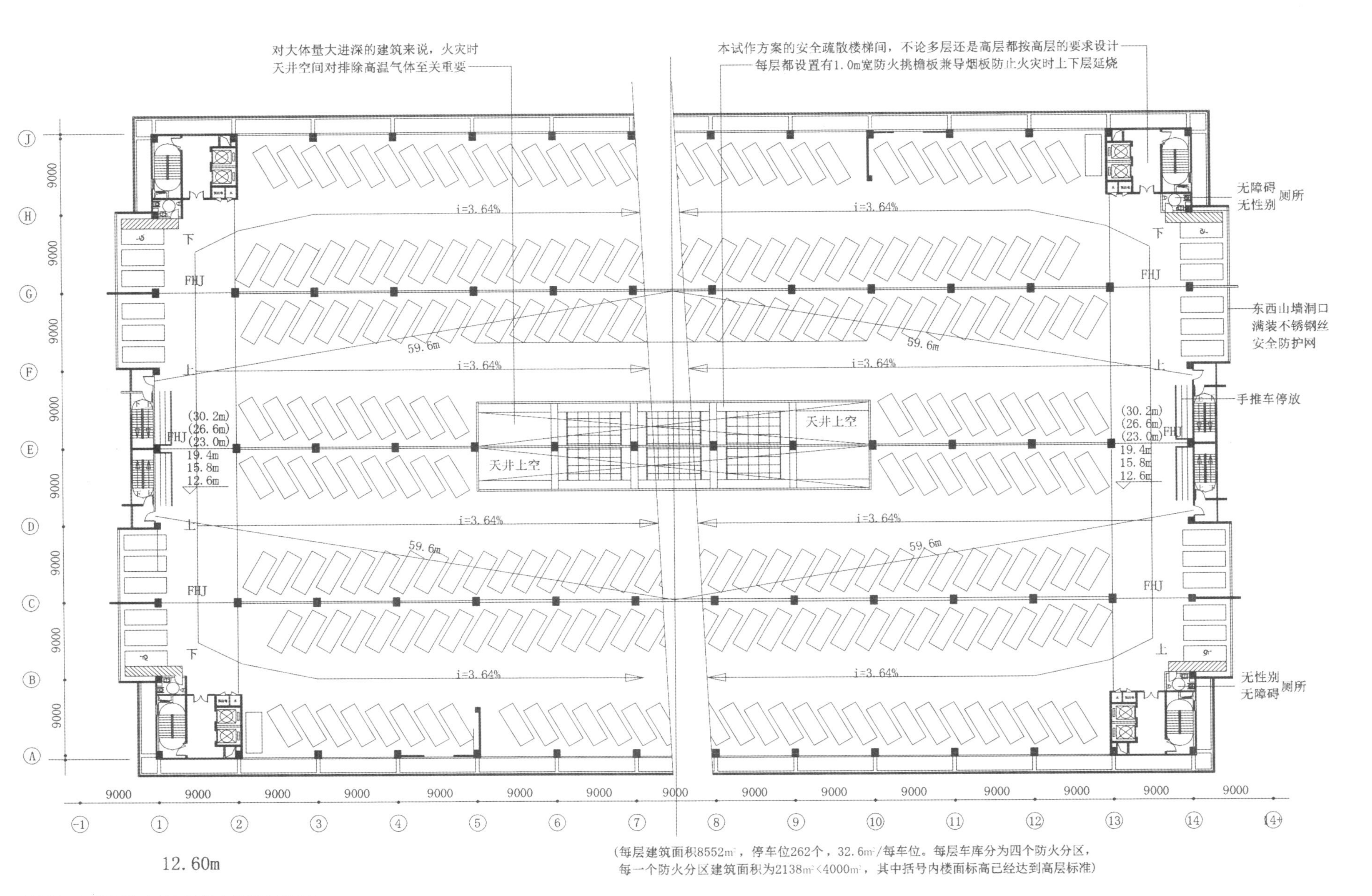

图14　四层平面及四层以上标准层平面

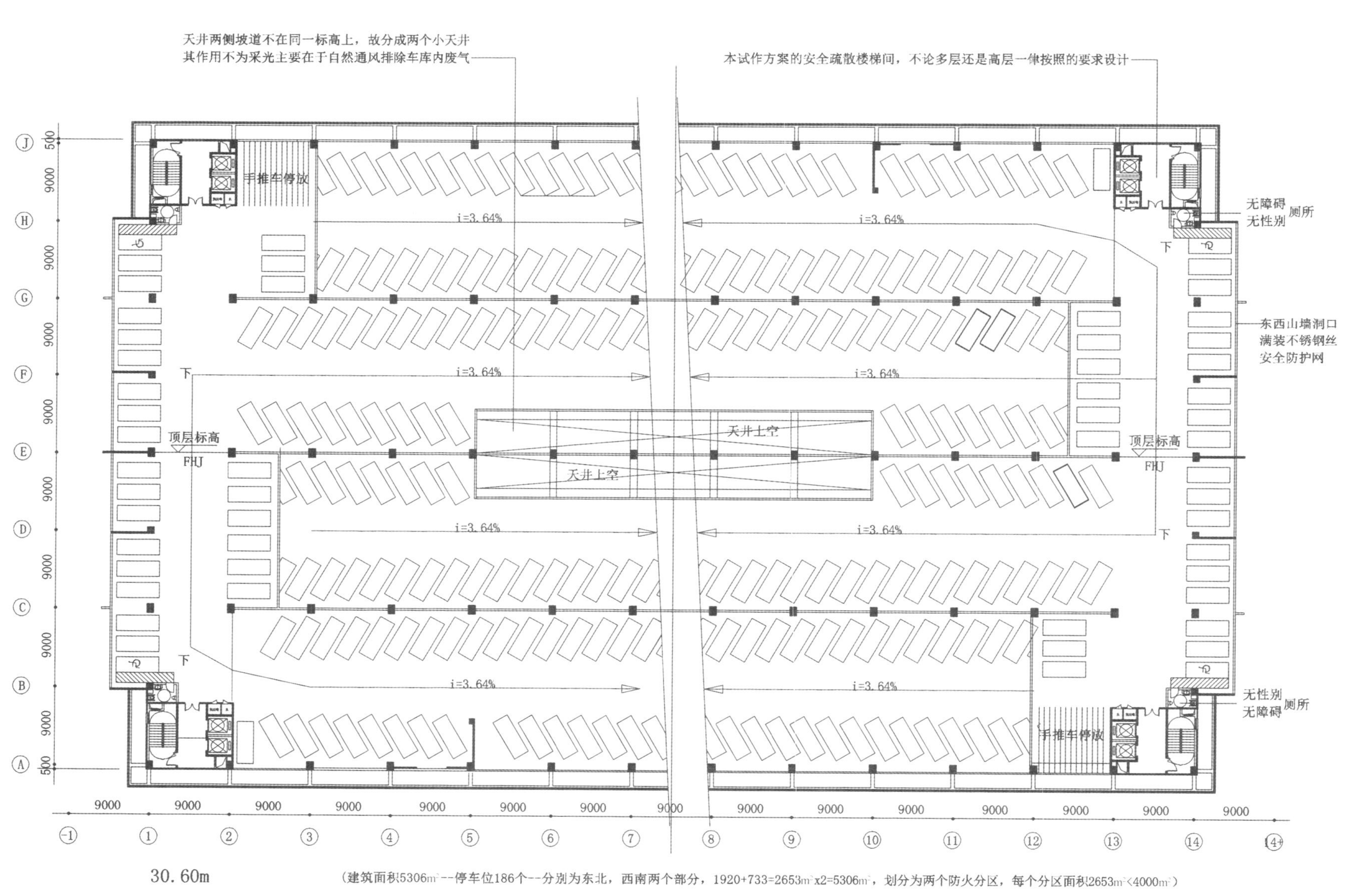
天井两侧坡道不在同一标高上，故分成两个小天井
其作用不为采光主要在于自然通风排除车库内废气
本试作方案的安全疏散楼梯间，不论多层还是高层一律按照的要求设计
手推车停放
i=3.64%
无障碍
无性别
厕所
东西山墙洞口
满装不锈钢丝
安全防护网
顶层标高
FHJ
天井上空
下
30.60m
（建筑面积5306m²--停车位186个--分别为东北，西南两个部分，1920+733=2653m²x2=5306m²，划分为两个防火分区，每个分区面积2653m²<4000m²）

图15 顶层平面

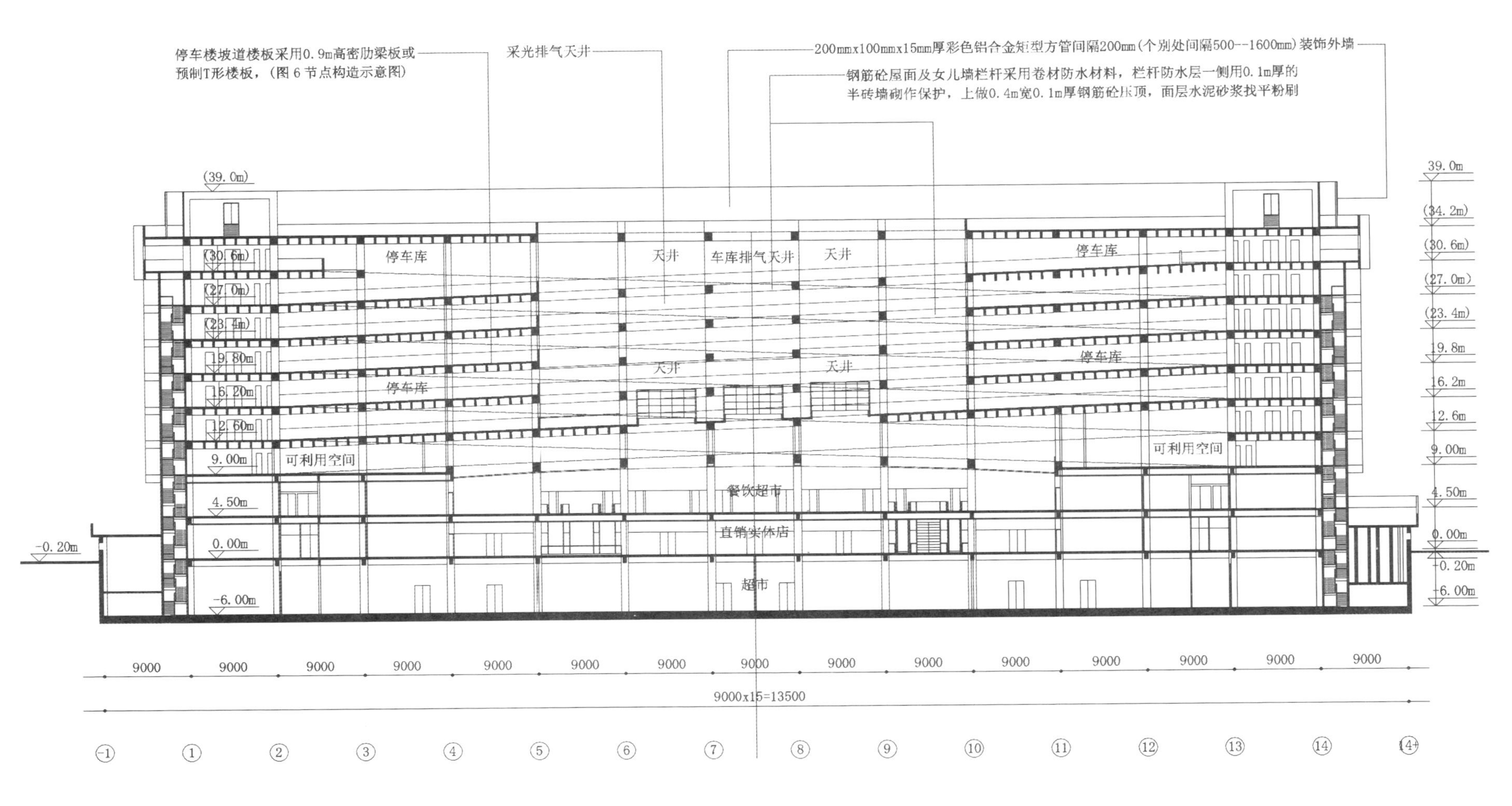
停车楼坡道楼板采用0.9m高密肋梁板或
预制T形楼板，(图 6 节点构造示意图)
采光排气天井
200mmx100mmx15mm厚彩色铝合金矩型方管间隔200mm(个别处间隔500--1600mm)装饰外墙
钢筋砼屋面及女儿墙栏杆采用卷材防水材料，栏杆防水层一侧用0.1m厚的
半砖墙砌作保护，上做0.4m宽0.1m厚钢筋砼压顶，面层水泥砂浆找平粉刷
停车库
天井
车库排气天井
可利用空间
餐饮超市
直销实体店
超市
(39.0m)
(30.6m)
(27.0m)
(23.4m)
19.80m
16.20m
12.60m
9.00m
4.50m
0.00m
-6.00m
-0.20m
39.0m
(34.2m)
(30.6m)
(27.0m)
(23.4m)
19.8m
16.2m
12.6m
9.00m
4.50m
0.00m
-0.20m
-6.00m
9000
9000x15=13500
-1
1
2
3
4
5
6
7
8
9
10
11
12
13
14
14+
(图中括号内楼面标高已经达到高层标准)

图 16　纵向剖面

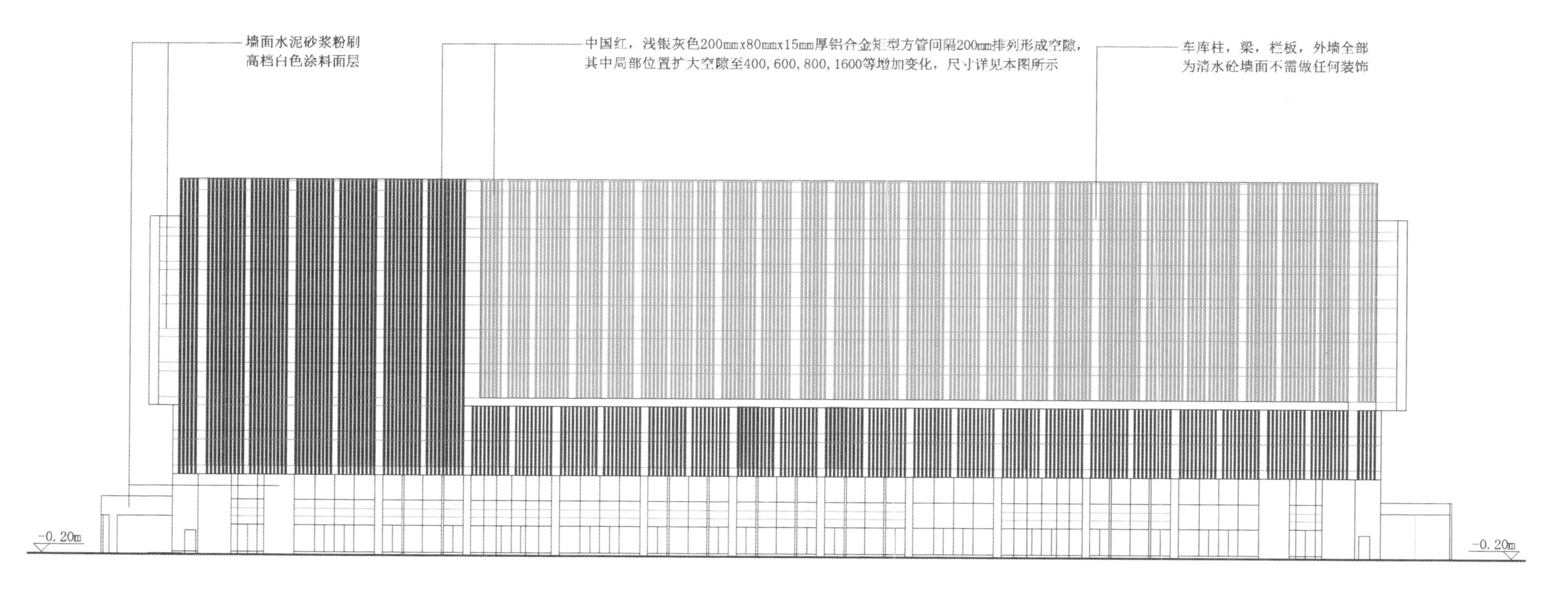

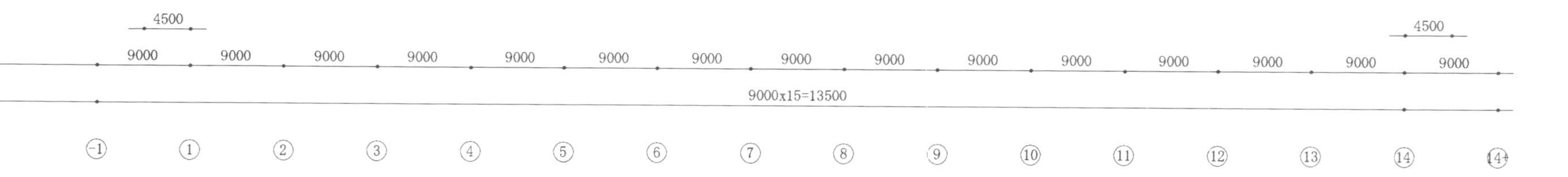

(适宜于城市中心区或副中心区)

图17　南北沿街立面—A

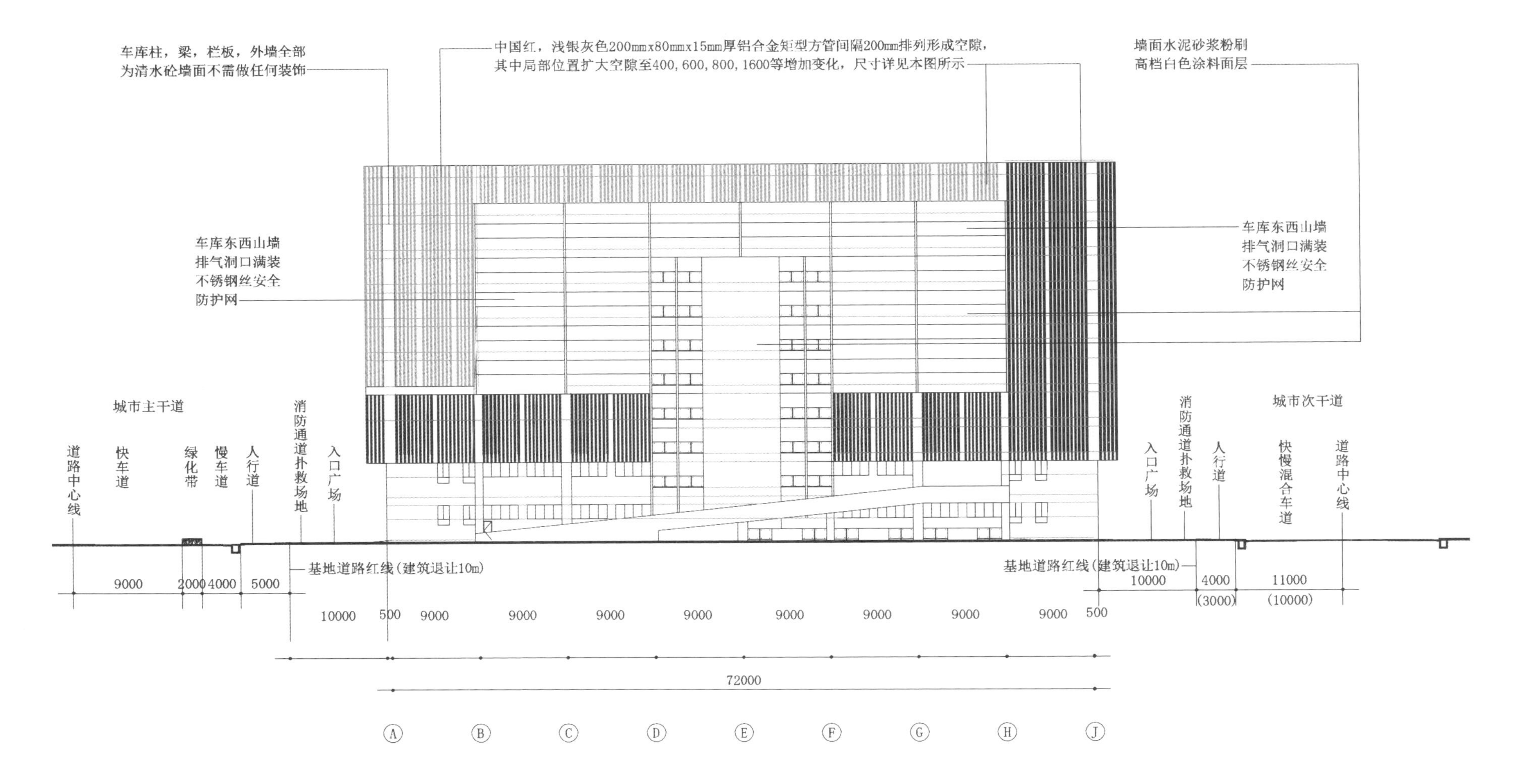

车库柱，梁，栏板，外墙全部
为清水砼墙面不需做任何装饰
中国红，浅银灰色200mmx80mmx15mm厚铝合金矩型方管间隔200mm排列形成空隙，
其中局部位置扩大空隙至400, 600, 800, 1600等增加变化，尺寸详见本图所示
墙面水泥砂浆粉刷
高档白色涂料面层
车库东西山墙
排气洞口满装
不锈钢丝安全
防护网
车库东西山墙
排气洞口满装
不锈钢丝安全
防护网
城市主干道
道路中心线
快车道
绿化带
慢车道
人行道
消防通道扑救场地
入口广场
城市次干道
入口广场
消防通道扑救场地
人行道
快慢混合车道
道路中心线
基地道路红线（建筑退让10m）
基地道路红线（建筑退让10m）
9000
2000
4000
5000
10000
500
9000
9000
9000
9000
9000
9000
9000
9000
500
10000
4000
(3000)
11000
(10000)
72000
A
B
C
D
E
F
G
H
J
（适宜于城市中心区附近或主次干道等处）

图18 东西方向立面—A

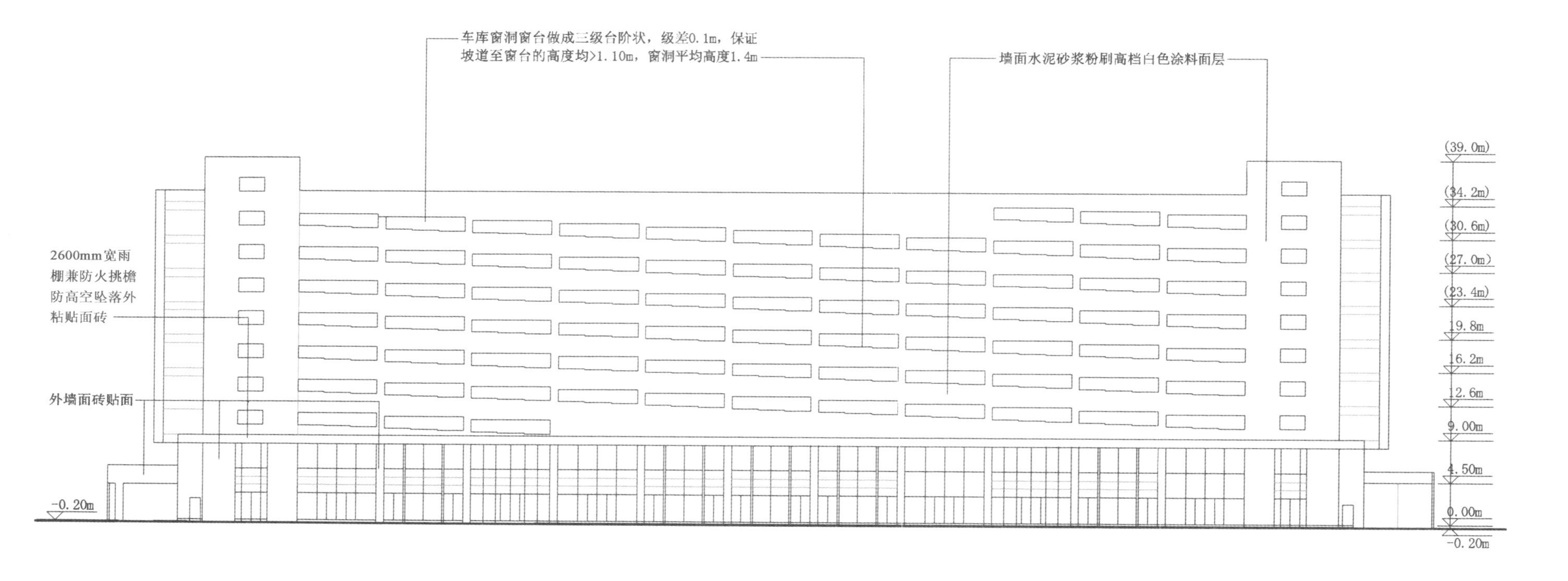
车库窗洞窗台做成三级台阶状，级差0.1m，保证
坡道至窗台的高度均>1.10m，窗洞平均高度1.4m
墙面水泥砂浆粉刷高档白色涂料面层
2600mm宽雨
棚兼防火挑檐
防高空坠落外
粘贴面砖
外墙面砖贴面
(39.0m)
(34.2m)
(30.6m)
(27.0m)
(23.4m)
19.8m
16.2m
12.6m
9.00m
4.50m
0.00m
-0.20m
-0.20m
9000
9000
9000
9000
9000
9000
9000
9000
9000
9000
9000
9000
9000
9000
9000
9000x15=13500
-1
1
2
3
4
5
6
7
8
9
10
11
12
13
14
14+
(适宜于城市交通转换节点等处)

图19 南北沿街立面—B